智能建筑：楼宇自动化系统原理与应用

（修订版）

王再英　韩养社　高虎贤　编著

電子工業出版社
Publishing House of Electronics Industry
北京 · BEIJING

内 容 简 介

楼宇自动化系统（BAS）是智能建筑的主要组成部分之一，本书按照《智能建筑设计标准》对（广义）楼宇自动化系统的定义，详细论述了楼宇自动化技术基础知识及暖通空调、给排水、供配电、照明、电梯、火灾报警与消防控制、安全防范、停车场等 BAS 基本子系统的控制原理、控制系统的组成与设计；对楼宇设备传统控制方法、特种工艺空调控制原理、VAV 系统、BAS 系统集成进行了专门论述；最后简单介绍了智能小区的相关技术。

本书对控制系统工作原理和设计方法讨论深入、分析具体，针对性强，便于读者理解、掌握与应用。

本书适合于从事智能建筑与楼宇自动化系统设计、工程施工、监理、运行维护和管理人员阅读，也可供大专院校相关专业高年级学生或研究生参考。

图书在版编目（CIP）数据

智能建筑：楼宇自动化系统原理与应用/王再英，韩养社，高虎贤编著. —修订本. —北京：电子工业出版社，2011.9

ISBN 978-7-121-14554-4

Ⅰ. ①智…　Ⅱ. ①王…　②韩…　③高…　Ⅲ. ①智能化建筑－自动化系统　Ⅳ. ①TU855

中国版本图书馆 CIP 数据核字（2011）第 183667 号

责任编辑：曲　昕（quxin@phei.com.cn）
印　　刷：河北虎彩印刷有限公司
装　　订：河北虎彩印刷有限公司
出版发行：电子工业出版社
　　　　　北京市海淀区万寿路 173 信箱　邮编　100036
开　　本：787×1 092　1/16　印张：21.25　字数：544 千字
版　　次：2005 年 1 月第 1 版
　　　　　2011 年 9 月第 2 版
印　　次：2025 年 8 月第 23 次印刷
定　　价：39.00 元

凡所购买电子工业出版社图书有缺损问题，请向购买书店调换。若书店售缺，请与本社发行部联系，联系及邮购电话：（010）88254888。

质量投诉请发邮件至 zlts@phei.com.cn，盗版侵权举报请发邮件至 dbqq@phei.com.cn。

服务热线：（010）88258888。

前　言

智能建筑是信息技术在建筑领域应用的必然结果，近年来得到了迅速的发展和普及，也日益得到社会广泛的认同和重视。建筑智能化已经成为现代高档建筑的主要特征。

楼宇自动化系统（BAS，Building Automation System）是智能建筑的主要组成部分之一。智能建筑通过楼宇自动化系统实现建筑物（群）内设备与建筑环境的全面监控与管理，为建筑的使用者营造一个舒适、安全、经济、高效、便捷的工作生活环境，并通过优化设备运行与管理，降低运营费用。楼宇自动化系统涉及建筑的电力、照明、空调、通风、给排水、防灾、安全防范、车库管理等设备与系统，是智能建筑中涉及面最广、设计任务和工程施工量最大的子系统，它的设计水平和工程建设质量对智能建筑功能的实现有直接的影响。

楼宇自动化系统有狭义、广义之分。本书按照国家《智能建筑设计标准》（GB/T50314—2000）中（广义）楼宇自动化系统的定义，对楼宇自动化系统所涉及的控制技术基础和空调通风系统、给排水系统、电力、照明与电梯系统、火灾自动报警与消防控制系统、安全防范系统、停车场管理系统等楼宇自动化子系统的控制原理和设计方法进行了深入、具体的分析讨论。全书共分 12 章，第 1、2 章为绪论和楼宇自动化控制技术基础。第 3 章至第 6 章涵盖了狭义楼宇自动化系统所涉及的基本监控内容，其中第 3 章至第 5 章是空调通风系统、给排水系统、电力、照明与电梯系统的控制原理与系统设计；第 6 章通过实例讨论了大型建筑设备自动化系统的设计方法。并在这 4 章中穿插了对特种工艺空调控制原理与系统设计、VAV 系统、楼宇设备的传统控制原理与系统设计等的专门讨论。第 7 章至第 9 章是火灾自动报警与消防控制系统、安全技术防范系统、停车场管理系统的工作原理与系统设计。第 10 章对一个大型实体保卫系统的实际案例进行了分析。第 11 章对 BAS 系统集成的基本原则、设计方法和常用集成模式进行了专门论述。最后在第 12 章介绍了智能小区的相关技术。

本书是作者多年从事智能建筑尤其是楼宇自动化系统设计与工程建设的总结与体会，除详细介绍各类楼宇设备、系统的控制原理之外，重点突出控制系统设计、设备选型、控制功能设计、系统集成设计等具体细节的实现方法，便于读者理解、掌握及在实际工作中的运用。

本书适合于从事智能建筑与楼宇自动化系统设计、工程施工、监理、系统运行维护的技术人员和管理人员阅读，也可供大专院校相关专业高年级学生或研究生参考。

本书第 1～6 章、第 11、12 章由王再英编写，第 7～9 章由韩养社编写，第 10 章由高虎贤编写。全书由王再英组织，并负责统稿审定。冯绮云高级工程师对本书的编写工作提供了全力支持，研究生孙静、徐世彬、陈伟同学为本书的编写做了许多工作，在此表示衷心感谢。

作者在十余年来从事智能建筑及楼宇自动化的各项技术与管理工作中，得到了业内许多朋友的帮助与支持；在本书编写过程中，参考、引用了许多业内同仁的文章与专著，在此一并表示衷心感谢。

由于作者水平有限，书中存在缺点、错误在所难免，恳请读者、专家批评指正。

读者如有问题需与编著者探讨，请发电子邮件至 zying_wang@yahoo.com.cn。

编著者

目　　录

第1章　绪　论

人类最早的建筑物只用于遮阳避雨、防风御寒，对自然环境的改善和控制极其有限，后来出现的壁炉或火炕可以说是对建筑内环境进行改善和控制的原始设备。因为它们对建筑内环境的控制也是简单和原始的，根本不需要自控系统。

随着人类社会的不断发展，建筑物在人类的生活与工作中的地位越来越重要。一方面，人们对建筑物的内外环境要求越来越高；另一方面，科学技术和生产力的迅速发展，为改善建筑物内外环境条件和提高建筑物内外环境质量提供了有效的技术手段和广泛的可能性，结果是附加于传统建筑意义之上的环境、安全等设备的数量及功能要求越来越多，技术水平越来越高，系统越来越复杂，投资、运行能耗和维护费用也越来越高。为了充分、有效地发挥设备潜力，提高系统的整体效能，降低设备运行能耗和系统运行、维护费用，实现建筑物设备自动控制的**楼宇自动化系统**（BAS，Building Automation System，又译为：建筑设备自动化系统）成为建筑技术不断发展的必然要求和自动化技术在建筑领域应用的必然结果。在楼宇自动化技术的基础上，结合通信技术、计算机技术和其他科学技术而形成并迅速发展的**智能建筑**（IB，Intelligent Building）则能更好地满足人们对建筑环境安全、舒适、便捷、高效等要求。

1.1　楼宇自动化与智能建筑的起源与发展

楼宇自动化是随着建筑物的环境设备，尤其是暖通空调系统即：供热、通风、空气调节与制冷（HVAC&R，Heating Ventilation Air Condition and Refrigeration）系统的发展而出现的。楼宇自动化技术在20世纪50年代后期引入我国，以后的20年随着自动化技术的进步也有所发展，但发展比较缓慢。近年来随着国内国民经济和科学技术的快速发展，特别是电子技术、计算机技术和自动化技术等IT技术的高速发展，使楼宇自动化技术在科技与应用两个方面都得到了前所未有的迅猛发展。

楼宇自动化系统的发展与其他领域自控系统的发展是相似的。最早的楼宇自控系统是气动系统，气动控制系统的能源是压缩空气，主要用于控制供热、供冷管道上的调节阀和空气调节系统的空气输配管道调节阀。当时由于市场的竞争和用户的需求，这种控制技术也进行了标准化，标准化的主要内容是统一压缩空气的压力和有关气动部件。在标准的规范下，许多控制设备生产厂商生产的控制设备可以互换，这样不仅可以满足用户的需求，更重要的是标准有利于市场竞争，促进了楼宇控制系统的发展。

随后，电气控制系统逐渐代替气动控制系统，并成为楼宇控制系统的主要控制形式。1973年爆发能源危机，迫使楼宇自动化系统必须寻求更为有效的控制方式来控制楼宇设备，以减少能源的消耗。HVAC&R系统就首当其冲，出现了以HVAC&R设备为主要控制对象的计算机楼宇自动化系统，以后逐渐发展为包含照明、火灾报警等子系统的集成计算机楼宇自动化系统。起初计算机系统只是被简单地纳入电气控制系统之中，形成所谓的“监督控制系统（SCC，Supervisory Computer Control）”。在SCC中，计算机系统的作用只是监督和指导，控制过程仍由原来的控制系统来完成。SCC是计算机系统在控制领域中最简单的应用方式，但在楼宇自控系统中起到了显著的作用，节能效果显著。计算机系统在建筑中的应用由此得到了迅速的发展。

20 世纪 80 年代早期，计算机技术和微处理器有了突破性的发展，产生了直接数字控制（DDC，Direct Digital Control）技术。DDC 技术在楼宇自控系统中的应用极大地提高了楼宇设备的效率，并简化了楼宇设备的运行和维护。随后在计算机网络技术的带动下，产生了各种以 DDC 技术为基础的分布式控制系统（DCS，Distributed Control System）。DCS 在楼宇设备控制系统中的应用就形成了楼宇自动化系统。

早期的楼宇自动化系统通常只有楼宇设备自控系统。随着计算机技术、数字通信技术、控制技术以及微电子技术的发展，其他楼宇设备的自动控制系统也逐渐地被集成到楼宇自动化系统中，如火灾自动报警与消防灭火设备自动控制系统、智能卡设备自控系统等。现代智能建筑的楼宇自动化系统是一个高度集成、和谐互动、具有统一操作接口和界面的“高智商”的自动化系统。

信息技术的飞速发展使楼宇自动化系统发生了本质的变革。在以往的智能建筑中，楼宇自动化系统通常与 IT 系统是分离的。随着企业级管理（Enterprise-wide Management）的日益流行，开放系统技术（Open Systems Technology）以及 Internet 技术的发展，单纯的物业管理（Facility Management）必将会纳入企业管理之中；专有通信协议的自动化系统将被开放通信协议的自动化系统所取代，并在整个楼宇自动化系统内实现完全互操作，Internet 将会成为企业级的基础网络设施（Infrastructure）。这些发展趋势必将导致楼宇自动化系统建立在企业管理系统的基础设施之上，形成网络化的楼宇系统（NBS，Networked Building Systems），真正成为企业级信息系统的一个子系统。网络化楼宇系统使楼宇自动化系统不仅具有统一的操作界面（如 Web 浏览器，这种技术在控制系统中的应用已趋成熟），而且使包含物业管理在内的企业管理更加高效。

随着社会与科技的进步与发展，只有楼宇自动化系统所提供的建筑环境已无法适应信息技术的飞速发展和满足人们对建筑环境信息化、智能化的需求。1984 年 1 月在美国康涅狄格州 Hartford 竣工的 City Place 大楼的宣传材料中，第一次出现“智能建筑（IB，Intelligent Building）”一词，标志着“智能建筑”概念的形成。该大楼以当时最先进的技术来控制空调设备、照明设备、防灾和防盗系统、垂直交通运输（电梯）设备、通信和办公自动化等，除可实现舒适、安全的办公环境外，还具有高效、经济的优点。大楼的用户可以获得语音、文字、数据等各类信息服务，而大楼内的空调、供水、防火防盗、供配电等系统均为计算机控制，实现了自动化综合管理，为用户提供了舒适、方便和安全的建筑环境，引起全世界的关注。随后，智能建筑及其“建筑智能化系统”蓬勃发展，以美国和日本最为突出。此外，法国、瑞士、英国等欧洲国家和新加坡、马来西亚、香港等国家和地区的智能建筑也迅速发展。据有关统计，美国的智能建筑超过万幢，日本新建大楼中 60%以上是智能建筑。我国智能建筑起步较晚，直到 20 世纪 80 年代末期才有较大的发展，但其迅猛的发展势头令世人瞩目。近几年来，在我国的北京、上海、广州、深圳等城市，相继建成了一批具有相当水平的智能建筑，如北京的发展大厦、上海的金茂大厦、深圳天安数码城等。当前国内的智能建筑开始转向大型公共建筑，例如会展中心、图书馆、体育场馆，乃至城市信息化小区。据国外媒体预测，近期在中国兴建的大型建筑将占全球的一半，21 世纪全世界的智能建筑将有一半以上在中国建成。

1.2　楼宇自动化系统

楼宇自动化系统（BAS），或称建筑设备自动化系统，是将建筑物或建筑群内的电力、照明、空调、给排水、防灾、保安、车库管理等设备或系统，以集中监视、控制和管理为目的而构成的综合系统。楼宇自动化系统通过对建筑（群）的各种设备实施综合自动化监控与管理，为业主和用户提供安全、舒适、便捷高效的工作与生活环境，并使整个系统和其中的各种设备处在最佳的工作状态，从而保证系统运行的经济性和管理的现代化、信息化和智能化。由于楼宇自动化系统在建筑环境舒适与安全、设备经济运行、设备状态监控等方面的重要性，除了作为建筑智能化系统的主要子系统之外，作为建筑设备的自动控制系统，也在重要的非智能建筑中得到广泛应用。

1.2.1　楼宇自动化系统的组成

楼宇自动化系统可分为狭义和广义两种。狭义的楼宇自动化系统主要包括的内容有：变配电子系统、照明子系统、空调与冷热源子系统、电梯子系统、环境保护与给排水子系统、停车场管理与门禁子系统等。而所谓“广义的楼宇自动化系统”应该还包括：火灾自动检测与报警系统（FAS，Fire Automation System）和安全防范系统（SAS，Security Automation System）两部分。本书遵循国家《智能建筑设计标准》（GB/T 50314—2000）中对于楼宇自动化系统（也称建筑设备自动化系统）的定义，也就是广义的楼宇自动化系统。广义的楼宇自动化系统其涵盖的监控与管理范围如图 1.1 所示。

1.2.2　楼宇自动化系统的功能

楼宇自动化系统在智能建筑系统工程中的主要功能如下：

- 自动监视和控制智能建筑各种电气与机械设备的启 / 停动作，并可以根据需要显示或打印系统的当前运转状态。
- 自动记录系统各种参数（温度、湿度、电流、电压等）数据和其变化趋势，并自动进行越限报警。
- 能源管理：自动进行对水、电、燃气、热力等的计量与收费，实现智能建筑中的能源管理自动化。BAS 系统还可以自动提供最佳能源控制方案，以达到合理、经济地使用能源，进而实现节约能源的目的。
- 设备管理：BAS 系统对智能建筑中的各项自动控制设备，提供技术和计算机管理的支持，实现设备运行状态的实时监控和参数显示，以及设备档案与维修管理等。
- 意外灾害紧急处理：BAS 系统通过自身的软件系统，在智能建筑出现意外事故时，能自动发出指令（包括切断电源等措施），以保证设备及人员的安全。

楼宇自动化系统可选择的基本功能可细化为监控、管理与服务等几个方面。

1. 监控功能

（1）电力设备及紧急发电设备

- 额定（合约）容量经济值自动控制；
- 额定（合约）容量高限控制；

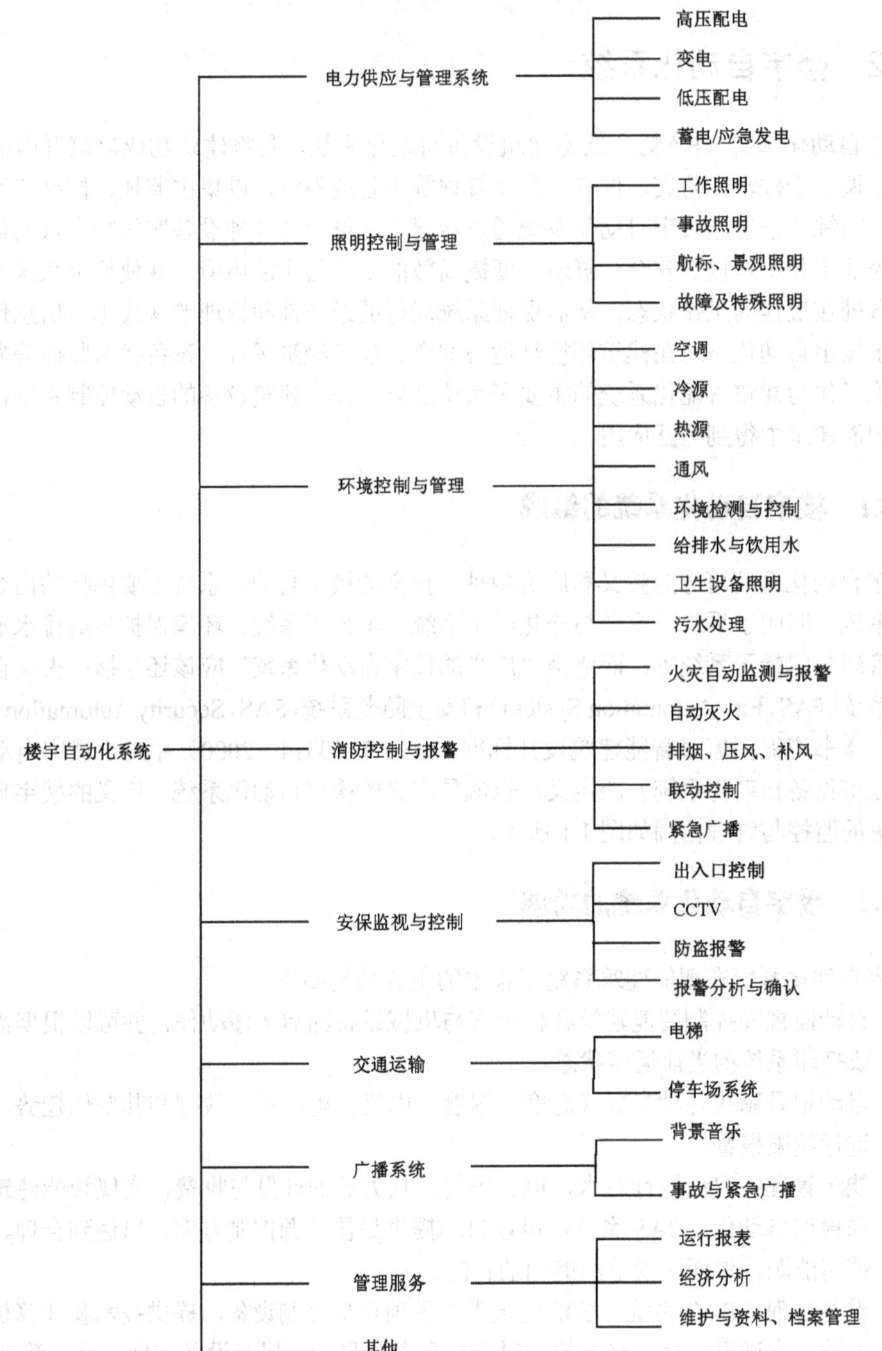

图 1.1　楼宇自动化系统的监控范围

- 高峰用电差价控制；
- 变电设备各高低压主开关动作状况监视及故障警报；
- 主电源回路漏电报警；
- 机电设备时间程序控制；
- 供电品质功率因数监视；
- 各户用电量计划及电费计算；

- 公共用电计量监测及各户电费分析计算；
- 停电复电自动控制；
- 紧急电源供电顺序控制；
- 地震测量自动安全紧急处理；
- 发电机供电质量监视（油量、电池、电压、功率等）；
- 紧急发电机定期通知测试及保养。

（2）照明设备

- 庭园灯定时定点控制；
- 各楼门厅电灯定时定点控制；
- 楼梯灯定点定时控制；
- 停车场照明定点定时控制；
- 航空障碍灯工作状态显示及故障警报。

（3）空调设备

- 制冷机组最佳启 / 停时间控制；
- 冷却塔、主机、水泵等运转监视，异常警报；
- 主机周期运转控制；
- 外气热焓自动测量；
- 室内温湿度测量；
- 冷水温度自动控制；
- 空调区域空调机启 / 停控制；
- 空调区域温湿度控制；
- 各楼层公共区域空调机组启 / 停时间控制。

（4）给排水设备

- 给水、污物、污水泵运转状态监视故障警报；
- 给水及污、废水泵运行时间的调度控制；
- 给水及污、废水泵定时开列保养工作单；
- 污物、污水池之水位监视及异常警报；
- 地下、中间层屋顶水箱水位监视预警；
- 各种水池清洗提示；
- 污水处理厂设备运转监视、控制，水质测量。

（5）公共饮水设备

- 过滤、杀菌设备控制监视；
- 贮水槽水位监视；
- 饮水用水泵控制监视。

（6）火警、消防、排烟设备

- 火灾自动报警、区域状态监视、故障报警；
- 自动洒水、泡沫灭火、卤代烷灭火设备各区域状态；
- 防排烟设备各区域状态监视，故障警报；
- 消防水泵状态监视，故障警报；
- 消防泵定期通知测试及维护；

- 补风机、排烟机状态监视，故障警报；
- 补风机、烟机定期测试及保养；
- 紧急广播顺序播放；
- 自动警报；
- 空调及相关通风系统联动控制；
- 消防系统有关水管路水压测量。

（7）送/排风设备

- 地下停车场送排风设备控制；
- 空气质量控制；
- 男女厕所排风定时控制；
- 各层新风风机定时控制。

（8）安保设备

- 周界入侵警报；
- 出入监控口控制；
- CCTV 监视与视频报警；
- 一楼及顶层出入口、各层楼梯及电梯出入口、各层防火门自动监视；
- 各户大门防盗报警设备、重要区域防盗报警设备；
- 安保系统的联动控制。

（9）电梯设备

- 电梯运转台数时间控制；
- 停电及紧急状况处理；
- 语音报告服务系统；
- 定期通知维护及开列保养工作单。

（10）其他

- 系统运行模式变更；
- 系统设备运行调度表变更；
- 设备负荷均衡；
- 紧急与灾害突发事件时的协调、联动控制。

2. 管理功能

（1）收费管理

- 电、水、气的计量；
- 能源及服务费用计算；
- 缴费通知；
- 能耗管理与分析。

（2）运行管理

- 累计、记录设备的运转时间、开启次数并监视运转状态；
- 向操作人员通知已到达定检时间的机器；
- 设备保养业务。

（3）设备管理

- 注册建筑物内的机器设备和设施；

- 检修数据、故障数据等的分析；
- 预防性保养；
- 编制年度的每一设备定期检修、日常检修的计划及实施日程；
- 检修费用记录；
- 各项目预算管理；
- 建筑物内使用的水电费管理及使用情况分析；
- 空调机等设备动力机器的劣化倾向判断；
- 支援维护、检修业务；
- 设施的预约申请，预约情况管理；
- 预约日程的相关的空调机、动力运行控制与管理；
- 资料汇总、报告书编写。

（4）其他

3. 服务功能

（1）信息服务

- 公共信息发布与查询；
- 设施保养与维修消息发布；
- 突发事件应急处理信息服务。

（2）预约服务

- 公共设施、设备预约；
- 预约配套服务管理计划；
- 设施保养、维修预约。

（3）其他

以上是楼宇自动化系统在一般意义下可供选择的功能，不同的建筑物如写字楼、办公楼、医院、宾馆、银行、图书馆、会展中心等肯定有不同的需求，建设方可根据自己的特点，进行合理地选择。前面所罗列的楼宇自动化系统功能，将会随着科技发展和社会进步而不断地补充、丰富。

1.2.3 楼宇自动化系统的结构

楼宇自动化系统是一个综合集成化的实时动态监控与管理系统。它利用计算机网络技术，将分散在各子系统中的控制器（包括不同楼层的直接数字控制器）连接起来，并通过计算机网络，实现各子系统与中央监控管理级计算机之间的通信，以达到分散控制、集中管理的功能模式。

对于作为建筑智能化系统最主要的子系统和核心组成部分——楼宇自动化系统，其组成主要包括中央监控管理级计算机系统、服务于各个子系统的工作站、网络服务器、控制器、通信装置，以及各类传感器、探测器、执行机构、现场仪表等。广义楼宇自动化系统结构示意图如图 1.2 所示。

非智能化建筑中的楼宇自动化系统可能是基于计算机网络的智能自动化系统，或者是由 DCS、FAS、SAS 等部分集成或各自独立的子系统组成的楼宇自动化系统，也可能是由独立的 DDC 控制器或传统的模拟仪表组成的自动控制系统，其系统结构、组成与功能可能各不相同。

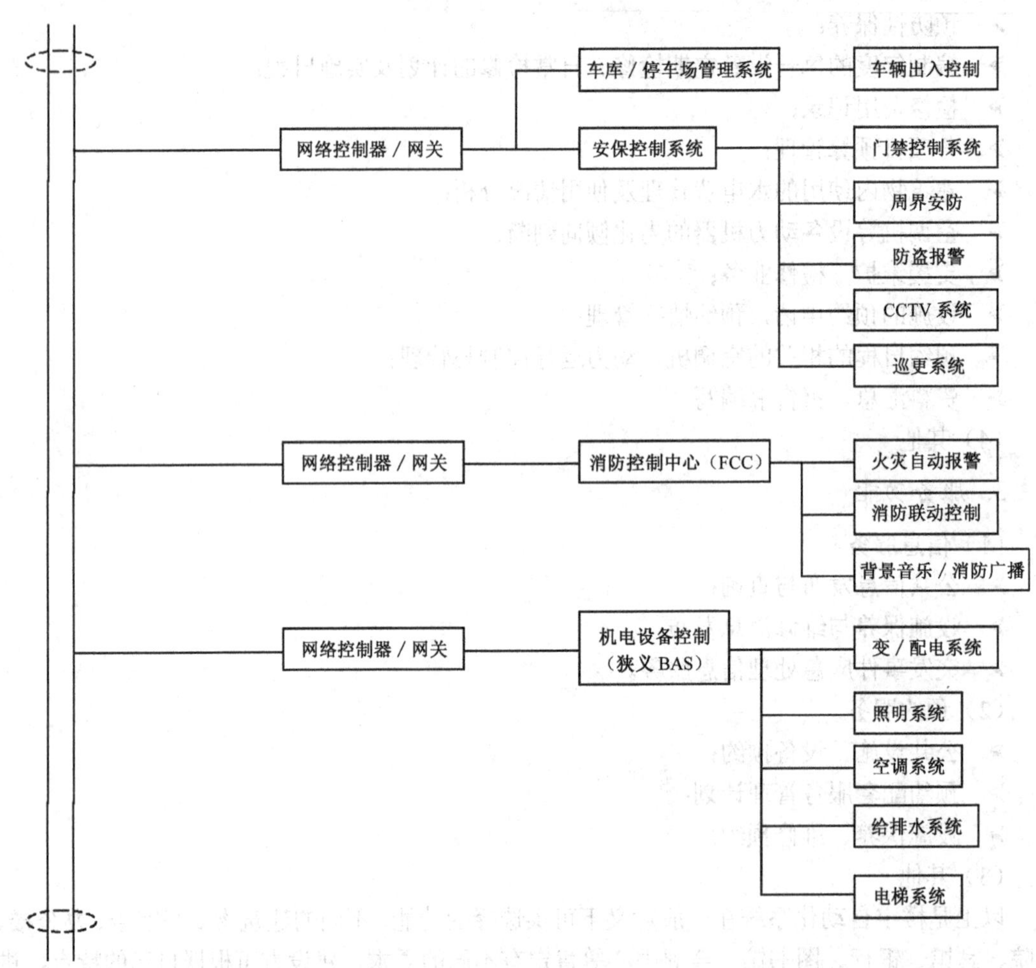

图 1.2　楼宇自动化系统结构示意图

1.3　智能建筑概述

智能建筑是计算机技术、电子技术、自动化技术和现代通信技术飞速发展，并与建筑技术有机结合，在建筑领域成功应用的产物。它将随着科学技术和社会的进步，持续不断地发展和充实新的内容。随着它在信息化社会中的广泛应用，将使人们的生存环境、生活和生产方式产生日新月异的变化。

自从世界上出现第一座智能建筑以来，作为建筑工程与艺术、自动化技术、现代通信技术和计算机网络技术相结合的应用工程学科——智能建筑这一概念已广为人知，但至今仍没有统一的定义。其主要原因是由于智能建筑的含义随着科技的发展在不断地发展、补充和完善。在智能建筑发展的历程中，早期曾经有过下面几种定义。

美国智能建筑学会（AIBI，American Intelligent Building Institute）的定义：“智能建筑通过对建筑物的四个基本要素，即结构、系统、服务和管理以及它们之间内在关联的最优化考虑，提供一个投资合理、高效率、舒适、温馨、便利环境的建筑环境，并帮助建筑业主、物业管理人员和租用人员达到在费用、舒适、便利和安全等方面的目标，当然还要考虑长远的系统灵活性及市场能力。”

该定义将智能建筑的目标具体化，强调了智能建筑以人为本的思想，并给出了实现智能建筑的方法，即通过系统集成实现最优化。

欧洲智能建筑组织（The European Intelligent Building Group）把智能建筑定义为：“使其用户发挥最高效率，同时又以最低的保养成本，最有效率管理本身资源的建筑。”智能建筑应提供“反应快，效率高和有支持力的环境，使用户能达到其业务目标”。

日本关于智能建筑是从以下四个方面来定义的：

➢ 作为收发信息和辅助管理效率的轨迹；
➢ 确保在建筑里工作的人们满意和便利；
➢ 建筑管理合理化，以便用低廉的成本，提供更周到的管理服务；
➢ 针对变化的社会环境、复杂多样化的办公，以及主动的经营策略，作出快速灵活和经济的响应。

新加坡规定智能建筑必须具备三个条件：

➢ 具有先进的自动化控制系统，能对建筑内的温度、湿度、灯光等进行自动调节，并具有消防、保安功能，以保证舒适、安全的环境；
➢ 具有良好的通信网络设施，保证数据在建筑内流通；
➢ 提供足够的对外通信设施与能力。

在总结智能建筑的多种定义的基础上，我国从事智能建筑学科领域研究的学术界运用现代科学与技术发展的观点来定义智能建筑，并强调其多学科性和多技术系统综合集成的特点。对智能建筑给出了基本定义：

智能建筑系统是指利用系统集成方法，将智能计算机技术、通信技术、信息技术与建筑艺术有机结合，通过对设备的自动监控，对信息资源的管理和对使用者的信息服务及其与建筑的优化组合，所获得的投资合理，适合信息社会需要，并且具有安全、高效、舒适、便利和灵活特点的建筑物。

2000年7月我国建设部正式颁布了智能建筑国家标准《智能建筑设计标准》（GB/T50314—2000），在标准中对智能建筑明确作出了如下的定义：

智能建筑是以建筑为平台，兼备建筑设备、办公自动化及通信网络系统，集结构、系统、服务、管理及它们之间的最优化组合，向人们提供一个安全、高效、舒适、便利的建筑环境。其具体内涵是：以综合布线为基础，以计算机网络为桥梁，综合配置建筑内的各种功能子系统，全面实现对通信系统，办公自动化系统，建筑内各种设备（空调，供热，给排水、变配电、照明、电梯、消防、公共安全等）的综合管理。

尽管智能建筑的定义在国际上至今尚无一致的认同。但究其实质，所谓智能建筑，是以建筑环境为平台，运用系统工程、系统集成等先进的科学方法和技术，通过对建筑的结构（建筑环境结构）、系统（各应用系统）、服务（用户需求服务）、管理（物业管理等）以及它们之间的内在联系进行最优化设计，而获得的一个投资合理、幽雅舒适、便利快捷、高度安全的建筑（环境空间）。其智能化的实质是信息、资源和服务的综合共享与全局一体化管理。

1.3.1 智能建筑的基本构成

关于智能建筑的基本构成和子系统的划分并没有明确的标准。因此，我们可能会见到将智能建筑称为“3A建筑”或“5A建筑”，甚至“7A建筑”的现象。本书采用将智能建筑划分为三个子系统的观点，即：智能建筑是由基于建筑物环境平台基础之上的三大基本子系统的有机集成所构成的智能化系统，为用户提供舒适、安全、便捷高效的工作与生活环境。三个基本子系统是楼宇自动化系统（BAS，Building Automation System，又称建筑设备自动化系统）、通信网络系统（CNS，Communication Network System）和办公自动化系统（OAS，Office Automation System）。

1. 楼宇自动化系统（BAS）

楼宇自动化系统实现建筑物（群）内的各种机电设备的自动控制，包括供暖、通风、空气调节、给排水、供配电、照明、电梯、消防、保安、车库管理等。通过信息网络组成分散控制、集中监视与管理的监控管理一体化系统，实时检测、显示设备运行参数；监视、控制设备运行状态；根据外界条件、环境因素、负载变化情况自动调节各种设备，使其始终运行于最佳状态；自动实现对电力、供热、供水等能源的调节与管理；提供一个安全、舒适、高效而且节能的工作环境。

2. 通信网络系统（CNS）

通信网络系统用来保证建筑物（群）内、外各种通信联系畅通无阻，并提供网络支持能力。实现对话音、数据、文本、图像、电视及控制信号的收集、传输、控制、处理与利用。通信网络包括：以数字程控交换机（PABX，Private Automatic Branch Exchange）为核心的、以话音为主，兼有数据与传真通信的电话网，连接各种高速数据处理设备的计算机局域网（LAN，Local Area Network）、计算机广域网（WAN，Wide Area Network）、传真网、公用数据网、卫星通信网、无线电话网和综合业务数字网（ISDN，Integrated Services Digital Network）等。借助这些通信网络可以实现建筑物（群）内外、国内外的信息互通、资料查询和资源共享。我们也把通信网络系统称为通信自动化系统（CAS，Communication Automation System）。

3. 办公自动化系统（OAS）

办公自动化系统是服务于具体办公业务的人机交互信息系统。办公自动化系统由多功能电话机、高性能传真机、各类终端、PC、文字处理机、主计算机、声像存储装置等各种办公设备、信息传输与网络设备和相应配套的系统软件、工具软件、应用软件等组成。综合型智能大楼的办公自动化系统，一般包括两大部分：一是服务于建筑物本身的办公自动化系统，如物业管理、运营服务等公共管理、服务部分；二是用户业务领域的办公自动化系统，如金融、外贸、政府部门等专用办公系统。总之，办公自动化系统是应用计算机技术、通信技术、多媒体技术和行为科学等先进技术，使人们的部分办公业务借助于各种办公设备，并由这些办公设备与办公人员构成服务于某种办公目标的人机信息系统。

综上所述，智能建筑是信息时代的必然产物，是信息技术与现代建筑的有机集成。对应于上面的智能建筑定义，可以用如图 1.3 所示的图形通俗地描述智能建筑的定义。因此，智能建筑可简称为 3A 建筑，这是对图 1.3 内涵的简单概括，虽欠严谨，但通俗易懂。某些房地产开发商为吸引客户，提出 FAS（Fire Automation System，消防自动化系统）、SAS（Security Automation System，安全防范自动化系统）或 MAS（Maintenance Automation System，维保自动化系统），加上 3A，还有号称 5A、6A 建筑或更多 A 的建筑。但从国际惯例来看，BAS 也包括 FAS、SAS，OAS 也包括 MAS，因此，还是采用 3A 的概念比较合适，否则难免有人会提出更多 A，反而容易引起混乱，不利于全面理解“智能建筑”定义的内涵。

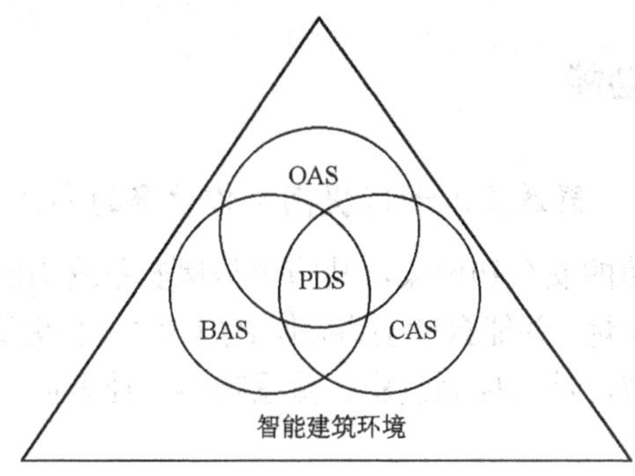

图 1.3 智能建筑构成示意图

1.3.2 智能建筑的系统集成

《智能建筑设计标准》（GB/T50314—2000）将系统集成定义为：将智能建筑内不同功能的智能化子系统在物理上、逻辑上和功能上连接在一起，以实现信息综合、资源共享。

系统集成是将智能建筑中从属于不同子系统和技术领域的所有分离的设备、功能与信息有机地结合成为实现功能综合管理、信息共享的一个相互关联、统一协调的整体。

智能建筑的系统集成是建立在基本子系统软／硬件体系兼容的基础之上，子系统首先实现各自的内部集成，然后通过传输网络、接口和协议，由系统集成中心（SIC，System Integration Center）实现系统的总体集成。综合布线系统（PDS，Premises Distribution System，又译为：GCS，Generic Cabling System）是智能建筑系统集成的基本传输网络，它同时也是建筑物通信（语音、数据）网络系统最基本的传输介质。

综合布线系统以双绞线和光缆为传输介质，采用一套系列化、高质量的标准配件，以模块化组合方式，使建筑物或建筑群内部的语音、数据通信设备、信息交换设备、建筑物业管理及楼宇自动化管理设备等系统之间彼此相连，综合在一套标准灵活、开放的布线系统中，并能使内部通信网络设备与外部通信网络相连。综合布线系统能支持计算机、通信及电子设备等多种应用。

智能建筑系统集成过程可以用如图 1.4 所示的智能建筑系统集成过程示意图简单表示。

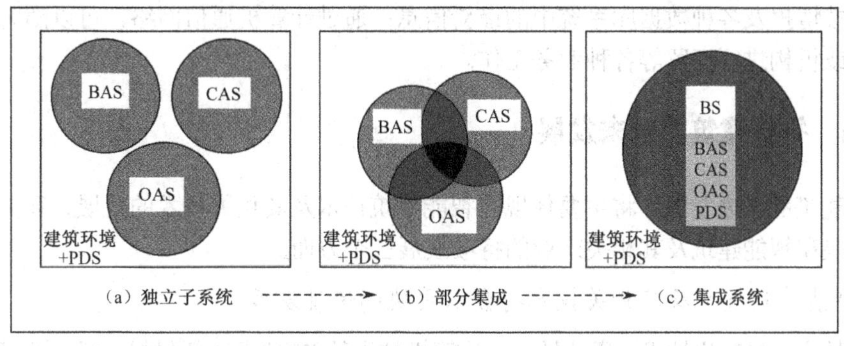

图 1.4 智能建筑系统集成过程示意图

1.3.3 智能建筑的功能

1. 创造了安全、健康、舒适宜人和能提高工作效率的办公环境

智能建筑首先确保环境的安全和健康，其防火与保安系统均已智能化；其空调系统能监测出空气中的有害污染物含量，并能自动消毒，使之成为“安全健康大厦”。智能大厦对温度、湿度、照度均加以自动调节，甚至控制色彩、背景噪声，使人们心情舒畅，从而能大大提高工作效率。

2. 节能

以现代化的商厦为例，其空调与照明系统的能耗很大，约占大厦总能耗的 70%。在满足使用者对环境要求的前提下，智能大厦应通过其“智能”，尽可能利用自然光和大气冷量（或热量）来调节室内环境，以最大限度减少能源消耗。按事先在日历上确定的程序，区分“工作”与“非工作”时间，对室内环境实施不同标准的自动控制，下班后自动降低室内照度与温湿度控制标准，已成为智能大厦的基本功能。利用空调与控制等行业的最新技术，最大限度地节省能源是智能建筑的主要特点之一，其经济性也是智能建筑得以迅速推广的重要原因之一。

3. 能满足多种用户对不同环境功能的要求

传统建筑是根据事先给定的功能要求，完成其建筑与结构设计。智能建筑要求其建筑结构设计必须具有智能功能，必须是开放式结构，允许用户迅速而方便地改变建筑物的使用功能或重新规划建筑平面。室内办公所必需的通信与电力供应也具有极大的灵活性，通过结构化/综合布线系统，在室内分布着多种标准化的弱电与强电插座，只要改变跳接线，就可快速改变插座功能，如变程控电话为计算机通信接口等。智能建筑的灵活性与机动性极强，一天之内，使办公环境面目一新已不足为奇。

4. 现代化的通信手段与办公条件

在信息时代，时间就是金钱。在智能建筑中，用户通过国际直拨电话、可视电话、电子邮件、声音邮件、视频会议、信息检索与统计分析等多种手段，可及时获得全球性金融商业情报、科技情报及各种数据库系统中的最新信息；通过计算机通信网络，可以随时与世界各地的企业或机构进行商贸等各种业务工作。

1.3.4 智能建筑的未来发展

智能建筑的未来发展，将主要体现在智能建筑技术及其相关技术的发展、智能建筑应用领域的发展和智能建筑及其相关产业的持续发展三个方面。

1. 智能建筑技术及其相关技术将会以更快的速度发展

电子技术、自动化技术、通信技术、计算机技术等 IT 技术和新材料、新设备等与建筑业直接相关的技术的发展为智能建筑技术的发展提供了全方位的技术支持。智能建筑已取得的成就和可预见的发展前景，吸引了大量的优秀人才，为智能建筑技术的发展提供了雄厚的人力资源。以国内的情况为例，在智能建筑技术刚进入国内时，从事相关工作的技术人员屈指可数，有经验的专业人士极其缺乏。经过多年的发展，智能建筑及其相关技术与行业的专业

技术人员数量与当年已不可同日而语，已有数量可观的从事智能建筑研究的专业机构先后成立；不少大专院校开设与智能建筑相关的课程，有的大学已开设相关的专业，培养从专科到研究生不同层次的专业人才，为智能建筑技术的持续发展提供可靠的人力资源保证。

由于智能建筑惊人的发展速度和广阔的发展前景，吸引了大量的资金投入，为新技术新产品的研究与开发提供了可靠的资金保证。著名的 SIEMENS 公司，在 20 世纪 90 年代后期通过收购 Landis 公司成熟的技术与产品（其在欧洲市场的占有率最高）进入智能建筑行业，并很快成为国际著名的楼宇自动化技术与产品供应商之一。

2. 智能建筑及其领域的持续扩展

“智能建筑”概念来自于“智能大厦”，早期智能大厦主要是指“楼宇自动化系统”。随着计算机网络系统及与之相关的办公自动化系统、现代通信系统在现代建筑中的重要性不断显现，就自然形成了以“3A”为标志的智能建筑新概念。

随着时代的前进与发展，“智能建筑”范围也在不断地发展与充实。由于建筑智能化技术在住宅建筑中大量的应用，供人们居住的具有智能化、信息化、数字化功能的住宅小区不断涌现，智能化住宅（小区）动态地改变了“智能建筑”原有的涵义，成为“智能建筑”的另一重要组成部分。智能化住宅（小区）的建设与发展，不仅是一个国家经济实力的体现，而且是一个国家科学技术水平的综合标志之一，它成为人类社会住宅建设发展的必然趋势。

在人类社会步入 21 世纪的今天，在现代化城市中，人们建设了越来越多的智能建筑（群），以及具备了“智能建筑”特点的现代化居住小区。虽然它们都建成了自己独具特色的综合“信息系统”，但从整个城市来讲，它们仍只是一个个功能齐全的“信息孤岛”（或者称之为“信息单元”）。如何将这些“信息孤岛”有机地联系起来，更大地发挥它们的功能和作用，进而将整个城市推向现代化、信息化和智能化，“数字化城市”的概念应运而生。在某种意义上，可以认为“数字化城市”是“智能建筑”概念的一个具有特殊意义的扩展。可以设想，在将住宅、社区、医院、银行、学校、超市、购物中心等所有智能建筑通过信息网络连接形成“数字化城市”信息平台之上的“智能建筑”、“智能住宅”或“智能小区”，与现在的“智能建筑”、“智能住宅”或“智能小区”会有多大的差别？这些可以预见的前景，预示着“智能建筑”具有极其广阔的发展领域。

3. 智能建筑及其相关产业的持续发展

国内近几年智能建筑的发展，已经带动和促进了相关行业的迅速发展，已经成为高新技术产业重要的组成部分。智能建筑技术的不断迅速发展和智能建筑领域的持续扩展将会使相关的产业规模不断壮大和发展速度不断加快。近年来不断壮大产业队伍和已形成的产业规模就是例证。

智能建筑的发展，也带动了建筑设备智能化技术的快速发展。近年来制冷机组、电梯、变配电、照明等系统与设备的控制系统的智能化程度越来越高，一方面为智能建筑功能的提高提供有力的技术支持；另一方面也促进了相关行业产品技术水平的不断提高和产品的更新换代。

智能建筑及其相关高新技术产业得以在世界范围内高速发展，绝非个人意志所及，其适应时代发展需要的固有优势，尤其是巨大的经济效益，使之充满活力，方兴未艾，并将成为 21 世纪的主要高技术产业之一。

第 2 章　楼宇自动化控制技术基础

楼宇自动化系统是对建筑（群）的电力设备、照明设备、空调设备、通风设备、给排水设备、火灾报警、消防与灭火设备、送风排烟设备、防盗设备、电梯设备等设备及系统进行监控与管理。每一个设备或系统的具体监控原理、内容和功能不尽相同，但都没有超出**设备与系统的监视、测量、控制与调节**所涵盖的技术范围。

2.1　检测技术与常用传感器

2.1.1　检测技术概述

在楼宇自动化系统中，往往需要对温度、湿度、压力、流量、浓度、液位等参数进行检测和控制，使之处于最佳的工作状态，以便用最少的材料及能源消耗，获得较好的经济效益；同时，也要对建筑内部关系到人身安全、设备与系统运行安全、环境与财产安全的因素与状态进行全面监视，及时发现危险源或险情，并采取有效的防范措施，保证建筑环境的质量与安全，最大限度地保护人身与财产安全。因此必须及时掌握描述它们特性、运行过程的各种参数和反映安全状态的相关变量，首先就要求测量这些参数和变量的值。

测量是取得各种事物的某些特征的直接方法。从计量角度来讲，测量就是把待测的物理量直接或间接地与另一个同类的已知量进行比较，并将已知量或标准量作为计量单位，进而定出被测量是该计量单位的若干倍或几分之几，也就是求出待测量与计量单位的比值作为测量的结果。

自动检测技术归纳起来可以分为两大类：一类是对电压、电流、电量、电抗、功率因数等电量参数的检测；另一类则是运用一定的转换手段，把非电量（如温度、湿度、压力、流量、液位等）参数转变为电量参数，然后进行检测。这些非电量参数到电量参数的转换，是根据电学性质或原理与被测非电量之间的特定关系来实现的。如热敏电阻就是利用温度变化引起被测物体电阻的变化，然后再根据电学原理，将温度值变换成对应的电流或电压值。将非电量转换为电量的器件，通常称为传感器。传感器在自动检测技术中占有极为重要的地位，在某些场合成为解决实际问题的关键。

图 2.1 是电量自动检测单元基本结构图，图 2.2 是非电量自动检测单元基本结构图。

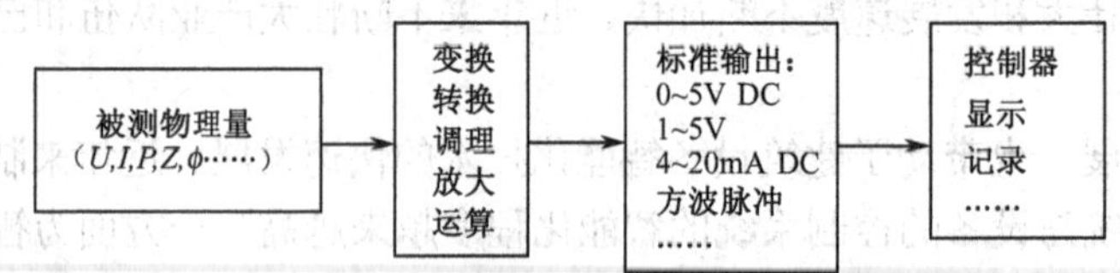

图 2.1　电量自动检测单元的基本结构

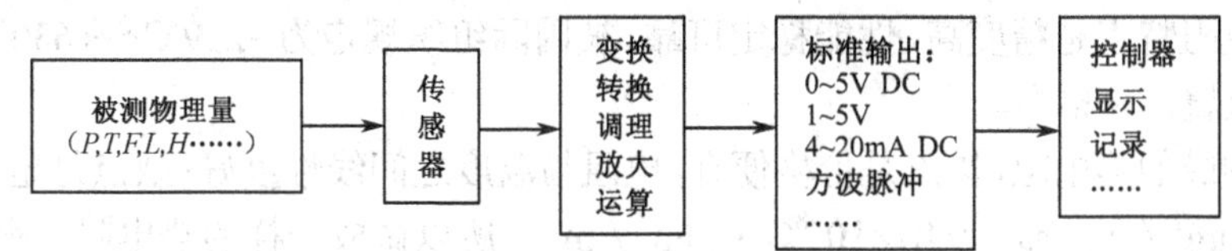

图 2.2　非电量自动检测单元的基本结构

2.1.2　楼宇自动化系统常用传感器

广义的 BAS 是实现建筑物或建筑群内的电力、照明、空调、给排水、防灾、保安、车库管理等设备或系统的集中监视、控制和管理综合系统。传感器 / 探测器是必不可缺的重要组成部分。这里只简单讨论温度、湿度、压力、流量等现代建筑中常用非电物理量的测量传感器的工作原理。用于火灾、防盗、入侵等防灾、保安的传感器 / 探测器在后面对应系统的章节中进行专门讨论。另外，由于电量信号检测与转换的原理易于理解，这里不再进行专门的讨论。

2.1.2.1　温度传感器

温度是表征被测对象冷热程度的物理量，它在楼宇控制中是一个极为重要的参数。温度的自动调节能给人们提供一个舒适的工作与生活环境，通过合理的温度控制又能有效地降低能源的消耗。

现代建筑中对温度的测量通常根据下列方法进行。

（1）电阻测温

铜电阻（−5 ℃～150 ℃）、铂电阻（200 ℃～600 ℃）、热敏电阻（−200 ℃～0 ℃、−50 ℃～50 ℃、0 ℃～300 ℃）的阻值随温度变化而变化，通过测量感温电阻阻值来测量温度。

（2）半导体测温

半导体 PN 结的结电压随温度的变化而变化，通过测量感温元件（结）电压变化来测量温度变化。

（3）热电偶测温

根据热电效应，将两种不同的导体接触并构成回路，若两个接点温度不同，回路中产生热电势。通过测量热电偶的电势测量温度。

1. 热电阻温度传感器

利用导体电阻随温度变化而变化的特性制成的传感器，称为热电阻温度传感器。

在测量低于 150 ℃的温度时，经常利用金属导体的电阻随温度变化的特性进行测温。例如：铜电阻温度系数为 4.25×10^{-3} / ℃，当温度从 0 ℃升高到 100 ℃时，铜电阻增加大约 40%，因此只要确定电阻的变化就能得知温度的高低。

用金属电阻作为感温材料，要求金属电阻温度系数大，电阻与温度成线性关系，在测温范围内物理化学性能稳定。在常用感温材料中首选铜和铂。

金属电阻与温度的线性关系如下

$$R_t=R_0(1+\alpha t) \tag{2-1}$$

式中，R_t 为温度 t 时的电阻值；R_0 为零摄氏度时的电阻值；α 为电阻的温度系数；铂金属 $\alpha=3.908\times10^{-3}$ / ℃，铜金属 $\alpha=(4.25\sim4.28)\times10^{-3}$ / ℃。

铂金属电阻特点是精度高，性能稳定可靠，被国际组织规定为−259℃～+630℃间的基准，但铂属于贵金属，价格高。

铜金属制成的热电阻，优点是价格便宜，电阻与温度之间线性度好；缺点是电阻率低（$\rho_{Cu}=1.7\times10^{-8}\Omega\cdot mm^2/m$，$\rho_{Pt}=9.81\times10^{-8}\Omega\cdot mm^2/m$），所以做成一样的热电阻，铜电阻要更细更长，机械强度差，体积也大些。另外，铜高温时易氧化，只能在低温及没有侵蚀性介质中工作。用镍制成的热电阻，正好能弥补铜电阻缺陷，价格又比铂低。因此，在要求高精度、高稳定性的测量回路中，通常用铂热电阻材料的传感器。对精度要求不高时，可选用镍电阻传感器或铜电阻传感器，前者较后者稳定性高。

在使用热电阻测温时，要充分注意热电阻与外部导线的连接，因为外部的连接导线与热电阻是串联的，如果导线电阻不确定，测温是无法进行的，因此不管外接导线长短，必须使导线电阻符合规定值（由检测仪表决定，一般为 5 Ω），如果不足，用锰铜电阻丝补齐。为了提高测量精度，常用三线热电阻电桥测量法。

利用半导体的电阻随温度变化的属性制成温度传感器，是常采用的又一种测温方法。

半导体的电阻对温度的灵敏度特别高，在一些精度要求不高的测量和控制电路中得到广泛应用，上述提及的铜电阻当温度每变化 1 ℃时，阻值变化 0.4%～0.5%。而半导体电阻温度每变化 1 ℃，则阻值变化可达 2%～6%，所以其灵敏度要比其他金属电阻高一个数量级，因此将它作为热敏电阻时，其测量和放大线路非常简单。

半导体热敏电阻的温度系数是负的，温度升高时，半导体材料内部载流子密度增加，故电阻下降，其电阻和温度关系为

$$R_T = R_{T_0}\mathrm{e}^{\beta(1/T+1/T_0)} \tag{2-2}$$

式中，R_T、R_{T_0} 分别表示 T（K）与 T_0（K）时的电阻阻值，β 为常数，与材料成分及制造方法有关。

由于半导体热敏电阻的特性曲线不太一致，互换性差，使其在实际应用上受到一定的限制。目前半导体热敏电阻的使用温度为−50 ℃～+300 ℃。

2. 热电势温度传感器

半导体测温、热电偶测温都属于利用热电势测温的范围。

（1）以热电偶为材料的热电势传感器

两种不同的导体或半导体连接成闭合回路时，若两个不同材料接点处温度不同，回路中就会出现热电动势，并产生电流。这一热电动势包括接触电势和温差电势两部分，主要是由接触电势组成。

两种不同导体 A、B 接触时，由于两边自由电子密度不同，在交界面上产生电子的相互扩散，致使在 A、B 接触时产生电场，以阻碍电子的进一步扩散，达到最后平衡。平衡时接触电动势取决于两种材料的种类和接触点的温度，这种装置称为热电偶。

将热电偶材料一端温度保持恒定（称为自由端或冷端），而将另一端插在需要测温的地方，这样两端的热电势就是被测温度（工作端或热端）的函数，只要测出这一电势值，就能确定被测点的温度。

组成热电偶的材料，必须在测温范围内有稳定的化学与物理性质，热电势要大，与温度接近线性关系。

铂及其合金属于贵金属，其组成的热电偶价格最贵，优点是热电势非常稳定。铜、康铜价格最便宜；镍铬、考铜居中，且它的灵敏度又最高。由于热电偶的热电势大小不仅与测量

温度有关，还决定于自由端（冷端）温度，即电势的大小取决于测量端与自由端的温差。由于自由端距热源较近，因而其温度波动较大，给测量带来误差，为克服这个缺点，通常需采用补偿导线和热电偶连接，补偿导线的作用就是将热电偶的自由端延长到距热源较远、温度比较稳定的地方，对补偿导线的要求是它在温度比较低时的特性与热电偶相同或接近，且价格低廉。常用的各种热电偶材料、测量范围、灵敏度及特点见表 2.1。

表 2.1　几种常用的标准型热电偶

热电偶名称	分度号	热电丝材料	测温范围（℃）	平均灵敏度	特　点
铂铑 $_{30}$—铂铑 $_{6}$	B	正极 Pt70%，Rh30% 负极 Pt94%，Rh 6%	0～+1800	10μV/℃	价贵，稳定性好，精度高，在氧化气氛使用
铂铑 $_{10}$—铂	S	正极 Pt90%，Rh 10% 负极 Pt100%	0～+1600	10μV/℃	同上，线性度优于 B
镍铬—镍硅	K	正极 Ni90%，Cr10% 负极 Ni 97%，Si2.5% Mn0.5%	0～+1300	40μV/℃	线性好，价廉，稳定，可在氧化及中性气氛中使用
镍铬—康铜	E	正极 Ni90%，Cr10% 负极 Ni60%，Cu60%	−200～+900	80μV/℃	灵敏度高，价廉，可在氧化及弱还原气氛中使用
铜—康铜	T	正极 Cu100% 负极 Ni60%，Cu60%	−200～+400	50μV/℃	价廉，但铜易氧化，常用于 150℃以下温度测量

（2）以半导体 PN 结为材料的热电势传感器

利用温度变化引起半导体 PN 结结电压变化的传感器，称为热电势传感器。常用的集成温度传感器，就是这类热电势传感器。这种传感器使用方便，工作可靠，价格便宜，且具有高精度的放大电路。在−50 ℃～150 ℃之间，按 1μA / K 的恒定比值，输出一个与温度正比的电流，通过对电流的测量，即可测得所要的温度值。集成温度传感器，输出阻抗高，适用于远距离传输。

2.1.2.2　湿度传感器

在现代建筑中，根据不同的场所，不同的工作环境，需要把空气湿度控制在相应的范围，湿度过高、过低都会使人感到不适。在一定的温度和压力下，单位体积空气中所含的水蒸气量称为绝对湿度，单位为 g / m^3。空气中所含实际水蒸气量与同一温度下所含最大水蒸气量的比值用百分比表示，称为相对湿度，单位为%RH。相对湿度与该温度下空气的最大水蒸气量有关，是一个与温度相关的物理量。

在一定压力下，含一定量水蒸气的空气，当温度降到一定值时，空气中的水蒸气将达到饱和状态，开始由气态变成液态，称为“结露”，此时的温度称露点，单位为℃。温度继续下降，液态可能要变成固态，即结冰。冰冻会给设备带来一定的危害，这在系统控制中一定要加以注意。

湿度测量一般用湿敏元件，常用湿敏元件有阻抗式和电容式两种。阻抗式湿敏元件的阻抗与温度呈非线性关系，电容式湿敏元件的阻抗与温度基本呈线性关系。

1. 阻抗式湿度传感器

（1）金属氧化物湿度传感器

硒蒸发膜湿度传感器是利用硒薄膜具有较大的吸湿面这一特点研制而成的。在绝缘管上镀上一层铂膜，然后以细螺距将铂膜刻成宽约为 0.1 cm 的螺旋状，以此作为两个电极，在两个电极之间蒸发上硒，两极间电阻大小随着吸湿面硒上的湿度大小而变化。这种传感器能在高湿度环境中连续使用，性能稳定。

（2）磁胶体湿度传感器

磁胶体湿度传感器采用在氧化铝基片上制做一对梳状金电极，然后选用粒径 100～250Å（埃）优质纯磁粉制成胶状体，用喷涂法在电极上涂约 30 μm，最后在 100 ℃～200 ℃温度下加热 1 小时，即可得到很实用的湿度传感器。这类传感器制作容易，价格便宜，可以做成各种形状，互换性能好。随着相对湿度的增加，两电极间电阻接近线性下降。这类传感器湿度检测范围在 30%～95%RH 的相对湿度内。通常用金属氧化物制作的湿度传感器的特性曲线会出现滞后现象，但磁胶体湿度传感器的滞后现象不明显，并且它的湿度特性也较好。

使用阻抗式湿度传感器时，需对传感器供电，供电频率为 1 kHz，相对湿度的变化使传感器电抗随之变化，如 40%RH 时，阻抗为 68 kΩ；60%RH 时，阻抗为 29 kΩ；80%RH 时，阻抗为 7 kΩ。这使调试更为方便、简单。

2. 电容式湿度传感器

电容式湿度传感器，先是在一玻璃基片上做一个电极，上面喷涂一层 1μm 厚的聚合物，聚合物容易吸收空气中的水分，也容易将水分散发掉，在聚合物上再做一个可透气的金属薄膜为第二电极，厚度为 100 Å（埃），相对湿度的变化影响了聚合物的介电常数，从而改变了传感器的电容值。电容与湿度基本呈线性关系。

电容式湿度传感器元件尺寸小，响应快，温度系数小，有良好的稳定性，也是常选用的湿度传感器。

2.1.2.3　压力传感器

压力传感器是将压力转换成电流或电压的器件，可用于测量压力和液位。对压力的测量由于条件不同，测量精度的要求不同，所使用的敏感器件也不一样。

1. 利用金属弹性制成的压力传感器

利用金属材料的弹性制成的测压元件来测量压力是常用的一种测压方法。

在民用建筑中最常用的弹性测量元件有弹簧、弹簧管、波纹管和弹性膜片。这些测压元件是先将压力变化转换成位移的变化，然后再将位移的变化通过磁电或其他电学方法转换成能方便检测、传输、处理、显示的电物理量。

（1）电阻式压差传感器

将测压弹性元件的输出位移变换成滑动电阻的触点位移，这样被测压力的变化就可转换成滑动电阻阻值的变化，把这一滑动电阻与其他电阻接成桥路，当阻值发生变化时，电桥输出不平衡电压。

（2）电容式压差传感器

这是现在最常见的一种压力传感器。它是用两块弹性强度好的金属平板作为差动可变电容器的两个活动电极，被测压力分别置于两块金属平板两侧，在压力的作用下，能产生相应位移。当可动极板与另一电极的距离发生变化时，则相应的平板电容器的电容值发生变化，最后由变送器将变化的电容转换成相应的标准电压或电流信号。

（3）霍尔压力传感器

霍尔压力传感器是通过霍尔元件，将弹性元件感受的压力变化所引起的位移转换成电压信号。

霍尔元件实际上是一块半导体元件。如果在霍尔元件纵向端口通入控制电流 I，在与 I 垂直的方向加一磁场，其磁感应强度为 B，则在与电流和磁场垂直的霍尔元件横向端将产生电位差 V_H，这种现象称为霍尔效应，产生的电位差叫霍尔电势，这种半导体元件称为霍尔元件，原理如图 2.3 所示。

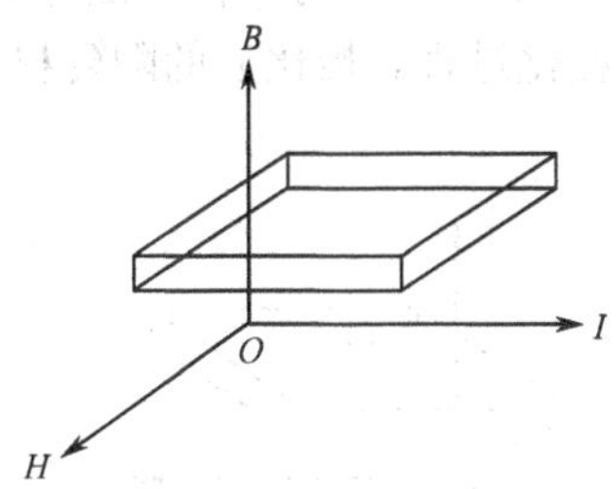

图 2.3　霍尔效应原理示意图

霍尔电势大小与控制电流和磁感应强度的乘积成正比，与沿磁场方向的霍尔元件厚度 d 成反比。

$$V_H = \frac{4\pi R_H}{d} IBf_H \text{（V）} \tag{2-3}$$

式中：

d：霍尔片厚度（m）；

B：磁感应强度（A/m）；

f_H：形状因子，一般取 0.88～0.99；

I：控制电流（A）；

R_H：霍尔系数（m^3/c）（$R_H=\mu/\sigma$）；

μ：材料载流子的迁移率（$m^2/V \cdot s$）；

σ：材料电导率（s/m）。

把霍尔元件固定在弹性元件上，当弹性元件受压变形后产生位移，带动霍尔元件运动，将霍尔元件放在具有均匀梯度的磁场内（不均匀磁场），当霍尔元件随压力变化而运动时，则作用于霍尔片上的磁场强度变化，霍尔电势也随之变化，霍尔电势的大小正比于位移的变化，这样也就完成了压力变化→机械位移→霍尔电势的变化。

霍尔压力传感器只能用于测量动态压力和快速脉动压力，而对其他压力的测量这种压力传感器就无能为力了。

2. 压电式压力传感器

压电传感器是利用某些材料的压电效应原理制成的，具有这种效应的材料如压电陶瓷、压电晶体称之为压电材料。

压电效应就是压电材料在一定方向受外力作用而产生形变时，内部将产生极化现象，同时在其表面上产生电荷，当去掉外力时，又重新返回不带电的状态，这种机械能转变成电能的现象，称之为压电现象，而压电材料上电荷量的大小与外力的大小成正比。

通常的压电材料是人工合成的，天然的压电晶体也有压电现象，但效率低，利用难度较大，应用较少。只有在高温或低温状态下，才用单晶石英晶体。

（1）压电陶瓷传感器

压电陶瓷是人工烧结的一种常用的多晶压电材料。压电陶瓷烧结方便，容易成形，强度高，而且压电系数高，为天然单晶石英晶体的几百倍，而成本只有石英单晶的百分之一，因此压电陶瓷广泛被用做高效压力传感器的材料。常用的压电陶瓷材料有钛酸钡（$BaTiO_3$）、锆钛酸铅等。

压电陶瓷材料烧结后，经过极化才具有压电性。这种陶瓷材料内部有许多无规则排列的

“电畴”，这些“电畴”在一定外界温度和强极化电场的作用下，按外电场的方向整齐排列，这就是极化过程。极化后的陶瓷材料，撤去外界的极化电场，其内部电畴的排列不变，具有很强的极化排列，这时陶瓷材料才具有压电性。

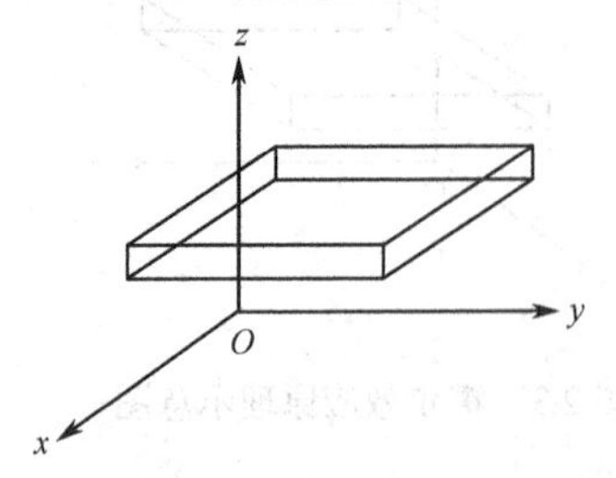

图 2.4　压电陶瓷极化方向示意图

如图 2.4 所示，压电陶瓷的极化方向为 z 轴方向，而在 z 轴方向上受外力作用，则垂直于 z 轴的 x、y 轴平面的上、下面出现正负电荷。

若在材料 x 轴方向或 y 轴方向接受外力作用，同样在 x、y 轴平面的上下面出现电荷的堆积，电量大小与受力的大小成正比，压电陶瓷受外力作用，在晶体上下面出现感应电荷，相当于形成一个静电场，或是一个以压电材料为介质的电容器。电容量大小为

$$C = \varepsilon_0 \varepsilon_{\mathrm{r}} \frac{A}{d} \tag{2-4}$$

式中：

ε_0：真空介电常数（8.85×10^{-12}F/m）；

ε_{r}：压电材料相对介电常数；

A：极板面积（m^2）；

d：压电材料厚度。

而电容两端开路电压 $U=Q/C$，Q 为极板上电荷量，其大小取决于外界力的大小。因为电量 Q 很小，因此感应出的电压也很小。为了能检测到 U 的变化量，要求陶瓷本身有极高的阻抗，同时前级放大器也应有极高的输入阻抗，通常检测电路的前级放大器使用场效应管。由于输入阻抗极高，极易串入干扰信号，为此希望前级放大器直接接在传感器的输出端，信号经放大后输出一个高电平、低阻抗的检测信号。

（2）有机压电材料传感器

有机压电材料是新研究开发的新型压电材料，如聚氯乙烯 PVC、聚二氟乙烯 $\mathrm{FVF_2}$。它们具有柔软、不易破碎的特点，因此也广泛地应用在压力测量领域。

3. 半导体压力传感器

半导体压力传感器是利用 Si 晶体的压电电阻效应的半导体压力测量元件。当半导体材料 Si 受外力作用时，晶体处于扭曲状态，由于载流子迁移率的变化而导致结晶阻抗变化的现象称为压电电阻效应，用ΔR 表示晶体阻抗的变化，它的变化率为

$$\Delta R/R= (\Delta\rho/\rho)\, t\sigma = G\sigma \tag{2-5}$$

式中：

t：压电电阻系数；

ρ：电阻率；

σ：应力；

G：比例因子。

半导体压力传感器的比例因子 G 高达 200，G 越高，灵敏度越高。

图 2.5 为半导体压力测量元件的结构图。

当 Si 膜片受压时，应力分布如图 2.6（a）所示。扩散电阻阻值发生变化，把 $\mathrm{R_1}$、$\mathrm{R_2}$、$\mathrm{R_3}$、$\mathrm{R_4}$ 接成桥路，如图 2.6（b）所示。输出电压随压力的变化而变化，且线性较好。

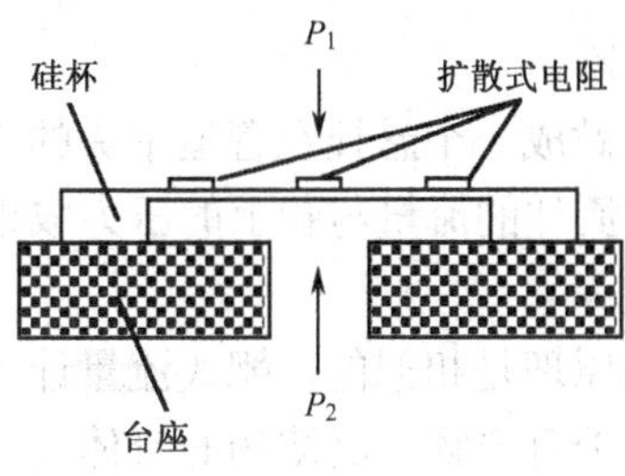

图 2.5 半导体压力传感器结构图

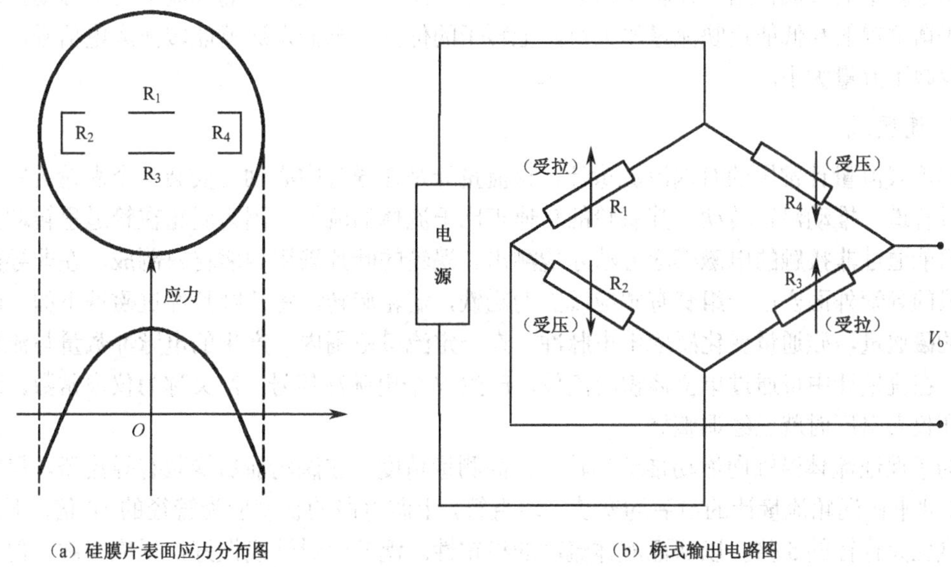

图 2.6 硅膜片上的电阻、硅膜片应力分布、测量输出电路

用来检测压力的传感器还有静电容压力传感器和硅振动式压力传感器。静电容压力传感器是将压力膜微小的位置变化转化成静电容变化的传感器。硅振动式压力传感器是用微加工方法将硅膜片加工成长 50 μm、宽 20～30 μm、厚 5 μm 的硅振子膜片，当膜片受到压力，就把压力转换成张力，使膜片产生振动。为防止振子的污染和劣化，使振子不直接与测量物体接触，而将其全部封在真空室内，硅振动式压力传感器对工作条件的要求是极高的，有关内容就不再详述了。

2.1.2.4 流量传感器

测量流量的方法很多，常用节流式、速度式、容积式和电磁式，使用时经常根据精度要求、测量范围，选择不同的方式。

1. 节流式

在被测管道上安装一节流器件，如孔板、喷嘴、靶、转子等，使流体流过这些阻挡体时，流动状态发生变化，根据流体对节流元件的推力和节流元件前后的压力差，可以测定流量的大小。再根据上节所述把节流元件两端的压差或节流元件上的推力转换成标准的电信号。

压差式流量计是在管道中按上一孔板作为节流元件，当流体经过这一孔板时，载流面缩小，流速加快，压力下降，测出孔板前后压力差，而流量的大小与节流元件前后压力差的平方根成正比，把压力差转换成相应的电压或电流量信号。压差流量计精度稍差，但结构简单，制造方便，是一种常用的流量仪器。

靶式流量计则是把节流元件做成一个悬挂在管道中央的小靶，输出信号取自作用于靶上的压力。同样可以得出通过管道流体的流量与靶上的压力成正比，只要测出靶上的推力 F，就得到流量的大小。

靶式流量计和压差流量计的原理是相似的，靶式流量计则经常用于高黏度的流体，如重油、沥青等流量的测量，也适用于有浮物、沉淀物的流体。

转子流量计是把可以转动的转子放在圆锥型的测量管道中，当被测流体自下而上流过时，由于转子的节流作用，在转子前后产生压差，而转子在这压差的控制下上下移动，这时转子平衡位置的高低能反映流量的大小，把转子的位置用电器发送就能转换成电信号，也就直接反映了流量大小。

2. 速度式

速度式流量计常用的有涡流流量计，该流量计是在导管中心轴上安装一个涡轮装置，流体流过管道，推动涡轮转动，其涡轮的转速正比于流体的流量。因为涡轮在管道里转动，其转速只能通过非接触的电磁感应方法才能测出。涡轮的叶片采用导磁材料制成，在非导磁材料做成的导管外面安放一组套有感应线圈的磁铁，涡轮旋转，每片叶片经过磁铁下面，改变磁铁的磁通量，磁通量变化感应出电脉冲。在一定流量范围内，产生的电脉冲数量与流量成正比，在流量计中每通过单位体积的流体，产生 N 个电脉冲信号，N 又称为仪表常数。这个常数在仪表出厂时就已经调整好。

为了保证流体沿轴向流动推动涡轮，提高测量精度，在涡轮前后均装有导流器。尽管如此，还要求在涡轮流量计的前后均安装一段直管，上游直段的长度应为管径的 10 倍，下游直管长度应为管径的 5 倍，以保证液体流动的稳定性。涡轮流量计线性好，反应灵敏，但只能在清洁流体中使用。

光纤式涡轮传感器，在传感器涡轮叶片上贴一小块具有高反射率的薄片或一层反射膜，探头内的光源通过光纤把光线映射到涡轮叶片上，当反射片通过光纤入射口时，入射光线被反射到探测探头上，探头由光电器件组成，光线射到光电器件后变成电脉冲，计算出电脉冲数就能算出涡轮的转速，进而计算出流体的流量。

光纤涡轮传感器具有重现性和稳定性好的特点。不受环境、电磁、温度等因素干扰的优点，显示迅速，测量范围大；缺点是只能用来测量透明的气体和液体。

3. 容积式

容积式流量计通常有椭圆齿轮流量计，它靠一对加工精良的椭圆齿轮在一个转动周期里，排出一定量的流体，只要累计出齿轮转动的圈数，就可以得知一段时间内的流体总量。这种流量计是按照固定的排出量计算流体的流量，只要椭圆齿轮加工精确，防止腐蚀和磨损，就可达到极高的测量精度，一般可达到 0.2%～0.55%，所以常用于精密测量，该流量计经常用于高黏度的流体测量。

4. 电磁式

电磁式流量计常用于测量导电液体流量，被测液体的导电率应小于 50～100 μΩ/cm。在测量管的两侧安装磁铁能在测量管中形成磁场，利用导电液体通过磁场时在两固定电极上感应出的电动势测量流速，这一电动势的大小与流量大小成正比。

电磁流量计的优点是在管道中不设任何节流元件，因此可以测量各种黏度的导电液体，特别适合测量含有各种纤维和固体污物的腐体，此外对腐蚀性液体也适用。除了测量管中一对电极与被测流体接触外，没有其他零件与之接触，工作可靠，精度高，线性好，测量范围大，反应速度又快。

除上述流量计外还有涡街流量计、超声流量计等其他形式的流量计，在楼宇自动化系统中用到时，可参考相关技术资料和产品说明书，这里就不再讨论了。

2.1.2.5　液位检测传感器

在现代化楼宇中，经常要求对供、排水的水位进行检测和控制。对液位监控的传感器，可以是电容式的，也可以是电阻式的，传统的浮球开关作为开关量的传感器，仍被广泛地用于液位监测。

1. 电阻式液位传感器

电阻式液位传感器是把液体的电阻作为监控的对象，在液体介质中安装几个金属接点，利用介质的导电性，接通检测控制回路，检测液体液位的高低。为了更精确地连续反映液位的高低，也可在容器内安置浮筒，构成浮筒式液位计，浮筒经过一连杆与滑动电阻器中心滑动触点相连，随液位升降，滑动电阻器的阻值也相应发生变化。选择精度较高、性能稳定、线性较好的滑线变阻器，即可由变阻器的电阻值精确反映出液面的高度。也可将浮筒与一压力弹簧相连，浮筒重量大于浮力，无液体时，浮筒的重量靠弹簧拉力平衡，当有液体时，浮筒受到浮力，减轻了弹簧拉力，浮力的大小与弹簧形变的恢复成正比，通过位移－电压转换器，输出与浮力相对应的检测电压。

这种检测仪表结构简单，价格便宜，但只能用于无腐蚀液体中，否则液体的腐蚀会使弹簧的弹性系数发生变化，给测量带来误差。该仪表适用于 200cm 以内、密度为 0.1～0.5g/cm^3 液体界面的连续测量。

2. 电容式液位传感器

电容式液位计是用于对液体液位进行连续精密测量的仪器。它是用金属棒和与之绝缘的金属外筒作为两电极，外筒电极底部有孔，金属筒高为 L。被测液体能够进入内外电极之间的空间中，当液面低于液位计、电极间没有液体时，此时液位计相当于一个以空气为介质的同心圆筒电容，其电容值为：

$$C_0 = \frac{2\pi\varepsilon_0 L}{\ln\dfrac{D}{d}} \tag{2-6}$$

ε_0：空气的介电常数；

L：圆筒电极的高度；

D：外电极的内径；

d：内电极的外径。

当液面上升到高度 H（$H<L$）时，则液位计的电容为两段电容的并联，上段电容介质为空气，高为 $L-H$，介电常数为 ε_0，下段电容介质为液体，高度为 H，介电常数为 ε，故此时电容量为

$$C = \frac{2\pi\varepsilon H}{\ln\dfrac{D}{d}} + \frac{2\pi\varepsilon_0(L-H)}{\ln\dfrac{D}{d}} = \frac{2\pi(\varepsilon-\varepsilon_0)H}{\ln\dfrac{D}{d}} + \frac{2\pi\varepsilon_0 L}{\ln\dfrac{D}{d}} \tag{2-7}$$

从式（2-7）可知，电容量与液面高度 H 成线性关系，测得此刻的电容量值，便可测知

液面高度。测量灵敏度与（$\varepsilon-\varepsilon_0$）成正比，与 ln（$D/d$）成反比。这种方法经常用于测量油类非导电性液体的液位。

如被测液体是水或导电液体，则可在内电极上套一绝缘层，如搪瓷、塑料套管等；若容器是金属，则可用容器外壳作为一个电极。如容器直径太大，则可用一个金属圆筒作为一个外电极，当没有液体时，液位计的容量内介质是空气和棒上的绝缘层，电容量很小。当液体液位上升到 H 时，由于液体的导电性能，电容量大大增加，此刻电容量的大小与液位的高度成正比。

使用电容式液位计时，应充分考虑液体的介电常数随温度、杂质成分等变化可能引起的测量误差。

若把内电极做成一个外表面绝缘的浮筒，套在外筒内（如容器是金属的，则容器当做另一电极），外筒当做另一电极，浮筒是一个活动的电极。当液体发生变化时，浮筒位置随之发生变化，相当于电容的极板面积的变化。这时，极板面积又与液位高低成正比，即此刻液位计的电容量 C 就与液位的高低成正比，读出电容量 C 就能得出液位高度。

2.1.2.6 空气质量传感器

现代楼宇要求有一个舒适的生活和工作环境，除了要提供一个合适的温度和湿度环境外，同时还应不断补充新鲜空气，因此对空气质量的监测也是非常重要的。

空气质量传感器主要是用于检测空气中 CO_2 和 CO 的含量。如果室内 CO_2 含量过高，应启动新风机组，向室内补充新鲜空气以提高空气质量。汽车库内的空气质量传感器主要用以检测车库内 CO_2 与 CO 的浓度，检测汽车尾气的排放量，及时启动排风机，以加强车库的换气量，保证库内空气质量与环境安全。

空气质量传感器最常用的为半导体气体传感器。传感器平时加热到稳定状态，空气接触到传感器的表面时被吸附，一部分分子被蒸发，残余的分子经热分解而固定在吸附处，有些气体在吸附处取得电子变成负离子吸附，这种具有负离子吸附倾向的气体称为氧化型气体，或电子接收型气体，如 O_2、NO。另一些气体在吸附处释放电子而成为正离子吸附，具有这种正离子吸附倾向的气体，称为还原型气体，或电子供给型气体，如 H_2、CO、氧化合物和酒类等。当这些氧化性气体吸附在 N 型半导体上，还原性气体吸附在 P 型半导体上时，将使半导体的载流子减少。反之，当还原性气体吸附到 N 型半导体上，而氧化性气体吸附到 P 型半导体上时，使载流子增加。正常情况下，敏感器件的氧吸附量为一定，即半导体的载流子浓度是一定的，如异常气体流到传感器上，器件表面发生吸附变化，器件的载流子浓度也随之发生变化，这样就可测出异常气体浓度大小。

半导体气体传感器的优点是制作和使用方便，价格便宜，响应快，灵敏度高，因此被广泛地用在现代建筑的气体监控中。

2.2 自动控制基本原理与系统组成

2.2.1 闭环控制/调节系统的组成

一般的自动控制系统由被控对象、检测仪表或装置、调节器 / 控制器和执行器几个基本部分组成。检测仪表对被控对象的被控参数进行测量，调节器根据给定值与测量值的偏差并按一定的调节规律发出调节命令，控制执行器对被控对象的被控参数进行控制，使被控参数满足要求。这类控制系统就是闭环控制系统，也称为调节系统，如图 2.7 所示。

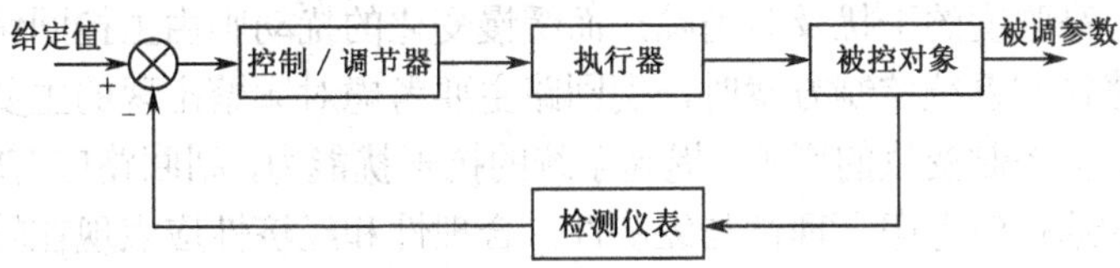

图 2.7　闭环控制系统原理框图

常用的控制系统根据其组成结构的不同可分为：单回路系统、多回路系统、比值系统、复合系统等。

1. 单回路控制/调节系统

单回路系统一般指在一个控制对象上用一个调节器来控制一个被控参数，调节器只接受一个测量信号，其输出也只控制一个执行机构。系统如图 2.8 所示。

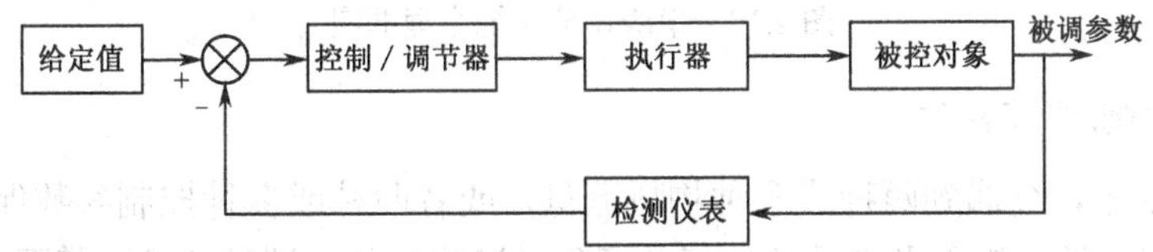

图 2.8　单回路控制系统框图

现代楼宇控制中，单回路控制 / 调节系统能够满足绝大部分的控制要求，因此，它在楼宇控制中的用量很大。单回路系统结构简单、明了，投资小，只要系统设计合理、选择合适的调节器和适当的调节规律，就能使系统满足控制要求。

2. 多回路控制/调节系统

如果被控制对象的动态特性较为复杂，惯性比较大，采用单回路控制往往不能满足要求。对这类控制对象，可寻找某一惯性较小、能及时反映干扰影响的中间变量或参数作为辅助控制变量，通过辅助回路对辅助变量的及时控制，共同完成对主要被控参数的调节与控制，这就组成了多回路系统。如图 2.9 所示。

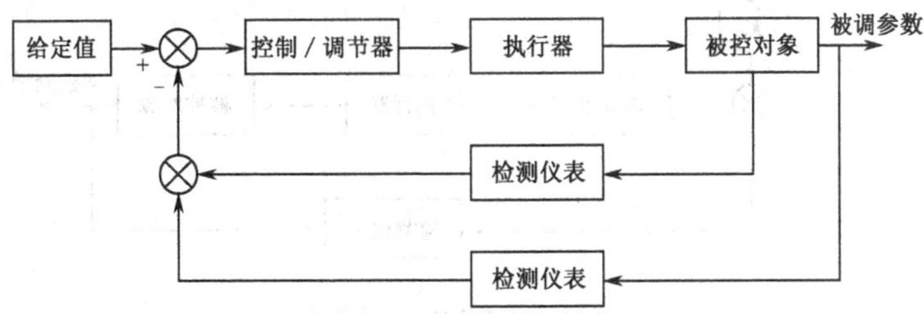

图 2.9　多回路控制系统原理框图

辅助变量的选择，要求它与主要被调参数关系密切，在扰动出现时，其变化比主要被调参数的变化更快，而且容易检测、转换。图 2.10 是多回路控制系统的另一种形式，它由主、副两个控制回路构成，主、副两个控制回路的调节器相串联，所以又称串联多回路调节系统，简称串级调节系统。

被控参数通过反馈构成主回路，而对主控量变化起主要影响的辅助变量反馈后构成副回路，主副回路相串联。副回路的给定值为一变量，它是主控变量经主调节器调节后的输出量。

因而，副回路是一个随主回路变动而能自动调节的随动系统。副回路被加在主控回路中，将随机的、频繁的、高强度的干扰及时消除，而缓慢变化的扰动则由主控回路去控制。因此，在选择串联多回路控制系统控制方案时，副回路主要考虑对频繁出现的主要干扰进行控制，以减少主要干扰对被控制变量的影响，提高系统的抗干扰能力，副回路应有较快的反应速度。另外，对副回路的选择应考虑合理性与经济性，合理性和经济性应表现在辅助变量对主变量影响的重要性——辅助变量应能快速、准确地跟随主调节器的输出而变化。

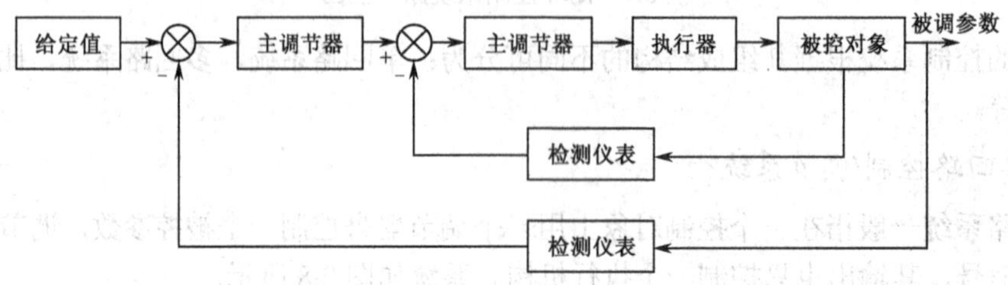

图 2.10　串级调节系统原理框图

3. 比值控制/调节系统

在某些系统中，会遇到两种或多种物料流量，或者两种或多种控制参数保持严格的比例关系。一旦比例失调，就会影响系统的正常运行，浪费原料，消耗能源，甚至造成环境污染，引发事故。

凡是这种实现两种或多种物料流量，或者两种或多种控制参数保持严格比例关系的自动控制系统称为比值控制系统。

在比值控制系统中，有一个被控变量（我们称为 A 变量或主变量）处于主导地位，另外一个（或几个）被控变量（我们称为 B 变量或辅变量）与主变量保持一定比例。比值控制系统的组成如图 2.11 所示。

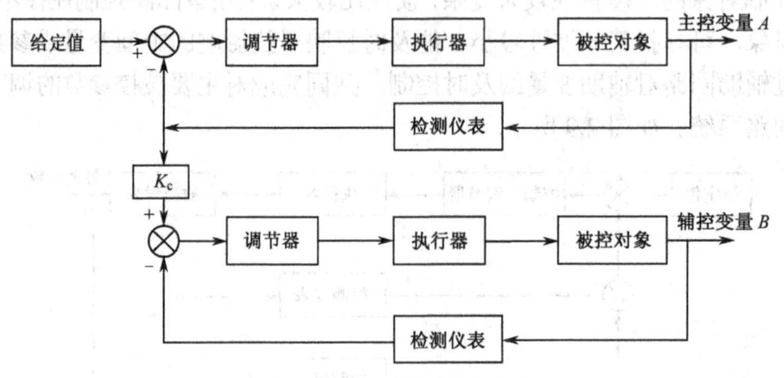

图 2.11　比值控制系统框图

在比值控制系统中，辅变量是随主变量按一定比例变化的，因此，辅回路实际上是一种随动控制系统。当主变量不要求控制时，可采用单闭环比值控制系统。单闭环比值控制系统组成如图 2.12 所示。

比值控制系统中的比值系数 K_c 由比例系数 K 决定，对于确定的比例系数 K 值，当检测仪表不同时，控制系统中的比值系数 K_c 值可能不同，这一点必须注意。

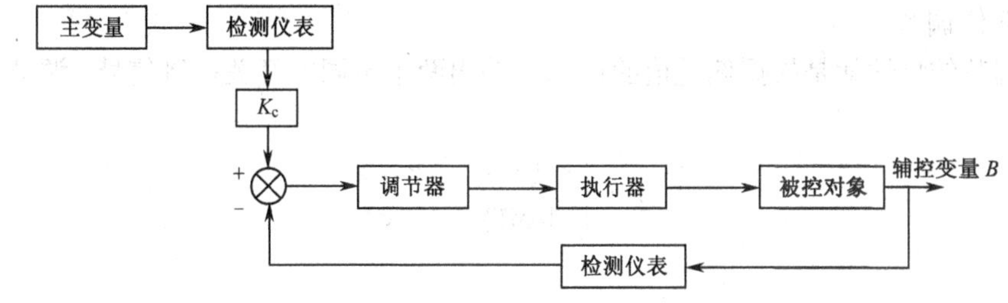

图 2.12 单回路比值控制系统框图

4. 复合控制/调节系统

上述几个控制系统均是利用反馈原理组成的闭环控制系统，系统把干扰引起被调变量的变化与相应给定值比较后调节控制，完全是“事后”调节。而在复合控制系统中，前馈通道直接对特定的干扰信号进行检测，并按照一定的控制规律，通过前馈控制通道（补偿器）对控制对象进行控制。由于前馈控制是按干扰进行控制，有可能把干扰对被调参数的影响完全消除而不出现偏差。但一个前馈控制通道只能对一个特定干扰源进行控制，而对其他的干扰无能为力。而对所有可能的干扰进行前馈控制不可行，也不经济。所以在复合控制系统中，对主要干扰进行前馈控制，通过反馈回路对其他可能的干扰进行调节控制，以保证被调参数的控制指标。复合控制系统组成如图 2.13 所示。

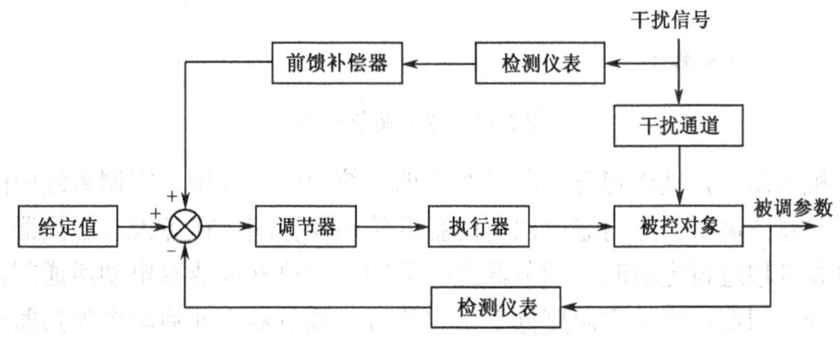

图 2.13 复合控制系统框图

2.2.2 控制器调节特性及其选择

闭环控制系统控制器（也称调节器）的作用是把测量值和给定值进行比较，得出偏差后，根据一定的调节规律计算出输出信号，控制执行器对控制对象进行自动控制，实现对被控变量的调节。

调节器虽然经过了气动调节器、液动调节器、电动模拟调节器、数字调节器等不同的发展阶段，但其基本的控制规律也在不断地改进，但并没有发生根本的变化。在楼宇自动化系统中的调节器，不管是开关式的位式控制器、模拟调节器还是数字化的 DDC 控制器，其控制规律绝大部分仍采用传统的**位置式、比例式、积分式、比例＋积分式和比例＋积分＋微分式**五种。后面这四种一般简称为 P（Proportional）调节、I（Integral）调节、PI（Proportional+Integral）调节和 PID（Proportional+Integral+Differetial）调节，积分调节器单独使用的场合很少。

1. 位置式调节

所谓位置调节，也就是开关控制或开关调节。位置调节分双位调节和三位调节两种。

（1）双位调节

双位调节的特性就是根据偏差值的正/负，输出两个不同的开关控制信号。调节器的方程如下

$$p=\begin{cases}+1(\text{on}) & e>0\\ -1(\text{off}) & e<0\end{cases} \tag{2-8}$$

式中

P：双位调节器的输出，取开（+1，on）、关（−1 或 0，off）两种状态；

e：偏差值。

其特性如图 2.14（a）所示。

实际使用双位调节存在滞环区，所谓滞环区是指**不至于引起调节器动作的偏差的绝对值**。如果被调参数对给定值的偏差不超出这个绝对值区间，调节器的输出将保持不变，这样就避免了偏差在“0”（临界点）附近，调节器输出信号频繁变化，引起执行机构和相关设备频繁启停所带来的不利影响。滞环区偏差的绝对值区间如图 2.14（b）中的Δ。

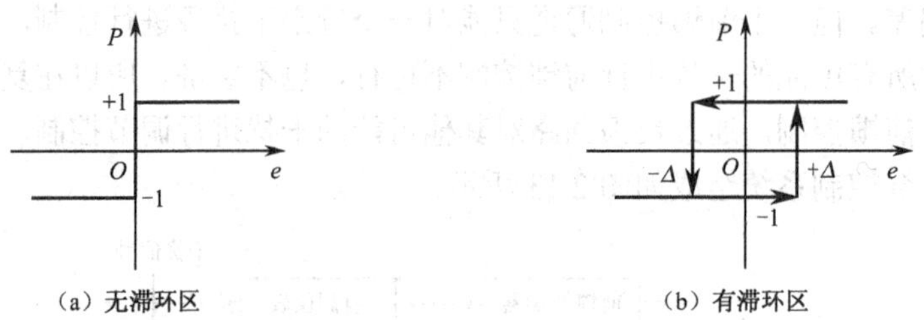

（a）无滞环区　（b）有滞环区

图 2.14　双位调节特性

双位调节机构简单，动作可靠，所以在空调系统中广泛应用。空调系统中的风机盘管温控器就是典型的双位调节。室内温度由室内温度传感器检测，在冬天，温控器工作在加热模式下，当室内温度超过设定值时，调节器立即关闭电加热器或热水电动两通阀，停止热水供应，使室温下降；相反，当室内温度低于设定值时，调节器立即启动电加热器或打开电动两通阀，继续热水供应，使室温上升，实现室温的自动控制。在夏天，温控器工作在制冷模式下，当室内温度超过设定值时，调节器立即开通冷冻水电动两通阀，使室温下降；当室内温度低于设定值时，调节器立关闭电动两通阀，停止冷冻水供应，使室温上升，同样达到室温的自动控制作用。电加热器的开关、电动两通阀只有开 / 关两种状态，所以称其为双位调节。

（2）三位调节

三位调节的特性就是根据偏差的大小，输出三个不同的开关状态控制信号。调节器的方程如下

$$p=\begin{cases}+1 & e\geqslant\Delta\\ 0 & \Delta>e\geqslant-\Delta\\ -1 & e\leqslant-\Delta\end{cases} \tag{2-9}$$

式中

P：三位调节器的输出，取+1、0、−1 三种状态，可认为+1、0、−1 三种状态分别对应电动机正转、停、反转三种工作状态；或者对应于某系统大、中、小三种工作方式等。实际的工程含义由具体的应用确定。

e：偏差值。

Δ：输出 P 取不同值时所对应偏差值 e 的区间间隔，也可理解为调节器输出对应的偏差不灵敏区。

其特性如图 2.15 所示。

实际使用三位调节也存在滞环区（如图 2.15（b）所示），这样就避免了偏差在输出状态转换（临界）点附近调节器输出信号频繁变化，从而消除设备频繁启停所带来的不利影响。

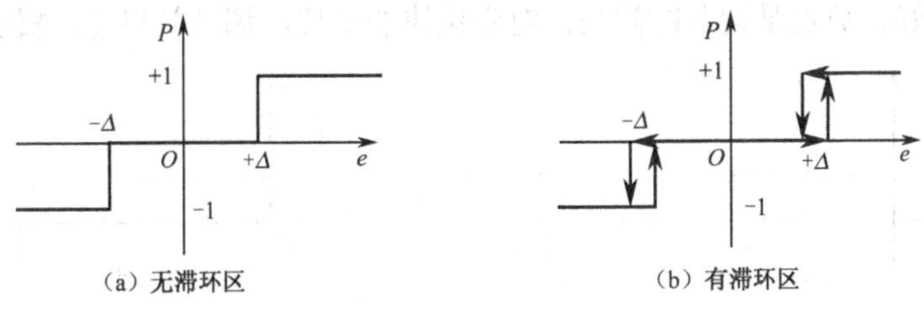

图 2.15　双位调节特性

双位式调节的动作特性是：当被调参数偏差设定在一定数值时，调节器输出最大值或最小值，使调节器全开或全闭，双位调节系统的调节输出有两种状态：全开和全闭。三位调节系统有三种状态：全开、中间、全闭（大、中、小或正、停、反等）。位置调节的被调参数不能稳定在不变的数值上，而是在规定范围内波动。从调节的品质角度出发，希望波动范围越小越好，但波动范围太小，则波动的次数愈多。位式调节在调节精度要求不高的地方比较合适，如房间温度的调节和精度要求不高的液位控制等。

2. 比例调节（P）

比例调节的特性：当被调参数与给定值有偏差时，调节器能按被调参数与给定值的偏差值大小和方向输出与偏差成比例的控制信号，不同的偏差值对应不同执行机构的位置。比例调节器的方程如下

$$P = Ke \tag{2-10}$$

式中

P：调节器输出；

e：调节器的输入，它就是测量值与给定值之差；

K：比例常数，也就是调节器的比例增益。

其调节特性如图 2.16 所示。比例调节器的特点是调节速度快，稳定性大，不容易产生超调现象。但是它在调节过渡过程结束时有残余的偏差，被调参数不能回到原来的给定值上，特别是当负荷变化幅度较大或干扰很大时，残余偏差值会更大。

比例调节的主要缺点是有残余偏差。适用于调节精度要求不高、允许有残余偏差的场合，如一般液位调节、压力调节等。

3. 积分调节（I）

积分调节是当被调参数与其给定值存在偏差时，调节器对偏差进行积分并输出相应的控制信号，控制执行器动作，一直到被调参数与其给定值的偏差消失为止，因而在调节过程结束时，被调参数能回到给定值，其静态误差（残余偏差）为零。积分调节方程如下：

$$P = K_{\mathrm{I}} \int e\mathrm{d}t = \frac{1}{T_{\mathrm{I}}} \int e\mathrm{d}t \tag{2-11}$$

式中

P：调节器输出；

K_I：放大倍数，调节器的积分增益；

e：调节器的输入，就是测量值与给定值之差；

T_I：积分时间。

积分调节特性如图 2.17 所示。积分调节只能用于具有自衡特性的被控对象，自衡能力愈大，调节效果愈好。缺点是调节时间长，对变化快的干扰，调节效果差，极少单独使用。

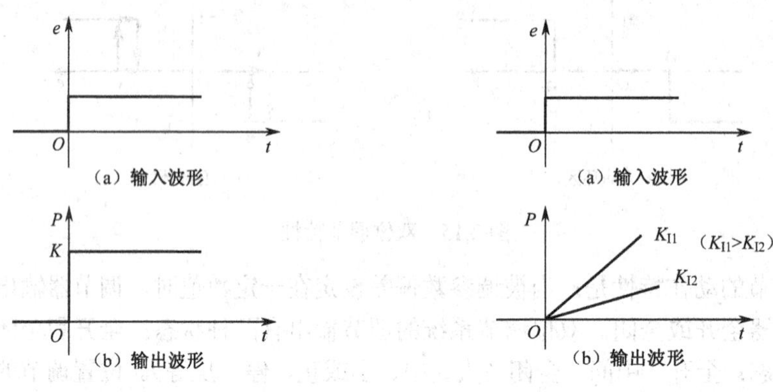

图 2.16　比例调节特性　　图 2.17　积分调节特性

4. 比例积分调节（PI）

比例积分调节的特点是当被调参数与其给定值发生偏差时，调节器的输出信号不仅与输入偏差保持比例关系，同时还与偏差存在的时间长短（偏差的积分）有关。比例积分调节器综合了比例、积分两种调节器的优点。在偏差出现时，调节过程开始以比例调节器的特性进行调节，接着又叠加了积分调节的特性进行调节，并消除偏差。比例积分调节的方程如下

$$P = Ke + \frac{K}{T_I}\int e\mathrm{d}t \tag{2-12}$$

式中

P：调节器输出；

K：比例常数，也就是调节器的比例增益；

e：调节器的输入，它就是测量值与给定值之差；

T_I：积分时间。

其调节特性如图 2.18 所示。

由于积分的作用，在偏差等于零时，输出可以是任意一个数值（在调节器的工作范围内），比例积分调节器能消除残余偏差，使被调参数恢复到给定值就是由这一特性所决定的。当负荷变化较大，被调参数不允许与给定值有偏差时，采用比例积分调节是最适宜的。比例积分调节是最常用的调节规律之一。

5. 比例微分调节（PD）

比例微调节的特点是当被调参数与其给定值发生偏差时，调节器的输出信号不仅与输入偏差有比例关系，同时还与偏差的变化速度有关。其方程表示如下

$$P = Ke + KT_d\frac{\mathrm{d}e}{\mathrm{d}t} \tag{2-13}$$

式中

P：调节器输出；

K：比例常数，也就是调节器的比例增益；

e：调节器的输入，也就是测量值与给定值之差；

T_d：微分时间。

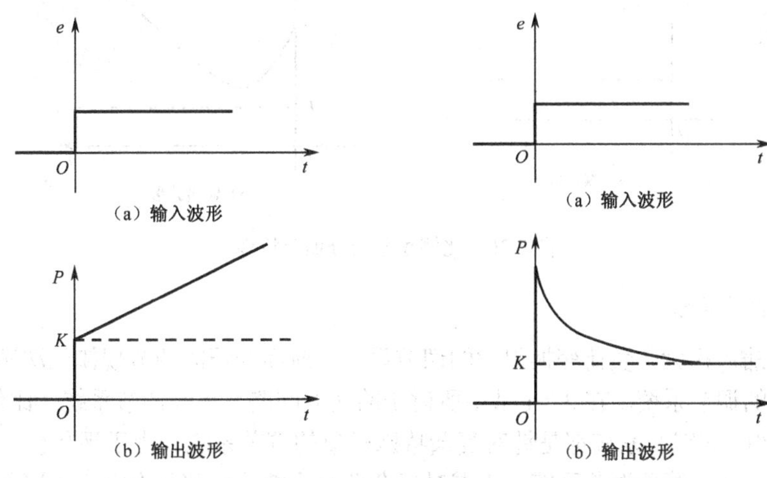

图 2.18　比例积分调节特性　　图 2.19　比例微分调节特性

其调节特性如图 2.19 所示（由于使用环境中都存在高频干扰，实际应用中一般采用不完全微分代替理想的微分运算，图中所示的响应曲线为实际使用的不完全微分的响应）。增加微分作用，可以增进调节系统的稳定度，使系统比例增益 K 增大而加快调节过程，减小动态偏差和静态偏差。引入微分作用，在惯性滞后较大的场合下将会大大改善调节品质。因为微分作用主要是希望在过渡过程前期起作用，若微分时间选择恰当，由于调节作用的超前，将会减少超调和过渡时间。缺点是不能消除静差。微分作用过强，会使过渡过程的后期振荡加剧，从而拖长整个调节时间。微分作用对克服纯滞后显示不出好的效果。因为在纯滞后阶段内，速度为零，微分不起作用。系统中存在高频干扰时，若 T_d 太大，系统对高频干扰特别敏感，系统可能无法正常工作。所以在存在高频干扰或周期性干扰的场合应避免使用微分调节。

6. 比例、积分、微分式调节（PID）

比例、积分、微分调节器的动作特性是：当被调参数与其给定值发生偏差时，调节器的输出信号不仅与输入偏差及偏差存在的时间长短有关，而且还与偏差变化的速度（快、慢）有关。其方程表示如下：

$$P = Ke + \frac{K}{T_I}\int e\mathrm{d}t + KT_d\frac{\mathrm{d}e}{\mathrm{d}t} = K(e + \frac{1}{T_I}\int e\mathrm{d}t + T_d\frac{\mathrm{d}e}{\mathrm{d}t}) \tag{2-14}$$

式中

P：调节器输出；

K：比例常数，也就是调节器的比例增益。

e：调节器的输入，也就是测量值与给定值之差；

T_I：积分时间；

T_d：微分时间。

其调节特性如图 2.20 所示。

比例、积分、微分式调节是常规调节中最好的一种调节规律。它综合了各种调节规律的优点，所以有更高的调节质量，不管对象特性存在纯滞后还是容量滞后，负荷变化幅度比较大，干扰频繁等情况，均有比较好的调节效果，是适应性最好的单回路调节规律，在实际工程中得到广泛的应用。

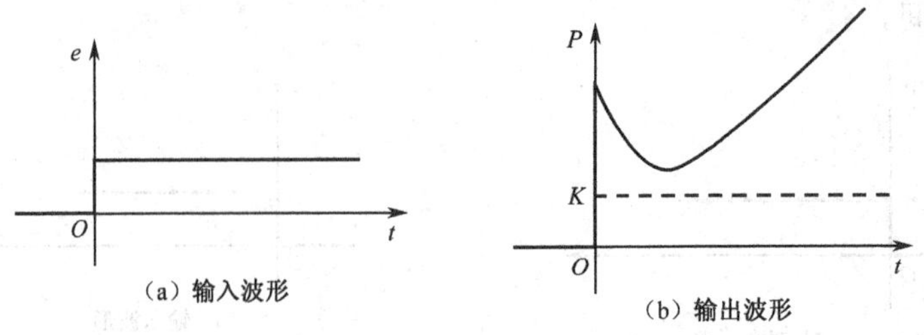

图 2.20　比例积分微分调节特性

7. 复杂调节系统

对于对象滞后很大，负荷变换很大的调节系统，前面介绍的调节规律无法满足要求，必须设计更复杂的调节系统。在 2.2.1 节中所讨论的（多回路）串级调节系统、比值调节系统、复合调节（反馈+前馈）系统都是针对复杂特殊对象的调节系统。由于现代楼宇控制所涉及到的绝大部分都属于简单调节系统，本书对复杂调节系统这一部分内容不作深入的讨论。如果有兴趣或遇到具体的应用问题，可参考**过程控制**以及**高等/先进过程控制**专著或教材。

2.2.3 执行器

传感器把温度、湿度和压力等被控物理量转换成电量的标准信号后送到控制器中，控制器根据控制要求，把输入的检测信号与设定值相比较，将其偏差经相应的调节后输出开 / 关信号或连续的控制信号，去调节 / 控制相应的执行器，实现对被控量的控制。

从组成结构来看，执行器一般由执行机构和调节机构两部分组成。执行机构是执行器的推动部分，它按照调节器输出信号的大小和类型，产生推力和位移；调节机构是执行器的调节部分，最常见的是调节阀，它受执行机构的操纵，改变阀心与阀座间的流通面积，调节工艺介质流量。

2.2.3.1 执行机构

执行机构根据调节器发出的调节指令，驱动调节机构动作。按照执行机构的输出方式，分角行程执行机构和直行程执行机构。按照所用的能源种类，执行机构可分气动、电动和液动三种类型。气动执行机构结构简单，电动执行机构能源取用方便，液动执行机构驱动力大。三种类型各有自己的优缺点。

无论采用哪种执行机构，都要能接受所选用调节器的输出信号的控制。在选用调节器与执行机构时，要特别注意信号之间的匹配。现在大多数调节器的输出信号和电动执行机构的输入信号能提供多种选择，这为我们的设备选型带来了便利。

电动执行机构在楼宇控制系统中广泛使用。生产厂家也根据实际需要提供满足需要的各种电动执行机构。有接受开 / 关的控制信号，对调节机构进行二位（开 / 关）控制的电动执行机构。也有接受标准直流信号（0～10 V DC，0～5 V DC；1～5 V DC，4～20mA DC）或其他信号（电阻；三位：正、反、停等）的电动执行机构，输出转角或位移以驱动阀门。在楼宇控制中最常见的电动执行机构是阀门驱动器和风门驱动器。

2.2.3.2　调节机构

调节机构接受执行机构输出的轴向或转角位移的驱动，控制工艺介质流量大小，实现对被调量的自动控制。在楼宇自动化中最常用的调节机构是阀门和风门，有时候也会用到其他的执行机构。

1. 调节阀

（1）调节阀组成

调节阀主要由阀体、阀座、阀心、阀杆等部件组成。当阀心在阀体内上下移动时，可改变阀心与阀座之间的流通面积，控制通过的流量。

在楼宇控制中使用调节阀的有直通阀和三通阀。直通阀又可分为单座阀和双座阀，图 2.21 和图 2.22 是它们的结构示意图。

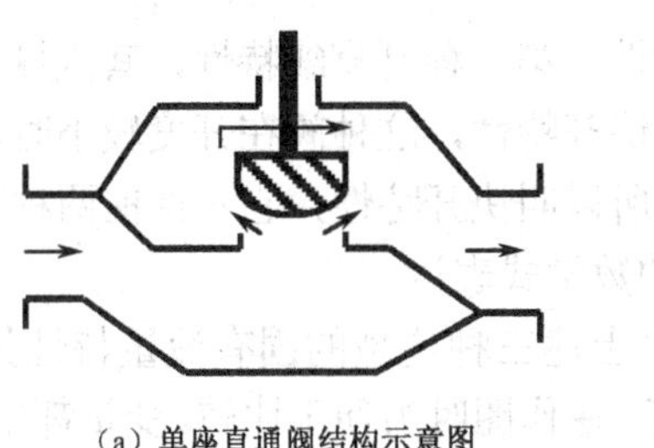

（a）单座直通阀结构示意图

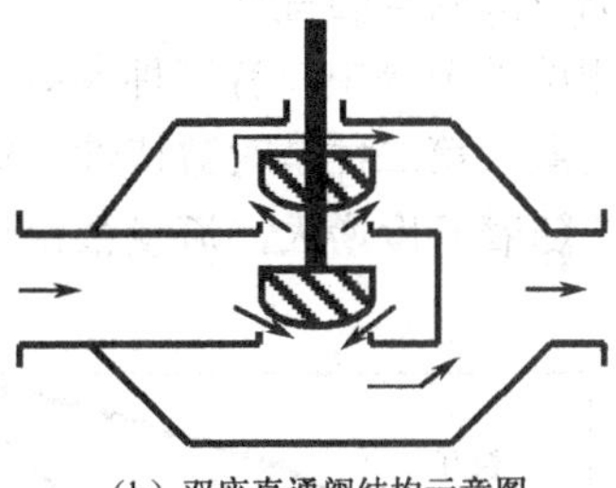

（b）双座直通阀结构示意图

图 2.21　直通调节阀结构示意图

单座调节阀只有一个阀心，结构简单，维修清洗方便。它的缺点是被调节流体对阀心有作用力。如图 2.21（a）所示，流体由下向上流动时，阀心将受到一个向上的推力，在阀门接近全关时推力最大；当流体由上向下通过阀门时，由于流体对阀心的抽吸作用，阀心将受到一个向下的作用力。在阀门由全关打开时，作用力最大。当阀门前后压差高或阀心尺寸大时，这一作用力可能相当大，严重时会使执行器不能正常工作。因此，在自动调节系统中有时采用双座阀，其结构示意图如图 2.21（b）所示，它有两套阀心、阀座。流体同时从上下两个阀座通过，由于流体对上下阀心的作用力方向相反而大致抵消，因而双座阀的不平衡力小，对执行机构的驱动力要求低，适宜于作为大压力和大管径的流体介质的自动调节之用。双座调节阀的缺点是其结构复杂，不便维修与清洗，由于上下两组阀心不易保证同时关闭，因而关闭时泄漏量比单座阀大。其价格比单座阀贵。

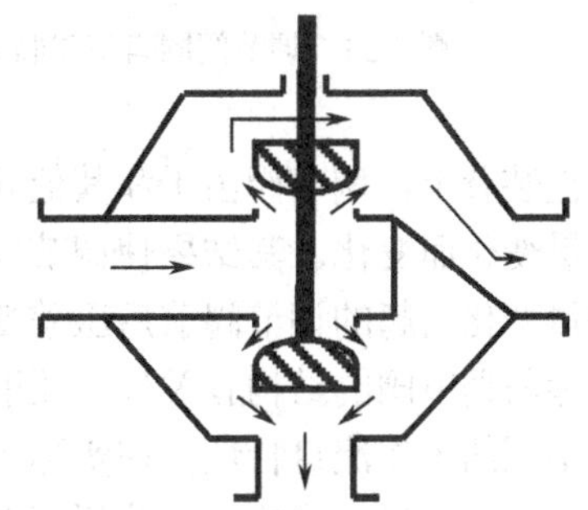

图 2.22　双座三通阀结构示意图

三通阀有分流阀（一入两出型，见图 2.22）和合流阀（二入一出型，介质流向和图 2.22 中所标的流向相反），前者用于要求上游流体流量保持恒定的系统，三通阀通过分流的方式，实现（一个出口）流量的调节，而剩余流量由另一出口分流，同时保证阀门入口流量基本恒定。合流阀则是在保持出口流量恒定的同时，对某一入口的流体在出口中的流量进行调节，出口流量中的其余部分由另一入口的流体补充，从而保证阀门出口流量基本恒定。

（2）调节阀的流量特性

从自动控制的角度看，调节阀一个最重要的特性是它的流量特性，即调节阀阀心位移与流量之间的关系。需要特别说明的一点是，调节阀的特性对整个自动调节系统的调节品质有很大的影响，实际上不少调节系统不能正常工作，往往是由于调节阀的特性选择不合适，或阀心在使用中受腐蚀磨损，使流量特性变坏而引起的。

通过调节阀的流量大小不仅与阀的开度有关，还和阀前后的压差高低有关。对工作在管路中的调节阀，当阀门开度改变时，随着流量的变化，阀门前后的压差也可能发生变化。为分析方便，在研究调节阀的特性时，先把阀门前后压差固定为恒值进行研究，然后再考虑阀门在管路中的实际情况。

① 固有流量特性

在调节阀前后压差固定的情况下得出的流量特性称为固有流量特性，也叫理想流量特性。显然，这种流量特性完全取决于阀心的形状，不同的阀心曲面可得到不同的流量特性，它是一个调节阀固有的特性。

在常用的调节阀中，有三种典型的固有流量特性。第一种是直线特性，其流量与阀心位移成直线关系；第二种是对数特性；第三种特性是快开特性，这种阀在开度较小时，流量变化比较大，随着开度增大，流量很快达到最大值，所以叫快开特性，它不像前两种特性有一定的数学式表达。

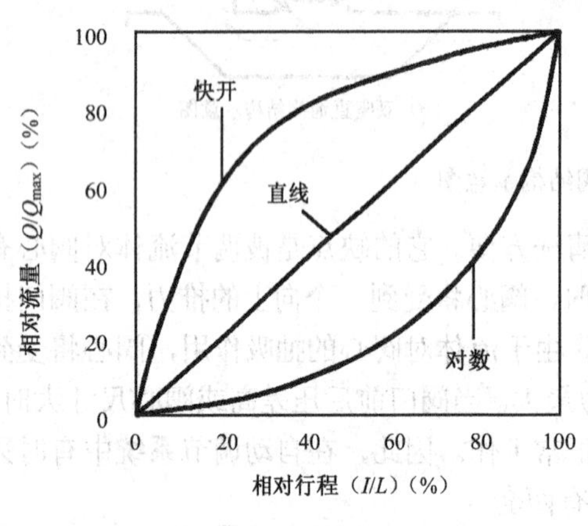

图 2.23　调节阀固有流量特性

上述三种典型的固有流量特性如图 2.23 所示。在作图时为便于比较，变量都用相对值，其阀心位移和流量都用自己最大值的百分数表示。由于阀常有泄漏，实际特性可能不经过坐标原点。从流量特性来看，线性阀的放大系数在任何一点上都是相同的；对数阀的放大系数随阀的开度增加而增加；快开阀与对数阀相反，在小开度时具有最高的放大系数。

② 工作流量特性

调节阀在实际使用时，其前后压差是变化的。在各种实际的使用条件下，阀心位移对流量的控制特性，称为工作流量特性。在实际的工艺装置上，调节阀由于和其他阀门、设备、管道等串联或并联使用，使阀门两端的压差随流量变化而变化。其结果使调节阀的工作流量特性不同于固有流量特性。串联的阻力越大，流量变化引起的调节阀前后压差变化也越大，特性变化也越显著。所以调节阀的工作流量特性除与调节阀的结构有关外，还取决于配管情况。同一个调节阀，在不同的外部条件下，具有不同的工作流量特性。在实际工作中最关心的也是工作流量特性。

下面通过一个实例，分析调节阀在外部条件影响下，怎样由固有流量特性转变为工作流量特性。图 2.24（a）表示的是调节阀与工艺设备及管道阻力串联的情况，这是一种最常见的典型情况。如果流体介质外加压力 P_0 恒定，那么当阀门开度加大时，随着流量 Q 的增加，设备及管道上的压降ΔP_g将随流量 Q 的值成平方增加，如图 2.24（b）所示。随着阀门开度加大，阀门前后的压差ΔP_T 将逐渐减小。因此在同样的阀心位移下，此时的流量变化与阀前后保持恒压差的理想情况下的流量变化相比，要小一些。特别是在阀开度较大时，阀前后压差

ΔP_T相对于 P_o变化比较大，阀的实际控制作用可能变得非常迟钝。如果用固有特性是直线特性的阀，由于串联阻力的影响，实际的工作流量特性将变成图 2.25（a）中表示的曲线（图中的直线为阀门的固有流量特性）。在图 2.25 中，纵坐标是相对流量 Q / Q_{max}，Q_{max}表示串联管道阻力为零时，阀全开时达到的最大流量。图中的参变量 $S=\Delta P_{Tmin} / P_o$表示存在管道阻力的情况下，阀门全开时，阀门前后的最小压差ΔP_{Tmin}占总压力 P_o的百分数。

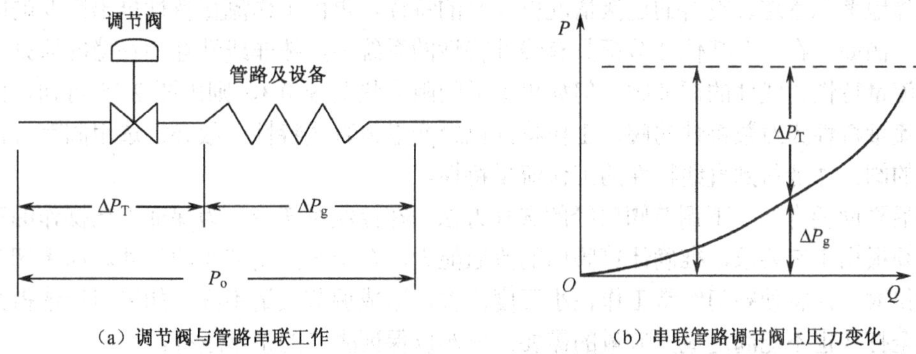

（a）调节阀与管路串联工作　　（b）串联管路调节阀上压力变化

图 2.24　调节阀与管路串联工作及管路与调节阀上的压力变化

从图 2.25 可以看到，当 $S=1$ 时，管道压降为零，阀前后的压差始终等于总压力，故工作流量特性即为固有流量特性；在 $S<1$ 时，由于串联管道阻力的影响，使流量特性产生两个变化：一个是阀门全开时流量减小，也就是阀的可调范围变小；另一个变化是阀门在大开度时的控制灵敏度降低。例如在图 2.25（a）中，固有流量特性是直线的阀门，其工作流量特性趋向于快开特性；在图 2.25（b）中，固有流量特性为对数特性的阀门，其工作流量特性趋向于直线特性。参变量 S 的值愈小，流量特性变形的程度愈大。

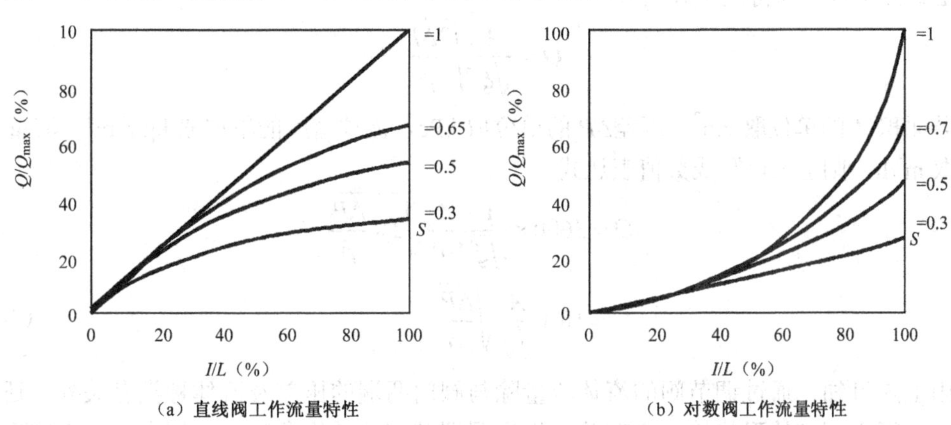

（a）直线阀工作流量特性　　（b）对数阀工作流量特性

图 2.25　串联管道中调节阀的工作流量特性

在实际的系统设计中，调节阀特性的选择是一个重要的问题。从调节原理来看，要保持一个调节系统在整个工作范围内都具有较好的品质，就应使系统在整个工作范围内的总放大倍数尽可能保持恒定。通常，变送器、调节器和执行机构的放大倍数是常数，但调节对象的特性往往是非线性的，其放大倍数常随工作点的不同而变化。因此选择调节阀时，希望以调节阀的非线性补偿调节对象的非线性。例如，在实际生产中，很多对象的放大倍数是随负荷加大而减小的，这时如能选用放大倍数随负荷加大而增加的调节阀，便能使两者互相补偿，从而保证整个工作范围内都有较好的调节质量。由于对数阀具有这种特性，因此得到广泛的应用。

若调节对象的流量特性是线性的，则应选用具有直线流量特性的阀，以保证系统总放大倍数保持恒定。至于快开特性的阀，由于小开度时放大倍数高，容易使系统振荡，大开度时调节不灵敏，在连续调节系统中很少使用，一般只用于双位式调节的场合。

必须说明，按上述原则选择的调节阀特性是实际需要的工作流量特性。在确定调节阀时，必须具体地考虑管道、设备的连接情况以及泵的特性，再由工作流量特性推出需要的固有流量特性。例如，在一个其他环节都具有线性特性的系统中，按非线性互相补偿的原则，应选择工作流量特性为线性的调节阀，但如果管道的阻力状况 S=0.3，则由图 2.25 可知，此时选择固有流量特性为对数特性的阀，工作特性已经变形为直线特性，故必须选用固有特性为对数特性的阀，才能得到直线特性的工作流量特性。

最后再简要介绍一下调节阀口径的选择方法。在控制系统中，为保证工艺操作的正常进行，必须根据工艺要求，准确计算阀门的流通能力，合理选择调节阀的尺寸。如果调节阀的口径选得太大，将使阀门经常工作在小开度位置，造成调节质量不好。如果口径选得太小，阀门完全打开也不能满足最大流量的需要，就难以保证生产的正常进行。

根据流体力学原理，对不可压缩的流体，在通过调节阀时产生的压力损失ΔP 与流体速度之间有如下关系

$$\Delta P=\xi\rho\,\frac{\upsilon^2}{2} \tag{2-15}$$

式中，υ 为流体的平均流速；ρ 为流体密度；ξ 为调节阀的阻力系数，与阀门的结构形式及开度有关。

因流体的平均流速 υ 等于流体的体积流量 Q 除以调节阀连接管的截面积 A，即 $\upsilon=Q/A$，代入上式并整理，即得流量表达式

$$Q=\frac{A}{\sqrt{\xi}}\sqrt{\frac{2\Delta P}{\rho}}$$

若面积 A 的单位取 $\mathrm{cm^2}$，压差ΔP 的单位取 kPa，流体密度的单位取 $\mathrm{kg/m^3}$，流量 Q 的单位取 $\mathrm{m^3/h}$，则上式可写成数值表达式

$$\begin{aligned}Q&=3600\times\frac{1}{\sqrt{\xi}}\frac{A}{10^4}\sqrt{2\times\frac{\Delta P}{\rho}}\\&=16.1\frac{A}{\sqrt{\xi}}\sqrt{\frac{\Delta P}{\rho}}\end{aligned} \tag{2-16}$$

由上式可知，通过调节阀的流体流量除与阀门两端的压差及流体种类有关外，还与阀门口径、阀心阀座的形状等因素有关。为说明调节阀的结构参数，工程上将阀门前后压差为 100 kPa，流体密度为 1000 $\mathrm{kg/m^3}$ 的条件下，阀门全开时每小时能通过的流体体积（$\mathrm{m^3}$）称为该阀门的流通能力 C。

根据流通能力 C 的上述定义，由式（2-16）可知

$$C=5.09\frac{A}{\sqrt{\xi}} \tag{2-17}$$

在有关调节阀的手册上，对不同口径和不同结构形式的阀门分别给出了流通能力 C 的数值，可供用户查阅。

将式（2-17）代入式（2-16），式（2-16）可改写为

$$Q = C\sqrt{\frac{10\Delta P}{\rho}} \tag{2-18}$$

此式可直接用于液体的流量计算，也可用于在已知差压ΔP、液体密度ρ及需要的最大流量Q_{max}的情况下，确定调节阀的流通能力C，选择阀门的口径及结构形式。但当流体是气体、蒸汽或二相流时，以上的计算公式必须进行相应的修正。

由于执行器对调节系统的最终性能具有特别重要的影响，而且价格比较高，因此在选用调节阀作为调节机构时，要全面考虑各方面的因素。调节阀门的流量特性是首先要考虑的，同时也要注意执行机构的输入信号与调节器输出信号之间的匹配。如果执行机构与调节阀分开采购时，也要注意二者之间行程的匹配，执行机构的驱动力要满足系统运行的要求。在选择调节阀时，除了流量特性的要求之外，对调节阀的工作条件也要作全面的考量，调节阀（阀心、阀座、阀体、密封）的材料要能适应流体介质的物理化学性质，同时满足温度、绝对压力等现场工作条件，以免产生不必要的失误，避免造成经济损失或延误工期等问题。

2. 风门（阀）

在空调通风系统中，用得最多的执行器是风门。风门用来控制风的流量。风门由若干叶片组成，当叶片转动时改变风道的等效截面积，即改变了风门的阻力系数，其流过的风量也就相应地改变，从而达到调节风流量的目的。叶片的形状决定风门的流量特性。同调节阀一样，风门也有多种流量特性可供应用选择。风门的驱动器可以是电动的，也可以是气动的。在楼宇自动化系统中一般采用电动式风门。

3. 其他执行器

除了调节阀和风阀以外，在楼宇控制中还用到一些特殊的执行器。像新出现的电流阀就是其中之一。它接受调节器输出的标准控制信号，输出和控制信号成比例的恒压电流或者电流脉冲，通过控制电加热器的输出功率来调节温度参数。

电磁阀、电动碟阀等开关型两位阀也在楼宇控制中广泛使用，由于功能与性能比较简单，这里不作深入讨论，其选型与使用中要注意的问题与调节阀基本类似。

2.2.4　调节器的参数整定

到本节之前，我们已经介绍了闭环控制 / 调节系统的各个环节所涉及的基本内容。怎样评价一个调节系统的好坏？什么样的调节系统是一个好的调节系统？怎么样才能使已有的调节系统的性能达到设计要求或者更好？这些问题涉及到调节系统性能指标的评价与调节器参数的最佳整定。

2.2.4.1　闭环控制系统的性能指标

评价闭环控制系统的性能可用简单、直观的语言概括为：稳定性、正确性、快速性。

稳定性表现为：

- 系统没有受到外部干扰且系统设定值保持不变时，被调参数值稳定保持在设定值且不随时间变化，整个系统处于平稳的工作状态。
- 当系统受到外界干扰或者系统设定值改变时，系统偏离原来平稳工作状态，经过一段时间调整后，系统能够恢复到原来的平稳工作状态；或者被调参数会达到并保持在新的设定值或其附近，系统处于新的平稳工作状态。

稳定性是系统正常工作的必要条件，不稳定的系统根本不能正常工作。稳定性是控制系统的最基本要求。

正确性表现为：

- 系统在稳定工作状态时，被调参数与设定值保持相等，或者二者的偏差满足精度要求。
- 当系统受到干扰或者设定值改变时，被调参数偏离设定值或稳态值回复到设定值或稳态值的过程中，被调参数与设定值的最大差值（最大动态偏差）应不超过一定的界限。前者为定态准确性，后者为动态准确性。

快速性表现为：

当受到外界干扰或者系统设定值改变，使系统偏离原来平稳工作状态时，系统能够在控制器／调节器的控制下，在尽可能短的时间内回复到原来的平稳工作状态或达到新的平稳工作状态。从扰动出现到回到平稳工作状态所需要的时间代表控制系统的快速性，这个时间越短，说明控制系统的快速性越好。

闭环控制系统稳定性、正确性和快速性这三方面的要求在时域上体现为若干性能指标。一个闭环控制系统在 t_0 时刻，设定值从 R_1 切换到 R_2，这一变化可以看做一个扰动，被调量的变化曲线如图 2.26 所示。

这一曲线的形状可以用一系列指标描述，它们分别是衰减比（衰减率）、最大动态偏差（超调量）、残余偏差（静差）、调节时间（振荡频率）等。

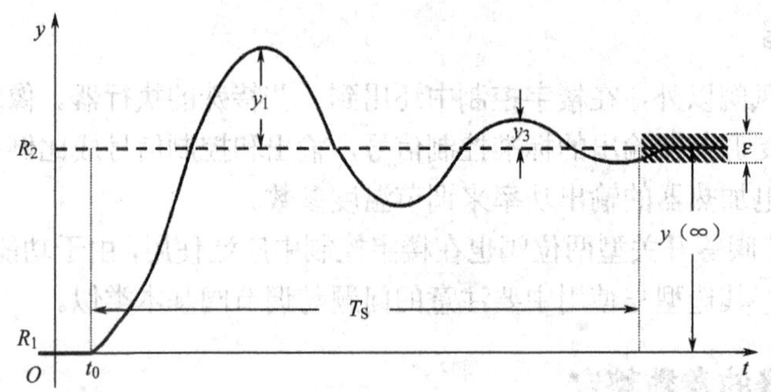

图 2.26　闭环控制系统对设定值阶跃扰动的响应曲线

1. 衰减比 n 和衰减率 φ

衰减比 n 是衡量一个振荡过程衰减程度的指标，它等于两个相邻的同向波峰之比（见图 2.26）

$$n=\frac{y_1}{y_3}$$

衰减率 φ 是衡量一个振荡过程衰减程度的另一个指标，它是指经过一个周期后，波峰幅度衰减的百分数

$$\varphi=\frac{y_1-y_3}{y_1}=1-\frac{y_3}{y_1}=1-\frac{1}{n}$$

衰减比 n 与衰减率 φ 之间有简单的对应关系，n= 4:1 就相当于 φ =0.75。为了保证控制系统有一定的稳定度，在过程控制中一般要求衰减比 n 为 4:1 到 10:1 之间，相当于衰减率 φ 为 75%到 90%。这样大约经过两个周期以后就趋于稳态，基本上看不出振荡了。

2. 最大动态偏差 y_1 和超调量 $\sigma\%$

最大动态偏差是指设定值出现阶跃变化时，过渡过程开始后，被调量第一个波峰值超过新稳态值的幅度，如图 2.26 中的 y_1。最大动态偏差占稳态变化幅度的百分数称为超调量。

$$\sigma\% = \frac{y_1}{R_2 - R_1}\%$$

3. 残余偏差或静差 ε

残余偏差是指过渡过程结束后，被调量的新稳态值 $y(\infty)$ 与新设定值 R_2 之间的差值，它是控制系统稳态准确性的衡量指标，残余偏差也称静差。

4. 调节时间和振荡频率

调节时间是指从过渡过程开始到过渡过程结束所需的时间。当被调量与稳态值的偏差（绝对值）进入稳态值的 5%范围内（有时要求 2%），就认为过渡过程结束。因此，调节时间就是从扰动出现到被调量进入新稳态值±5%（±2%）范围内的这段时间。在图中用 T_S 表示。调节时间是衡量控制系统快速性的指标。在衰减率一定的情况下，调节时间与振荡频率存在严格的对应关系，所以过渡过程振荡频率也可以作为控制系统快速性的一个指标。

上面列举的都是单项指标。误差积分指标也可用来衡量闭环控制系统性能的优良程度。它是过渡过程中被调量偏离其新稳态值的误差对时间的积分。无论是误差幅度大还是调节时间拖长，都会使误差积分增大，因此它是综合性指标，当然是越小越好。常用的误差积分有以下几种形式。

① 误差积分（IE）

$$\mathrm{IE} = \int_0^\infty e(t)\mathrm{d}t$$

② 绝对误差积分（IAE）

$$\mathrm{IAE} = \int_0^\infty |e(t)|\mathrm{d}t$$

③ 平方误差积分（ISE）

$$\mathrm{ISE} = \int_0^\infty e^2(t)\mathrm{d}t$$

④ 时间与绝对误差乘积积分（ITAE）

$$\mathrm{ITAE} = \int_0^\infty t|e(t)|\mathrm{d}t$$

以上各式中 $e(t) = y(t) - y(\infty)$，见图 2.26。

积分误差与前面的单项指标有一定的对应关系。

采用不同的积分误差公式意味着评价整个过渡过程优良程度时的侧重有所不同。可以根据系统的实际需要选用。

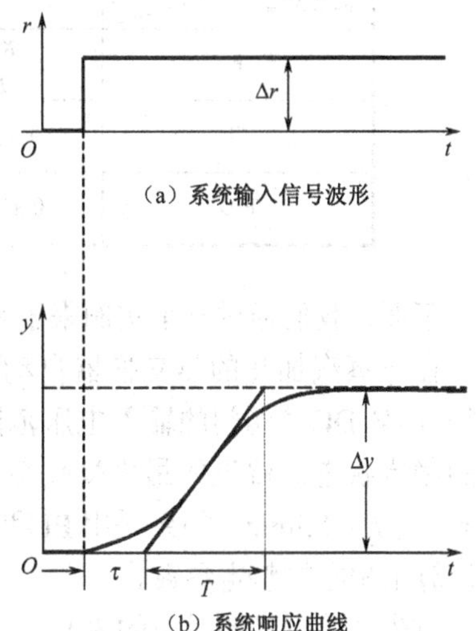

图 2.27　系统响应曲线与近似处理

2.2.4.2　调节器参数的整定

在控制系统安装完成或系统维修结束后，就要对控制系统调节器的参数进行整定，以得到某种意义下的最佳性能指标，和最佳指标对应的调节器参数值叫做最佳整定参数。所谓的最佳指标并没有统一的标准。由于闭环系统的动态稳定性往往是首先要考虑的。一般情况下，我们在系统满足衰减率 $\varphi = 0.75 \sim 0.9$（具体值依据实际需要确定）的前提下，尽量提高准确性和快速性指标，即绝对误差的时间积分最小。

常用的调节器参数整定的方法有数种，这里只介绍比较简单的响应曲线法和经验整定法两种。

1. 响应曲线法

当控制广义对象的输入作阶跃变化时，测得被调量的响应曲线如图 2.27 所示。根据响应曲线，通过近似处理，在响应曲线的拐点处做切线，并把对象特性当做具有纯滞后的一阶惯性环节看待，就能从曲线上得到能代表该调节对象动态特性的参数：滞后时间 τ 和时间常数 T，并按照公式

$$K = \frac{\Delta y/(y_{\max} - y_{\min})}{\Delta r/(r_{\max} - r_{\min})} \tag{2-19}$$

计算出 K 值。

τ：等效滞后时间；

T：等效时间常数；

K：广义对象的放大倍数。

在工程实际中，对于调节器比例的作用大小，常用比例度（也称比例带）来表示。简单来讲，比例度与调节器的放大倍数 K 互为倒数关系：

$$p = \frac{1}{K} \times 100\% \tag{2-20}$$

根据代表对象动态特性的三个参数：τ、T、K，可以按照表 2.2 所列经验公式计算出对应于 $n=4:1$（相当于 $\varphi=0.75$）时调节器的最佳整定参数。

表 2.2　响应曲线法整定参数的公式

整定参数 / 调节规律	P（%）	T_I	T_d
P	$\frac{K\tau}{T}\times 100\%$	—	—
PI	$1.1\frac{K\tau}{T}\times 100\%$	3.3τ	—
PID	$0.85\frac{K\tau}{T}\times 100\%$	2τ	0.5τ

下面，我们通过一个实例来了解这一方法的实际应用。

在一蒸汽加热的热交换器自动调节系统中，当供水温度为 65 ℃时，阀门的输入电压增加 0.4V DC（阀门的输入电压范围为 1～5 V DC）时，供水温度上升为 67.8 ℃，并达到新的稳定状态。温度的最大变化范围为 30 ℃～80 ℃。从温度的动态曲线上可以测出 τ = 1.2min；T= 2.5min。如果采用 PI 和 PID 调节规律，按照式（2-19）和表 2.2 给出的公式，可以计算出相应的整定参数。

首先计算出控制对象的 K 值：

$$\Delta r = 0.4(\text{V DC})$$

$$r_{\max}-r_{\min}=5-1=4(\text{V DC})$$

$$\Delta y = 67.5 - 65.0 = 2.8\ (℃)$$

$$y_{\max} - y_{\min} = 80 - 30 = 50\ (℃)$$

所以

$$K = \frac{\frac{2.8}{50}}{\frac{0.4}{4}} 0.56$$

$$\frac{K\tau}{T} = 0.56 \times \frac{1.2}{2.5} = 0.27$$

选用　PI 调节时，按表 2.2 公式可得：

$$P = 1.1 \times 27\% = 29.7\% \approx 30\%$$
$$T_i = 3.3 \times 1.2 = 3.96 \approx 4(\text{min})$$

选用　PID 调节时，按表 2.2 公式可得：

$$P = 0.85 \times 27\% = 22.95\% \approx 23\%$$
$$T_\text{I} = 2 \times 1.2 = 2.4(\text{min})$$
$$T_\text{d} = 0.5 \times 1.2 = 0.6(\text{min})$$

2. 经验整定法

在现场控制系统的整定中，经验丰富的技术人员常常采用经验整定法。这种方法实质上是一种经验试凑法，它不需要进行试验和计算，而是根据运行经验和先验知识，先确定一组调节参数，然后人为加入阶跃扰动（通常是调节器设定值的扰动），观察被调量的响应曲线，并按照调节器各参数对调节过程的影响，逐次改变相应的整定参数值。一般按先 P，后 T_I、T_d 的次序反复试验，直到获得满意的阶跃响应曲线为止。表 2.3 给出对于不同被调量（调节对象），调节器整定参数的经验数据；表 2.4 给出在设定值产生阶跃变化（扰动）时，调节器各个参数变化对调节系统动态过程的影响，可作为实际工程中参数主题定时的参考。

表 2.3　调节器整定参数的经验取值范围

整定参数 / 调节系统及调节规律	比例度 P（%）	积分时间 T_I（min）	微分时间 T_d（min）
温　度（PID）	20～60	3～10	0.5～3
流　　量（PI）	40～100	0.1～1	—
压　　力（PI）	30～70	0.4～3	—
液　　位（P）	20～80	—	—

表 2.4　整定参数变化对调节过程的影响

整定参数 / 性能指标	比例度 P（%）↓	积分时间 T_I（min）↓	微分时间 T_d（min）↓
最大动态偏差	↑	↑	↓
残差（静差）	↓	—	—
衰减率	↓	↓	↑
振荡频率	↑	↑	↓

经验丰富的工程技术人员，合理地使用这种方法同样可以获得满意的调节器整定参数，取得最佳的控制效果，而且方法简单易行。

关于单回路调节系统的参数整定，还有临界比例度法、衰减曲线法等其他整定方法；对于串级调节系统、复合调节系统、比值调节系统等特殊的调节系统，其调节参数整定也有专门的方法。这里不作介绍，读者可参考相关的文献资料。

2.3　楼宇电气控制基础

现代建筑都配备大量的电气设备、电气系统以及电力系统，像风机 / 水泵等动力设备的电动机、电梯系统、变 / 配电系统、照明电气系统等的控制最终都是通过电气控制系统实现的。在楼宇自动化系统中，通过电力与电气设备的电气控制系统实现对这些设备的自动控制。它们是楼宇自动化系统主要控制对象的重要组成部分。同时，这类设备也是空调系统、消防系统、安保系统等系统的组成部分或联动控制对象，因此，对这些系统所涉及的电气控制的原理与技术必须有所了解和掌握。

2.3.1　常用低压电器

电气控制系统是由各种有触点的低压电器，如继电器、接触器、熔断器、行程开关、按钮等组成的具有特定功能的控制电路。不管是对已有电气控制电路的分析，还是设计所需要的电气控制系统，或者强弱电系统控制接口的设计与实现，都必须对常用的各种低压电器有所了解。下面就对楼宇自动化中常用的低压电器作简单的介绍。

2.3.1.1　接触器

接触器是用于远距离频繁地接通与断开交直流主电路及大容量控制电路的一种自动切换电器。其主要控制对象是电动机，也可以用于控制其他电力负载、电热器、电照明等。接触器具有操作频率高、使用寿命长、工作可靠、性能稳定、维护方便等优点，同时还具有低电压释放保护功能，在电力拖动自动控制系统中被广泛应用，接触器电气符号见图 2.28。按控制电流性质的不同，接触器分交流接触器和直流接触器两大类。

1.　交流接触器

交流接触器常用于远距离、频繁地接通和分断额定电压至 1140 V、电流至 630 A 的交流电路。交流接触器一般由电磁系统、触点系统、灭弧装置和其他部件等组成。

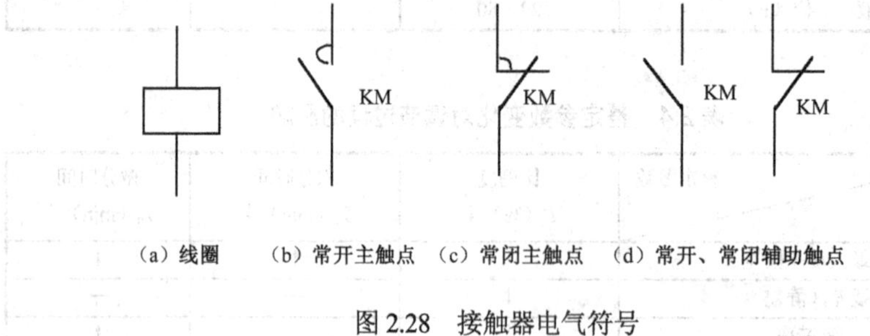

图 2.28　接触器电气符号

2.　直流接触器

直流接触器主要用来远距离接通与分断额定电压至 440 V、额定电流至 630 A 的直流电路或频繁地操作和控制直流电动机启动、停止、反转及反接制动。

直流接触器的结构和工作原理与交流接触器类似。在结构上也是由电磁系统、触点系统、灭弧装置等部分组成，只是铁心的结构、线圈形状、触点形状和数量、灭弧方式以及吸力特性、故障形式等方面有所不同而已。

2.3.1.2　继电器

继电器是一种根据电气量（电压、电流等）或非电气量（温度、压力、转速、时间等）的变化接通或断开控制电路的自动切换电器。

继电器的种类繁多、应用广泛。按输入信号的不同分为：电压继电器、电流继电器、时间继电器、温度继电器、速度继电器、压力继电器等。按工作原理可分为：电磁式继电器、感应式继电器、电动式继电器、热继电器和电子式继电器等。按用途可分为：控制继电器、保护继电器等。

1. 电磁式继电器

电磁式继电器结构简单，价格低廉，使用维护方便，广泛地应用于控制系统中。常用的电磁式继电器有电压继电器、电流继电器、中间继电器等。

（1）电流继电器

电流继电器是根据输入电流大小而动作的继电器。电流继电器的线圈串入电路中，以反映电路电流的变化，其线圈匝数少、导线粗、阻抗小。按用途不同，电流继电器可分为：欠电流继电器、过电流继电器。欠电流继电器的吸引线圈吸合电流为线圈额定电流的 30%～65%，释放电流为额定电流的 10%～20%，用于欠电流保护或控制，如电磁吸盘中的欠电流保护。过电流继电器在电路正常工作时不动作，当电流超过某一定值时才动作，整定范围为 110%～400%额定电流，其中交流过电流继电器为 110%～400%额定电流 I_N，直流过电流继电器为 70%～300%额定电流 I_N。过电流继电器用于过电流保护或控制，如起重机电路中的过电流保护。

（2）电压继电器

电压继电器是根据输入电压的大小而动作的继电器。与电流继电器类似，电压继电器也分为欠电压继电器、过电压继电器两种。过电压继电器的动作电压范围为（105%～120%）U_N；欠电压继电器吸合电压动作范围为（20%～50%）U_N，释放电压调整范围为（7%～20%）U_N，零电压继电器当电压降低至（5%～25%）U_N 时动作，它们分别起到过压、欠压、零压保护。

电压继电器工作时并入电路中，因此线圈匝数多，导线细，阻抗大，用于反映电路中电压的变化。

（3）中间继电器

中间继电器实际上是一种电压继电器，触点对数多，触点容量较大（额定电流为 5～10 A），其作用是将一个输入信号变成多个输出信号或将信号放大（即增大触点容量），起到信号中转的作用。

中间继电器体积小，动作灵敏度高，并在 10A 以下的电路中可代替接触器起控制作用。继电器电气符号如图 2.29 所示。

2. 时间继电器

时间继电器是一种根据电磁原理或机械动作原理来实现触点系统延时接通或断开的自动切换电器。其种类很多，按其动作原理可分为电磁式、空气阻尼式、电动式与电子式时间继电器。时间继电器按延时方式可分为通电延时型与断电延时型两种。时间继电器电气符号如图 2.30 所示。

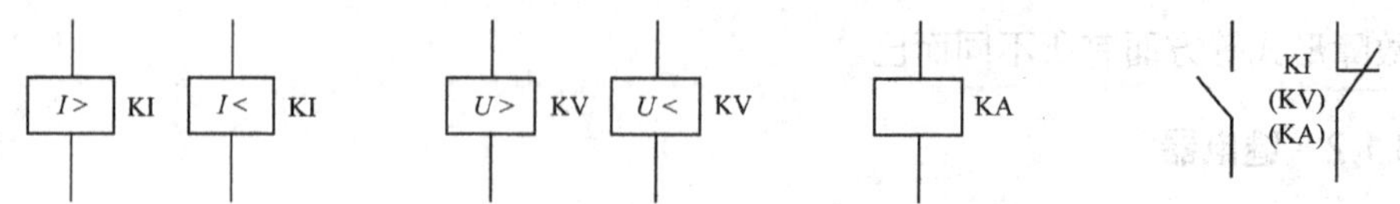

（a）过／欠电流继电器线圈符号　（b）过／欠电压继电器线圈符号　（c）中间继电器线圈符号　（d）继电器线圈触点符号

图 2.29　继电器电气符号

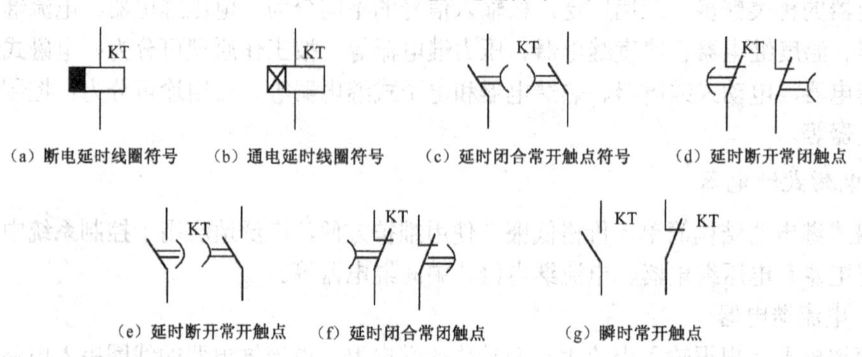

（a）断电延时线圈符号　（b）通电延时线圈符号　（c）延时闭合常开触点符号　（d）延时断开常闭触点

（e）延时断开常开触点　（f）延时闭合常闭触点　（g）瞬时常开触点

图 2.30　时间继电器电器符号

3. 热继电器

热继电器是利用电流的热效应原理来切断电路的保护电器。电动机在运行中常会遇到过载情况，但只要过载不严重，绕组不超过允许温升，这种过载是允许的。但如果过载情况严重，时间长，则会加速电动机绝缘的老化，甚至烧毁电动机。热继电器就是专门用来对连续运行的电动机实现过载及断相保护，以防电动机因过热而烧毁的一种保护电器。热继电器电气符号如图 2.31 所示。

4. 速度继电器

速度继电器是根据电磁感应原理制成的，主要用做笼型异步电动机的反接制动，故又称为反接制动继电器。其电气符号如图 2.32 所示。

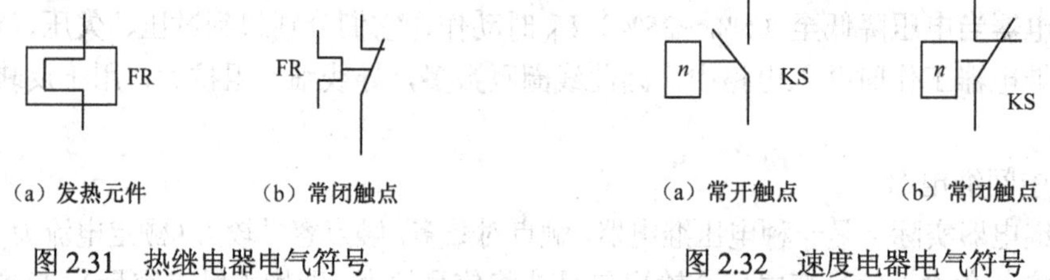

（a）发热元件　（b）常闭触点

图 2.31　热继电器电气符号

（a）常开触点　（b）常闭触点

图 2.32　速度电器电气符号

5. 固态继电器

固态继电器是一种新型无触点继电器。它是随着微电子技术的不断发展而产生的以弱电控制强电的新型电子器件。同时又为强、弱电之间提供良好的隔离，从而确保电子电路和人身的安全。

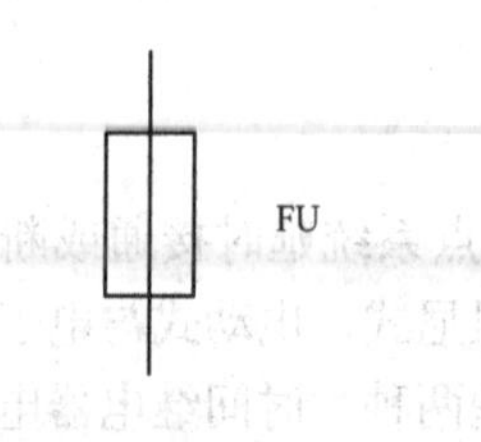

图 2.33　熔断器的电气符号

2.3.1.3　熔断器

熔断器是低压配电系统和电力拖动系统中起过载和短

路保护作用的电器。使用时，熔体串接于被保护的电路中，当流过熔断器的电流大于规定值时，以其自身产生的热量使熔体熔断，从而自动切断电路，实现过载和短路保护。

熔断器具有结构简单、体积小、重量轻、使用维护方便、价格低廉、分断能力较高、限流能力良好等优点，因此在强电系统和弱电系统中得到广泛应用。熔断器的电气符号见如图 2.33 所示。

熔断器由熔体和安装熔体的绝缘底座（或称熔管）组成。熔体由易熔金属材料铅、锌、锡、铜、银及其合金制成，形状常为丝状或网状。由铅锡合金和锌等低熔点金属制成的熔体，因不易灭弧，多用于小电流电路；由铜、银等高熔点金属制成的熔体，易于灭弧，多用于大电流电路。熔断器种类很多，按结构分为开启式、半封闭式和封闭式；按有无填料分为有填料式、无填料式；按用途分为工业用熔断器、保护半导体器件熔断器及自复式熔断器等。

2.3.1.4　低压开关

1. 刀开关

刀开关是一种手动电器，广泛应用于配电设备作为隔离电源用，有时也用于直接启动小容量的笼型异步电动机。刀开关的电气符号见图 2.34 所示。刀开关有开启式负荷开关和封闭式负荷开关等类型。

（1）开启式负荷开关

开启式负荷开关俗称胶盖瓷底刀开关，由于它结构简单，价格便宜，使用维修方便，故得到广泛应用；主要用做电气照明电路和电热电路。小容量电动机电路的不频繁控制开关，也可用做分支电路的配电开关。

（2）封闭式负荷开关

封闭式负荷开关又称铁壳开关。一般用于电力排灌、电热器、电气照明线路的配电设备中，用于不频繁地接通与分断电路，也可以直接用于异步电动机的非频繁全压启动控制。

2. 转换开关

转换开关又名组合开关，是一种多触点、多位置式、可控制多回路的电器。一般用于电气设备中非频繁地通断电路、换接电源和负载，测量三相电压以及控制小容量感应电动机。转换开关的电气符号如图 2.35 所示。

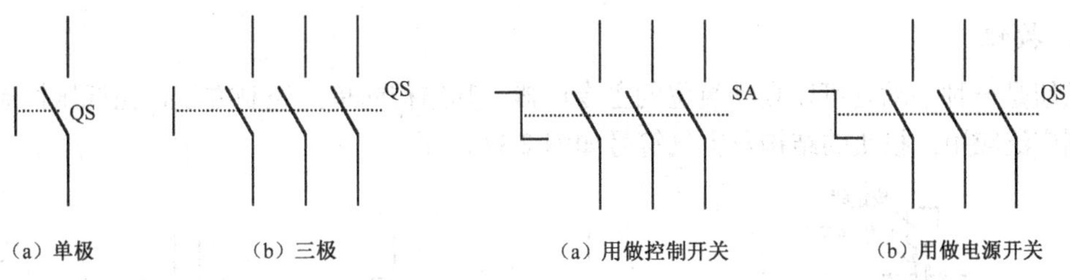

图 2.34　刀开关的电气符号　　图 2.35　转换开关的电气符号

2.3.1.5　低压断路器

低压断路器俗称自动开关，是低压配电系统和电力拖动系统中非常重要的电器，它相当于刀开关、熔断器、热继电器和欠电压继电器的组合，集控制与多种保护于一身，并具有操作安全、使用方便、工作可靠、安装简单、分断能力强等优点，因此得到广泛应用。

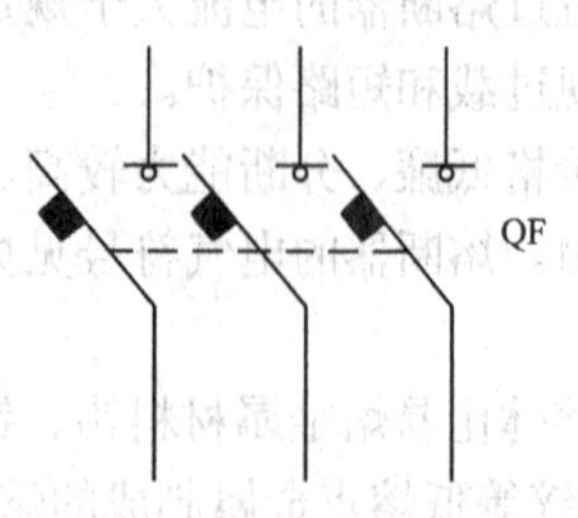

图 2.36　断路器的电气符号

断路器的种类繁多，按用途和结构特点可分为框架式断路器、塑料外壳式断路器、直流快速断路器、限流式断路器和漏电保护断路器等。断路器的电气符号如图 2.36 所示。

1. 框架式断路器（万能式断路器）

具有绝缘衬底的框架结构底座将所有的构件组装在一起，用于配电电网的保护。

2. 塑料外壳式断路器

由模压绝缘材料制成的封闭型外壳将所有构件组装在一起形成塑料外壳式断路器。用做配电电网的保护和电动机、照明电路及电热器等控制开关。

3. 直流快速断路器

具有快速电磁铁和强有力的灭弧装置，最快动作时间可在 0.02 s 以内，主要用于半导体整流元件和整流装置的保护。

4. 限流断路器

利用短路电流所产生的电动力使触点在 8～10 ms 内迅速断开，限制了电路中可能出现的最大短路电流。适用于要求分断能力较高的场合（可分断高达 70 kA 短路电流的电路）。

5. 漏电保护断路器

在电路或设备出现对地漏电或人身触电时，迅速自动断开电路，从而有效地保证人身和线路安全。漏电保护断路器是一种安全保护电器，在电路中作为触电和漏电保护之用。漏电保护断路器有单相式和三相式两种。漏电保护断路器的额定漏电动作电流为 30～100 mA，漏电脱扣动作时间小于 0.1 s。

2.3.1.6　主令电器

主令电器是用来接通和分断控制电路以发号施令的电器。主令电器应用广泛，种类繁多，常见的有按钮、行程开关、万能转换开关、主令控制器等。

1. 按钮

按钮是一种手动且可以自动复位的主令电器，其结构简单，控制方便，在低压控制电路中得到广泛应用。按钮的结构及电气符号如图 2.37 所示。

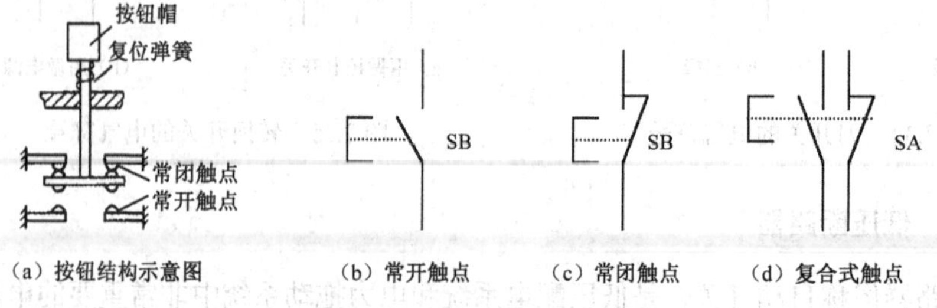

(a) 按钮结构示意图　(b) 常开触点　(c) 常闭触点　(d) 复合式触点

图 2.37　按钮结构图及其电气符号

按照用途和结构，按钮可分为启动按钮、停止按钮和复合按钮等。按照使用场合和作用不同，通常将按钮帽做成红、绿、黑、蓝、白、灰等颜色。国标 GB5226—85 对按钮的颜色作如下规定：

➢ **停止**和**急停**按钮颜色必须用红色；
➢ **启动**颜色用绿色；
➢ **启动**与**停止**交替动作的按钮必须是黑白、白色或灰色；
➢ **点动**按钮必须是黑色；
➢ **复位**按钮必须是蓝色（如保护继电器的复位按钮）。

2. 行程开关

行程开关又称位置开关或限位开关，它的种类很多，按运动形式可分为直动式、转动式、微动式；按触点的性质可分为有触点式和无触点式（又称接近开关或无触点行程开关）。行程开关主要用于检测工作机械的位置，发出命令以控制运动方向或行程。行程开关的电气符号如图 2.38 所示。

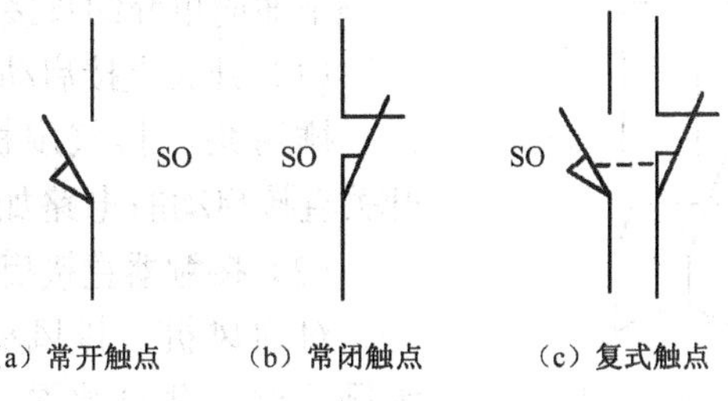

图 2.38　行程开关的电气符号

3. 万能转换开关

万能转换开关实际上是一种多挡位、多触点、能够控制多回路的主令电器。可用于控制高压油断路器等操作机构的分合闸和各种配电设备中线路的转换、遥控以及电流表、电压表的换相测量等；也可用于发布控制指令，远距离控制，小容量电动机的启动、调速和换向控制。由于其换接、控制电路多，用途广泛，故又称为万能转换开关。

目前常用的万能转换开关由操作机构、面板、手柄及触点座等主要部件组成。图 2.39 为 LW6 系列转换开关内其中某一层的结构原理示意图，其操作位置有 2～12 个，触点底座有 1～10 层，其中每层底座均可装三对触点，这种转换开关装入的触点最多可达 60 对，并由底座中间的凸轮进行控制。由于每层的凸轮可做成不同的形状，因此，当手柄转动到不同位置时，通过凸轮自作用，可使各对触点按所需要的规律接通和分断。这种开关可以组成数百种线路方案，以适应各种复杂的功能要求。万能转换开关电气符号如图 2.40 所示。

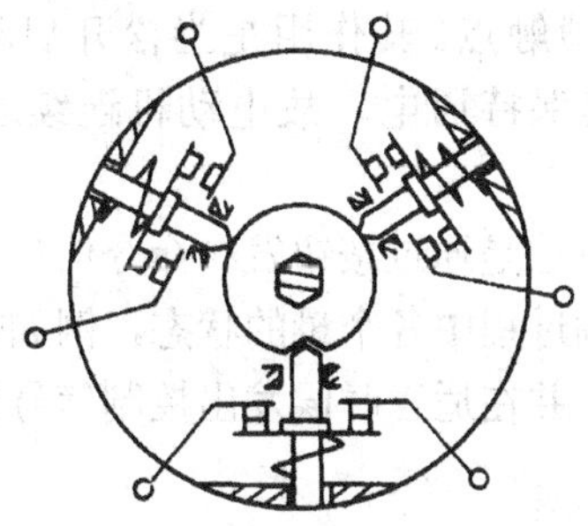

图 2.39　万能转换开关结构示意图

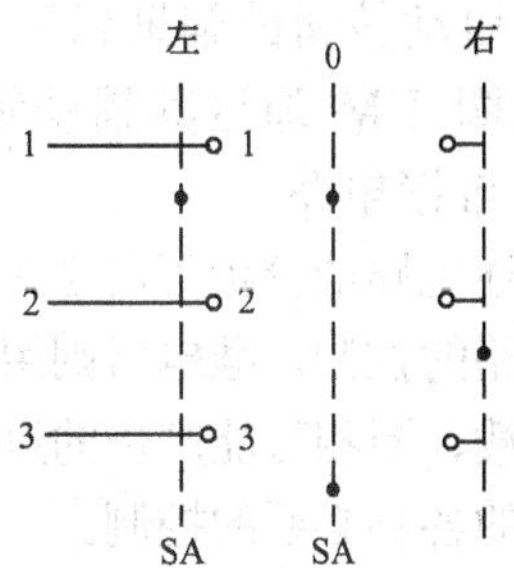

图 2.40　万能转换开关电气符号

2.3.2　基本电气控制电路

这一部分通过对异步电动机几种电气控制电路的分析，对电气控制电路的基本原理有一定的了解，为在楼宇自动化系统设计中更好地处理弱电控制系统与电气系统的强弱电接口、设备状态监视信号的获取、控制点选择等奠定基础。

2.3.2.1　异步电动机启动控制线路

异步电动机结构简单、运行可靠、维修方便。具有体积小、重量轻、转动惯性小的特点，在现代建筑中得到广泛应用，是楼宇自动化系统主要的监控对象之一。

异步电动机有直接启动和降压启动两种方式。在供电变压器容量足够大时，异步电机可直接启动，否则应采用降压启动方式。

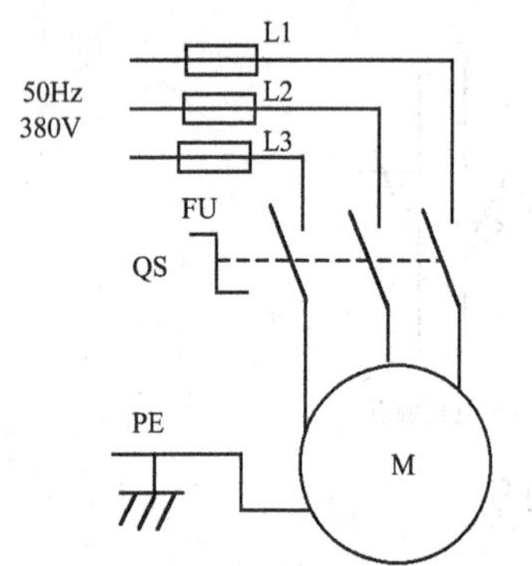

图 2.41　开关直接启动电路

下面简单介绍直接启停控制。

（1）开关直接启动

排污泵、排气扇机等可用开关直接启动，开关直接启动的电路如图 2.41 所示。

（2）接触器直接启停控制

对通风机、排风机、冷/热水循环泵、冷却水循环泵、生活水泵、消防水泵等中型电动机宜采用接触器直接启停，电气控制线路图如图 2.42 所示。

在图 2.42 所示的电气控制线路中，三相交流异步电动机通过由接触器、熔断器、热继电器和按钮所组成的控制电路进行控制。

启动电动机时：

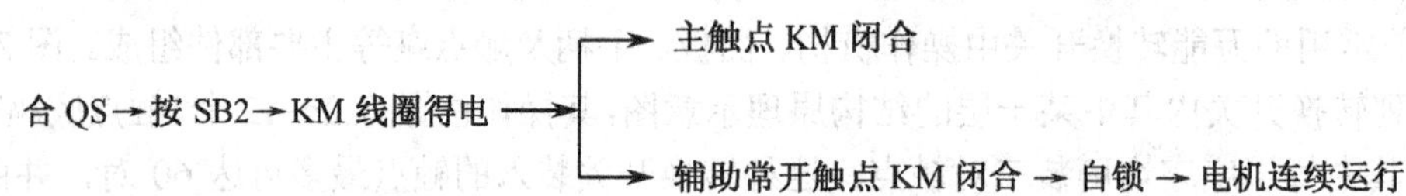

电机停转时：

按停止按钮 SBl→KM 的线圈失电→所有 KM 常开触点断开→电动机失电停转

并联于启动按钮的辅助常开触点通常称为自锁触点。其作用是当松开启动按钮 SB2 后，吸引线圈 KM 通过其辅助常开触点可以继续保持通电，故电动机连续运行。此控制电路称为自锁电路。

通过上述电路的分析可看出：电器控制的基本方法是通过按钮发布命令信号，而由接触器执行对电路的控制，继电器则用以测量和反映控制过程中各个量的状态，例如热继电器反映电动机过载、断相可能产生的过流情况及其保护，并在适当时候发出控制信号使接触器实现对主电路的各种必要的控制。

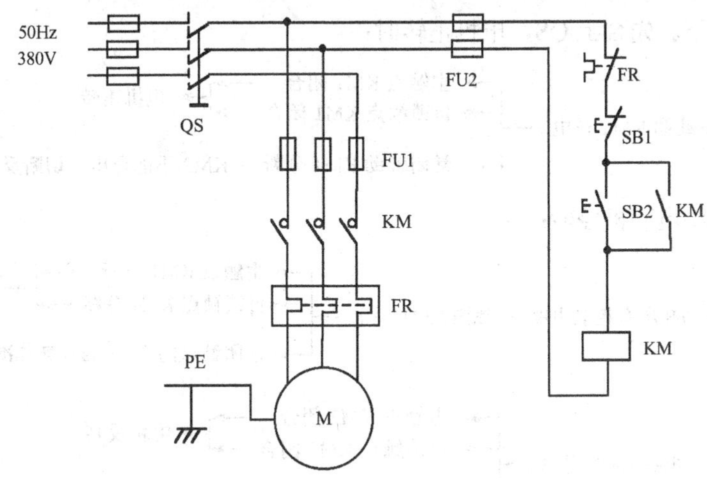

图2.42 接触器直接启停与保护线路

2.3.2.2 电动机正反转控制

图2.43为正反转按钮控制的典型线路。在主电路中，两个接触器KM1、KM2触点接法不同，因此当KM2的触点闭合时，使电动机电源线的左、右两相互换，故可改变电机电源的相序，从而改变电机转向。将正转和反转启动线路组合起来就构成了异步电动机的正反转控制线路。

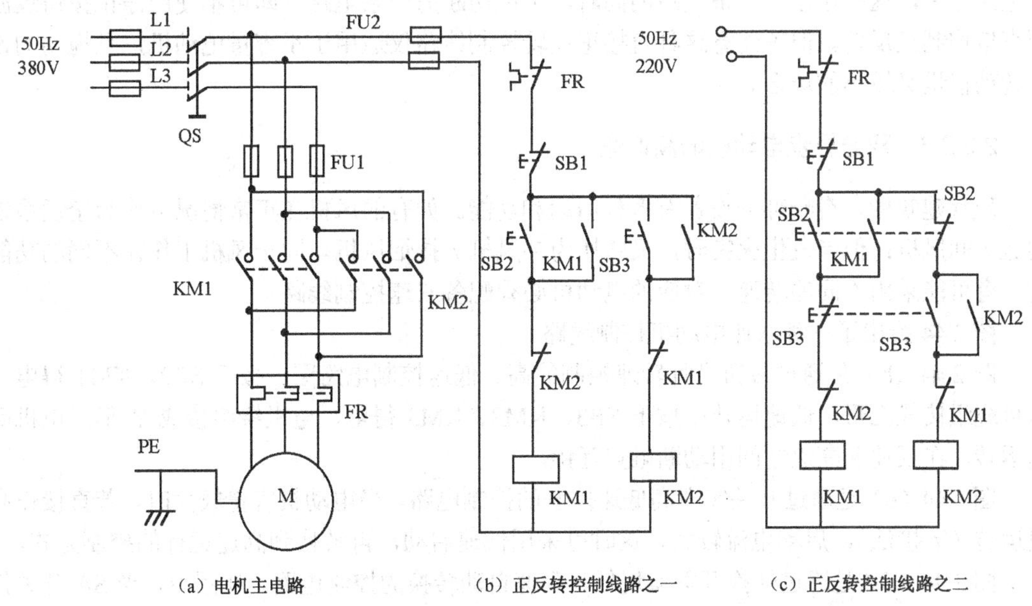

图2.43 异步电动机正反转控制电路

在图2.43中的中间正反转控制电路部分（图2.43（b）），SB2、SB3分别为正、反控制按钮，SB1为停止按钮。KM1、KM2为互锁触点，在它们各自的线圈电路中串联接入对方的常闭触点，防止了SB2、SB3同时按下可能造成的短路事故。这种利用辅助触点互相制约工作状态的方法形成了一个基本控制环节——互锁环节。

工作原理如下。先合上 QS，电机正转时：

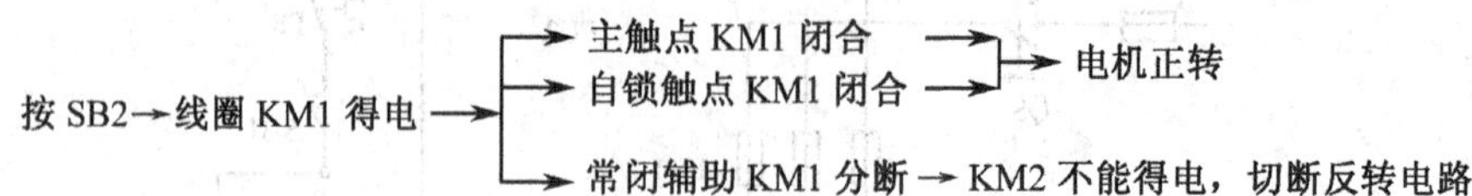

反转时，先将电动机停转：

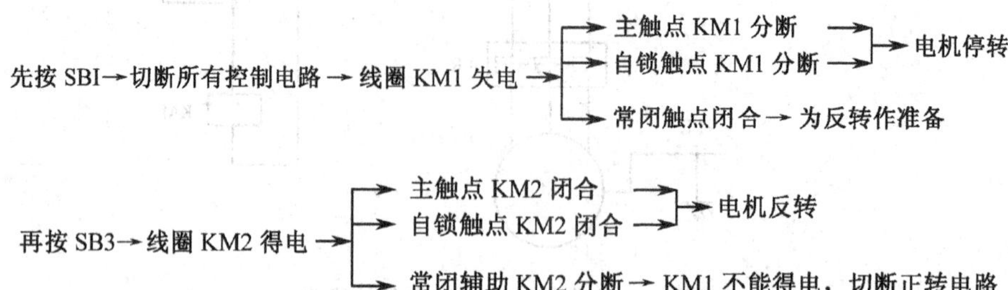

如果想再次正转，也必须要先按停止按钮 SBl，使 KM2 线圈失电释放，电机停转，然后按 SB1 使电机正转。

这种控制线路(图 2.43(b))的工作过程是：正转→停止→反转→停止→正转→停止→……的循环工作过程。当电机需要频繁换向时，这种方式操作不方便，非生产时间多，效率低。

如果要求直接实现正反转控制。可采用图 2.43 中右边的正反转控制电路部分（图 2.43（c）），用复合按钮代替单触点按钮，并将复合按钮的常闭触点分别串接入对方接触器的控制电路之中，这样在接通一条电路的同时，可以切断另一条电路，即可不使用停止按钮过渡而直接控制正反转。但须注意这种直接正反转控制线路仅适用于小容量电动机，且拖动的设备转动惯量又较小的场合。

2.3.2.3　双速异步电动机的高低速

现代建筑中，有一部分设备有多种用途和功能。如有的风机在正常情况下作为空调系统的送 / 回风机；但当发生火灾时，又转换为补风机 / 排烟风机。同一风机工作在不同的功能时，有可能采用不同的转速，对应的电动机必须配备双速控制线路。

图 2.44 给出了三种双速电动机控制线路。

图 2.44（b）是通过按钮进行转速控制的高、低速控制电路图。按下 SB2，KM1 得电，电机绕组接成△形，低速运转；按下 SB3，KM2、KM3 得电，电机绕组接成 Y 形，电机高速运转。在低速和高速之间用动断触点互锁。

图 2.44（c）是通过开关实现高低速控制的控制电路。当电动机容量较大时，若直接作高速运转（Y 接法），启动电流较大，这时可采用低速启动，再转换到高速运行的控制方式。

图 2.44（d）是通过转换开关实现低、高速自动转换的控制电路。在图中，当 SA 开关打到高速时，时间继电器 KT 得电，其瞬时动作触点闭合，先接通低速电路，使电动机低速启动，KT 延时时间到后，其两个延时触点分别断开低速电路和接通高速电路，使电动机转换到高速运行。

这一部分只是简单介绍了一般常用低压电器的工作原理以及电动机启停控制，楼宇自动化子系统基本都涉及到电器控制。电气控制及其系统在变配电、照明、电梯、火灾自动报警及消防控制、空调、通风、给排水等系统的控制中都有广泛的应用。掌握各种低压电器的基本原理和电气控制线路的基本设计方法，对楼宇自动化系统设计，特别是强弱电接口的设计是必不可少的。

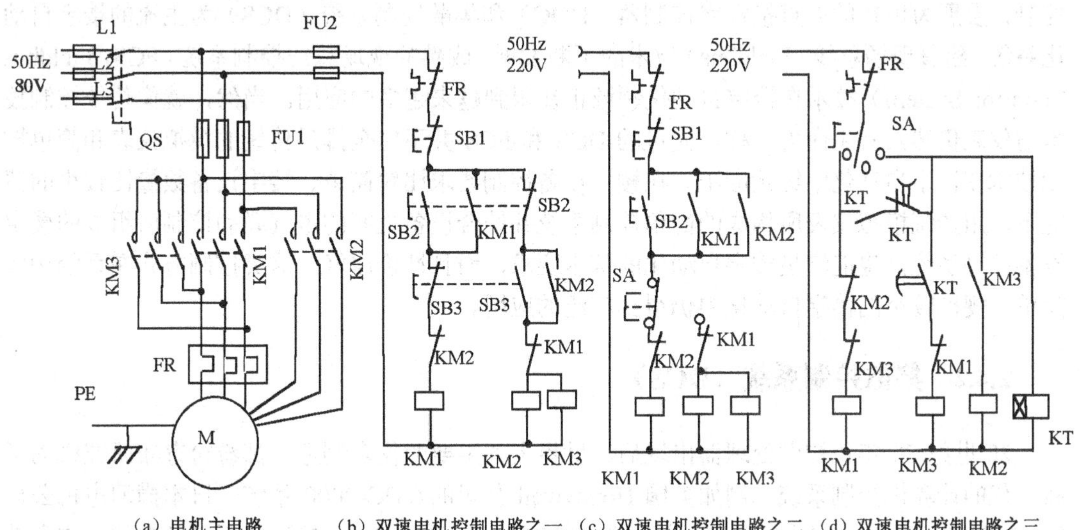

（a）电机主电路　（b）双速电机控制电路之一　（c）双速电机控制电路之二　（d）双速电机控制电路之三

图 2.44　双速电机高低速控制电路

2.4　计算机控制技术

2.4.1　概述

早在 20 世纪 50 年代数字计算机出现之初，有远见的控制工程师便从计算机运算速度快、具有实现各种数学运算和逻辑判断的能力上，意识到这是控制系统的发展方向，并进行了积极的探索。1959 年美国在炼油厂实现计算机数据监控，1962 年英国实现用计算机代替模拟调节器进行闭环数字控制。但计算机在控制领域的发展并非一帆风顺，尽管计算机的潜力很大，但随着控制功能向计算机高度集中，事故发生的危险性也被高度地集中。当一台控制几百个回路的计算机发生故障时，所有控制回路同时瘫痪，在这种情况下，仪表操作工的技术不管怎样高明也无法对付，由此造成的巨大风险和可能带来的潜在损失谁也无法承受。加上早期计算机可靠性低，价格昂贵，人机界面不方便，所以在很长一段时间里，人们虽然对计算机控制进行了大量的研究工作，但实际在线运行的计算机控制系统并不多。

这种状况一直延续到 20 世纪 70 年代初微处理器出现为止。微处理器以大规模集成电路的形式出现，其可靠性高，价格便宜，功能又相当齐全，一出现立即受到自动化行业的巨大关注，业界全力以赴加以研究，并很快取得新的技术突破。在不长的时间里，出现了以数字调节器、直接数字控制器（DDC，Direct Digital Controller，在有些资料中 DDC 作为直接数字控制—— Direct Digital Control 的缩写，在本书中只指前者）、可编程控制器（PLC，Programmable Logical Controller）为代表的数字化控制装置，自动化技术进入了数字化时代。随着电子技术、计算机技术、通信技术、控制理论的不断发展，计算机控制技术也由最早的独立控制装置，发展成为网络化的集散控制系统（DCS，Distributed Control Systems），20 世纪 90 年代出现的现场总线控制系统（FCS，Fieldbus Control Systems），使得自动控制设备与系统在功能、可靠性、兼容性、智能化与网络化等方面都得到了突飞猛进的发展。

楼宇自动化技术作为自动化技术的一个应用领域，也由早期模拟控制装置与独立的设备控制，发展为现在的以直接数字控制器（DDC）和集散控制系统（DCS）为主流的楼宇自动化系统。随着现场总线（Fieldbus）技术的不断发展，成熟的现场总线控制系统（FCS，Fieldbus Ccontrol System）技术在楼宇自动化领域正在得到越来越多的应用。当然，就像传统控制技术与仪表仍然具有生命力一样，先进的 DCS 和 FCS 并不完全排斥传统的模拟仪表和简单控制技术在楼宇自动化中继续应用。在楼宇设备控制要求比较简单、楼宇设备数量比较少的情况下，用传统模拟仪表所构成的简单控制系统并结合设备之间的电气联动控制所组成的楼宇设备控制系统，也能满足楼宇自动化的基本要求，而且性价比好，这类控制方式在系统构成简单、规模较小的楼宇自动化中仍得到广泛的应用。

2.4.2　集散控制系统（DCS）

20 世纪 70 年代初微处理器出现后，世界上各主要的仪表制造厂都纷纷宣布研究成功了新一代的计算机控制系统，例如美国 Honeywell 公司的 TDC-2000 系统、日本横河电机公司的 CENTUM 系统、美国 Foxboro 公司的 SPECTRUM 系统等。虽然这些系统各自的结构和功能有所不同，但都有一个共同特点，即控制功能分散，操作管理集中，因此称为分散型控制系统（DCS，Distributed Contro1 System），也称集中分散型控制系统，简称集散控制系统。这是在多年集中型计算机控制失败的实践中产生的一种新的体系结构，即通过将功能分散到多台计算机上，分散危险性，同时采用双重化、冗余等增强可靠性的措施，达到提高系统可靠性和整个系统运行安全的目的。

2.4.2.1　集散控制系统的体系结构

集散控制系统是随着计算机技术、信号处理技术、自动测量和控制技术、通信网络技术和人机接口技术的发展和相互渗透而产生的，既不同于分散的常规仪表控制系统，又不同于集中式的计算机控制系统，它吸收了两者的优点。集散控制系统是利用计算机技术对生产过程进行集中监视、管理和设备现场进行分散控制的一种新型控制技术，具有很强的生命力和显著的优越性。自 20 世纪 70 年代第一套集散控制系统问世以来，集散控制系统已经在各种控制领域得到了广泛的应用。

集散型控制系统是由集中管理部分、分散控制部分和通信部分所组成。集中管理部分主要由中央管理计算机及相关控制软件组成。分散控制部分主要由现场直接数字控制器及相关控制软件组成，对现场设备的运行状态、参数进行监测和控制。DDC 的输入端连接传感器等现场检测设备，DDC 的输出端与执行器连接在一起，完成对被控量的调节以及设备状态、过程参数的控制。通信部分连接集散型控制系统的中央管理计算机与现场 DDC 控制器，完成数据、控制信号及其他信息在两者之间的传递。

集散系统的体系结构框图如图 2.45 所示。

集散型控制系统通常可分为三（层）级（或四级）。

1. 第一级：现场控制级

现场控制级由现场控制器（DDC）和其他现场设备组成。DDC 直接与各种现场装置（如变送器、执行器等现场仪表与装置）相连，对现场控制对象的状态和参数进行监测和控制——如设备与系统的状态与参数检测，报警，开环和闭环控制等。同时，DDC 还与第二级的中央监控计算机相连，接受上层计算机的指令和管理信息，并向上传递现场采集的数据（包括实时数据和特征数据）。

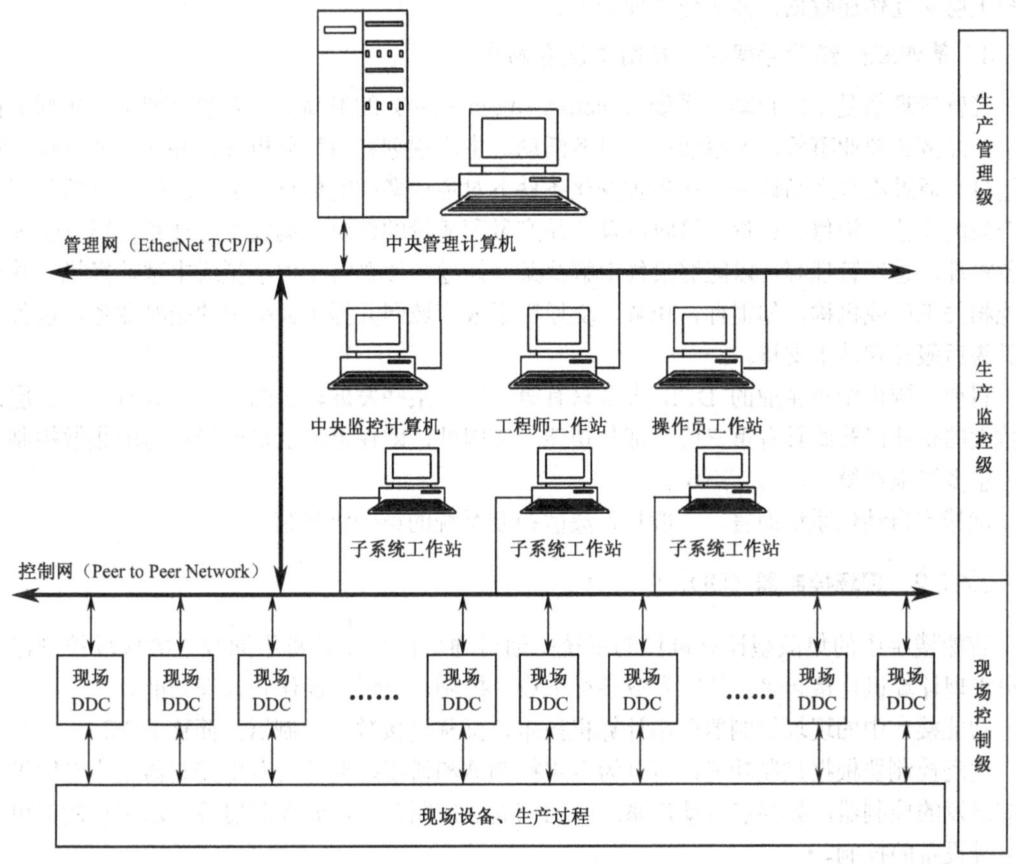

图 2.45　集散控制系统（DCS）体系结构框图

在系统规模比较大而且可划分为比较独立的子系统的集散控制系统中，为了便于对子系统的监控与管理，可在这一层设置子系统工作站，对子系统进行有效的监控与管理。例如在楼宇自动化系统中火灾报警与消防工作站、安保工作站等就属于这类工作站。

2. 第二级：监控级

监控级由中央监控计算机（又称操作站）及相关软件组成，可监视现场控制级的信息，如故障检测存档、历史数据、记录状态报告、打印显示、优化过程控制、协调各站的操作关系，控制回路状态和参数修改等。中央监控级一般采用工业控制计算机（PC 总线）和专用计算机。楼宇自动化系统的中央监控计算机就属于监控级。

为了保护系统安全，在这一级分设工程师工作站和操作员工作站，或者通过设置权限密码限制不同人员进入系统的级别，以避免不必要的误操作可能引起的对系统正常运行的干扰或造成事故与损坏。

3. 第三级：生产管理级

生产管理级计算机是根据用户的订货情况、库存情况、能源情况来规划各单元子系统产品结构和规模，并且可以随时更改产品结构，使生产线具有柔性制造的功能，是产品生产的总体协调与控制器。该级容量大、运算功能强，信息的实时性要求低于过程控制计算机，通常该级在中小企业自动化系统中就是最高一级了，对于具有第四级的大型企业，生产管理级可与上层交互传递数据，并接受管理指令。

4. 第四级：经营管理级（在图中没有画出）

经营管理级是工厂自动化系统（Factory Automation）的最高层，它的管理范围包括工程技术、经济和商业事务、人事活动、财务活动、生产规划和市场分析等，并存储和处理大量的信息。通过综合产品计划，在各种变化条件下对各种多样的信息和装置进行合理的配调，如产品的经营、销售、订货、接收以及产品产量和质量的调整、调度生产计划、财务管理、设备管理、总厂管理等，以能够最优地解决某些问题。该级常采用小型或中型计算机，并与其他相关工厂或机构，如银行、税务、交通等组成广域网并提供大范围的金融业务、税务及产品售后服务和技术支持。

目前，国内中小企业的 DCS 大多只有第一层，某些发展较快的企业也只有一、二层，少数大的企业已开始具有第三层的部分功能。在国外，即使世界上目前最优秀的集散控制系统，也多局限在第一、二、三层。

就楼宇自动化系统而言，一般只设集散控制系统的第一级和第二级。

2.4.2.2 现场控制器（DDC）

智能楼宇中的集散型计算机控制系统是通过通信网络系统将不同数目的现场控制器与中央管理计算机连接起来，共同完成各种采集、控制、显示、操作和管理功能。

智能楼宇中的现场控制器采用计算机技术，又称直接数字控制器，简称 DDC。

现场控制器根据控制功能，可分为专用控制器和通用控制器。专用控制器是为专用设备控制研发的控制器，如楼宇自动化系统中的空调机控制器、灯光控制器等。通用控制器可用于多种设备的控制。

通用控制器常采用模块化结构，使得系统配置更为灵活。在实际使用中，可根据不同需求选用不同的模块进行 DDC 控制器配置，并采用不同的冗余结构以适应不同的控制要求。现场控制器通常安装在靠近控制设备的地方。为适应各种不同的现场环境，DDC 控制器应具有防尘、防潮、防电磁干扰、抗冲击、抗振动及耐高低温等恶劣环境的能力。

1. 现场控制器的功能

在集散控制系统中，各种现场检测仪表（如各种传感器、变送器等）送来的测量信号均由现场控制器进行实时的数据采集、滤波、非线性校正、各种补偿运算、上下限报警及累积量计算等。所有测量值、状态监测值经通信网络传送到中央管理计算机数据库，并进行实时显示、数据管理、优化计算、报警打印等。

DDC 控制器将现场测量信号与设定值进行比较，按照产生的偏差由 DDC 控制器完成各种开环控制、闭环反馈控制，控制 / 驱动执行机构实现对被控参数的控制。

DDC 控制器能接受中央管理计算机发来的各种直接操作命令，对监控设备和控制参数进行直接控制，提供了对整个被控过程的直接控制与调节功能。DDC 控制器的基本组成如图 2.46 所示。

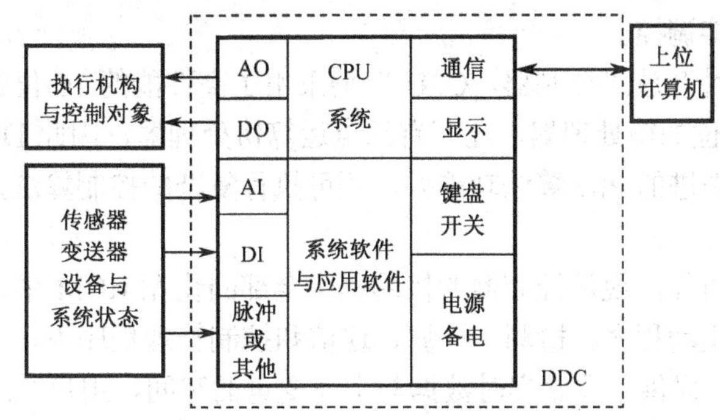

图2.46　DDC控制器基本组成框图

在集散控制系统中，显示与操作功能集中在中央管理计算机，DDC 控制器一般不设置 CRT 显示器和操作键盘，但可通过便携式计算机或现场编程器对现场控制器进行编程和对系统参数进行修改。现场控制器一般配备可供选择的简易人机界面，如小型显示器、迷你键盘、按钮等，通过这些简单的人机界面，可在现场对 DDC 控制器进行变量调整、参数设定等一些简单的操作以及检测参数的就地显示等。在 DDC 控制器独立使用时，选配相应的人机接口是非常必要的，对系统现场调试、编程和参数调整等带来极大便利。

2. 模块化DDC控制器的组成结构

模块化 DDC 控制器通常包含电源模块、计算机（CPU）模块、通信模块和输入输出模块。组成结构如图2.47所示。

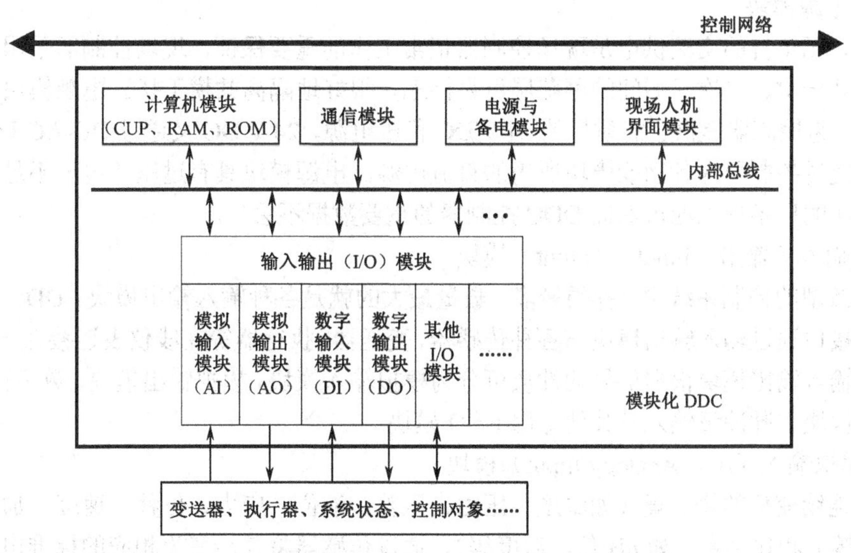

图2.47　模块化DDC结构示意图

（1）计算机模块与通信模块

计算机模块通过输入模块完成数据采集、滤波、非线性校正、各种补偿运算、上下限报警及累积量计算等，同时通过运算，由输出模块输出控制信号，驱动执行机构（器）完成对控制对象的控制，也可通过远程驱动模块和远程执行器实现远程控制。通过通信模块可将所有测量值和状态监测信号传送到中央管理计算机数据库，供实时显示、数据处理、优化计算、报警打印等。中央管理计算机的管理、控制指令同样可通过通信模块送入 DDC 控制器计算模块，实现系统的直接调控。

现场控制器是一种开放式控制器，CPU 普遍采用了高性能的 16 位的微处理器，有的已使用了准 32 位或 32 位的微处理器，还配有浮点运算协处理器，因此 DDC 的数据处理能力大大提高。除了具有先进的 PID 算法功能外，还可执行复杂的控制算法，如自整定、预测控制和模糊控制等。

为了工作的安全可靠，现场控制器的控制程序全部固化在 ROM 中，包括系统启动、自检程序、输入 / 输出驱动程序、检测、计算、通信和控制管理程序等。

RAM 为程序运行提供了存储实时数据与中间变量的空间，用户在线操作时需修改的参数（如设定值、手动操作值、PID 参数、报警界限等）也须存入 RAM 中。现场控制器为用户提供了在线修改组态的功能，用户组态应用程序亦必须存入 RAM 中运行。

在一些采用双 CPU 的冗余系统中，还特别设有一种双端口随机存储器，其中存放过程输入、输出数据及设定值、PID 参数等；两个 CPU 可分别对其进行读写，从而实现了双 CPU 间运行数据的同步，当主 CPU 出现故障时，热备 CPU 可立即接替工作，保证正常运行过程不受任何影响。

DDC 控制器的通信方式主要有 Peer to Peer（点对点）方式和 RS485 方式。Peer to Peer（点对点）网络通信可达到 115.2 kbps 的通信速率。RS485 通信总线长度可达 1.2 km。

（2）内部总线

DDC 控制器一般采用最流行的标准的 VME 总线，它支持多 CPU 的 16 位/32 位总线，PC 总线（ISA 总线）在中规模集散控制系统的 DDC 控制器中亦得到了应用。

（3）电源模块

稳定、无干扰的交流供电是现场控制器正常工作的重要保证，现场控制器采用了隔离变压器，将其一次、二次线圈间的屏蔽层可靠接地，很好地隔离共模干扰。电源模块带有板内微处理器，为控制器提供了高质量的 24 V DC 稳压电源，24 V DC 又通过 DC-AC-DC 变换方式转换成现场控制器内各功能模块所需的直流电源。电源模块具有过压 / 电压不足的显示功能。长寿命的后备锂电池可保证 DDC 控制器的重要数据不丢失。

（4）输入 / 输出（Input / Output）模块

在集散型的控制系统中，种类最多、数量最大的就是各种输入输出模块。DDC 控制器的输入输出接口通过输入输出模块与各种传感器、变送器、执行器等在线仪表连接在一起。DDC 控制器的输入输出模块根据信号的性质可分为模拟输入模块、模拟输出模块、数字输入模块、数字输出模块、脉冲量输入及其他专用 I / O 模块。

① 模拟输入（AI，Analogy Input）模块

各种连续变化的物理量（如温度、压力、压差、液位、应力、位移、速度、加速度及电流、电压等）和化学量（如 pH 值、浓度等），通过传感器将其转变为相应的标准电信号，由模拟输入模块送入现场控制器进行处理。上述的非电物理量转换后的标准电信号有以下几种。

电阻信号：由热电阻产生。电阻信号的输入模块与所采用的电阻传感器对应。常用的规格有 100 Ω、500 Ω、1000 Ω、10 kΩ、20 kΩ等。

电压信号：一般是由热电偶、压力、湿度、应变式传感器产生。常用的规格有 1～5 V DC、0～5 V DC、0～10 V DC 几种。

电流信号：由各种温度、位移或各种电量、化学量变送器、电磁流量计等产生。一般均采用 4～20 mA DC 标准。

在所有模拟输入模块中，输入电路先将各种范围的模拟量输入信号统一转变成 1～5 V DC 或 0～10 V DC 的电压信号送入 A / D 转换器。通过滤波电路、差动放大器以提高系统抗干扰能力，提高共模抑制比；对于热电偶信号的处理器，还设有冷端补偿与开路检测等措施，以提高检测精度与系统可靠性。

通过 A / D 转换器，将信号处理器输入的多路模拟信号，按 CPU 的指令逐一转变为数字量送给 CPU。每一 A / D 转换器一般可直接输入 8～64 路模拟信号，由多路选通开关通过分时选通进行 A / D 转换。A / D 转换器有 8 位、10 位、12 位、16 位等多种，但在集散型系统中使用较多的是 12 位的 A / D 转换器，每一次 A / D 转换时间一般在 100 μs 左右。

② 模拟输出模块（AO，Analogy Output）

DDC 控制器将要输出的数字信号经 D / A 转换成电流或电压模拟信号，常用的 D / A 转换器有 8 位、10 位、12 位、16 位等多种，但在集散型系统中使用较多的是 12 位的 D / A 转换器。通过模拟输出模块输出 4～20 mA DC 直流电流信号或 1～5 V DC、0～5 V DC、0～10 V DC 直流电压信号，用于控制各种直行程或角行程电动执行机构的行程以控制各种阀门的开度，或通过调速装置（如各种交流变频调速器）控制各种电机的转速，亦可通过电-气转换器或电-液转换器来控制各种气动或液动执行机构，如控制气动阀门的开度等。

③ 数字（状态）量输入模块（DI，Digital Input）

用来输入各种限位（限值）开关、继电器、电气联动机构、电磁阀门联动触点的开、关状态等二位（on / off）信号。

各种开关量输入信号在 DI 模块内经电平转换、光电隔离并经滤波去除抖动噪声后，存入模块内数字寄存器中。外接每一路开关的状态，相应地由二进制寄存器中的一位数字的 0 与 1 来表示。CPU 可周期性地读取各模块内寄存器的状态来获取系统中各个输入开关的状态。也可通过中断申请电路读取，当外部某开关状态变化时，即向 CPU 发出中断申请，提请 CPU 及时处理。

④ 脉冲输入模块（PI，Pulse Input）

现场仪表中转速计、涡轮流量计、脉冲电量表及一些机械计数装置等输出的测量信号均为脉冲信号，脉冲输入模块就是为输入这一类测量信号而设置的。脉冲量输入与数字量输入功能相似。PI 模块上设有多个可编程定时计数器（如 8253、8254 等 16 位的定时计数器）及标准时钟电路，输入的脉冲信号经幅度变换、整形、隔离后输入计数器。根据不同的功能、编程方式和转换系数，可进行计数、脉冲间隔时间、脉冲频率测量及总量计算等。

⑤ 数字输出模块（DO，Digital Output）

用于控制电磁阀门、继电器、指示灯、声报警器等只具有开、关两种状态的装置或设备。DO 模块用于锁存 CPU 输出的开关状态数据，这些 0、1 数据的每一位分别对应一路输出的开、关或通、断状态，经光电隔离后可通过小型继电器、双向晶闸管（或固态继电器）的输出控制现场设备。在 DO 模块上一般设有输出值回测电路，供 CPU 确认开关量输出状态是否正确。

上述各种输入输出模块在设计时，为保证其通用性和系统组态的灵活性，在模块中均设有一些用于改变信号量程与种类的跳线或 DIP 开关。有些 DDC 控制器还有一组模块地址选择开关，用于模块地址的确定，在这类系统安装与调试时必须按组态数据仔细设定。

2.4.2.3　中央监控系统

1. 中央监控计算机

集散控制系统监控范围大、设备数量多、监控状态与参数的类型、数量多且分散。在控制系统方案的选取上，宜坚持“分散控制、集中管理”的原则，即利用 DDC 对被控对象实施“分散控制”，通过中央监控计算机被控对象实施统一管理，图 2.45 所示的 DCS 结构已清楚地说明了这一点。

中央监控计算机担负着系统集中监视、管理、系统生成及诊断等监控与管理的职能，因此，不仅要求其硬件系统耐用、可靠，而且要求应用软件方便使用且功能齐全。在中央监控计算机选型方面，对于较小型的 DCS 系统，一般可考虑采用“工控机”作为中央监控计算机的主机设备，对于较大型和特大型的 DCS 系统，可考虑采用“容错计算机”作为中央监控计算机的主机设备，一个集散系统中可以配置多个中央管理计算机工作站。

为了提高中央监控主机的可靠性，容错计算机采用了两台计算机互为热备份的系统设计技术，即一台运行中的计算机一旦出现故障，热备份的计算机即自动投入运行，并自动接管中央主机对整个系统的管控大权，从而保证系统最大限度地处在可靠运行状态。

为了避免意外误操作，一般监控中心分设工程师工作站和操作员工作站。系统工程师通过工程师工作站进行系统组态、系统测试、系统维护与系统管理等工作。系统操作员通过操作员工作站进行系统画面显示与切换、系统运行操作。基本的显示画面有：流程和控制画面、报警提示画面、控制回路画面、趋势画面、提示信息画面、记录和表格画面等。基本操作有：参数修改、画面调用与展开、报警确认、信息输出等。当系统规模较小或者工艺流程相对简单时，工程师和操作员可共用一个工作站，通过授权密码进行工作站功能的切换。

当 DCS 可划分为不同子系统时，为了便于子系统管理以及遵循国家规范的要求，可增设子系统工作站，在楼宇自动化系统中通常设有火灾自动报警与消防工作站、安保工作站、门禁工作站等子系统工作站。

2. 集散系统的通信网络

（1）中央监控计算机与 DDC 之间的通信

中央监控计算机与分布在现场的直接数字式控制器（DDC）之间需要大量上传下送监测与控制数据信息，各控制器之间也需要相互通信，以实现系统的协调控制。该级网络通信系统需要满足以下要求：

- ➢ 应适应工业现场的相对恶劣环境；
- ➢ 传输速率不得过低，就是说通信波特率不低于 9600 bps；
- ➢ 直接传输距离不得大于 1.2 km，通信传输介质可采用双绞线（UTP 或 STP）；
- ➢ 意外高电压引入时，不得破坏整个通信系统的正常运行。

（2）多台中央监控与管理计算机之间的通信

在有多台中央监控与管理计算机的 DCS 系统中，中央管理计算机之间需要相互传输大量的数据和图像等信息，而且有一定的实时性要求。用于智能建筑楼宇自动化的 DCS 系统，担负着对建筑（群）的所有设备的集中监测、控制和管理任务，为了高效率地完成既定任务，往往需要在一座建筑物或一组建筑群中，设置多台中央管理计算机。例如在高层建筑的楼宇自动化系统中，某层的某个防火报警探头报警后，防火自动监控系统应能及时响应，确认报警的有效性、通过网络系统发布火灾警报、同时启动消防联动系统，实施有效救灾。在具有多台中央管理计算机的 DCS 系统中，常用网络型中央监控系统结构。

3. 中央监控系统基本功能

（1）报告功能

如控制器报警功能、操作员操作追踪记录功能等。

（2）趋势功能

集散型系统的一个突出特点是可以存储历史数据，并可以以曲线的形式进行显示。一般的趋势显示有两种：一种是跟踪趋势显示，又称为实时趋势；另一类趋势显示为长期记录。

（3）报警管理功能

用户定义所有事件的报警级别、报警延迟时间（以秒计）、点报警状态持续时间、屏蔽点的报警等。

（4）历史记录功能

能记录系统历史运行状况。

（5）进行系统运行操作功能

通过中央监控计算机和工作站，实现对控制对象的直接操作控制、系统控制参数修改、报警确认等系统运行操作控制。

（6）系统维护与管理功能

通过累计设备运行时间、评价系统、设备工作状态等项目，辅助工作人员进行系统与设备的维护管理。

4. 系统软件

系统软件指完成操作、监控、管理、控制、计算和自诊断等功能的计算机程序。整个系统在软件指挥下协调工作。从管理范围和功能来分，软件可分为系统管理软件和现场控制器管理软件。

（1）系统管理软件

系统管理软件应采用开放式、标准化和模块化设计，可以很方便地进行修改和扩充，而不需要调整或增加系统的硬件配置。系统管理软件包括以下功能模块：

- 系统操作管理；
- 交互式系统界面；
- 报警、故障的处理、提示和打印；
- 系统操作指导；
- 系统故障自诊断；
- 快速信息检索；
- 系统信息传递；
- 系统远程通信；
- 辅助功能设定。

（2）现场控制器管理软件

现场控制器软件包括以下功能模块：

- 直接数字控制；
- 组合控制设定；
- 设备节能控制；
- 报警设定；

- 程序控制；
- 通信。

2.4.2.4 集散控制系统的发展

20 世纪 90 年代以来，DCS 在其传统的基础上又有所改进和发展，出现一些新特点，主要表现在以下几个方面。

1. 系统的开放性不断增强

越来越多的 DCS 系统采用标准化的网络和数据库，保证高层互连。多数 DCS 提供了与各种标准的智能仪表通信（如现场总线等）和通用 PLC 的通信接口，使系统的开放性大为增加，扩展了控制系统的集成范围。

2. 采用先进的计算机技术

高性能的微处理器已经大量应用到 DCS 系统中。

3. DCS 系统综合性和专业性增加

过去的 DCS 系统最多为用户提供一个控制系统平台，用户可以通过组态实现过程控制功能。当今的 DCS 系统几乎都增加了综合管理功能，可采用网络操作平台以方便实现全厂综合自动化。

未来的 DCS 发展，将向综合化、开放化、网络化发展，并且在大型 DCS 进一步提高和完善的同时，小型 DCS 系统会有一个大的发展，人工智能（如知识库系统、模糊控制、神经网络等）将会在 DCS 中得到应用，从而实现从生产到管理层的全面优化控制。

2.5 现场总线控制系统

以现场总线技术为基础的现场总线控制系统（FCS）是以网络为基础的开放型控制系统。现场总线是控制现场智能化设备之间的数字式、双向传输、多结点和多分支结构的数字通信网络，也被称为开放式、数字化多点通信的底层控制网络。集散型控制系统（DCS）是把控制网络连接到现场控制器（DDC）。而现场总线控制系统则把通信线一直连接到现场设备。它把单个分散的测量控制设备变成网络结点，以现场总线为纽带，组成一个集散型的控制系统。它适应了控制系统向分散化、网络化、标准化和开放性发展的趋势，是继集散型控制系统（DCS）之后的新一代控制系统。

更重要的是新型的现场总线控制系统（FCS）用公开的、标准化的通信网络代替了集散型控制系统（DCS）的专用网络，实现了不同厂商现场设备之间的兼容与互换性。

2.5.1 现场总线系统的结构特点

集散型控制系统（DCS）中的现场控制器输入端连着传感器、变送器，输出端连着执行器。由控制器完成对现场设备的控制。传输的是模拟量信号和开关量信号，是一对一的物理连接。

随着电子技术、计算机技术、通信技术、控制技术等的不断发展，自动控制系统的现场仪表与装置的技术水平迅速提高，出现了大量的智能化现场设备。智能化的现场设备不仅能检测、转换、传递现场参数（温度、湿度、压力等），接收控制、驱动信号执行调节、控制功能外，还含有运算、控制、校验和自诊断功能，智能化的现场设备自身就能完成基本的控制功能。这种智能化现场设备具有很强的通信能力。通过标准化的网络，将智能化的现场设备联系在一起，构成现场总线控制系统，实现了彻底的集散控制。现场总线系统的特点有以下几个方面。

1. 系统的开放性

现场总线为开放式的互连网络，既能与同类网络互连，也能与不同类型网络互连。开放系统是指它可以与世界上任何地方遵守相同标准的其他设备或系统连接，通信协议的公开，使遵守同一通信协议不同厂家的设备之间可以实现互换。用户可按自己的需要，选用不同供应商的产品，通过现场总线构筑自己所需要的自动化系统。

2. 互操作性与互换行

互操作性是指不同生产厂家性能类似的设备不仅可以相互通信，并能互相组态，相互替换构成的控制系统。

3. 现场设备的智能化与功能自治性

现场总线系统将传感测量、计算与转换、工程量处理与控制等功能分散到现场设备中完成；仅靠现场设备即可完成自动控制的基本功能，并可随时诊断设备的完好状态。

4. 分散的系统结构

现场总线系统把集散控制系统（DCS）中的现场控制功能分散到现场仪表，取消了 DCS 中的 DDC，它把传感测量、补偿、运算、执行和控制等功能分散到现场设备中完成，体现了现场设备功能的独立性。构成新的分散控制的系统结构，简化了系统结构，提高了可靠性。现场总线系统的接线十分简单，一对双绞线可以挂接多个设备，当需要增加现场控制设备时，可就近连接在原有的双绞线上，既节省了投资，也减少了安装的工作量。

用户可以选择不同厂商所提供的设备来集成系统，避免因选择了某一品牌的产品而限定了以后使用设备的选择范围，也不会出现系统集成中协议、接口不兼容等问题。

5. 现场总线控制系统的优点

- 智能变送器 DDC 直接进行数据通信；
- 总线取代传感器与 DDC 间的单独布线；
- 现场仪表的功能与精度大为提高；
- 多功能仪表大量出现；
- 设备的选择范围大大扩展。

2.5.2 楼宇自动化中的现场总线技术

20 世纪 80 年代以来，出现了多种现场总线，目前国际上流行的现场总线有 40 多种。比较著名的有：IEC61158、Control Net、ProfiBus（Process Field Bus）、P—Net、FF HSE、Swift Net、World FIP、Interbus 等。在楼宇自动化系统中，国际上流行的有 LonWorks 和 CAN 两种现场总线标准。

1. LonWorks 总线

这是一种具有强大功能的现场总线技术。它是由美国 Echelon 公司于 1990 年正式公布而形成的现场总线标准。LonWorks 总线采用了 ISO / OSI 模型的全部 7 层通信协议，采用了面向对象的设计方法。它把单个分散的测量控制设备变成网络结点，通过网络实现集散控制。通过网络变量把网络通信设计简化为参数设置，其通信速率从 300 kbps 至 1.5 Mbps 不等，直接通信距离可达 2700 m（78 kLps，双绞线）；支持双绞线、同轴电缆、光纤、射频、红外线和电力线等多种通信介质，并开发了相应的安全防爆产品。

2. CAN 总线

CAN 总线最早是由德国 Bosch 公司推出的控制局域网络，开始主要用于汽车内部测量与执行机构之间的数据通信。CAN 总线规范已被 ISO 国际标准化组织制定为国际标准。并得到 Motorola、Intel、Philip、Siemens 和 NEC 等公司的支持，被广泛应用于离散控制领域。CAN 协议建立在国际标准化组织的开放系统互连模型的基础上，它的模型结构只有 3 层——ISO 底层的物理层、数据链路层和顶层的应用层。CAN 总线信号传输介质为双绞线，以 1 Mbps 传输，最远直接传输距离可达 40 m；以 5 kbps 传输，最远直接传输距离可达 10 km，最多可挂接设备数 110 个。

2.5.3 LonWorks 总线

LonWorks 技术为现场总线控制系统的集中管理、分散控制的方式提供了很强的实现手段。设备供应商提供了多种以 LonWorks 总线技术为基础的现场总线控制系统。

2.5.3.1 概述

LonWorks 采用开放式 ISO / OSI 模型的全部 7 层通信协议结构，被誉为通用控制网络，各层功能见表 2.5。

表 2.5 LonWorks 模型分层

模型分层	作用	服务
应用层（Application）	网络应用程序	标准网络变量类型：组态性能，文件传送
表示层（Presentation）	数据表示	网络变量：外部帧传送
会话层（Session）	远程传输控制	请求/响应，确认
传输层（Transport）	端-端传输可靠性	单路/多路应答服务；重复信息服务，复制检
网络层（Network）	报文传送	单路/多路寻址，路径
数据链路层（Data link）	媒体访问与成帧	成帧，数据编码，CRC 校验，冲突回避/仲裁，优先级
物理层（Physical）	电气连接	媒体特殊细节（如调制），收发种类，物理连接

2.5.3.2 LonWorks 总线技术

LonWorks 技术主要由 LonWorks 结点和路由器，LonTalk 协议，LonWorks 收发器，LonWorks 网络和结点开发器几部分组成。

1. LonWorks 结点

一个典型的现场控制结点主要包括以下几部分功能模块：应用 CPU、I / O 处理单元、通信处理器、收发器和电源。LonWorks 智能结点主要分以下两种类型。

（1）神经元结点

神经元结点是以神经元芯片为核心的控制结点，采用 MIP 结构。神经元结点充分利用了神经元芯片自身的强大功能，增加收发器便构成了一个典型的现场控制结点，其组成结构如

图 2.48 所示。

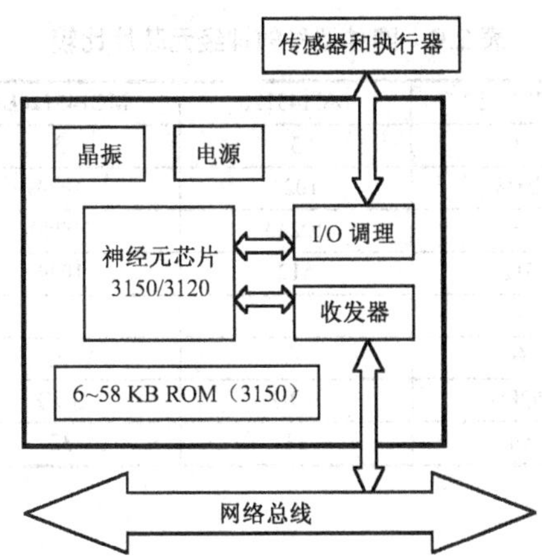

图 2.48　神经元结点结构框图

（2）HoseBase 结点

神经元芯片仅是 8 位总线 CPU，功能有限，对于复杂控制需求显得力不从心。HoseBase 结构很好地解决了这一问题，将神经元芯片作为通信协议处理器，用高性能主机实现复杂测控功能，其典型的组成结构如图 2.49 所示。

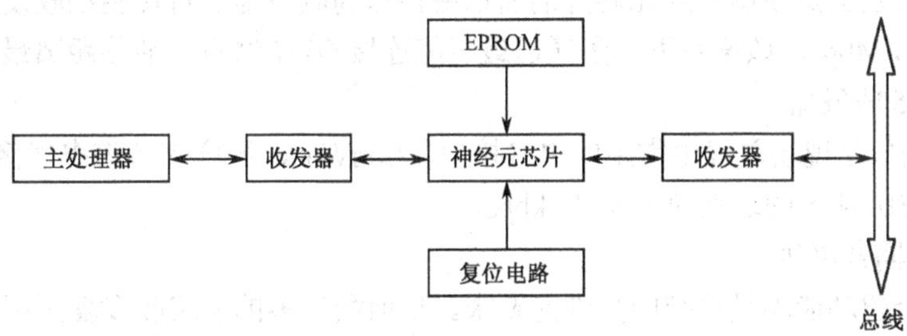

图 2.49　Hose Base 结点结构框图

2. 路由器

路由器是LonWorks技术的重要组成部分，使LonWorks总线突破了传统现场总线的限制，使其通信不受通信介质、通信距离和通信速率的限制。在 LonWorks 技术中，路由器包括中继器、桥接器、路由器等几种。

3. 神经元芯片

神经元芯片是 LonWorks 技术的核心，神经元芯片拥有 3 个处理器，一个用于完成开放互连模型中第一和第二层的功能，称为媒体访问控制处理器，实现介质访问的控制与处理；第二个用于完成第三到第六层的功能，称为网络处理器，进行网络变量的寻址、处理、路径选择、背景诊断、网络管理等功能，并负责网络通信控制，收发数据包等；第三个是应用处理器，执行操作系统服务与用户代码。芯片中还有存储信息缓冲区，以实现 CPU 之间的信息传递，并作为网络缓冲区和应用缓冲区。神经元芯片还有 11 个输入/输出接口，这样一片神经元芯片就能完成现场的控制功能和组网功能。

神经元芯片主要有 MCl43150 和 MCl43120 两大系列，MCl43150 系列支持外部存储器，适合更为复杂的应用；MCl43120 则不支持外部存储器，它本身带有 ROM。四种型号神经元芯片的比较见表 2.6。

表 2.6　四种型号的神经元芯片比较

	MC143150	MC143120	MC143120E1	MC143120E2
处　理　器	3	3	3	3
RAM 容量（B）	2048	1024	1024	2048
ROM 容量（B）	—	10240	10240	10240
EPROM 容量（B）	512	512	1024	2048
16 位计数器	2	2	2	2
外部存储器接口	有	无	无	无
封　装	PQFG	SOG	SOG	SOG
管　脚	64	32	32	32

4. LonWorks 通信

LonWorks 技术的一个重要特征是它支持多种通信介质（双绞线、电力线、电源线、光纤、无线和红外）。根据通信介质的不同，LonWorks 技术可分为以下多种总线收发器。

（1）双绞线收发器

双绞线是使用最为广泛的一种介质，用于双绞线介质的收发器有以下 3 种。

① 直接驱动收发器

直接驱动收发器是使用神经元芯片的通信端口作为收发器。直接驱动收发器支持的最大通信速率是 1.25 Mbps，该速率下一条通道最多能连接 64 个结点，通信距离最长可达 30 m。

② EIA-485 收发器

EIA-485 接口是现场总线中常用的电气接口，LonWorks 同样支持该电气接口。LonMark 协议建议使用 EIA-485 的通信速率是 39 kbps。

③ 变压器耦合驱动

变压器耦合驱动能满足系统的高性能要求。目前相当多的网络收发器采用变压器耦合的方式。

（2）电源线收发器

电源线收发器是指通信线和电源线共用一对双绞线。这对于一些电力资源匮乏的地区具有重要的意义。采用通信线和电源线共用一对双绞线可以节约一对双绞线，也便于系统的安装和维护。由于电源线收发器采用的是直流供电，可以和变压器耦合的双绞线直接连接。

（3）电力线收发器

电力线收发器是将通信数据调制成载波信号或扩频信号，然后通过耦合器耦合到 220 V 或其他交/直流电力线上，甚至是没有电力的双绞线。这种方式减少了施工布线等建设投资，是一种将神经元结点加入到电力线中的简单、有效的方法。

（4）其他收发器

除上述收发器外，LonWorks 技术中还广泛采用无线收发器、光纤收发器等，以满足特殊情况的需要。

5. LonWorks 开发工具

LonWorks 技术包含了一系列开发工具，使结点开发和系统连网开发的效率大为提高。为产品供应商提供了开发自主产品的空间。

LonWorks 主要的开发工具有结点开发工具 NodeBuilder，结点和网络安装工具 LonBuilder，网络管理工具 LonManage 和 LNS 技术。

（1）结点开发工具 NodeBuilder

NodeBuilder 只能完成结点开发的功能，不具备网络的功能，它只有一个在线仿真器。

（2）结点和网络安装工具 LonBuilder

NodeBuilder 是 LonWorks 技术中最主要的一个开发工具，它包括以下几部分：

- 结点开发器；
- 网络管理器；
- 协议分析器和报文统计器；
- 案例程序和开发板。

（3）网络管理工具 LonManage

LonManage 主要由一系列的软件开发包和接口卡组成，包括 LonManageDDE、LonManage Profile、LonMaker 和 LonMangager 协议分析仪。

（4）LNS 技术

LNS 是 Echelon 公司开发出来的 LonWorks 总线开发工具，它为用户提供了一个强大的客户机 / 服务器网络构架，是 LonWorks 总线可互操作性的基础。使用 LNS 提供的网络服务，可以保证从不同网络服务器上提供的网络管理工具一起执行网络安装、网络维护和网络监测。客户可以同时申请这些服务器所提供的网络服务。

6. LonWorks 的通信协议

LonWorks 技术采用 LonTalk 通信协议，该协议为 7 层协议，通过网络变量直接面向对象进行通信。

LonTalk 协议的网络地址采用 3 层结构：域（Domain）、子网（Subnet）和结点（Node）。域为第一层结构，它保证在不同域中通信的彼此独立性。子网为网络地址结构的第二层，每一个域最多有 255 个子网，一个子网可以是一个或多个通道的逻辑分组。结点是网络地址的第三层，每个子网最多可以有 127 个结点。所以一个域最多可以有 255×127=32 385 个结点。LonTalk 通信协议见表 2.7。

表 2.7 LonTalk 通信协议

	OSI 层次	Lon 提供的服务	处理器
7	应用层	标准网络变量类型	应用处理器
6	表示层	网络变量，外部帧传送	网络处理器
5	会话层	请求/响应，认证，网络管理	网络处理器
4	传送层	应答，非应答，点对点，广播，认证	网络处理器
3	网络层	地址，路由器	网络处理器
2	链路层	帧结构，数据解码，CRC 错误检查	MAC 处理器
（链路层）	MAC 子层	P—预测 CSMA，碰撞规避，优先级，碰撞检测	MAC 处理器
1	物理层	介质，电气接口	MAC 处理器 XCVR

2.5.3.3 LonWork 在楼宇自动化系统中的应用

随着社会的进步和科学技术的快速发展，楼宇的自动化水平越来越高。主要表现在楼宇自动化系统所包含的自动化设备和不同功能的子系统越来越多；另外，业主总是希望楼宇自动化系统具有更高的性能、更高的效率和相对低廉的系统维护费用。如果不同厂商提供的设备和子系统采用各自不同的通信协议，使得不同品牌的系统互连与信息交换非常困难，将会给系统集成、备品备件的准备及互换带来诸多困难，这对系统运行效率的提高、运行费用的降低都是不利的，也会对系统的改造与扩容造成巨大障碍。不管是系统集成商、系统的建设投资方还是运营管理者，都迫切需要具备广泛兼容能力的开放性控制技术。通过这样的技术，使得建筑物内的各种控制设备与系统能方便地集成，不同品牌的同类产品方便互换，为业主、用户和管理者创造更好的经济与社会效益。

LonWorks 技术正是为了适应和满足上述需要而产生的，具备开放性和互操作性，对各种控制设备和不同系统间的通信与整个系统的集成创造了条件，因此被称做“智能控制网络”。该技术的标准与规范已被业界广泛接受，并在楼宇自动化领域取得了可观的进展与成果，在我国建筑领域受到广泛的关注与重视，国内智能建筑行业有专门机构进行 LonWorks 技术的推广工作。LonWorks 还为产品生产商和用户提供一整套 LonWorks 开发工具，为产品开发和用户的系统优化与维护提供了便利。

2.6　楼宇自动化系统通信协议——BACnet 标准

2.6.1　BACnet 概述

楼宇自动化系统是自动化技术的一个专门应用领域，为了实现设备与设备、设备与系统、系统与系统的互连和信息兼容，达到信息共享与系统兼容的目的，使之更具有开放性和互操作性，这些设备和系统的数据通信就必须遵循同一标准协议。楼宇自控系统的数字通信协议——BACnet 协议（A Data Communication Protocol for Building Automationand Control Network）就是在这种大背景下产生的。

在建筑设备生产领域，HVAC&R（Heating Ventilation Air-Conditioning ang Refrigerating）行业是最早意识到开放性标准重要性的建筑设备行业。1987 年美国供热、制冷及空调工程师协会组织了世界各地的 20 名楼宇控制工业部门，包括大学、控制器制造商、政府机构与咨询公司的志愿者组成了一个名为“SPC135P”的工作组在纽约召开了关于“标准化能量管理系统协议（Standardizing EMS Protoco1）”的圆桌会议。会议决定在美国供热、制冷与空调工程师协会（ASHRAE，American Society of Heating，Refrigerating and Air-Conditioning Engineers）的资助下制订一个标准的楼宇自控网络数据通信协议。在长达 8 年多的制订过程中，共收到来自 12 个国家的 741 份意见，经过 3 次公开评审，于 1995 年 6 月正式的开放标准 BACnet——《建筑物自动控制网络数据通信协议》（简称《BACnet 数据通信协议》）获得正式通过。该标准是楼宇自控领域中第一个开放性的组织标准，成为 ASHRAEl35-1995 标准，并定为美国国家标准。该标准不属于某个公司专有，任何公司或个人均可以参加该标准的讨论和修改工作，并且对该标准的开发和使用没有任何权利限制。BACnet 是楼宇自控领域先进技术的体现，它代表了该领域发展的最新方向。2000 年 8 月国际标准化组织（1SO）的 205 技术委员会（建筑环境设计技术委员会），将《BACnet 数据通信协议》列为正式的“委员会草案”发布并进行公开评议。对该草案进行适当修改之后，成为正式的国际标准。

在 BACnet 的基础上，ASHRAE 于 2000 年发布了有关设计 DDC 系统的标准《ASHRAE Guideline l3-2000 Specying Direct Digital Control Systems》（《ASHRAE 指南 13-2000，DDC

系统说明与设计》)。该指南是用于设计互操作 DDC 系统的开放性标准，对楼宇自控系统起着规范和指导的作用。该标准内容包括 DDC 系统的体系结构、输入输出结构、通信、程序配置、系统测试和文档等所有内容，定义 5 个互操作域（Interoperability Area）：数据共享（Data Sharing），报警和事件管理（Alarmand Event Management），时间表（Scheduling），趋势（Trending）以及设备和网络管理（Device and Network Management）。

《BACnet 数据通信协议》阐述了建筑物自动控制网络的功能，系统组成单元相互分享数据实现的途径、使用的通信媒介、可以使用的功能及信息如何翻译的全部规则。

BACnet 既然是一种开放性的计算机控制网络，就必须参考 OSI 参考模型。但 BACnet 规范的是楼宇内机电设备控制器之间的数据通信，实现计算机控制的空调、给排水、变配电和其他建筑设备系统的服务和协议，因而 BACnet 协议比较简单，BACnet 协议建立了一个包含 4 个层次的分层体系结构，4 个层次分别是：物理层、数据链路层、网络层、应用层。详见表 2.8。

表 2.8　BACnet 的 4 层协议结构

<table>
<tr><td>OSI</td><td colspan="5">BACnet</td></tr>
<tr><td>应用层</td><td colspan="5">BACnet 应用层</td></tr>
<tr><td>网络层</td><td colspan="5">BACnet 网络层</td></tr>
<tr><td>数据链路层</td><td colspan="2">ISO8802-2
IEEE802.2）类型 1</td><td>MS/TP
（主从/令牌传递）</td><td>PTP
（点到点协议）</td><td>LonTalk</td></tr>
<tr><td>物理层</td><td>ISO8802.3
（IEEE 802.3）</td><td>ARCnet</td><td>EIA-485
（RS485）</td><td>EIA-232
（RS232）</td><td>LonTalk</td></tr>
</table>

BACnet 标准目前将 5 种类型的物理层 / 数据链路技术作为自己所支持的物理层/数据链路技术规范，形成其协议。这 5 种类型的技术分别是：ISO 8802.3 以太网、ARC 网、主从 / 令牌传递（MS/TP）网、点到点（PTP）连接和 LonTalk 协议网。

楼宇自控系统的发展是向着标准更加统一、更加开放的方向发展。这个发展方向与其他领域的发展是一致的。BACnet 从问世至今，虽然不到 10 年的时间，但已得到了许多权威标准组织（包括国际标准组织 ISO）的认可，并在全世界范围内得到了广泛的应用。

2.6.2　BACnet 数据通信协议

楼宇自动化系统由许多分散的、独立完成控制功能的现场控制器组成，而不同厂商生产出来的直接数字控制器（DDC）的内部软件的数据结构有很大差异，BACnet 的目的就是要使不同厂商生产的直接数字控制器（DDC）通过网络可以实现数据交换。

BACnet 数据通信协议采用了面向对象的技术，定义了一组具有属性的对象（Object）来表示建筑物设备的功能，用属性的值来描述对象的特征和功能，一个 BACnet 对象就是一个表示某设备的功能元的数据结构。

对象是在设备之间传输的一组数据结构，对象的属性就是数据结构中的信息，设备可以从对象（数据结构）中读取信息，可以向对象（数据结构）写入信息，这些就是对对象属性的操作。

BACnet 中的设备之间的通信，就是设备的应用程序将相应的对象（数据结构）装入设备的应用层协议数据单元（APDU）中，按照协议传输给相应的设备。对象（数据结构）中携带的信息就是对象的属性值，接收设备中的应用程序对这些属性进行操作，从而完成信息交换的目的。

楼宇控制系统中直接数字控制器（DDC）的功能、任务是 BACnet 中各种标准的“对象”，是所有数据的集合。BACnet 通过“对象”把（DDC）内部数据结构转换成通用的、明确的、抽象化的数据结构以实现数据通信。

1. BACnet 的 18 种标准对象

BACnet 定义了 18 种标准对象，通过不同对象的组合，实现 DDC 不同的控制功能，从而实现对 DDC 任务的描述。18 种标准对象类型为：模拟输入、事件登记、模拟输出、文本、模拟值、组、数字输入、环路、数字输出、多状态输入、数字值、多状态输出、日历、通知等级、命令、程序、设备和进度表。

2. BACnet 18 种标准对象的类型

BACnet 按不同的属性把 18 种标准对象分成以下类型：

设备对象、输入输出对象、命令对象、时序表对象、事件登记对象、文件、组、环对象、多态输入输出对象、通知对象和程序对象。

3. BACnet 的标准属性

BACnet 除定义 18 种标准对象外，还定义了 123 种标准属性。属性实际上是对象的进一步描述。从“对象”获取信息、向对象发出指令都是通过属性体现。

每个对象的属性分为必需的和可选的两种。如对象标识符、对象名称、对象类型是每个对象所必须的。

（1）对象标识符

对设备内的一个对象，对象标识符是一个 32 位的编码，用来识别对象的类型和标号，这两者一起可以惟一地识别对象。

（2）对象名称

对象名称是一个字符串，BACnet 设备可以通过广播某个对象名称而建立与包含有此对象名称的设备的联系。

（3）对象类型

用来标识对象类型。

2.6.3 BACnet 服务功能

对象描述了楼宇自动化设备的一组数据结构，属性是对象数据结构中的信息，服务功能则用于访问和管理这些对象发出的信息，命令完成一定的操作，或通知发生了某些事件的手段。BACnet 服务就是一个 BACnet 设备可以用来向其他 BACnet 设备请求获得信息，命令其他设备执行某种操作或者通知其他设备有某事件发生的方法。

BACnet 数据通信协议定义了 35 个服务，并且将这 35 个服务划分为 5 个类别，这 5 个服务类别分别是：

- 报警与事件服务（Alarm and Event Services）；
- 文件访问服务（File Access Services）；
- 对象访问服务（Object Access Services）；

- 远程设备管理服务（Remote Device Managemnt Services）；
- 虚拟终端服务（Virtual Terminal Services）。

这些服务又分为两种类型，即确认服务（Confirmed）与不确认服务（Unconfirmed）。

1. 报警与事件服务

报警与事件服务提供感知设备、环境状态的变化：

- 确认报警；
- 确认的“属性改变”通告；
- 确认的事件通告；
- 获得报警摘要；
- 获得注册摘要；
- 预订“属性值改变”；
- 不确认的“属性值改变”通告；
- 不确认事件通告。

2. 文件访问服务

文件访问服务提供读写文件的方法。包括上载、下载控制程序和数据库的能力。文件访问服务的两种服务功能分别为基本读文件功能和基本写文件功能。

3. 对象访问服务

对象访问服务类别中有 9 种服务，分别为读出、修改和写入属性的值及增删对象的方法。

- 添加列表元素；
- 删除列表元素；
- 创建对象；
- 删除对象；
- 读属性；
- 条件读属性；
- 读多个属性；
- 写属性；
- 写多个属性。

4. 远程设备管理服务

远程设备管理服务类别中有 11 种服务，提供对设备进行维护和故障检测的工具。

- 设备通信控制；
- 确认的专用信息传递；
- 不确认的专用信息传递；
- 重新初置设备；
- 确认的文本报文；
- 不确认的文本报文、时间同步；
- Who has；
- I have；
- Who is；
- I am。

5. 虚拟终端服务

提供了一种实现面向字符的数据双向交换的机制。操作者可以用虚拟终端服务建立 BACnet 设备与一个在远程设备上运行的应用程序之间的基于文本的双向连接，使得这个设备看起来就像是连接在远程应用程序上的一个终端。

- VT—Open：与一个远程 BACnet 设备建立一个虚拟终端会话。
- VT—Close：关闭一个建立的虚拟终端会话。
- VT—Data：从一个设备向另一个参与会话的设备发送文本。

2.6.4 BACnet 网络

BACnet 采用 5 种网络技术进行信息数据传送。这 5 种网络技术是：Ethernet、BACnet、MS / TP（主从 / 令牌环）、PTP（点对点）、LonTalk。

其中 MS / TP 是专门为 BACnet 制订的通信协议，用于单元控制器及其他输入输出设备之间。PTP 用于 RS232 串口直连或通过 MODEM 从远程工作站拨号。

选用多种网络技术的原因如下：

- 用各种不同局域网性能 / 价格比来适应不同场合的需求，其中以太网性价比为最高；
- 对于不同要求的系统，需采用不同的通信速度和通信量的网络；
- BACnet 采用了多种不同的网络技术，以适应不同的要求。

BACnet 局域网的数据速率见表 2.9。

表 2.9 BACnet 局域网的数据速率

局 域 网	标 准	数 据 速 率
Ethernet	ISO / IEC 8802-3	10～100 Mbps
ARCnet	ATA / ANSI 878.1	0.156～10 Mbps
MS / TP	ANSI / ASHRAE 135-1995	9.6～78.4 kbps
LonTalK	PROPRIETARY	4.8～1250 kbps

由 BACnet 定义的 MS / TP 网络及 Echelon 公司开发的 LonTalk，尽管这些网络的速度拓扑性能及价格不一，但它们可通过路由器构成 BACnet“互联网”。

2.6.5 类别和功能组

1. BAChet 的性能级

正确了解 BACnet 的关键在于理解实际应用对通信的要求及如何把这些要求同 BACnet 的各种功能联系起来，也就是确认一个建筑物自动控制系统中的所有设备没有必要全都支持所有的 BACnet 数据通信协议功能。为此，BACnet 规定了 6 个“性能级”和 13 个“功能组”。根据设备的初始化功能和执行功能，性能级分 1～6 级，如表 2.10 所示。

表 2.10 BACnet 性能级

性能级别	设备初始化功能	设备执行功能	设备举例
1	无	读取参数	智能传感器
2	无	1 级+写参数	智能驱动器

续表

性能级别	设备初始化功能	设备执行功能	设备举例
3	“我是”、“我有”	2 级+读多个参数 写多个参数 “谁有”、“谁是”	控制器
4	3 级+增加列表元素 消除列表元素 读多个参数、写多个参数	3 级+增加列表元素、消除列表元素	主控制器操作站
5	4 级+“谁有”、“谁是”	4 级+建立对象 删除对象 有条件地读取参数	主控制器操作站
6	5 级+时钟、PCWS、 事件响应、事件初始化 文件功能组	5 级+时钟、事件响应 事件初始化、PCWS 文件功能组	主控制器操作站

高性能级别包含低性能级别的功能。性能级越高，BACnet 提供的服务功能越丰富、而通信量也越大。各类不同的设备可按需要选用不同的性能等级，既保证了网络的响应速度又不影响网络速率。

2. BACnet 的功能组

为了实现建筑物自动控制的功能，需要对象与服务的组合。BACnet 通信协议数据定义了 13 个功能组。分别为：时钟、手动工作站、微机工作站、事件发生、事件回应、数值改变发生、数值改变回应、重新初始化、虚拟操作者界面、虚拟终端、设备通信、时间控制、文件。

功能组是性能级别的补充，低性能级的设备要实现本性能级不具备的功能，可通过网络通信中的功能组从系统内获取有关数据来实现该功能，从而使低性能级设备可通过网络通信实现高性能级功能。

3. BACnet 的开发性

BACnet 是个完全开放性的楼宇自控网。它的协议开放性表现在以下几个方面：

- 适于任何制造商，也不需要专用芯片，得到众多制造商的支持；
- 有完善和良好的数据表示和交换方法；
- 按 BACnet 标准制造的产品有严格的一致性等级，即 PICS；
- 产品有良好的互操作性，有利于系统的扩展和集成。

2.7 基于 DCS 的控制系统产品

目前基于 DCS 的楼宇自动化系统的品牌和生产商很多，在国际上影响比较大的公司有美国的 Honeywell、JOHNSON Control、Andover Control、德国的 SIEMENS、瑞典的 TAC 等，国内有北京的清华同方等。下面对市场占有率高、在业内影响比较大的三个具有代表性的系统作简单的介绍。

2.7.1 EXCEL5000（Honeywell）

美国霍尼韦尔（Honeywell）公司的 EXCEL5000 系统，是一套专门用于楼宇自动化系统的集散型控制系统，其系统结构示意图见图 2.50。

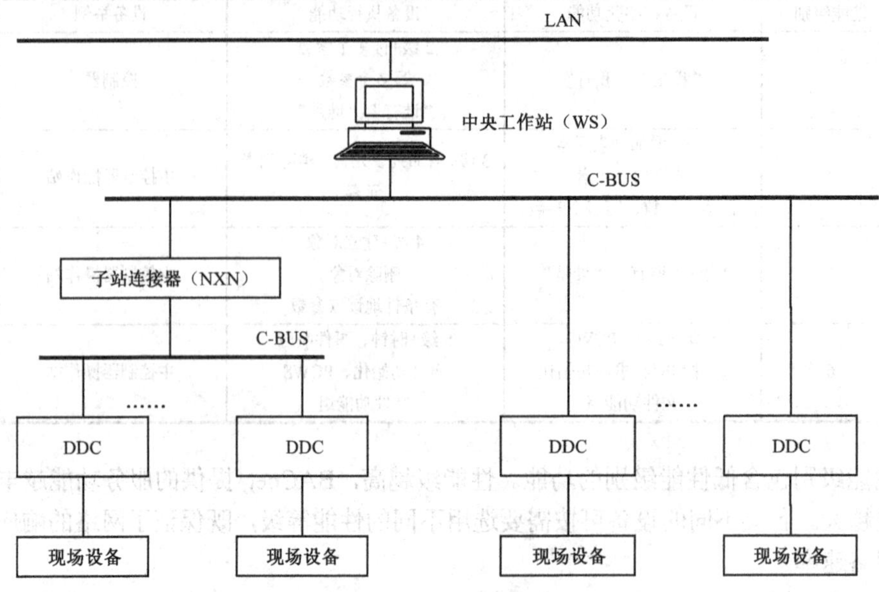

图 2.50　EXCEL5000 系统结构示意图

EXCEL5000 系统管理层采用共享总线型网络拓扑结构的以太网，传输速率为 10 Mbps；控制层采用 C-BUS（RS-485）总线，DDC 控制器直接挂在总线上，总线（C-BUS）传输速率为 1Mbps。

在图 2.50 中的现场设备可以是空调系统、供热系统、给排水系统、供电系统、照明系统、消防系统及安防系统等。传感器接收现场设备物理量变化的信号输入 DDC，控制器输出控制信号控制执行器工作。各个 DDC 直接连到控制总线（第三方现场控制器可通过网关接入总线）上。在网络或网关上可以接上监控微机、打印机，也可以和其他系统（安防、电梯、火灾报警等）相连；通过 MODEM 可以用电话线路与其他系统进行远程通信。

图 2.50 中中央工作站（WS，Workstation）所用的系统平台和软件，一般有基本型建筑物自动化系统（XBS）和企业网建筑物设备集成系统（EBI，Enterprise Buildings Integrator）两种类型。

1. 企业网建筑物设备集成系统（EBI）

EBI 系统是美国霍尼韦尔公司近年来新推出的、专门用于建筑弱电系统集成软件。EBI 系统有一个充分开放的、采用客户机 / 服务器体系的系统网络结构。客户机、服务器和工作站都运行在 Windows NT4.X（或更高版本）的环境下。中央站嵌入了 Web 服务器，系统在保留实时数据库的同时，增加了关系数据库。中央站有 3 层结构：Web 服务器、数据访问层和混合数据库层，可以实现建筑物自动化系统与企业管理系统集成。

EBI 包含了建筑物自动控制系统（Building Automatic Control System）、生命保障管理（Life & Safety Management）、安防管理系统（Security Management System）。EBI 同时包含了广泛的设备和协议界面，如 TCP / IP 协议的以太网通信、ODBC 数据接口、Network　API、Advance DDE 客户端、BACnet 客户机 / 服务器、OPC（OLE for Process Control）客户机、LonWorks、MS Excel 数据交换等。EBI 拥有当前主流系统集成平台的几乎所有先进特征，特别适用于智能建筑系统集成，实现 BAS 和建筑物智能化系统设备的通信连接。EBI 所具有的设置、组态和编程开发功能，可以组建一整套完整的建筑物集成监控管理系统，分站或子站 EBI 内建的设备数据库允许第三方系统以标准的 ODBC 方式访问，进行数据交换。EBI 系统特点可简单地归纳如下：

- 专业的图形化人机交互界面；
- 支持多个本地和远程的高性能工作站；
- 对建筑物设备的数据进行实时监控；
- 强大的报警系统；
- 提供历史数据和趋势曲线分析；
- 标准格式或用户自定义格式的报表；
- 丰富的应用开发工具；
- 支持符合工业标准的本地及远端多客户机 / 服务器体系；
- 安防数据与人事系统集成；
- 热冗余备用；
- 全面支持 Internet 功能。

2. 基本型建筑物自动化系统（XBS）

基本型建筑物自动化系统（XBS）在通用的 MS Windows / Windows NT 操作环境下运行，采用下拉菜单、对话框和弹出视窗；XBS 的开放性使它可以运行大量的 Windows 应用程序（如电子邮件、电子表格、文字处理、相关数据库等）；XBS 有与 MS Windows 相同的式样显示交互对话框、列表框和进入框；XBS 是基于国际通用性而设计的，用它提供的翻译工具可以进行全面的翻译。其系统程序配有双向操作员接口，不仅直观，而且只需很少的培训时间就可以方便地使用。

XBS 只需通过以下 3 个简单步骤就可以建立用户系统：

- 加载 MS Windows 或 Windows NT 操作系统软件；
- 通过交互、填空式的在线对话框，定义远方现场数据；
- 定义微机如何连接到系统上（例如，LAN 控制器总线或 MODEM）。

在图 2.50 中，DDC 包含不同类型的控制器。它包括 Excel 10、Excel 20 微型控制器（Excel 10 可用于确定风量、风机盘管、变风量空调器的控制，Excel 20 是分散型 DDC，它专门用于空调器、新风机组、照明等的控制与编程）、Excel 80B / 100B 控制器（一种中型 DDC，具有管理建筑物的功能，分为 24 点和 36 点两种规格）和 Excel 500 / 600 控制器（一种大型 DDC，不仅具有管理建筑物的功能，而且还可以容纳多个插入模块，包括计算、电源、调制解调、输入输出等，控制点最多可达 128 点，还可以通过 LonWorks 技术降低系统安装成本）等。控制器的通信组件有：XPC PC 卡、Q7054A 1057MPCP 基板、PA732-RS-485 转换模块等。控制器通过网络和总线与中央工作站和现场设备进行通信。网络通信通过以太网：标准以太网 10Base5（用直径 10 mm，阻抗 50 Ω粗同轴电缆）、PC 以太网 10Base2（采用阻抗 53Ω细同轴电缆 RG58）、双绞线以太网 10BaseT（采用非屏蔽双绞线 UTP）和光缆以太网等。控制器总线全部采用非屏蔽双绞线 UTP。

2.7.2 METASYS（JOHNSON CONTROLS）

美国江森公司（JOHNSON CONTROLS）是一家专门开发和生产建筑智能化系统产品的

专业公司，METASYS 建筑物自动化系统是该公司为楼宇自动化推出的基于 DCS 的自动化系统产品，其系统结构如图 2.51 所示。

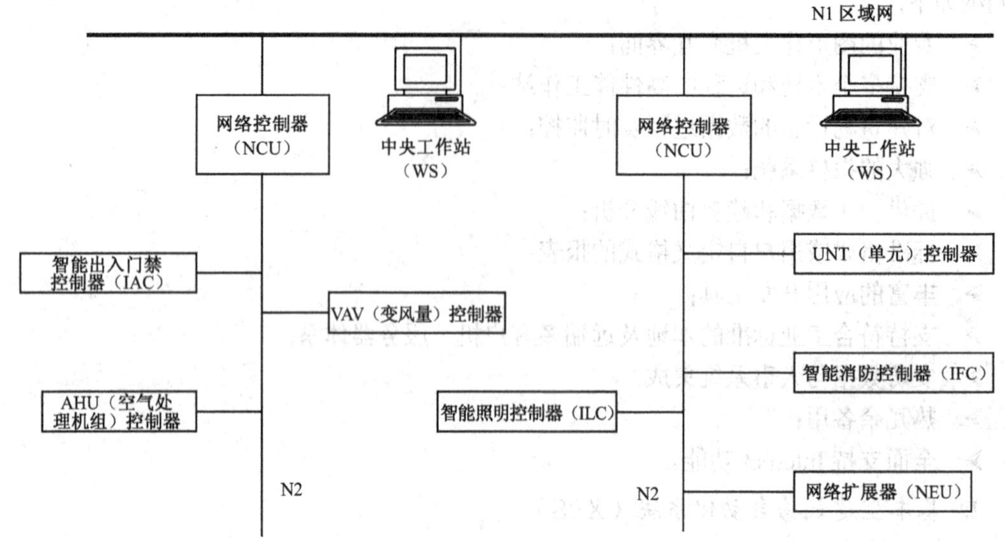

图 2.51　METASYS 系统结构示意图

图 2.51 中各种设备模块简单说明如下。

- 网络控制器（NCU，Network Control Unit）：与网络及其他控制器连接，起控制和通信作用。它可以单独起控制作用，也可通过 N1 网络与其他 NCU 联合使用，它同时也是系统操作员的输入输出接口；它采用模块化结构，由一系列电子、电气和气动模块组成。
- 网络扩展器（NEU，Network Extend Unit）：用于扩展网络控制单元的输入 / 输出监控点，由 N2 总线和网络控制单元连接。
- 中央工作站（WS，Workstation）：系统采用微型计算机作为中央工作站，其软件具有操作指导程序和多级密码保护。能避免不必要的操作失误和人为干扰。
- VAV（Vary Air Volume，变风量）控制器：主要是对变风量空调进行控制，也可控制采暖和照明，它有 6 个模拟量输入、2 个模拟量输出、4 个数字量输入和 6 个数字量输出接口。
- AHU（Air Handling Unit，空气处理机组）控制器：用于控制各个空调器，它有 8 个模拟量输入、6 个模拟量输出和 10 个数字量输出接口。
- 智能照明控制器（ILC，Intillengent Lighting Controller）：主要用于控制照明设备。
- 智能消防控制器（IFC，Intillengent Fire Alarm Controller）：用于与 BAS 的消防控制子系统连接。
- 智能出入门禁控制器（IAC，Intillengent Access Controller）：用于与 BAS 的门禁子系统连接。

近年来，该公司向市场上推出了 **M5 Workstation** 建筑物自动化系统。该产品主要提高了网络信息管理能力，增强了 METASYS 结构的能力和灵活性，便于设备管理，通过高性能图像接口，操作员可以进行环境舒适管理、照明控制、响应紧急状态、优化控制策略，系统还可以集成电子表格、文字处理等第三方软件。

2.7.3　SYSTEM 600 APOGEE（SIEMENS Landis & Steafa）

西门子（SIEMENS Landis&Steafa）公司的 SYSTEM 600 APOGEE 楼宇自动化系统是国际上广泛采用的建筑智能化产品之一，其系统组成如图 2.52 所示。

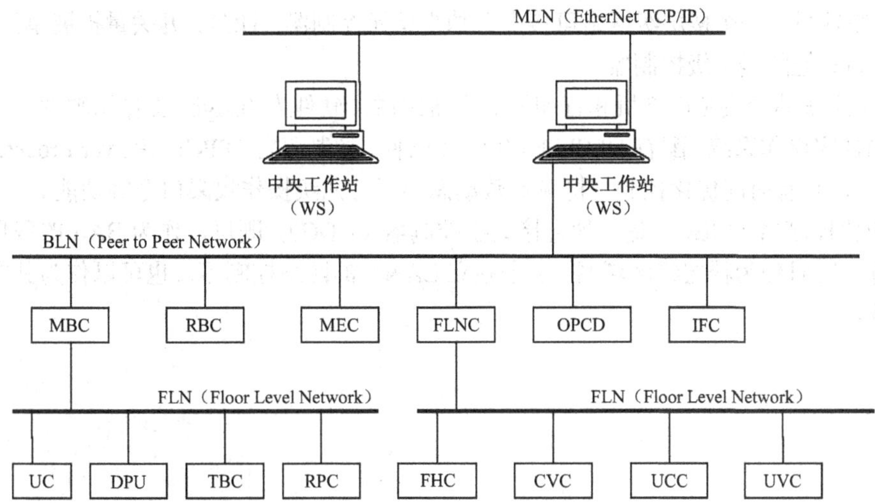

图 2.52　SYSTEM APOGEE 600　系统网络组成示意图

图 2.52 中各种设备模块简单说明如下。

- MBC（Moduler Building Controller）：模块化楼宇控制器。
- RBC（Remote Building Controller）：远程楼宇控制器。
- MEC（Moduler Equipment Controller）：模块化设备控制器。
- FLNC（Floor Level Network Controller）：楼层网络控制器。
- OPCD（Open Processor Communication Driver）：开放式通信驱动器。
- IFC（Intelligent Fire Controller）：智能火灾控制器。
- UC（Unitary Controller）：单元控制器。
- DPU（Digital Point Unit）：数字控制单元。
- TBC（Terminal Box Controller）：终端盒（VAV）控制器。
- RPC（Room Pressurization Controller）：室内压力控制器。
- FHC（Variable Air Volume Fume Hood Control System）：变风量风道控制系统。
- CVC（Constant Volume Controller）：定风量控制器。
- UCC（Unit Conditioner Controller）：单元式空调机组控制器。
- UVC（Unit Vent Controller）：单元式通风控制器。

S600 系统是以工作站为核心，与现场 DDC 共同组成的集散型控制系统（DCS），系统有各种单元控制器，用来实现暖通空调、电力、照明、电梯、安防和消防等系统的监测与控制。系统网络分成 3 层结构，即

- 管理级网络（MLN，Management Level Network）：该层网络由以太网组成，Insight 工作站可接入网络进行数据管理。
- 楼宇级网络（BLN，Building Level Network）：该层网络为点对点同层网（Peer to Peer

Network），可以连接多台模块化控制器（MBC）、远程控制器（RBC）、楼层网络控制器（FLNC）、设备控制器（MEC）；并可通过 OPCD 与火灾报警系统及安防系统等相连。每个 Insight 工作站最多可有 4 个独立的楼宇级网络。

- 楼层级网络（FLN，Floor Level Network）：每个模块化控制器（MBC）最多可有 3 个独立的楼层级网络（LAN），也可以通过楼层网络控制器（FLNC）扩展楼层级网络数量。每个楼层级网络可接多台独立单元控制器（UC）、开关量扩展单元（DPU）和其他的楼层级控制器。

S600 系统的中央站由微机和打印机等设备组成，软件为 Insight 工作站软件，采用实时多任务的视窗操作系统，配有 DESIGNER 绘图软件、控制语言（PPCL，Power Process Control Language），具有时间优化控制、检测参数动态显示，六级操作权限口令等功能。

模块化控制器（MBC）是一种直接数字控制器（DDC），既可以作为 BAS 的现场控制器连网运行，同时作为楼层级区域网（3 个独立 LAN）的网络控制器，也可以作为独立控制器单独运行。

第3章　空调系统自动化原理

空调系统是现代建筑的重要组成部分，是楼宇自动化系统的主要监控对象也是建筑智能化系统主要的管理内容之一。现代建筑中的空调及其自动控制系统的重要性体现在以下几个方面：首先，智能建筑的重要功能之一就是为人们提供一个舒适的生活与工作环境，而这一功能主要是通过空调及其控制系统来实现的；其次，空调系统又是整个建筑最主要的耗能系统之一，有统计资料表明，空调系统的耗能已占到建筑总耗能的40%左右，通过楼宇自动化系统实现空调系统的节能运行，对降低费用、提高效益是非常重要的；另外，由于在空调系统运行过程中，控制系统必须进行实时调节控制，所以空调控制系统的配置与功能相对而言是整个楼宇自动化系统要求比较高的一部分。

3.1　空调系统构成

3.1.1　概述

空气调节简称空调，它的目的是创造一个合适的（室内）大气环境，使人在该环境中感到舒适；或者是保证（室内）大气环境满足生产工艺过程或科学研究、试验过程的需要。为了实现这一目的，空气调节所依靠的技术手段主要是通风换气，具体地说，就是加工和处理一定质量的空气送入室内，使室内大气环境满足要求。对空气的处理过程包括加温（降温）、加湿（除湿）、净化等，即常说的热湿处理。空气调节主要包括**温度调节**和**湿度调节**。

1. 空气温度调节

按照人类的生理特征和生活习惯，通过空调设施，将人们生活与工作的室温夏季保持在25 ℃～27 ℃、冬季保持在16 ℃～20 ℃，为人们提供一个比较适宜的温度环境。温度调节要注意居住和工作环境与外界的温差不宜过大。工艺性空调则根据生产工艺或科学研究、试验的需要，把环境温度调整到所要求的范围内。

2. 空气湿度调节

空气过于潮湿或过于干燥都将使人感到不舒适。一般来说，相对湿度冬季在40%～50%之间，夏季在50%～60%之间，人的感觉比较舒适。假如温度适宜，相对湿度即便在40%～70%的范围内变化，人们也能基本适应。而生产、科研试验要求的大气环境则各有不同。不同的生产工艺有不同的湿度要求，如纺织车间要求相对湿度为（85±1）%，电子生产车间对相对湿度的要求较小，能保持在（50±10）%即能满足工艺要求。

3. 空气其他参数调节

除了常规的空气温度、湿度调节以外，在特殊场合，空调系统还实现空气质量、空气压力等调节。为提高舒适度，空调要保证一定的新风量，否则人们会感到不舒服；在对空间洁净度有要求的场合，如精密生产加工车间、生物医药制品间等特殊的高清洁度场合，需要正压调节，以免不满足要求的空气进入而损害洁净间的清洁度；对产生有害气体的有害有毒物品生产车间、污染物处理间或病毒经空气传染的严重传染病隔离病房等场合，须采用负压调节，以免有毒、有害气体泄漏造成空气的污染与环境破坏。

3.1.2　中央空调系统的基本构成

楼宇自动化系统对空调系统的监控主要是针对集中式中央空调系统。一般的局部空调如窗式空调机、柜式空调机、专用恒温恒湿机等都自带冷 / 热源和控制系统，不是楼宇自动化系统的主要监控内容。当然，有时候也需要将建筑中的局部空调机纳入楼宇自动化系统，但只是对它们的启 / 停状态进行监视或控制，这些空调机本身的运行控制由其自身配备的控制系统完成，一般不纳入楼宇自动化系统。因此，楼宇自动化系统涉及的空调系统专指中央空调系统。中央空调系统可简单划分为冷源 / 热源和前端设备两大主要组成部分。

3.1.2.1　中央空调的冷、热源系统

中央空调的冷源系统包括冷水机组、冷冻水循环系统、冷却水系统。中央空调的热源系统包括锅炉机组、热交换器等。中央空调冷、热源系统建设投资与耗能费用比较大，要特别强调设计合理及运行节能。

1. 中央空调冷源系统

空调系统的冷源通常为冷冻水。空调冷冻水由制冷机（也称冷水机组）提供。空调系统中应用最广泛的制冷机有压缩式（活塞式、离心式、螺杆式、涡旋式等）和吸收式两种。制冷机的选择应根据建筑物用途、负荷大小和变化情况、制冷机的特性、电源、热源和水源情况以及初次建设投资、运行费用、维护保养、环保和安全等因素综合考虑。

冷源系统除了最主要的制冷机外，还有冷却塔、冷冻水循环泵、冷却水循环泵等设备与制冷机一起构成冷源系统。

（1）制冷机原理

① 压缩式制冷机

在压缩式制冷机中，制冷剂蒸汽在压缩机内被压缩为高压蒸汽后进入冷凝器，制冷剂和冷却水在冷凝器中进行热交换，制冷剂放热后变为高压液体，通过热力膨胀阀后，液态制冷剂压力急剧下降，变为低压液态制冷剂后进入蒸发器。在蒸发器中，低压液态制冷剂通过与冷冻水的热交换而发生汽化，吸收冷冻水的热量而成为低压蒸汽，再经过回气管重新吸入压缩机，开始新一轮制冷循环。很显然，在此过程中，制冷量即是制冷剂在蒸发器中进行相变时所吸收的汽化潜热。

② 吸收式制冷机

吸收式制冷与压缩式制冷一样，都是利用低压制冷剂的蒸发吸收的汽化潜热进行制冷。两者的区别是：压缩式制冷以电为能源，而吸收式制冷则是以热为能源。在大型民用建筑的空调制冷中，吸收式制冷机组所采用的制冷剂通常是溴化锂水溶液，其中水为制冷剂，溴化锂为吸收剂。虽然溴化锂制冷机组的蒸发温度不可能低于 0 ℃，在这一点上，可以看出溴化锂制冷的适用范围不如压缩式制冷，但是在高层民用建筑的空调系统中，由于空调冷冻水要求的温度通常为 5 ℃～7 ℃，因此还是比较容易满足的。

③ 风冷热泵式机组

风冷热泵冷热水机组又称空气热源热泵（ASHP），它通过制冷剂管路四通阀的转换，夏季可以供冷，冬季则可以供热，利用一台机组就可解决全年的空调需要。

（2）冷却塔

冷却水进入制冷机与制冷剂进行热交换，吸收制冷剂释放的热量后水温升高，然后通过冷却水循环系统进入冷却塔，释放热量、降温后再循环进入制冷机进行热交换。高温的冷却回水（冷水机组出口、一般工艺设计为 37 ℃）被循环送至冷却塔上部喷淋。由于冷却塔风扇的转动，使冷却水在喷淋下落过程中，不断与室外空气发生热交换而冷却，又重新送入冷水机组而完成冷却水循环。冷却塔是冷源系统的重要组成部分。

（3）冷冻水与冷却水循环泵

冷冻水循环泵将从空调前端设备返回的冷冻水（一般为 12 ℃）加压送入冷冻机，在冷冻机内进行热交换、释放热量、降低温度后离开冷冻机（冷冻机出口冷水温度一般为 7 ℃）到达空调末端设备进行水 / 气热交换——空气（降温）调节，再循环返回冷冻机，实现冷冻水的循环制冷。

冷却水循环泵则实现冷却水在冷冻机与冷却塔之间的循环，并通过冷却塔系统将冷冻机的冷却水入水口和出水口的温度控制在设定值（一般冷冻机冷却水入口温度设计为 32 ℃，出水口为 37 ℃）。

2. 中央空调热源系统

空调系统的热源通常为蒸汽或热水，可由城市热网或自备锅炉提供。而直燃型溴化锂机组和风冷热泵机组可通过模式转换，直接转换成热源装置为空调末端设备提供热源。

（1）热网供热方式

① 蒸汽

在采用蒸汽作为空调热源的系统中，以城市热网或工厂、小区和单位自建的蒸汽锅炉提供的高温蒸汽作为热源。作为热源的蒸汽通常是压力在 0.2 MPa 以下的蒸汽。当蒸汽进入热交换器，放出潜热后冷凝成凝结水。凝结回水回流到中间水箱，通过水泵送回蒸汽锅炉再加热。

按照蒸汽的压力大小，将蒸汽供暖分为 3 类：压力高于 70 kPa 时称为高压蒸汽供暖；压力等于或低于 70 kPa 时称为低压蒸汽供暖；当系统中的压力低于大气压时，称为真空蒸汽供暖。

② 热水

在采用热水作为空调热源的系统中，通常由城市热网或工厂、小区和单位自建的热水锅炉提供高温热水。经换热器换热后，变成空调热水。使用热水比使用蒸汽安全，传热比较稳定。在空调机组中，可以采用冷、热盘管合用的方式（即两管制系统），以减少空调机组及系统的造价，而通常使用的冷 / 热水盘管不能适用于蒸汽，因而采用热水作为空调热源的系统得到广泛的运用。

（2）自备热源装置

① 锅炉

锅炉按用途有动力锅炉和供热锅炉之分。动力锅炉用于动力、发电方面，供热锅炉用于工业生产和生活供热方面。供热锅炉按工作介质不同有热水锅炉和蒸汽锅炉两种；按容量的大小不同有大型、中型和小型锅炉之分；按压力高低有高压、中压和低压锅炉之分；按水循环动力来源不同有自然循环锅炉和机械循环锅炉之分；按形状不同有立式、卧式锅炉之分；按所用燃料种类不同有燃油、燃煤和燃气锅炉之分。

锅炉类型及台数的选择，取决于锅炉的供热负荷和产热量、供热介质和当地燃料供应情况等因素。锅炉的数目一般不宜少于两台。

有关直燃溴化锂机组和风冷热泵机组，其制热只是机组的一种工作模式，本书对此不作深入的讨论。

② 热交换器

空调系统终端热媒通常是 65 ℃～70 ℃热水，而锅炉提供的经常是高温蒸汽，也有的锅炉提供 90 ℃～95 ℃高温热水。在空调系统中要完成高温蒸汽或高温热水与空调热水的转换。这种转换通过热交换器实现，热交换器也称为换热器。

空调系统中的热源，如高温蒸汽或高温热水先经过热交换器变成空调热水，经热水泵（有的系统与冷冻水泵合用）加压后经分水器送到各终端负载，在各负载中进行水／气热交换（空气升温调节）后，水温下降。水温下降后的空调水回流，经集水器进入热交换器再加热。

3.1.2.2　空调系统前端设备

影响室内空气参数的变化是由内外两个方面原因造成的。一是外部原因，如太阳辐射和外界气候条件的变化；另一方面是内部原因，如室内设备和人员的散热量、水气挥发量等。当室内空气参数偏离设定值时，采取相应的空气调节技术使其恢复到设定值。完成空气调节的设备称空气处理设备或空调机组，也称末端设备。空气处理设备或空调机组与冷热源一起构成空气调节系统，简称空调系统。

常见的空调末端设备有新风机组、空调机组、风机盘管、变风量系统等多种类型。由于功能要求和适用条件不同，每一类又有多种形式。在本章对末端设备的组成及工作原理将作深入的讨论。

3.2　空调系统冷、热源自动控制

3.2.1　制冷站自动控制

空调冷源系统一般由多台制冷机和冷冻水循环泵、冷却水循环泵、冷却塔、补水箱、膨胀水箱等设备组成。制冷机、循环水泵、集水器／分水器、补水箱等设备以及水处理装置等辅助设备通常安装在专用的设备间——制冷站。制冷站经常设在建筑物的地下室。而冷源系统的冷却塔安装在室外（一般选在辅助建筑物屋顶或裙楼屋顶），膨胀水箱一般安装在建筑物最高的屋顶。为了保护空调系统的设备，冷冻水在进入系统之前须经过处理（如除盐、除氧等），水处理设备也安装在制冷站。由于水处理设备运行时间相对较短，一般不纳入楼宇自动化系统进行在线监控。大多数情况下，热源装置如锅炉、换热器也安装在制冷站。

制冷系统的控制原理图如图 3.1 所示。图 3.1 是常见空调制冷系统的典型控制原理，为了分析方便，按照冷冻水系统、冷却水系统和其他辅助系统的次序分别进行讨论。

3.2.1.1　制冷系统监控原理

空调制冷站一般有数台冷水机组。冷水机组所制成的冷冻水进入分水器，由分水器向各空调区域的新风机组、空调机组或风机盘管等空调末端设备，冷冻水与末端设备的空调系统进行水／气热交换、吸热升温后返回到集水器，再由冷冻水循环泵加压后进入冷水机组循环制冷，这样就实现了冷冻水的循环过程。冷冻水系统由冷水机组、冷冻水循环泵、分水器／集水器、差压旁路调节和空调末端等构成。通过冷冻水供回水温度、流量、压力检测和差压

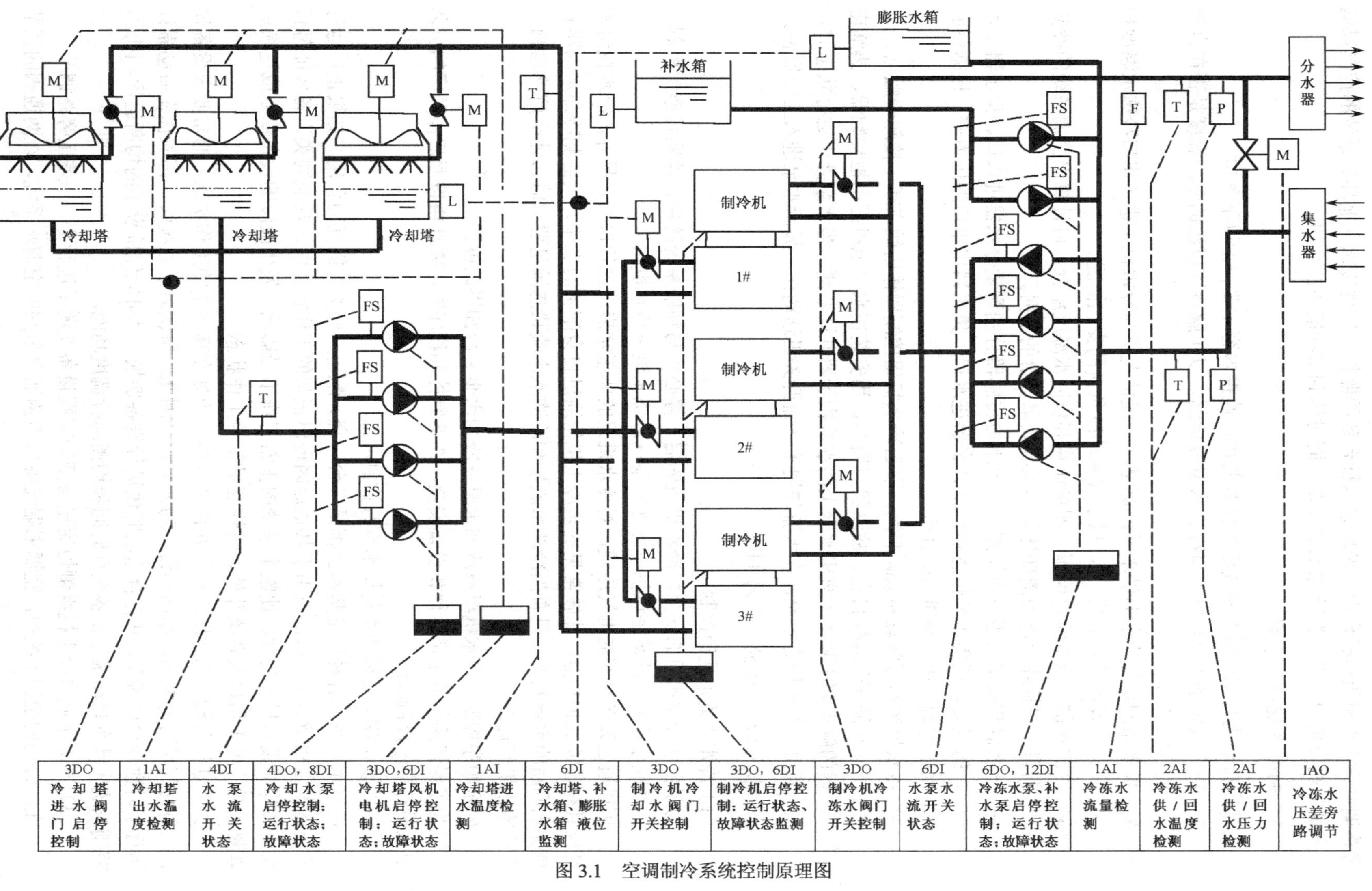

图 3.1　空调制冷系统控制原理图

旁路调节、冷水机组运行台数、循环泵运行台数的监控，实现冷水（循环）系统的控制以满足空调末端设备对空调冷源冷冻水的需要，同时达到节约能源的目的。

1. 制冷系统运行参数

楼宇自动化系统对制冷系统运行参数监控，监控内容主要包括以下各项。

- 冷水机组进水口与出水口冷冻水温度检测，以了解冷冻机组的制冷温度是否在合理的范围之内。
- 集水器回水与分水器供水温度测量（一般情况下与冷水机组进 / 出口冷冻水温度相同，二者可以只选其一），以了解末端冷负荷的变化情况。
- 冷冻水供 / 回水流量检测，测量流量和供回水温度结合，可计算出空调系统的冷负荷量，以此作为能源消耗计量和系统效率评价的依据。
- 分水器和集水器压力压差测量，用压力传感器分别测量分水器进水口、集水器出水口的压力，或用压差传感器测量分水器进水口、集水器出水口的压力差。根据供回水压差调节压差旁通阀的开度。
- 冷水机组运行状态和故障监测，取自冷水机组控制器输出触点或主接触器触点。
- 冷冻水循环泵运行状态、故障状态监测，用安装在水泵电机配电柜接触器、热继电器的触点和安装在水泵出水管上的水流指示器共同监测。当水泵处于运行状态时，其出口管内即有水流，在水流作用下水流开关迅速动作，显示水泵进入工作状态。

2. 制冷站水系统的运行控制

（1）冷水机组的连锁控制

为了保证冷水机组的安全，冷水机组的启、停必须与辅助系统的启、停实行连锁控制。

启动顺序控制：冷却塔风机→冷却水泵→冷冻水泵→冷水机组。

可以通过设备之间的电气连锁，对冷水机组的非正常启动进行保护。另外，冷水机组本身也具有自锁保护功能，比较常见的是冷水机组通过自身配备的水流开关监测冷却水回路和冷冻水回路的水流状态，只有当冷却水流量和冷冻水水流状态满足要求时，才会解除自锁，允许冷水机组启动。

停机顺序控制：冷水机组→冷冻水泵→冷却水泵→冷却塔风机。

为了保证系统的正常运行和设备安全，在编制控制程序时，要严格按照启停顺序的工艺要求设计启停控制程序。

（2）设备相互备用切换与均衡运行控制

冷冻水系统的各种设备基本上都是多台（套）配备，同类之间互为备用。如果正在运行的设备发生故障需要停机，或由于其他原因退出正常的工作状态时，其他同类设备应能替代发生故障的设备投入运行，使整个系统的正常工作不受影响。发生故障的设备修复或更换后恢复正常，可重新进入系统并使系统恢复最初的工作状态。

为了延长各设备的使用寿命，并使设备和系统处在高效率的工作状态，通常要求设备累计运行时间尽可能相同，即同类设备均衡运行。因此，每次启动系统时，都应优先启动累计运行小时数最少的设备，并在合适的时候进行设备切换，尽可能保持设备的均衡运行。因此，控制系统应具有自动统计设备运行时间和均衡运行调度功能。

（3）冷冻水回路冷水机组侧恒流量与空调末端设备变流量运行 I——差压旁路调节

在二管制的空调系统中，空调末端设备采用两通调节阀的空调水系统，在两通阀的调节过程中，系统末端负荷侧水量常发生变化，这些变化势必引起冷冻水流量的改变。而对于冷水机组来说，是不宜进行变水量运行的。大多数冷水机组内部都设有自动保护元件，当水量过小时（通过测量机组进、出水流量判断），自动停止运行，保护冷水机组。通过在冷冻水供、回水总管之间设置旁路，并根据末端流量的变化来调节旁通流量以抵消末端流量的改变对冷水机组一侧冷冻水流量的影响。旁路通常由旁通电动两通阀及压差控制器组成。通过测量冷冻水供水、回水之间压力差来控制冷冻水供水、回水之间旁通电动二通阀的开度，使冷冻水供水、回水之间压力差维持恒定，也就达到了使冷水机组一侧工作在恒水流状态的目的。由于旁路控制用于差压恒定，所以被称为差压旁路控制。

压差传感器的两端接管应尽可能靠近旁通阀，并安装在水系统中压力较稳定的位置，以提高控制的精度。

差压旁路调节是二管制空调水系统所必需的，在楼宇自动化系统中的控制原理如图 3.1 所示。如果建筑没有配备楼宇自动化系统时，空调水系统差压旁路调节可通过传统的单回路调节系统实现，原理图见图 3.2。图中的差压控制器可以是通用调节器，也可选用专用的差压控制器，差压控制器的输出控制信号有连续输出和位式信号，在系统设计时应注意各个装置之间信号的匹配。

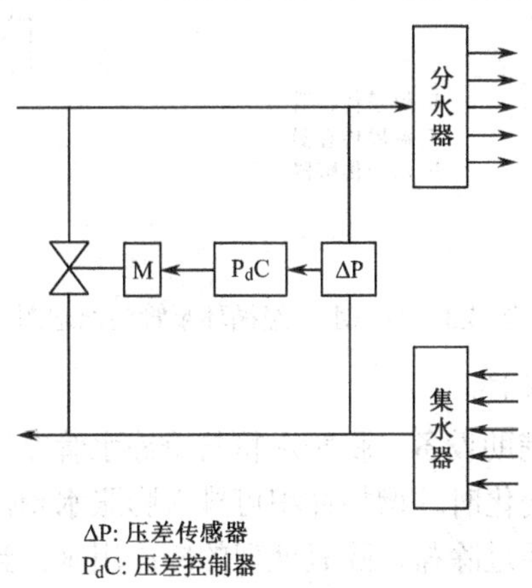

图 3.2　单回路差压旁路调节原理图

（4）冷冻水回路冷水机组侧恒流量与空调末端设备变流量运行 II——两级冷冻水泵协调控制

在冷冻水回路采用一级循环泵的系统中，为了协调空调冷冻水回路冷水机组一侧要求恒流量与末端一侧变流量之间的矛盾，差压旁路调节控制是最常用的方案。但当空调系统负荷很大、空调末端设备数量特别多、设备分布分散、冷冻水管路长、管路阻力大的情况下，冷冻水回路必须采用二级泵才能满足空调末端对冷冻水的压力要求。由于冷冻水回路是二级水泵串联运行，简单的差压旁路无法适应系统及管路变化所带来的问题。在这种情况下，一般采用图 3.3 所示的管路系统和相应的控制原理来解决冷水机组测量到水流量恒定与空调末端一侧冷冻水流量变化之间的协调。

在图 3.3 中，左侧的一级冷冻水泵按冷水机组配置，一级冷冻水循环泵与冷水机组一一对应，随冷水机组启停而启动与关闭。一级冷冻水循环泵负责克服冷水机组至冷冻水旁通管道一侧的水路阻力；二级冷冻水循环泵负责克服空调末端至冷冻水旁通管道一侧的水路阻力。一级冷冻水循环泵的启停由其对应冷水机组的启停所决定。二级冷冻水泵则依据旁通管路两侧的温度、流量关系调整二级泵的开启台数，以达到冷水机组一侧恒流量、末端设备一侧变流量的目的。在调整二级冷冻水泵开启台数时，必须保证冷水机组一侧的冷冻水流量大于空调末端一侧的流量，即冷冻水供回水管路与旁通管路中的冷冻水流向应满足图 3.3 中旁通管路与供回水管路内虚线箭头所指示的流向。

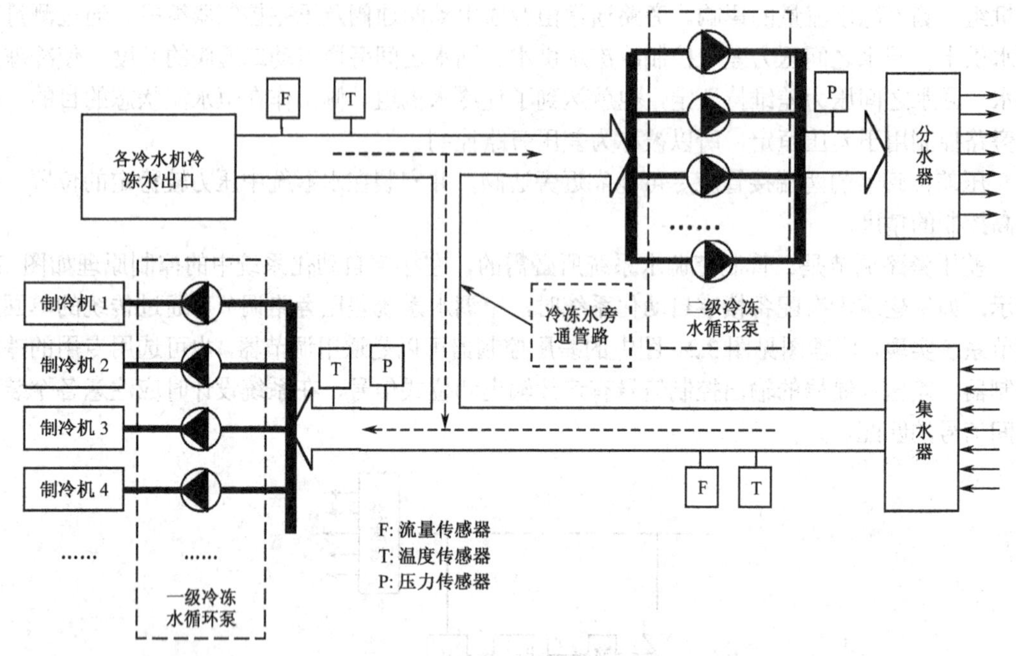

图 3.3　冷冻水二级循环泵管路原理图

（5）膨胀水箱与补水箱监控

膨胀水箱与补水箱属于辅助设备。膨胀水箱与冷冻水管路连通。当管路中的水随温度改变，体积发生热胀、冷缩的变化时，增加体积可排入膨胀水箱，减少体积可由膨胀水箱中的存水予以补充。补水箱存放经过除盐、除氧处理的冷冻用水，当需要时通过补水泵向管路补水。通过水箱的高低液位开关对水箱水位进行监视，水位低于下限时补充，高于上限时停止以免溢流。

（6）冷水机组的节能群控运行

制冷系统由多台冷水机组及其辅助设备组成。一般都是按照满足最大负荷需求设计冷水机组总冷量和冷水机组台数。系统满负荷运行的时间有限，大部分时间系统不是满负荷工作，这就为系统在满足要求的情况下，选择合适的负荷实现节能运行提供了条件。冷水机组常用的节能群控有两种基本方式。一种是冷冻水回水温度控制法，一种是冷量控制法。

由于冷水机组输出的冷冻水温度是一定的，一般为 7℃左右，冷冻水在空调末端负载进行热量交换后，水温上升，回水温度的高低，基本上反映了系统的冷负荷大小。在冷冻水回水温度控制法中，监控系统可以用回水温度来调节冷水机组和冷冻水泵运行台数，达到节能的目的。

在冷量控制法中，监控系统根据冷冻水供回水温度与流量求出空调系统的实际冷负荷，根据所得结果重新计算，选择匹配的制冷机台数投入运行。同时按照工艺规定启动配套的辅助设备与系统。

根据冷负荷情况自动控制冷水机组、冷冻水泵的运行台数，从而达到节能的目的。冷水机组节能的群控要与设备的均衡运行控制相互协调，以达到系统运行费用与设备维护费用总体降低的目标。

（7）冷却塔的节能运行控制

冷水机组对冷却水进水（冷却水泵进口）温度也有一定的要求，并不是越低越好。因此，为保证冷水机组正常工作，必须满足冷却水进水的设计温度。

从冷却塔送回的低温度冷却水（冷却水进水，通常为 32 ℃），经冷却泵加压后送入冷水机组，带走冷凝器的热量。高温的冷却回水（冷水机组出口，通常设计为 37℃）重新送至冷却塔上部喷淋。由于冷却塔风扇的转动，使冷却水在喷淋下落过程中，不断与室外空气发生热交换而冷却，又重新送入冷水机组完成冷却水循环。

冷却水进水温度的高低基本反映了冷却塔的冷却效果，用冷却水进水温度来控制冷却塔风机（风机工作台数控制或变速控制）以及控制冷却水泵的运行台数就可以达到节能的效果。

利用冷却水进水温度来控制冷却塔风机的运行，不受冷水机组运行情况的限制，可以进行独立的控制。如室外温度较低时，仅靠水从冷却塔流出后的自然冷却，而不用风机强制冷却即可满足水温要求，关闭冷却塔的风机，就可达到节能的效果。

3.2.1.2　制冷系统设备监控

1. 设备、系统运行状态与参数监控点／位及常用传感器

- 冷水机组运行状态：取自冷水机组控制器（柜）对应运行状态输出触点（或主接触器辅助触点）。
- 冷水机组故障报警：取自冷水机组控制器（柜）对应故障报警输出触点（或主接触器辅助触点）。
- 冷冻水泵启停状态：取自冷冻水循环泵配电箱接触器辅助触点。
- 冷冻水泵故障报警：取自冷冻水循环泵配电箱热继电器触点。
- 冷却水泵启停状态：取自冷却水循环泵配电箱接触器辅助触点。
- 冷却水泵故障报警：取自冷却水循环泵配电箱热继电器触点。
- 冷却塔风机启停状态：取自冷却塔风机配电箱接触器辅助触点。
- 冷却塔风机故障报警：取自冷却塔风机配电箱热继电器触点。
- 膨胀水箱高低水位监测：取自膨胀水箱高低水位监测（传感器）输出点，一般选用液位开关，水位高限、低限、溢流位各一。
- 补水箱高低水位监测：取自补水箱高低水位监测（传感器）输出点，一般选用液位开关，水位高限、低限、溢流位各一。
- 冷却塔高低水位监测：取自冷却塔高低水位监测（传感器）输出点，一般选用液位开关，水位高、低限位各一。
- 水流开关状态：取自水流开关状态输出点，选用普通流量开关。
- 冷冻水供／回水温度检测：取自安装在冷冻水管路上的供／回水温度传感器输出，采用管水式温度传感器，供／回水管各一；两个检测点的冷冻水流量应相同。
- 冷冻水流量检测：取自安装在冷冻水管路上的流量传感器输出，采用电磁流量计，安装在与冷冻水回水温度检测点流量相同的位置，以便于与冷冻水供／回水温度检测值一起计算空调末端设备的实际冷负荷。
- 冷冻水供／回水压力（或压差）检测：取自安装在冷冻水管路上供／回水压力（或

压差）传感器输出，采用水管式液压传感器，安装在集水器入口、分水器出口冷冻水旁通管附近。

➢ 冷却水供 / 回水温度检测：取自安装在冷却水管路上的供 / 回水温度传感器输出，冷却塔出水干管、回水干管各一个，采用管水式温度传感器。
➢ 冷水机组启停控制：从 DDC 数字输出口（DO）输出到冷水机组控制器（柜）启停遥控（BAS）输入点（或配电柜主接触器控制回路）。
➢ 冷冻水泵启停控制：从 DDC 数字输出口（DO）输出到冷冻水泵配电箱接触器控制回路。
➢ 冷却水泵启停控制：从 DDC 数字输出口（DO）输出到冷却水泵配电箱接触器控制回路。
➢ 冷却塔风机启停控制：从 DDC 数字输出口（DO）输出到冷却塔风机配电箱接触器控制回路。
➢ 冷水机组冷冻水进水电动蝶阀：从 DDC 数字输出口（DO）输出到冷水机组冷冻水入口电动蝶阀开关控制输入点。
➢ 冷水机组冷却水进水电动蝶阀：从 DDC 数字输出口（DO）输出到冷水机组冷却水入口电动蝶阀开关控制输入点。
➢ 冷却塔进水电动蝶阀：从 DDC 数字输出口（DO）输出到冷却塔冷却水入口电动蝶阀开关控制输入点。
➢ 压差旁路两通阀调节控制：从 DDC 模拟输出口（AO）输出到压差旁路两通调节阀驱动器控制输入点。

特别需要说明的一点是在实际系统设计中，还要考虑设备的手动 / 自动控制的转换、设备故障维修 / 更换等退出自控等状态的监测，需要增加状态监视点的情况；还有像电动蝶阀都配有位置反馈信号，当需要监测时也要考虑相应的状态监视等。

上面只列出了监控点的类型和可能的实际位置，具体的数量要根据系统的规模、工作方式和具体、明确的监控功能要求进行监控点的合理配置。在实际控制系统设计、工程实施和系统运行维护中，可按照监控点的类型（模拟检测（AI）、状态 / 数字监测（DI）、模拟调节 / 控制（AO））、状态 / 数字控制（DO）以及各自的功能描述和具体的数量，用表格的形式进行分类统计，供系统化设计及 DDC 选型与 I / O 配置使用。表 3.1 是楼宇自动化系统设计中常用的一种点数统计表。现在流行的表格形式有好几种，可依据自己的习惯和兴趣选用适合自己的一种或设计新的表格。

表 3.1　制冷系统监测、控制点位配置表

监测、控制性质描述	AI	AO	DI	DO	接 口 位 置	备 注
冷水机组开 / 关控制				√	DDC 数字量输出接口到冷水机组动力柜或机组控制柜启停控制输入点	
冷水机组运行状态			√		冷水机组动力箱主电路接触器的辅助接点	
冷水机组故障状态			√		冷水机组动力箱主电路热继电器的辅助接点	
冷水机组手动 / 自动状态			√		冷水机组动力箱控制回路，可选	
冷冻水泵开 / 关控制				√	DDC 数字量输出接口到水泵主接触器控制回路	
冷冻水泵运行状态			√		冷冻水泵出水口的水流开关	
冷冻水泵故障状态			√		冷冻水泵动力箱主电路热继电器的辅助接点	
冷冻水泵手动 / 自动状态			√		冷冻水泵动力箱控制回路，可选	
冷冻水压差旁通阀		√			DDC 模拟量输出接口到阀门驱动器控制输入口	DC0～5V

续表

监测、控制性质描述	AI	AO	DI	DO	接　口　位　置	备　注
冷冻水供水温度	√				分水器进水口水管温度传感器	
冷冻水供水／回水压差	√				分水器进水口与集水器之间压差传感器	DC 0～5V
冷冻水回水温度	√				集水器出水口水管温度传感器	
冷冻水总回水流量	√				集水器出水口电磁流量计	DC 4～20mA
冷却水泵开关控制				√	DDC 数字量输出接口到水泵主接触器控制回路	
冷却水泵运行状态			√		冷却水泵出水口的水流开关	
冷却水泵故障状态			√		冷却水泵动力箱主电路热继电器的辅助接点	
冷却水泵手动／自动状态			√		冷却水泵动力箱控制回路，可选	
冷却水泵出口压力	√				冷却水泵出水口压力传感器	DC 0～5V
冷却塔风机开关控制				√	DDC 数字量输出接口到风机主接触器控制回路	
冷却塔风机运行状态			√		动力箱主电路接触器的辅助接点	
冷却塔风机故障状态			√		冷却塔风机动力箱热继电器辅助接点	
冷却塔风机手动／自动状态			√		冷却塔风机动力箱控制回路，可选	
冷却塔进水温度	√				冷却塔进水管温度传感器	
冷却塔回水温度	√				冷却塔回水管温度传感器	
电动蝶阀开关控制				√	DDC 数字量输出接口到阀门驱动器开关控制口	
电动蝶阀开关位置监测			√		电动蝶阀开关位置开关输出点，可选	
合计						

2. 制冷系统设备的控制

在现场状态监测点、参数检测传感器对设备和系统运行状态及参数进行全面监测的基础上，楼宇自动化系统通过现场 DDC 控制器、中央监控管理系统实现制冷系统运行全面的自动监控与管理。在 DDC 和中央监控系统的控制与管理软件设计时，对下面的各项功能一定要进行仔细的分析与全面考虑。

（1）冷水机组与辅助设备的连锁控制

在控制软件设计中，要对**启动顺序控制：冷却塔风机→冷却水泵→冷冻水泵→冷水机组，停机顺序控制：冷水机组→冷冻水泵→冷却水泵→冷却塔风机**所规定的逻辑关系进一步细化，并考虑一定的时序关系。

① 启动过程

- 冷水机组冷冻水、冷却水管路上的阀门（常为电动蝶阀）开启，当位置反馈信号确认或延迟一定的时间（2～3 min）后进入下一步；
- 启动冷却塔风机、冷却水泵、冷冻水泵，并延迟一定的时间（3～4 min）后进入下一步；
- 冷水机组启动。

② 停机过程

- 冷水机组停机；
- 延迟一定的时间（3～5min）后停止冷却塔风机、冷却水泵、冷冻水泵；
- 延迟一段时间（4～6min）后关闭对应冷水机组冷冻水、冷却水管路上的阀门。

（2）设备故障报警处理、相互备用切换控制与均衡运行策略

制冷系统中的设备均有故障报警监测。当出现设备故障报警时，控制系统自动停止相关运行设备的运行，管理系统进行报警信息的记录与处理，同时备用设备投入运行以保证整个

系统的正常运行。

① 启动设备选择

为了实现同类设备的均衡运行，**选择启动设备的策略**有三种：

- ➢ 累计运行时间最少优先启动策略；
- ➢ 当前停运时间最长优先启动策略；
- ➢ 轮流排队启动策略。

② 停机设备选择

选择停运设备策略也有对应的三种：

- ➢ 累计运行时间最长优先停运策略；
- ➢ 当前运行时间最长优先停运策略；
- ➢ 轮流排队停运策略。

每种策略各有特点，可根据具体情况选择单一策略或几种策略组合运用。策略选择时要充分考虑用户的物业管理方式和设备管理与维护计划，才能取得好的效果。楼宇自动化系统应能提供比较多的选择，便于调整与改动，以方便用户选择使用。

（3）冷水机组侧恒流量与空调末端设备变流量运行调解规律与控制策略选择

如果冷冻水回路采用差压旁路调节方式，由于被调节量是压差（目的是调节流量），而这类对象的时间常数和滞后都比较小，所以首选的是 PI 调节规律和算法，调节效果比较理想。

需要特别说明一点，当冷冻水管路长、冷冻水流量变化大时，冷冻水管路上的压力损失（压力降低）值变化范围较大，为了保证末端空调设备有合适的工作压力，在不同的条件下应采用不同的旁路压差设定值。

如果冷冻水回路采用两级冷冻水泵，并在两级冷水泵之间设有旁通管路，这时第一级冷水泵的运行台数和冷水机组的数量配对，用以克服冷冻水回路冷水机组到旁通管之间的管道阻力，保证制冷机一侧的流量恒定，但不能对冷冻水回路空调末端设备一侧流量进行调节。冷冻水回路空调末端一侧的二级冷冻水泵用以克服空调末端一侧管路的管道阻力。通过控制二级冷冻水泵的运行台数保证末端设备一侧冷冻水供水压力。另外，随着冷冻水回路水流量的增加，冷冻水管路上的压降也会增加，恒定的供水压力有时候难以保证最不利位置（最远或最高）的末端空调设备的冷冻水供水有足够的压力保证这些空调设备正常工作。因此，在这类系统设计时，常在冷冻水压力最不利的位置安装水压传感器，对冷冻水压力进行检测。楼宇自动化系统通过综合冷冻水旁通管路空调末端一侧供水压力、冷冻水管路最不利位置的压力、末端空调设备的工作情况等多方面因素，确定二级冷冻水泵的运行台数。

二级冷冻水泵运行台数，必须保证旁通管的冷冻水流向与图 3.3 中虚线箭头所指示的流向一致，当出现不一致（控制程序的设计应尽量避免这种情况的发生）时，到底是通过增加冷水机组的运行台数来增加一级冷冻水泵运行台数（机组与水泵配对，同时运行），还是减少二级冷冻水泵的运行台数，需要综合系统实际运行状况和当前实际冷负荷的情况来决定。如果发生这种情况，就表明系统的控制逻辑设计有缺陷，需要改进。

（4）制冷系统运行的节能控制

在现代建筑中，暖通空调系统的能耗占据建筑物总能耗的比重越来越大，而冷热源设备及其水系统的能耗又是暖通空调系统能耗的最主要部分，占 80%～90%。提高冷热源设备及其水系统的效率，对现代建筑节能的重要性是不言而喻的。在保证设备安全的前提下，冷热源设备与水系统的节能控制是衡量楼宇自动化系统成功与否的主要标志之一。制冷系统的耗能设备主要有冷水机组、冷冻水泵、冷却塔风机和冷却水泵，制冷系统的节能运行首先应该从这些设备的节能控制入手。制冷系统常用的节能措施有以下几个方面。

① 制订科学的运行时间表

依据建筑内热负荷变换情况，如上下班时间表、人员变动情况等，制订科学合理的运行计划表，在满足环境要求的前提下，减少运行时间。如在上班前恰当的时间开机，在房间使用前温度达到要求，在空置时间里不消耗能源；在下班前恰当的时间停机，利用系统储存的冷量维持环境温度要求到下班，这样就可以减少设备运行时间，达到节能目的。

② 制冷机组的节能群控

空调末端设备通过冷冻水流量自动调节进行空调的温湿度控制，这就导致整个空调系统冷负荷不是一个恒定值。只有制冷机组的输出冷量与空调系统冷负荷匹配时，才不存在能源的浪费。当用户末端采用变水量时，冷冻水系统还必须根据新的运行工况提供新的水量和扬程，以减少流量和扬程的过盈，减少调节阀的节流损失，并尽可能使水泵在效率最高点运行。因为冷冻水泵与冷空调系统在绝大部分情况下处于非满负荷状态，因而冷水机组不总是满载运行。主机在部分负荷状态下的效率总是要低于满载工况下的工作效率。因此，在有多台机组的制冷系统中，尽量使机组处于满负荷状态是节能的重要措施之一，这就是机组的台数控制，也称为群控。

单台冷水机组的最大制冷量（满负荷）的值在一定范围内也是可调的。冷水机组满负荷值会随着冷水机组冷却水入口温度的降低而有所增加；反之，冷却水入口温度升高，其最大制冷量会降低。单台制冷机组的节能可通过恰当地调节主机运行状态，提高其制冷效率值，降低冷冻水泵、冷却水泵能耗来获得。

综合上面的分析可知，通过控制制冷机组的台数，同时调整制冷机冷却水的温度，小范围调整冷水机组满负荷制冷量，使运行的冷水机组在满负荷状态下，总的制冷量与空调系统的冷负荷相匹配，空调制冷系统在高效率的状态运行，以达到节能的目的。这里有两个影响因素需要控制，一个是确定冷水机组的运行台数，另一个是冷水机组满负荷制冷量的调整，这要求对冷水机组的性能有正确的了解和运行参数的准确检测。同时有一个基本的原则需要了解：增加冷水机组的满负荷制冷量所增加的制冷机组的能耗，总是小于增开一台制冷机组和对应水泵所增加的能耗。另外，通过改变冷冻水出水温度也可以调整冷水机组的满负荷制冷量，读者可参考相关技术资料。

③ 冷冻水泵节能控制运行与控制

在只有一级冷冻水泵和差压旁路调节控制构成的冷冻水回路中，冷冻水泵为冷冻水提供压力以克服冷水机组侧的管路阻力，同时保证末端设备一侧有足够的压力，并通过差压旁路的调节，为末端设备一侧提供稳定的工作压力，保证末端空调设备正常工作。目前制冷空调系统中的绝大部分都是这种形式。对这种结构的冷冻水系统，可以依据空调系统的工作情况，在满足工作压力、冷冻水流量的前提下，调整差压旁路的设定值和冷冻水泵的运行台数，以减低能耗。如果空调系统冷负荷大、末端空调设备分布范围广、空调设备水系统管路距离长，冷冻水系统须采用二级冷冻水泵以满足系统正常工作所需要的冷冻水压力。这种冷冻水系统的管路结构见图 3.3 所示。根据空调系统的工作情况，通过调整二级冷冻水供水压力及冷冻水泵的运行台数达到节能降耗的目的。

④ 冷却塔、冷却水泵的节能控制运行与控制

冷却水系统通过冷却水泵保证冷却机组内有足够的冷却水流量，通过冷却塔使冷水机组

冷却水进口处的温度满足要求。

冷却塔运行控制的任务是根据冷冻机对冷却水温的要求，确定冷却塔的开启台数。冷却塔出水温度高于设定温度，则增开一台冷却塔，低于设定温度可停开一台冷却塔；有的冷却塔风机还采用双速电机，通过转速的变化调节冷却水温度，因此还应配合高 / 低速的转换来确定冷却塔的运行台数。

在室外温度比较低的情况下，通过冷却水回路的自然冷却就可满足制冷机对冷却水的温度要求，这时可关掉所有冷却塔的风机，单靠冷却水循环过程的自然冷却实现冷却水的降温。对于冷却泵，应以最少的冷却泵运行台数满足制冷系统对冷却水流量和温度的要求。合理地调整冷却塔风机和冷却水泵的运行台数可以达到降低能耗的目的。

在控制冷冻水泵、冷却水泵、冷却塔运行的台数时，如果能配合这些设备的转速调节，则会取得更好的节能效果。当然，这会带来系统设备投资的增加，在整个系统的设计阶段应作全面的评估与选择。

3.2.1.3　制冷系统监控技术的发展

在前面的讨论中，把制冷机组仅仅作为一个单体设备看待。实际上制冷机组本身就是一个复杂的系统，现在的制冷机组均配有功能强大的控制系统，以实现制冷机组本身启停控制、故障检测报警、运行参数监测、能量调节与安全保护等。制冷机组本身的控制系统都配有标准通信接口，新的制冷机组绝大部分支持 BACnet 或 LonWork 等在智能建筑领域影响比较大的通信协议。如果能通过通信接口和共同支持的通信协议，实现楼宇自动化系统与制冷机组的无缝连接，楼宇自动化系统就可能实现对制冷机组运行更为深入、全面的监控，使楼宇自动化系统对冷水机组和制冷系统运行参数监控、节能控制和安全保护等提高到新的高度。但由于楼宇自动化系统与制冷机组控制系统在通信协议方面还存在一些问题，所以在这方面的发展还不尽人意。但却是未来技术发展的研究方向和要求。

已有制冷机组厂家推出的制冷机控制系统，除了对制冷机本身的监控外，还能与冷却塔、冷却水泵、冷冻水泵实现联动控制，从而构成更完整的冷水机组控制系统；并提供远程通信接口和调制解调器相连，使厂家的机组维修人员可以通过电话线远程监视机组的运行情况，为用户提供全面的服务。

在通信协议并不统一的情况下，已经有人通过开发通信接口来实现制冷机组控制系统与楼宇自动化系统之间的互连，并取得了一定程度上的成功。

3.2.2　热源系统自动控制

前文已讲过，空调系统热源有两种常用的获取方式，一种是通过城市热网，一种是通过自备锅炉。

由于燃煤和燃油锅炉属于压力容器，国家有专门的技术规范和管理机构（政府劳动局），因此这类锅炉的运行控制一般不纳入楼宇自动化系统。最多只对锅炉的开停状态进行监控，而它们的运行控制由专门的控制系统完成。对于电加热的空调热源锅炉和电加热的生活热水锅炉，由于其工作工艺和控制相对简单，可以纳入楼宇自动化系统。本节只对电热锅炉的控制进行简单讨论。

3.2.2.1　电热锅炉的监控

采用锅炉机组供热是没有外来热源（城市热网）情况下的一种供热方式，下面讨论电锅炉机组的监测与控制。

1. 电锅炉机组运行参数与状态监控点/位及常用传感器

- 电锅炉机组运行状态：取自电锅炉机组控制器（柜）对应运行状态输出触点（或主接触器辅助触点）。
- 电锅炉机组故障报警：取自电锅炉机组控制器（柜）对应故障报警输出触点（或主接触器辅助触点）。
- 电锅炉机组出口热水温度测量：取自安装在电锅炉热水出口的水温传感器输出，采用管式水温度传感器。
- 电锅炉机组出口热水压力测量：取自安装在热水管路上的液体压力传感器输出，常为管式液体压力传感器。
- 电锅炉机组热水流量测量：取自热水管路上的流量计输出，采用电磁流量计，安装在与热水回水温度检测点流量相同的位置，以便与分水器进口热水温度测量值和集水器出口热水温度测量值一起计算空调末端设备的实际热负荷。
- 分水器进口热水温度测量：取自安装在分水器进口的水温传感器输出，常选用管式水温传感器。
- 集水器出口热水温度测量：取自安装在集水器出口的水温传感器输出，常选用管式水温传感器。
- 锅炉回水干管热水压力测量：取自安装在热水回水干管上的液体压力传感器输出，常选用管式液体压力传感器。
- 热水泵启停状态：取自热水循环泵配电箱接触器辅助触点。
- 热水泵故障报警：取自热水水循环泵配电箱热继电器触点。
- 水流开关状态：水流开关状态输出点。
- 电锅炉机组启停控制：从 DDC 数字输出口（DO）输出到电锅炉机组控制器（柜）启停遥控（BAS）输入点（或配电柜主接触器控制回路）。
- 热水泵启停控制：从 DDC 数字输出口（DO）输出到热水泵配电箱接触器控制回路。
- 电锅炉机组进水电动蝶阀开关控制：从 DDC 数字输出口（DO）输出到电锅炉机组热水入口电动蝶阀开关控制输入点。

现在空调末端设备水系统大多采用两管制，空调冷热水共用一套管路系统，如膨胀水箱、补水箱、补水泵等辅助设备与制冷系统共用，有关这些设备的监控原理与制冷系统完全相同，因此控制系统采用同一套系统。

2. 锅炉的连锁控制

电锅炉系统启动顺序控制：启动热水泵→启动电锅炉。
电锅炉系统停止顺序控制：停止电锅炉→停止热水泵。

3. 锅炉系统运行与节能控制

（1）互备切换与均衡运行
在多台设备运行的系统中，同类设备相互备用，当一台设备损坏时，备用设备能自动投入使用，保证系统的正常工作。为了延长各设备的使用寿命，通常要使设备累计运行时间数尽可能相同。因此，每次初启动系统时，都应优先启动累计运行时间最少的设备，控制系统应有自动记录设备运行时间的功能。

（2）节能控制

锅炉供水系统的节能控制方式与冷水机组的节能控制方式通常有两种：热水回水温度法和热负荷控制法。

① 回水温度法

锅炉输出的热水（蒸汽）温度是一定的，一般为 90 ℃～95 ℃（蒸汽温度在 100 ℃以上），经交换后输出 60 ℃～65 ℃热水，热水经过终端负载进行能量交换后，水温下降，回水温度的高低，基本上反映了系统的热负荷，回水温度高，说明系统热负荷小；回水温度低，说明系统热负荷大，因此可以用回水温度来调节锅炉机组的启、停和热水泵运行台数，达到节能的目的。

② 热负荷控制法

根据分水器、集水器的供、回水温度及回水干管的流量测量值，实时计算空调房间所需热负荷，按实际热负荷自动启、停锅炉（一般为电锅炉）及热水给水泵的台数。

4. 系统定时运行与设备的远程控制

锅炉系统能够按照预设的运行时间表自动定时启停；控制系统能够对设备进行远程开 / 关控制，在控制中心能实现对现场设备的控制。

每个具体系统的配置不可能一样，在实际工程中应该根据实际情况，统计出电锅炉机组的台数、热水泵的台数及补水泵台数，计算出数字输入、数字输出、模拟输入和模拟输出的总点数，供选择现场控制器用。为了工程使用便利，表 3.2 给出了电锅炉监测、控制点的基本配置表，供参考。

表 3.2　电锅炉监测、控制点配置表

监测、控制点描述	AI	AO	DI	DO	接口位置	备注
锅炉出口热水温度测量	√				分水器进口温度传感器	
锅炉出口热水压力测量	√				分水器进口压力传感器	
锅炉热水流量测量	√				集水器出口流量传感器	DC 4～20mA
锅炉回水干管压力测量	√				集水器出口压力传感器	
电锅炉运行状态			√		动力柜主电路继电器辅助触点	
电锅炉故障状态			√		动力柜主电路热继电器辅助触点	
电锅炉开 / 关控制				√	DID（数字输出接口）	
热水泵故障状态			√		动力柜主电路热继电器辅助触点	
热水泵开关控制				√	DIX3 数字输出接口	
热水泵运行状态			√		动力柜主电路继电器辅助触点	
热水泵手动 / 自动状态			√		动力柜控制电路	
电动蝶阀开关控制				√	DDC 数字量输出接口到阀门驱动器开关控制口	
电动蝶阀开关位置监测			√		电动蝶阀开关位置开关输出点，可选	
合　计						

3.2.2.2　热交换器

对于两管制空调末端设备，一般要求热水的供水温度为 65℃～70℃。无论是热网提供的热水或蒸汽，还是自备锅炉提供的蒸汽或热水，其温度都高于这个温度，不满足工艺要求。因此，在空调系统中需要进行高温热水或高温蒸汽到空调热水的转换。这种转换装置称为热交换器或换热器。空调系统中的热源，如高温蒸汽或高温热水先经过热交换器变成空调热水，经热水泵（少数系统与冷冻水泵合用）加压后经分水器送到空调末端设备进行水／气热交换，水温下降后的空调热水回流，经集水器进入热交换器再加热，如此循环。图 3.4 为空调热交换系统监控原理图。

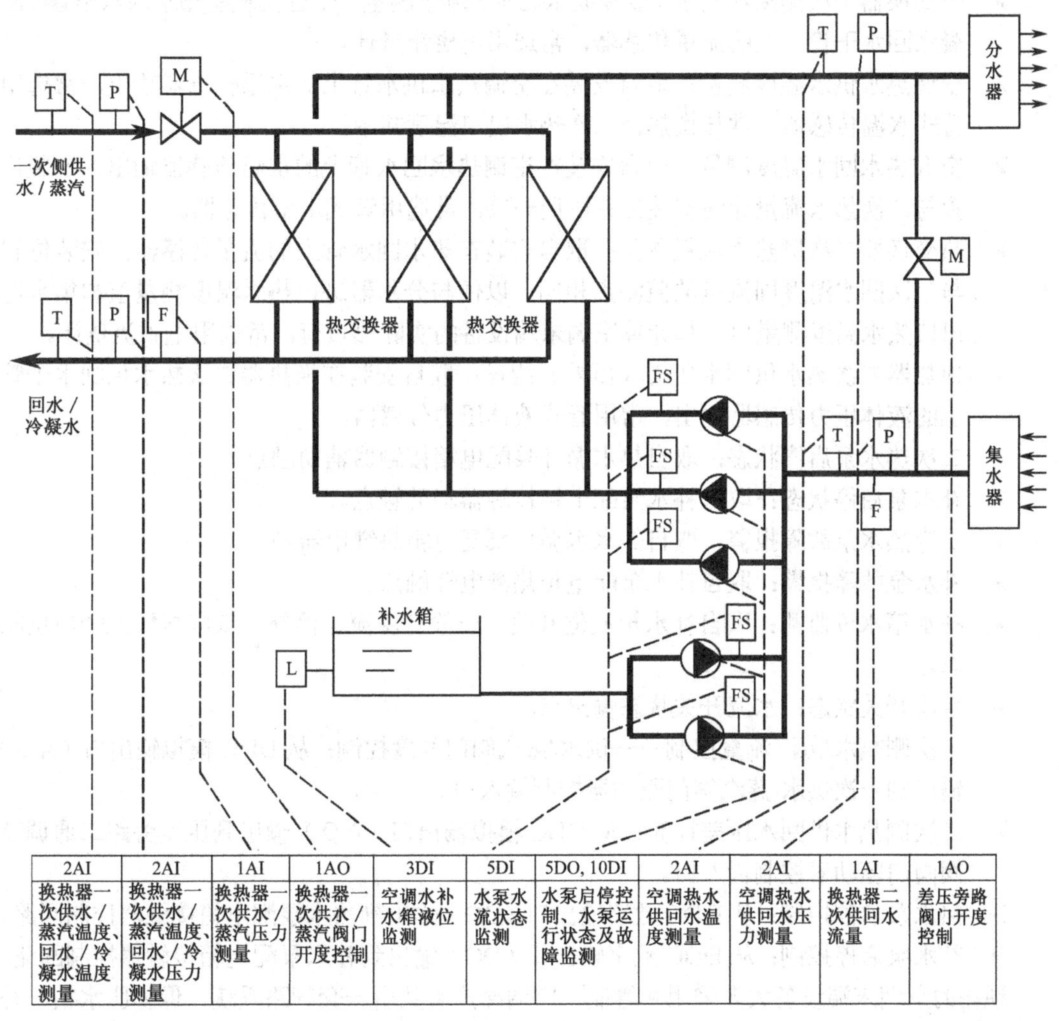

图 3.4　热交换系统监控原理图

在建筑楼层比较高时，如果空调水回路采用闭式系统直接向最高层的末端设备供应空调冷热水，系统的静压可能会超过设备和管路的承压能力。为了解决这一问题，可在高区另设独立的空调水回路，通过增设二级热交换站，利用热交换器在压力相互隔离的独立空调水回路之间实现将上、下层相互独立的空调水回路之间冷量、热量的交换。这种系统中的热交换器可与冷热水系统共用热交换器，也可采用冷热不同的热交换器分别实现空调热水系统热交换和冷冻水系统热交换，空调系统热交换器的控制原理和系统构成基本相同。

1. 空调换热系统运行参数与状态监控点/位及常用传感器

➢ 热交换器一次侧热水供回水（蒸汽供汽与冷凝水回水）温度测量：取自安装在热水供水管和回水干管（蒸汽供汽管与冷凝水回水干管）上的温度传感器，采用管式水温度传感器。
➢ 热交换器一次侧热水供回水（蒸汽供汽与冷凝水回水）压力测量：取自安装在热水供水管和回水干管（蒸汽供汽管与冷凝水回水干管）上的压力传感器，采用管式压力传感器。
➢ 热交换器一次侧热水回水（或冷凝水回水）流量测量：取自安装在热水回水干管（冷凝水回水干管）上的流量传感器，常选用电磁流量计。
➢ 空调热水供水温度测量：取自安装在空调热水供水管上的水温传感器输出，常选用管式水温传感器，常与换热器二次热水出口温度共用。
➢ 空调热水回水温度测量：取自安装在空调热水回水管上的水温传感器输出，安装位置与二次热水流量计的安装位置协调一致，常选用管式水温传感器。
➢ 热交换器二次侧热水流量测量：取自安装在热水回水管上的流量传感器，安装位置与二次回水温度同流量的监测点相同，以便与分水器进口热水温度测量值和集水器出口热水温度测量值一起计算空调末端设备的实际热负荷，常选用电磁流量计。
➢ 换热器二次热水供回水压力（压差）测量：取自安装在换热器二次热水供回水干管上的液体压力传感器输出，常用管式液体压力传感器。
➢ 二次热水泵启停状态：取自热水循环泵配电箱接触器辅助触点。
➢ 补水泵启停状态：取自补水泵配电箱接触器辅助触点。
➢ 二次热水泵故障报警：取自热水水循环泵配电箱热继电器触点。
➢ 补水泵故障报警：取自补水泵配电箱热继电器触点。
➢ 补水箱水位监测：取自补水箱液位开关，一般有溢流、停补、低限报警三个液位状态。
➢ 水流开关状态：水流开关状态输出点。
➢ 一次侧热水/蒸汽流量控制——供水/蒸汽阀门开度控制：从 DDC 模拟输出口（AO）输出到一次供水/蒸汽阀门驱动器控制输入口。
➢ 二次侧热水供回水压差控制：从 DDC 模拟输出口（AO）输出到压差旁路二通调节阀阀门驱动器控制输入口。
➢ 热水泵启停控制：从 DDC 数字输出口（DO）输出到热水泵配电箱接触器控制回路。
➢ 补水泵启停控制：从 DDC 数字输出口（DO）输出到补水泵配电箱接触器控制回路。

现在的空调末端设备大多采用两管制，空调冷热水共用一套管路系统，像膨胀水箱、补水箱、补水泵等辅助设备共用，有关这些设备的监控与制冷系统中完全相同。

2. 热交换系统的连锁控制

热交换系统启动顺序控制：启动二次热水循环泵→开启一次侧热水 / 蒸汽阀门。

热交换系统停止顺序控制：关闭一次侧热水 / 蒸汽阀门→停止二次热水循环泵。

3. 热交换系统运行与节能控制

（1）热交换系统的自动控制

当一次热媒为热水时，控制器将温度传感器测量的热交换器二次水出口温度与给定值比较，根据比较偏差由控制器按照设定的调节规律，输出控制信号，调节一次热水电动阀的开度，使二次热水出口温度接近并保持在设定值。电动阀调节性能应采用等百分比型流量特性。

当一次热媒为蒸汽时，系统构成和控制原理与一次热媒为热水时相同，只是电动阀门应采用直线型调节阀。

当系统内有多台热交换器并联使用时，应在每台热交换器二次热水进口处加电动蝶阀，把不使用的热交换器水路切断。

（2）节能控制

热交换器的节能控制方式与冷水机组的节能控制方式一样，通常有两种：热水回水温度法和热量控制法。监控系统对系统的设备能够实现互备切换和均衡运行控制。

① 回水温度法

热交换器输出的热水温度是一定的，一般为 60℃～65℃，热水经过终端负载进行能量交换后，水温下降，回水温度的高低，基本上反映了系统的热负荷。回水温度高，说明系统热负荷小；回水温度低，说明系统热负荷大，因此可以用回水温度来调节热交换器的运行台数和热水泵运行台数，达到节能的目的。

② 热负荷控制法

热量控制法：根据分水器、集水器的供、回水温度及回水干管的流量测量值，实时计算空调末端设备所需热负荷，按实际热负荷自动调整热交换器及热水给水泵的台数。

4. 系统定时运行与设备的远程控制

热交换系统能够按照预设的运行时间表自动定时启停；控制系统能够对设备进行远程开/关控制，在控制中心能实现对现场设备的控制。

表 3.3 给出基本的热交换系统监测、控制点配置表，可作为系统设计与配置的参考。具体的数量应根据系统的实际情况最后确定。

表 3.3 热交换系统监测、控制点配置表

监测、控制点描述	AI	AO	DI	DO	接口位置	备注
二次水循环泵运行状态			√		二次水循环泵动力柜主接触器辅助触点	
二次水循环泵故障状态			√		二次水循环泵动力柜主电路热继电器辅助触点	
二次水循环泵手动／自动状态			√		动力柜控制电路，可选	
二次水出口温度测量	√				二次水出口温度传感器	
分水器供水温度测量	√				分水器进口温度传感器，可与分水器入口共用	
二次热水回水温度测量	√				二次热水回水温度传感器	
二次热水回水流量测量	√				二次热水流量传感器	DC 4～20mA
二次热水供回水压力测量	√				二次热水供回水压力/差压传感器	DC 0～5V
补水泵的运行状态			√		补水泵动力柜主电路接触器辅助触点	
补水泵的故障状态			√		补水泵动力柜主电路热继电器辅助触点	
补水泵手动／自动状态			√		补水泵动力柜控制电路	
二次水循环泵启停控制				√	DDC 数字输出口二次热水循环泵动力柜控制电路	
补水泵启停控制				√	DDC 数字输出口二次补水泵动力柜控制电路	
一次热水／蒸汽电动阀控制		√			DDC 模拟输出接口到一次侧电动阀驱动器控制口	
差压旁通阀门开度控制		√			DDC 模拟输出接口到差压旁通阀驱动器控制口	

续表

监测、控制点描述	AI	AO	DI	DO	接 口 位 置	备 注
换热器二次水入口电动阀控制				√	DDC 数字输出接口到二次侧电动蝶阀驱动器控制口	
膨胀水箱水位监测			√		膨胀水箱内液位开关，可选	
其他						
合 计						

3.3 空调系统自动化

3.3.1 概述

人们正常的生活、工作环境或一些行业的生产环境，对空气温度、湿度、洁净度和风速都有一定的要求，空气调节就是为满足这些要求出现的。空调末端设备是完成这种空气调节的装置。对空气调节设备的自动控制不但是系统正常工作和保证空调环境参数满足要求的需要，另一方面，由于空调设备长期运行，耗能巨大，对其进行实时的自动监控，也是整个系统优化管理、节约人力、降低能耗的需要。

为了创造一个温度适宜、湿度恰当、空气洁净的舒适环境，以满足生活、工作和生产的要求，空调系统的控制一般包括如下内容。

1. 空气温度控制

按照人类生理要求和生活习惯，根据生产工艺的要求，空气调节系统的控制就是建立一个满足要求的温度环境。空气温度的控制是空调系统最主要、最基本的功能。

2. 空气湿度调节

不论是舒适的生活与工作环境，还是特殊的生产和科研环境，都对环境中的湿度参数有一定的要求。空气过于潮湿或过于干燥都会使人感到不舒适，而且随着气温的变化，人们对空气湿度的要求也不尽相同。在一些特殊产品的生产车间、贵重物品、仪器设备的存放间或使用工作间，对湿度有更为严格的要求。空气调节系统对湿度的调节是建立具有特定湿度环境所必需的。

3. 空气气流速度调节

人生活在低流速的空气环境中，比在静止的空气环境中舒适。而处于变流速的空气环境中比恒流速更舒服。气流监控通常选距地面 1.2 m 的空气流速作为监测标准。空调制冷时，水平风速以 0.3 m/s 为宜；空调制热时，水平风速以 0.5 m/s 为合适，过高或过低的流速也会给人带来不适。

除使人感觉舒适以外，像体育馆、纺纱车间等特殊场合，也对空气流速有不同的要求与限制。如果空气流速太高，像羽毛球、乒乓球等运动就难以进行，因此体育馆根据比赛项目的不同，空调系统对空气流速有一定的要求与限制。

4. 空气质量调节

空气中含氧浓度的高低，直接影响人们的生活质量；空气中悬浮污物的含量，直接影响人们的身体健康。空气中含氧浓度下降，会使人感到胸闷憋气，长期在这种环境下工作，危害人体健康，可通过新风量的调节保证空气中的含氧量。空调房间中合适的温湿度也利于细菌繁殖、悬浮污物的聚合，聚合后的悬浮污物携带各种细菌进入空调通风系统中，最终被人吸入体内，对人体带来危害，可通过加强对这些悬浮颗粒的过滤以保证空调环境的清洁度。空气含氧量和空气清洁度的调节都属于空气质量调节。

5. 空气压力调节

在一些特殊的空调空间，如有超洁净度要求的电子、光学、化学、制药等特殊的生产工艺环境，通过控制使超洁净环境中的空气相对于外部环境的空气维持一定的正压，就避免了外部空气的进入，有利于保证空调空间的洁净度；还有一些空调空间有负压要求，如在有毒、有害气体的空调环境中，为了避免有毒、有害气体泄漏到外部环境，可使该空调空间的气压相对于其他空间的气压保持一定的负压，以保证有害气体不向外泄漏造成环境的污染和损害。

6. 空气的特殊控制工艺

对于一些和生产工艺密切相关的空调系统，除了对空调系统的参数如温度、湿度、压力等有要求以外，还可能要求具备一些特殊的定时、逻辑控制功能。如在某生物培养间，除温度、湿度的总体要求和各个房间维持相对压差外，还要定期进行通风清洁、消毒的逻辑程序控制工艺。这些特殊的控制要求和空调空间的生产工艺密切相关。

总之，空气调节系统的任务就是当室内外的空气参数（温度、湿度等）发生变化时，要求保持空调空间内空气参数不变或不超出给定的变化范围。通常采取对空气进行加热或冷却达到温度调节的目的，通过加湿和除湿达到湿度调节的目的，通过过滤和调节新风量来达到空气质量调节的目的。

对于特殊的空调系统，其控制功能与要求已远远超出了传统意义上空调控制的范畴，而属于工业控制的范围。这类空调控制系统的控制功能和精度要求普遍高于一般空调控制的功能和精度，常规空调控制系统中的控制器、传感器有时候不能满足控制要求，必须选用工业控制使用的传感器、控制器和相应的控制策略和算法才能满足要求。因此，在这类系统的设计与实施中，必须对控制工艺的要求和设备选型投入比较大的精力。

空气调节设备有新风机组、空气处理机组、风机盘管、变风量系统（VAV）、送风/排风系统等类型。由于使用条件和功能需求不同，同一种设备在不同的情况下从结构到配置均有所不同。下面在各类设备中选择有代表性的空气调节设备进行探讨，其控制原理涵盖了同类设备的各种情况，对于与其不完全相同的系统设备，只要对这里介绍的控制方案作简单的调整，基本上就能适应其他同类系统的控制。

3.3.2　新风机组自动控制

新风机组通常与风机盘管配合进行使用。主要是为各房间提供一定的新鲜空气，满足室内空气质量要求。为避免室外空气对室内温湿度状态的干扰，在送入房间之前需要对其进行热湿处理，室内负荷通常由风机盘管处理。新风机组的监控原理图如图 3.5 所示。

1. 新风机组运行参数与状态监控点/位及常用传感器

- 新风温度测量：取自安装在新风口上的温度传感器，采用风管空气温度传感器。
- 新风湿度测量：取自安装在新风口上的湿度传感器，采用风管空气湿度传感器（在

BAS 系统中，不是每个新风口都安装新风温/湿度传感器，只需要在有代表性的少数新风入口或室外适当的检测点安装，测量值可供整个 BAS 系统共用）。

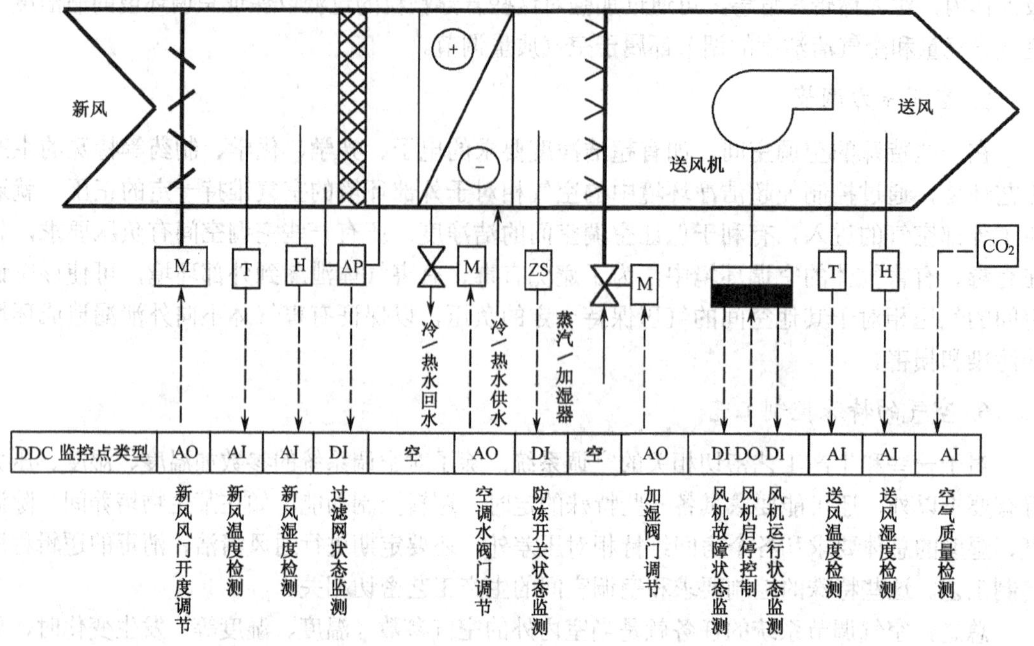

图 3.5　新风机组控制原理图

- 过滤网两侧差压监测：取自安装过滤网上的压差开关输出，采用压差开关监测过滤网两侧压差。
- 送风温度测量：取自安装在送风管上的温度传感器，采用风管空气温度传感器。
- 送风湿度测量：取自安装在送风管上的湿度传感器，采用风管空气湿度传感器。
- 防冻开关状态监测：取自安装在送风管靠近表冷器出风侧的防冻开关输出，只在冬天气温低于 0 ℃的北方地区使用。
- 送风机运行状态监测：送风机配电柜接触器辅助触点，也可用监测点在风机前后的差压开关监测。
- 送风机故障监测：送风机配电柜热机电继电器辅助触点。
- 送风机开关控制：从 DDC 数字输出口（DO）输出到送风机配电箱接触器控制回路。
- 新风口风门开度控制：从 DDC 控制器数字输出口（DO）输出到新风口风门驱动器控制输入点。
- 冷 / 热水阀门开度调节：从 DDC 模拟输出口（AO）输出到冷热水二通调节阀阀门驱动器控制输入口。
- 加湿阀门开度调节：从 DDC 模拟输出口（A O）输出到加湿二通调节阀阀门驱动器控制输入口。
- 空气质量检测：取自安装在空调区域的空气质量传感器，常选用二氧化碳（CO_2）传感器。
- 送风风速检测：取自送风管上的风速传感器，采用风管式风速传感器。

2. 新风机组连锁控制

新风机组启动顺序控制：新风风门开启→送风机启动→冷热水调节阀开启→加湿阀开启。

新风机组停机顺序控制：关加湿阀→关冷热水阀→送风机停机→新风阀门全关。

3. 新风机组运行与节能控制

（1）新风机组的温度调节与节能策略

新风机组的控制通常以出风口温度或房间温度为被调参数，全年使用的新风机组常以出风口温度和房间温度共同作为被调参数。DDC 控制器按照出风口温度或房间温度传感器测量的温度值与给定值比较的偏差，用 PID 规律调节冷 / 热水调节阀开度以达到控制冷冻（加热）水量，夏天使房间温度低于 28 ℃，冬季则高于 16 ℃。

另外，室外温度是对上述调节系统的一个扰动量，为了提高系统的控制性能，把新风温度作为扰动信号加入调节系统中，可采用前馈补偿的方式消除新风温度变化对输出的影响。如室外新风温度降低，新风温度测量值减小，这个温度负增量经 DDC 运算后输出一个相应的控制电信号，使回水阀开度减小即冷量减小。

在过渡季节或特别的天气里，室外温度在设定值允许范围内时，可停止对空气温度的调节以节约能源。

（2）湿度调节

新风机组湿度调节与空调系统的湿度调节过程基本相同，把出风口（房间）湿度传感器测量的湿度信号送入 DDC 控制器与给定值比较，产生偏差，由 DDC 按 PI 规律调节加湿电动阀开度，以保持空调房间的相对湿度。

（3）新风风门的调节

根据新风的温湿度、房间的温湿度及焓值计算以及空气质量的要求，控制新风门的开度，使系统在最佳的新风风量的状态下运行，以便达到节能的目的。

（4）过滤器堵塞、防冻保护

采用压差开关测量过滤器两端差压，当差压超限时，压差开关报警，表明过滤网两侧压差过大，过滤网积灰积尘、堵塞严重，需要清理、清洗。

采用防霜冻开关监测换热器出风侧温度，当温度低于 5 ℃时报警，表明室外温度过低，应关闭风门，同时关闭风机，以免换热器温度进一步降低。风门应有良好的气密性和良好的保温性，阻止与室外冷空气的传热。但大多数风门本身的气密性和保温性并不好，难以起到保温隔热的作用。比较可靠的方法是机组停止工作后，仍然把热水调节阀打开（如开启 30%），使换热器内的水流缓慢循环流动，若热水水泵已停机，则整个水系统还应开启一台小功率的水泵，保证水系统有一定的水流速度，而不会使管路被冻裂。

（5）空气质量控制

为保证空调房间的空气质量，应选用空气质量传感器，当房间中 CO_2、CO 浓度升高时，传感器输出信号到 DDC，经计算，输出控制信号，控制新风风门开度以增加新风量。

（6）设备定时启停与远程开 / 关操作

控制系统能够依据预定的运行时间表，实现新风机组的按时启 / 停；应有对设备进行远程开 / 关操作的功能，也就是在控制中心能实现对空调机组现场设备的远程控制。

表 3.4 是对应图 3.5 的新风机组监测、控制点配置表。

表 3.4　新风机组监测、控制点配置表

监测、控制点描述	AI	AO	DI	DO	接 口 位 置	备 注
送风机运行状态			√		送风机动力柜主接触器辅助触点	
送风机故障状态			√		送风机动力柜主电路热继电器辅助触点	
送风机手 / 自动转换状态			√		送风机动力柜控制电路，可选	
送风机开 / 关控制				√	DDC 数字输出接口到送风机动力柜主接触器控制回路	
空调冷冻水/热水阀门调节		√			DDC 模拟输出接口到冷热水电动阀驱动器控制口	
加湿阀门调节		√			DDC 模拟输出接口到加湿电动阀驱动器控制口	
新风口风门开度控制		√			DDC 模拟输出接口到风门驱动器控制口	
防冻报警			√		低温报警开关	
过滤网压差报警			√		过滤网压差传感器	
新风温度	√				风管式温度传感器，可选	
新风湿度	√				风管式湿度传感器，可选	
送风温度	√				风管式温度传感器	
送风湿度	√				风管式湿度传感器	
空气质量	√				空气质量传感器（CO_2、CO 浓度）	
合　计						

在具体的工程中，系统配置有所不同，并不是每个新风机组都配置新风温湿度传感器或防冻开关；在洁净度要求较高的场合，新风机可能要配多级过滤网等。应该根据实际情况，统计出设备数量，作为选配 DDC 控制器的依据。

3.3.3　空调机组自动控制

空气处理机组是将房间的温度、湿度控制在一定的允许范围之内，而不是像新风机那样控制送风的参数。由于控制目标的改变，控制系统的组成环节发生了变化，采用的调节方法也有所不同。

空气处理机组处理的空气除有新风外，还有室内的回风。在总风量中怎样处理新回风的关系，调节新回风量的比例，使之既能满足室内卫生条件的要求，同时又能节约运行能耗是空气处理机组的控制所面临的新问题。

空气处理机组往往同时承担若干个房间的空气调节任务，而各房间的热湿特性、负荷大小，甚至要求的室内状态都不相同，空气处理机组应采取有效措施去适应这些不同的要求。

新风机组仅存在室外空气参数变化对调节系统的干扰。而空调机组除了有室外空气参数变化的干扰外，还存在室内人员、设备散热、散湿量变化引起的干扰。调节系统必须同时考虑这两种干扰的影响，满足室内温湿度的要求，同时减少运行能耗。

空调机组使用场合比较多，对空调机组的结构、组成和功能的要求各有不同，导致了空调机组比较多样。这里通过对有代表性的空调机组的监控系统进行分析，使读者对空调机组基本的控制功能有一个全面清晰的认识，为其他各种类型空调机组的监控系统设计和工程问题的处理奠定基础。如果对这些系统的监控原理和系统设计能够熟练掌握，对其他各种空调机组控制问题的处理不会有太大的困难。典型的定风量空调机组如图 3.6 所示。

1. 定风量空调机组运行参数与状态监控点 / 位及常用传感器

➢ 室外/新风温度测量：取自安装在室外/新风口上的温度传感器，采用室外 / 风管空气温度传感器。

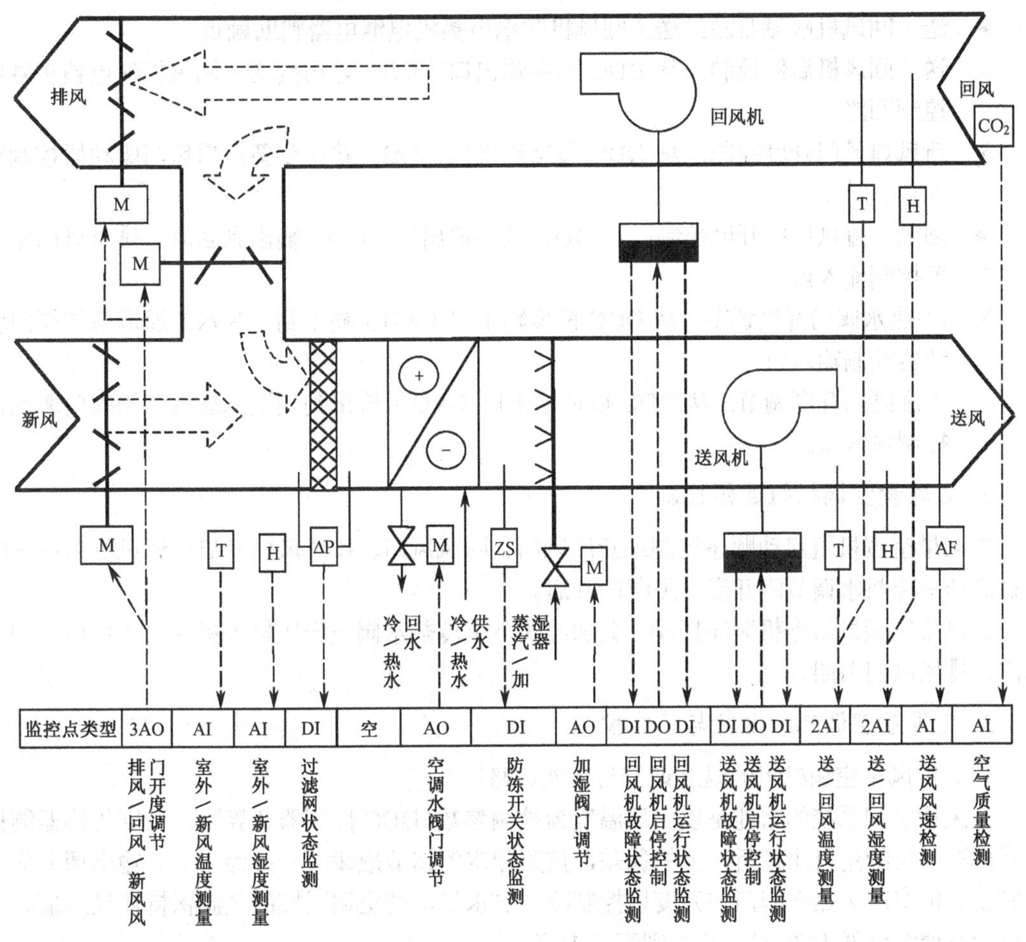

图 3.6　定风量空调机组控制原理图

- 室外/新风湿度测量：取自安装在室外/新风口上的湿度传感器，采用室外/风管空气湿度传感器（在 BAS 系统中，不是每个空调机组都安装新风温/湿度传感器，只需在有代表性的少数新风入口或室外适当的检测点安装，测量值可供 BAS 系统共用）。
- 过滤网两侧差压监测：取自安装过滤网上的压差开关输出，采用压差开关监测过滤网两侧压差。
- 送 / 回风温度测量：取自安装在送 / 回风管上的温度传感器，采用风管式空气温度传感器。
- 送 / 回风湿度测量：取自安装在送 / 回风管上的湿度传感器，采用风管式空气湿度传感器。
- 空气质量检测：取自安装在空调区域或回风管上的空气质量传感器，常选用二氧化碳（CO_2）传感器。
- 送风风速检测：取自送风管上的风速传感器，采用风管式风速传感器。
- 防冻开关状态监测：取自安装在送风管表冷器出风侧的防冻开关输出（只在冬天气温低于 0℃的北方地区使用）。
- 送 / 回风机运行状态监测：送 / 回风机配电柜接触器辅助触点，也可通过监测点在风机前后的差压开关监测。

➢ 送／回风机故障监测：送／回风机配电柜热机电继电器辅助触点。

➢ 送／回风机启停控制：从 DDC 数字输出口（DO）输出到送／回风机配电箱接触器控制回路。

➢ 新风口风门开度控制：从 DDC 数字输出口（DO）输出到新风口风门驱动器控制输入点。

➢ 回风／排风风门开度控制：从 DDC 数字输出口（DO）输出到回风／排风风门驱动器控制输入点。

➢ 冷/热水阀门开度调节：从 DDC 模拟输出口（AO）输出到冷热水二通调节阀阀门驱动器控制输入口。

➢ 加湿阀门开度调节：从 DDC 模拟输出口（AO）输出到加湿二通调节阀阀门驱动器控制输入口。

2. 定风量空调机组连锁控制

定风量空调机组启动顺序控制：新风风门、回风风门、排风风门开启→送风机启动→回风机启动→冷热水调节阀开启→加湿阀开启。

定风量空调机组停机顺序控制：关加湿阀→关冷热水阀→送风机停机→新风风门、回风风门、排风风门关闭。

3. 定风量空调机组运行与节能控制

（1）定风量空调机组的温度调节与节能策略

定风量空调系统的节能是以回风温度为被调参数，DDC 控制器计算回风温度传感器测量的回风温度与给定值比较所产生的偏差，按照预定的调节规律（一般为 PID）输出调节信号控制空调机组冷／热水阀门的开度以控制冷／热水量，使空调区域的气温保持在设定值。一般夏天空调温度低于 28℃，冬季则高于 16℃。

另外，室外温度是上述调节系统的一个扰动量，为了提高系统的控制性能，把新风温度作为扰动信号加入调节系统中，可采用前馈补偿的方式消除新风温度变化对输出的影响。如室外新风温度降低，新风温度测量值减小，这个温度负增量经 DDC 运算后输出一个相应的控制电信号，使回水阀开度减小即冷量减小。

在过渡季节或特别的天气，室外温度在空调温度设定值允许的范围内时，空调机组可采用全新风工作方式。关闭回风风门，新风风门和排风风门开到最大，向空调区域提供大量新鲜空气，同时停止对空气温度的调节以节约能源。

（2）空调机组回风湿度调节

空调机组回风湿度调节与回风温度的调节过程基本相同，把回风湿度传感器测量的回风湿度送入控制器与给定值比较，产生偏差，DDC 控制器按 PI 规律调节加湿电动阀开度，将空调房间的相对湿度控制在设定值。

（3）新风风门、回风风门及排风风门调节

根据新风的温湿度、回风的温湿度在 DDC 进行回风及新风焓值计算，按回风和新风的焓值比例以及空气质量检测值对新风的需要量，控制新风门和回风门的开度比例，使系统在最佳的新风／回风比状态下运行，以便达到节能的目的。

（4）过滤器差压报警、机组防冻保护

用压差开关测量过滤器两端差压，当差压超限时，压差开关报警，表明过滤网两侧压差过大，过滤网积灰积尘、堵塞严重，需要清理、清洗。

采用防霜冻开关监测表冷器出风侧温度，当温度低于 5 ℃时报警，表明室外温度过低，应关闭风门，同时关闭风机，使换热器温度不再降低。风门应有良好的气密性，同时要有良好的保温性阻止与室外冷空气的传热。但大多数风门本身的气密性和保温性并不好，难以起到保温隔热的作用。比较可靠的方法是机组停止工作后仍然把水量调节阀打开（如开启 30%），使换热器内的水流缓慢循环流动起来，若水泵已停机，则整个水系统还应开启一台小功率的水泵，保证水系统管道内有一定的水流速度，而不至冻裂。

（5）空气质量控制

为保证空调区域的空气质量，应选用空气质量传感器，当房间中 CO_2、CO 浓度升高时，传感器输出信号到 DDC 控制器，控制器输出控制信号，控制新风风门开度以增加新风量。

（6）空调机组的定时运行与设备的远程控制

控制系统能够依据预定的运行时间表，实现空调机组的按时启停；应有对设备进行远程开/关控制的功能，也就是在控制中心能实现对空调机组的现场设备的远程控制。

表 3.5 是对应图 3.6 的定风量空调机组监测、控制点配置表。

表 3.5　定风量空调机组监测、控制点配置表

监测、控制点描述	AI	AO	DI	DO	接 口 位 置	备 注
送风机运行状态			√		送风机动力柜主接触器辅助触点	
送风机故障状态			√		送风机动力柜主电路热继电器辅助触点	
送风机手 / 自动转换状态			√		送风机动力柜控制电路，可选	
送风机开 / 关控制				√	DDC 数字输出接口到送风机动力柜主接触器控制回路	
回风机运行状态			√		回风机动力柜主接触器辅助触点	
回风机故障状态			√		回风机动力柜主电路热继电器辅助触点	
回风机手 / 自动转换状态			√		回风机动力柜控制电路，可选	
回风机开 / 关控制				√	DDC 数字输出接口到回风机动力柜主接触器控制回路	
空调冷冻水/热水阀门调节		√			DDC 模拟输出接口到冷热水电动阀驱动器控制口	
加湿阀门调节		√			DDC 模拟输出接口到加湿电动阀驱动器控制口	
新风口风门开度控制		√			DDC 模拟输出接口到送风门驱动器控制口	
回风口风门开度控制		√			DDC 模拟输出接口到回风门驱动器控制口	
排风口风门开度控制		√			DDC 模拟输出接口到排风门驱动器控制口	
防冻报警			√		低温报警开关	
过滤网压差报警			√		过滤网压差传感器	
新风温度	√				风管式温度传感器，可选	
新风湿度	√				风管式湿度传感器，可选	
室外温度	√				室外温度传感器，可选	
回风温度	√				风管式温度传感器	
回风湿度	√				风管式湿度传感器	
送风温度	√				风管式温度传感器，可选	
送风风速	√				风管式风速传感器，可选	
送风湿度	√				风管式湿度传感器，可选	
空气质量	√				空气质量传感器（CO_2、CO 浓度）	
合　计						

图 3.6 的定风量空调机组常用在空调机房距空调区域比较远的场合。在一些工业建筑中，由于空调机房不能布置在需要空调环境的控制中心、特种设备间、生产间的附近，图 3.6 的定风量空调机组是常用的方案。例如，在建筑面积和空调空间比较大的会展中心、大型购物中心、

博物馆等现代建筑中，图 3.6 所示的定风量空调机用得也比较多。

当空调区域面积较小，风道比较短时，不需要回风机，这类空调机组的控制原理图如图 3.7 所示，这是在民用建筑中比较多见的一种形式。

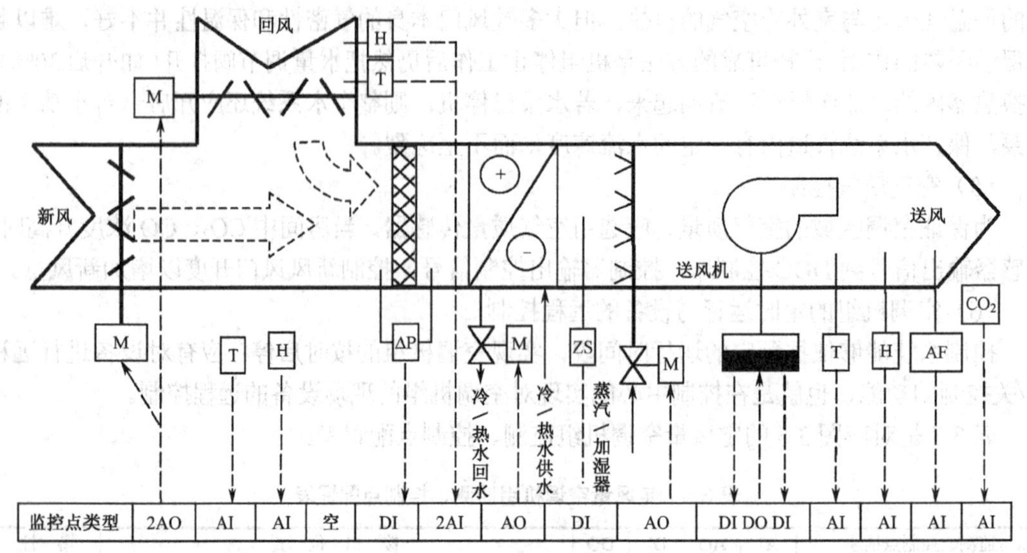

图 3.7　无回风机的定风量空调机组控制原理（简化）图

为了节约投资，还有另外一种设计方式，将定风量空调机组中的送风机兼作发生火灾时的补风机，而回风机兼作排烟机，图 3.8 就是这种定风量空调机组的基本结构。

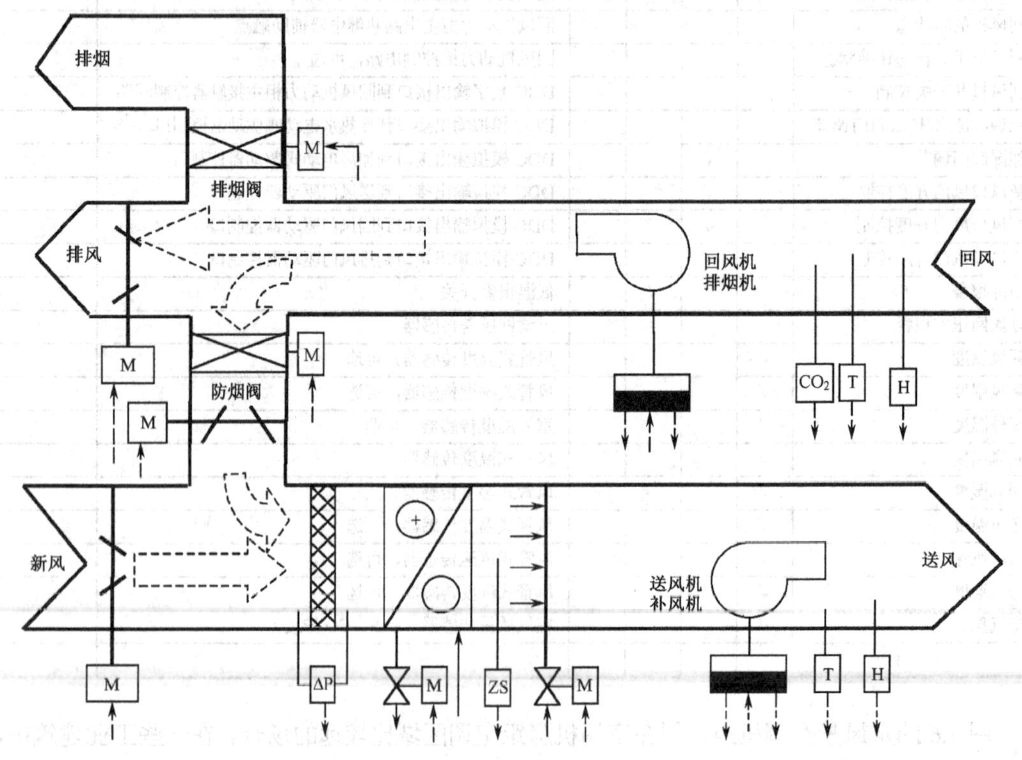

图 3.8　兼作补风与排烟的定风量空调机组（简化）

在这种工作方式的空调机组的控制系统设计时，防烟阀、排烟阀、送风机／补风机、排风机／排烟机等具有火灾消防功能的设备必须和火灾自动报警系统实现联动控制，无论在硬件配置、电气连锁还是控制软件设计等方面都需要作全面的考虑。当然，所有的空调系统设备都要和火灾自动报警系统实现联动控制，但和这种空调系统的设备直接作为消防设备使用的情况在本质上是不同的。

由于空调机组的多样性和实际系统在设备配置上的差别，在控制系统设计时，应该根据实际情况，统计出设备数量，作为选配 DDC 控制器的依据。

3.3.4 变风量空调系统

变风量空调系统（VAV，Variable Air Volume System）是通过空调送风量的调节实现空调区域温湿环境的控制。在变风量空调系统中，当室内空调负荷改变或室内空气参数设定值变化时，空调系统自动调节送入房间的风量，将空调环境的温湿参数调整到设定值，以满足室内人员的舒适要求或工艺生产的要求。送风量的自动调节可以最大限度地减少风机的动力消耗，节约空调系统运行能耗。

在送风温度不变时，变风量空调系统的送风量与空调负荷呈正比例的线性关系。变风量空调系统所需风量随负荷的减少而减少。在空调系统运行的大部分时间内，空调系统处于非满负荷的运行状态，达到设计负荷运行状态的时间很少，一般不超过总运行时间的 5%。与定风量空调系统相比，变风量空调系统在降低运行能耗方面有很大的优势。

由于建筑物内空调系统耗电很大，节能运行在楼宇自动化系统中就显得格外重要。VAV 系统 20 世纪 60 年代在美国出现，并在其后的岁月中不断发展，现在已成为美国空调系统的主流。近年来，在国内也受到越来越多的重视，VAV 系统应用得越来越多。

变风量空调系统属于全空气送风方式，系统的特点是送风温度不变，通过改变送风量来满足房间对冷热负荷的需要，用改变送风机的转速来改变送风量。通常采用变频调速调节送风机电机转速的方式实现送风量的控制。

变风量空调系统相对于定风量系统，具有如下特点：

- 变风量空调系统能实现局部区域（房间）的灵活控制，可根据负荷的变化或个人的舒适度要求调节个性化的工作环境，能适应多种室内舒适性的要求。
- 变风量空调系统能自动调节送入各房间的冷量，系统内各用户间可以按实际需要调配冷量，考虑各房间同时使用系数和负荷的时间分布，空调系统冷源的总冷量配置可以减少 20%～30%，设备投资也会有较大减幅。
- 室内无过冷过热现象，由此系统运行时可减少空调负荷的 15%～30%。

3.3.4.1 变风量系统组成与工作原理

变风量系统由变风量空调机组和变风量末端装置（VAV box）两大部分组成，其组成及控制原理图如图 3.9 所示。

在图 3.9 所示变风量系统中，末端系统的组成方式常见的有四种，各系统对变风量末端装置及其控制方式也是不一样的。

1. 单风管 VAV 系统

单风管 VAV 系统原理见图 3.10。在每个房间入口处的支风管上安装称为 VAV box 的送

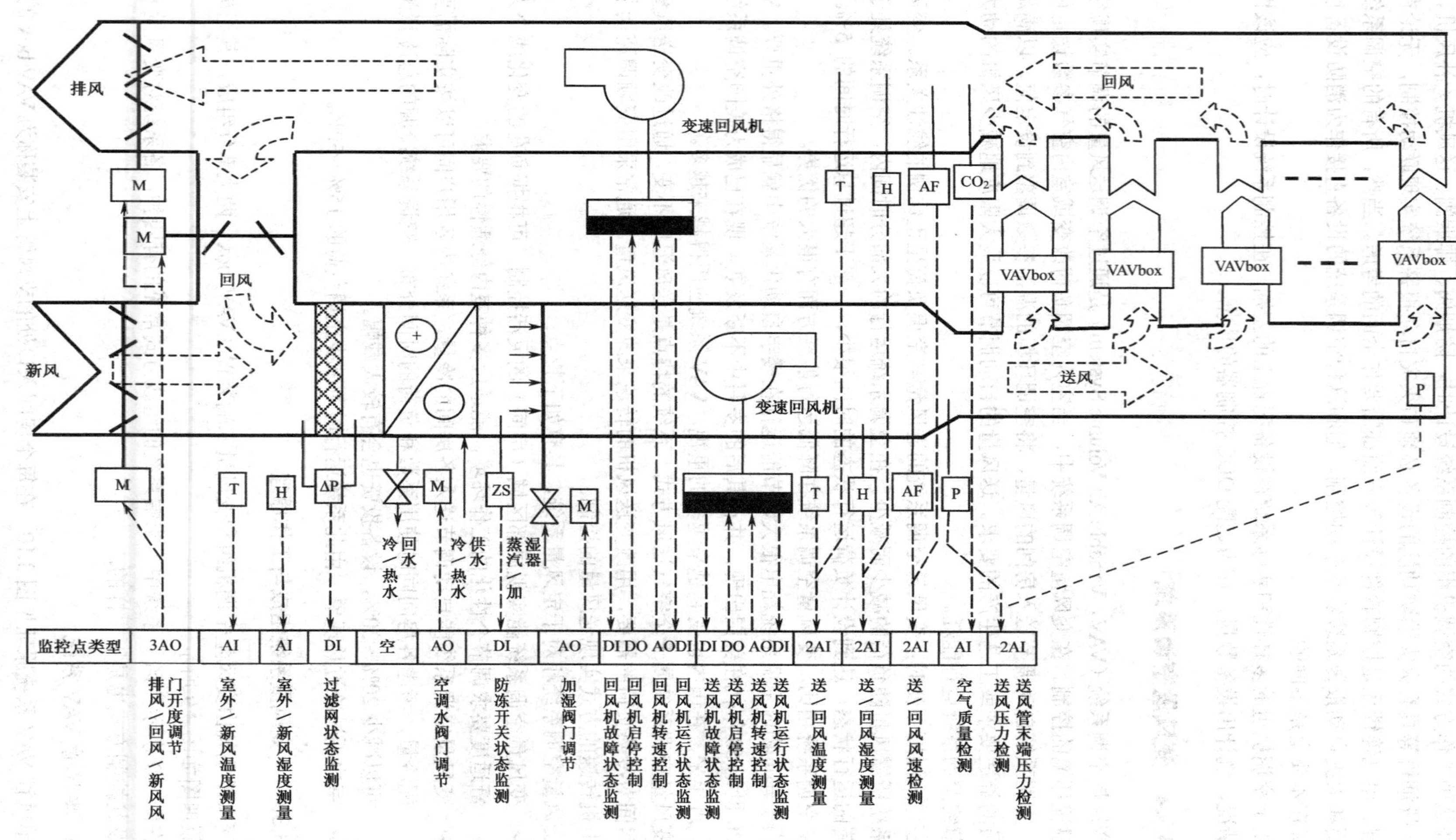

图 3.9　变风量系统组成及控制原理图

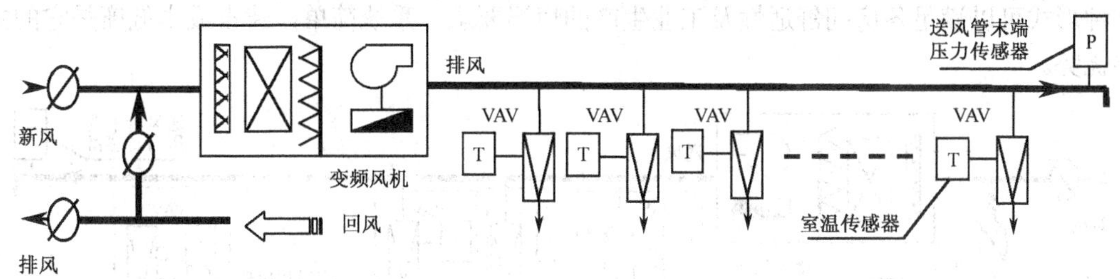

图 3.10　单风管 VAV 系统原理图

风量调节装置。VAV 空调机组根据空调系统所有末端用户所需的实际总风量进行风机风量调节。一般采用变频器控制风机驱动电机转速方式，实现变风量系统的风量调节。这种变风量系统设计简单，应用范围最广。当系统总负荷降低时，过低的送风量会使风管与室内的气流特性、室内温度场、速度场的分布变差。为了保证这类 VAV 系统能够正常工作，要对系统运行时的最小风量作出限制，正常工作的最小风量值一般设定为满负荷风量的 60%。

当空调负荷低于最小风量对应的负荷时，空调区域的温度调节不能通过调节风量而采用调节送风温度的方法，这就是下面要讲的单风管再加热 VAV 系统。

2. 单风管再加热 VAV 系统

单风管再加热 VAV 系统的原理图如图 3.11 所示。该方式能在系统达到最小风量时，通过再热盘管的调节，保证室内的温度不出现过冷或过热状态，充分保证室内舒适度。这已经不是纯粹意义上的变风量系统。

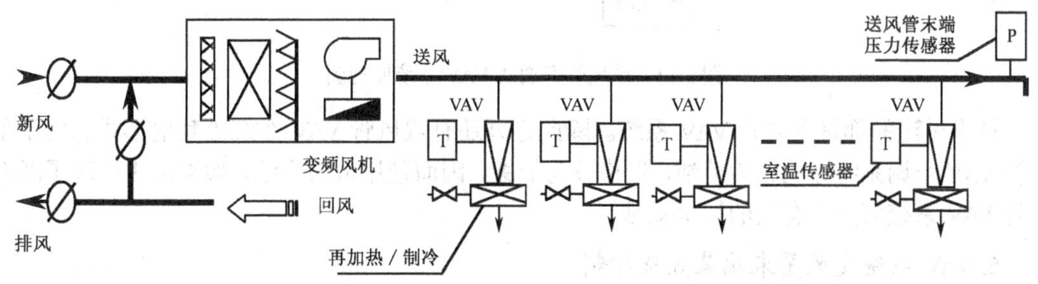

图 3.11　单风管再加热 VAV 系统原理图

3. 单风管送回风机联动 VAV 系统

单风管送回风机联动 VAV 系统如图 3.12 所示。这类系统能够实现室内压力控制，将送风量、回风量之差控制在设定值，以满足室内一定的静压要求。在实际系统中，通过室内（区域）分支送风管上的 VAV box 与回风管上的 VAV box 联动控制以调节送风量、回风量之差来达到控制室内（区域）静压的目的。对于空调机组，在调节送风机送风量的同时，也要对回风机的回风量进行调节。这种系统适用于有洁净要求、环保要求的生产车间、特种仪器 / 设备间、医院的洁净病房等，要求较高的办公场所也可以使用。

4. 单风管旁通式 VAV 系统

单风管旁通式 VAV 系统如图 3.13 所示。当室内负荷变化时，送入室内的风量减少，多余的风量通过旁通管口排入吊顶，与室内回风一起返回空调机组。实际上，这种系统的总风量并未改变，只是末端风量改变，从严格意义上来说不算 VAV 系统，因此节能效果有限。但这种形式可以满足各房间舒适性及工业生产的恒温要求，系统简单，建设成本低廉是它的主要优势。

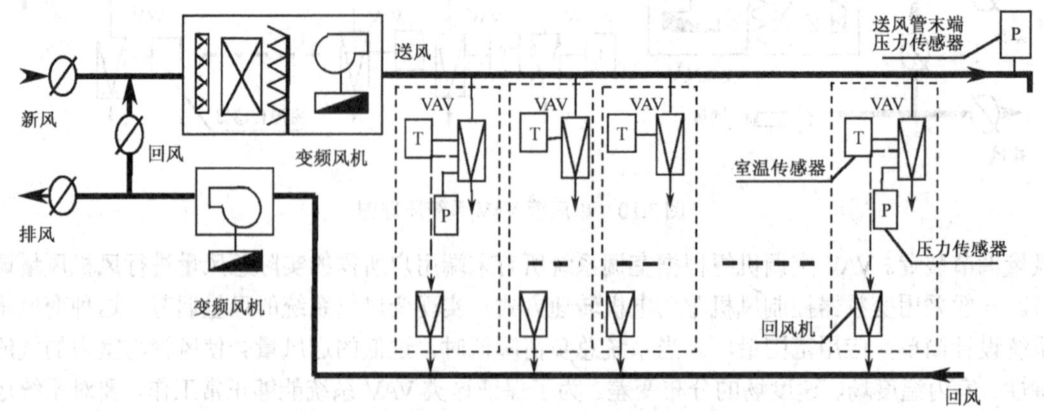

图 3.12　单风管送回风机联动 VAV 系统原理图**错误！**

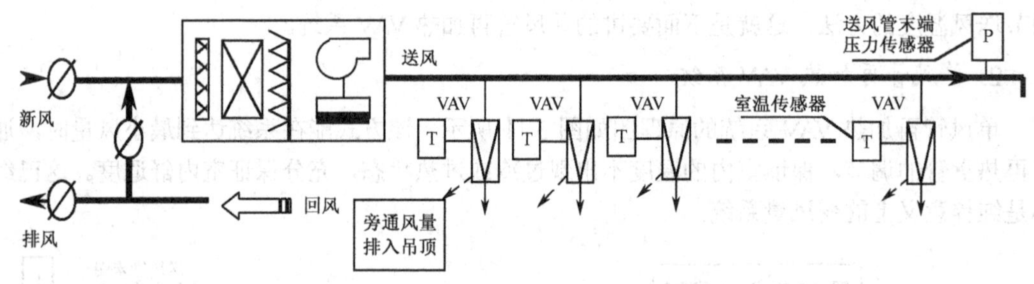

图 3.13　单风管旁通式 VAV 系统原理图

这里讨论的都是单风管 VAV 系统。除此之外还有双风管 VAV 系统等其他形式。由于单风管 VAV 空调系统结构较为简洁，造价较为低廉，因而使用最为广泛。如果需进一步了解双风管 VAV 系统可参考有关的技术文献。

5. VAV 系统变风量末端装置及控制

VAV 空调系统的运行由 VAV 末端装置控制器（如西门子的 Terminal Box Controller 产品编号为 540-100，Honeywell 的 W7551 系列变风量控制器等）根据室内要求进行送风量控制，同时通过网络设备（Honheywell 为 Q7750、SIEMENS 为 FLN）向 VAV 系统控制器（SC，System Controller）传送自已的运行信息。系统控制器根据系统内所有末端装置传送来的数据，计算出系统总的风量需求，并输出对应的风机转速控制信号，通过变频器控制风机转速，以节约送风动力消耗。

VAV 系统末端装置也有几种不同的类型，前面讨论的 VAV 系统所对应的普通型、再热型、风机型的 VAV 末端装置是比较常见的几种类型。

（1）普通型 VAV 末端装置

普通型 VAV 末端装置主要由室内温度传感器、电动风门、风速传感器、控制器等部件构成。它通过调节风门来控制室内温度。

控制器根据室内温度计传感器的测量值与设定值的比较偏差，输出控制信号调节电动风门的开度，使室内温度维持在设定值。并将风速传感器的测量值上传到系统控制器，为系统控制器进行空调机组风机调速提供风量数据。控制原理图如图 3.14 所示。

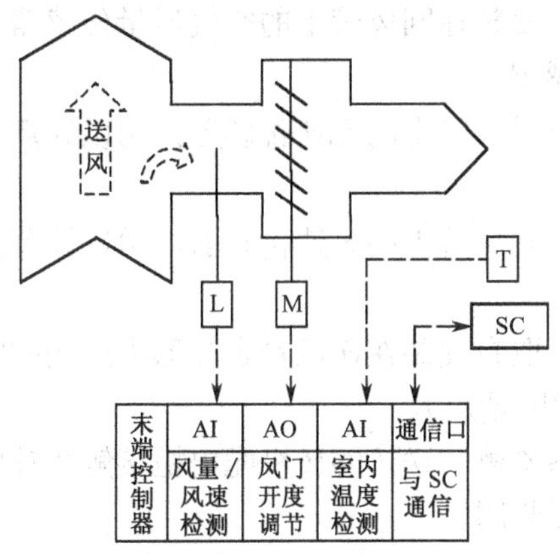

图 3.14　普通 VAV 末端装置控制原理图

（2）再热型 VAV 末端装置

再热型 VAV 末端装置是在普通型 VAV 末端装置的基础上增加再热（冷）装置。在风量（速）允许的限度内，通过调节风门来控制室内温度；当风量已达到极限而温度仍达不到设定值时，控制器则开启加热器（电加热开启电源，冷热水开启阀门），再通过控制风量来控制室内温度回到设定值。

（3）风机型 VAV 末端装置

风机型 VAV 末端装置也称为 FPB（Fan Powered Box）。其特点是控制器根据室内温度由 VAV 控制器控制进风风门开度调节一次进风量，同时与室内空气混合后经风机加压（或一次空气不经风机加压，而与加压的室内空气并联）进入室内，以保持室内换气次数不变。这种末端装置加设了风机，室内温度分布和气流条件变好，但设备成本和运行成本提高，可靠性、噪声等性能指标有所下降。

3.3.4.2　变风量系统自动控制

1. 变风量空调系统运行参数与状态监控点／位及常用传感器

- 室外／新风温度测量：取自安装在室外／新风口上的温度传感器，采用室外/风管空气温度传感器。
- 室外／新风湿度测量：取自安装在室外／新风口上的湿度传感器，采用室外／风管空气湿度传感器（在 BAS 系统中，不是每个空调机组都安装新风温/湿度传感器，只需在有代表性的少数新风入口或室外适当的检测点安装，测量值可供 BAS 系统共用）。
- 过滤网两侧差压监测：取自安装过滤网上的压差开关输出，采用压差开关监测过滤网两侧压差。
- 送风／回风温度测量：取自安装在送／回风管上的温度传感器，采用风管空气温度传感器。
- 送风／回风湿度测量：取自安装在送／回风管上的湿度传感器，采用风管空气湿度传感器。
- 送风管末端压力检测：取自安装在送风管压力最不利位置的空气压力传感器，采用风管式空气压力传感器。

- 空气质量检测：取自安装在回风管上的空气质量传感器，常选用二氧化碳、一氧化碳（CO_2、CO）传感器。
- 送风风速检测：取自送风管上的风速传感器，用以计算系统总送风量，采用风管式风速传感器。
- 回风风速检测：取自回风管上的风速传感器，用以计算系统总回风量，采用风管式风速传感器。
- 防冻开关状态监测：取自安装在送风管表冷器出风侧的防冻开关输出（只在冬天气温低于 0 ℃的北方地区使用）。
- 送 / 回风机运行状态检测：送 / 回风机配电柜接触器辅助触点，也可通过监测点在风机前后的差压开关监测。
- 送 / 回风机故障检测：送风 / 回风机配电柜热机电继电器辅助触点。
- 送 / 回风机启/停控制：从 DDC 数字输出口（DO）输出到送 / 回风机配电箱接触器控制回路。
- 送 / 回风机电机转速控制：从 DDC 模拟输出口（AO）输出到送 / 回风机电机变频器控制口。
- 新风口风门开度控制：从 DDC 数字输出口（DO）输出到新风口风门驱动器控制输入点。
- 回风 / 排风风门开度控制：从 DDC 数字输出口（DO）输出到回风 / 排风风门驱动器控制输入点。
- 冷 / 热水阀门开度调节：从 DDC 模拟输出口（AO）输出到冷热水二通调节阀阀门驱动器控制输入口。
- 加湿阀门开度调节：从 DDC 模拟输出口（AO）输出到加湿二通调节阀阀门驱动器控制输入口。
- VAV 末端装置房间温度检测：取自安装在空调房间的温度传感器，采用室内空气温度传感器。
- VAV 末端装置送风风（流）量检测：取自安装在空调房间送风管的风速（量）传感器，采用风管式风速（量）传感器。
- VAV 末端装置房间静压检测：取自安装在空调房间的压力传感器，采用室内空气压力传感器。
- VAV 末端装置送风风门开度调节：从 VAV 末端控制器模拟输出口（AO）到末端装置送风风门驱动器控制输入口。
- VAV 末端装置回风风门开度调节：从 VAV 末端控制器模拟输出口（AO）到末端装置回风风门驱动器控制输入口。
- VAV 末端装置再热器开关控制：从 VAV 末端控制器数字输出口（DO）到末端装置再热器控制输入口。
- 变风量空调机组系统控制器（SC）与 VAV 末端控制器串行接口，通过对所有 VAV 末端控制器的风量检测值的统计，实现空调机组的送风量调节。

2. 变风量系统的连锁控制

电气连锁：开新风风门、回风风门、排风风门与送风风机、排风风机连锁；风机停机连锁切断加湿器电源。

空调机组启动顺序控制：新风风门开启→回风风门启动→送风机启动→排风风门开启→回风机启动→空调冷冻水/热水调节阀开启→（加湿器启动）加湿阀开启。

空调机组停机顺序控制：（加湿器停机）加湿阀关闭→空调冷冻水/热水调节阀关闭→停回风机→排风风门关闭→送风机停机→新风门、排风门关闭、回风门停机。

3. 变风量系统运行与节能控制

（1）变风量空调机组的送风量、送风温度调节与节能策略

变风量空调机组的系统类型很多，控制方式也随之不同。总风量控制是 VAV 系统控制的核心，这里仅对应用最为广泛、最有代表性的单风管 VAV 空调系统的风量与温度控制进行讨论。现在常用的总风量控制有定静压定温度法（CPT，Constant Pressure & Temperature）、定静压变温度法（CPVT，Constant Pressure Variable Temperature）、变静压变温度法（VPVT，Variable Pressure Variable Temperature）和 VAV 总风量控制法。

① 定静压定温度法（CPT）

在定静压定温度控制法中，变风量空调机组的节能控制是通过空调房末端的静压来实现的，末端空调房间的空调负荷是通过风量来调节的。要稳定空调房间末端的温度，只要稳定空调房间末端的风量就行了。

定静压定温度法的控制原理，就是在送风温度保持不变的情况下，保证系统风管某一点或几点平均静压一定。通过控制变频器的输出频率以调节风机转速，将参考点（一点或多点的平均）静压值控制在设定值，间接实现总送风量的调节。

一般选送风干管末端的风道静压（一点或几点平均静压，或主干管末端与末端空调房的压差）作为被调节参数。根据被调参数的变化来调节机组风机转速，以稳定末端静压。当房间负荷需要风量增加（减少）时，风管的压降增加（减少）、末端静压降低（升高），DDC 根据末端定压传感器的静压测量值与设定值比较的偏差量，按调节规律（一般为 PI 调节）运算后输出控制信号至变频器。变频器根据此信号调节风机（电机）转速，当风量逐步与所需负荷平衡时，静压恢复到原来状态，系统在新的平衡点工作。如果系统是多区系统（即空调机组送风机出口有两条以上主干风道为多个区域输送冷 / 热负荷的系统），DDC 则根据所有干管末端的风道静压测量值进行加权平均（取最小值）与设定值比较的偏差量，运算输出控制信号并输出到变频调速器，变频调速器根据此信号调节送风机的转速以稳定系统静压。

在系统正常工作时，末端静压和送风温度都保持不变，这就是定静压定温度法（CPT）名称的来历。

② 定静压变温度法（CPVT）

定静压变温度法，与定静压定温度法通过调整送风量以保持末端静压不变，使送风量适应末端空调负荷变化的工作原理有所不同。在定静压变温度法中，当 VAV 末端负荷改变时，除了像 CPT 法一样，通过调节空调机组送风量以保持末端静压和送风温度都不变，来适应负荷的变化之外，还可以通过改变空调机组送风温度来适应末端负荷改变引起 VAV 系统总负荷的变化。在 CPVT 中，可以保持送风温度不变，通过调整空调机组总风量来满足末端负荷变化的需要，同时保证末端定静压不变的条件；也可以保持空调机组总调机组送风量不变，通过调整空调机组送风温度来满足末端负荷变化的需要，并保证末端定静压不变的条件；当然也可以同时调整空调机组总送风量和送风温度以满足末端负荷变化的需要，并保持末端定压恒定。在这种方法中，末端静压恒定而送风温度可调，故称为定静压变温度法（CPVT）。送

风温度、总送风量均可调整，温度与总送风量调整的优先顺序及其具体的控制算法应根据实际 VAV 系统的热源特性、风管的气流特性等确定。

③ 变静压变温度法（VPVT）

定静压法（CPT 或 CPVT）中总是保持末端静压恒定，而变静压变温度法（VPVT）则把末端静压也作为可调参数处理。在末端负荷变化时，可以考虑在最小末端静压（最大限度地节约风机送风动力）的条件下，同时调整风量和温度来满足末端负荷变化的需要。在 VPVT 法中，增加一个可调量，就增加了进一步节能的可能。

在 CPT、CPVT 和 VPVT 三种控制方法中，末端静压均是一个重要的被调参数。但在末端静压稳定的条件下，某一末端负荷发生变化会引起总风管系统特性的改变，而这种改变又会引起一些负荷没有变化的末端装置的气流条件发生变化，在末端产生扰动。这表明静压控制的 VAV 系统稳定性并不太好，这是由于所有末端通过风路管网形成耦合所引起的。

④ VAV 总风量控制法

由于静压控制存在不稳定因素，对 VAV 系统的使用造成了极大的障碍。如果通过统计计算出各末端风量的总量，并通过送风机相似特性计算出此风量所对应的空调机组送风机的转速，并控制空调机组送风机在此转速运行，从而保证送风量与负荷需求一致。这就是总风量控制法的基本原理。

总风量控制法是开环控制的思路，其优点是控制算法简单、速度快、稳定性好；缺点是当设备性能变化时，空调系统会产生很大的误差，甚至完全失效无法工作。因此，需要和某种反馈方式结合起来才会取得好的效果。

（2）回风机转速自动调节

在变风量系统中，系统的调节是靠风量完成的。在末端数量多、分布广、风量大、风道管路长的变风量空调系统中，需要在总回风管上配备回风机。为了保证系统良好运行，除了对送风机进行变频控制以外，还必须对回风量（回风机）进行相应的连锁控制，以保证空调区域一定的定压和送风、回风量的平衡。大多数情况下，回风量应小于送风量，但在空调区域有负压要求时则回风量应大于送风量。在实际工程中应根据不同系统的不同要求，确定送、回风量的差值，再根据风管末端静压信号，来调节回风机的风量。另一种控制方法是 DDC 将送风机前后风道压差测量值和回风机前后风道压差测量值与各自的给定值比较，并根据比较所得到的偏差值，控制回风机转速以维持送风、回风量之差满足要求。

（3）湿度控制

一般以空调机组回风的相对湿度作为被调量，它代表了空调区域（室内）湿度的平均值。空调机组回风相对湿度的调整通过改变送风含湿量来实现。DDC 控制器将回风管中的空气湿度测量值与给定值比较，对比较偏差进行 PI 运算得到控制信号调节加湿阀的开度，将空调机组回风的相对湿度控制在给定值。

（4）空气质量控制

为保证空调区域（房间）的空气质量，在会风总管安装空气质量传感器。当回风中的 CO_2、CO 浓度升高时，传感器输出信号到 DDC，由 DDC 输出相应的控制信号，控制新风风门开度增加新风量，以保证空调区域（房间）的空气质量。

（5）新风量、回风量及排风量的比例控制

在对空气质量要求高的舒适空调系统中，新风量首先要保证室内空气的质量。在这个前提下，DDC 根据新风的温湿度、回风的温湿度进行回风及新风焓值计算，按回风和新风的焓值比例控制新风门和回风门的开度比例，使系统在最佳的新风 / 回风比状态下运行，以便达到节能的目的。

在过渡季节或比较合适的天气，当室外空气的温湿度合适时，空调机组进行全新风运行不但节能，而且提供了最好的空气品质。

（6）过滤器差压报警、机组防冻保护

采用压差开关测量过滤器两侧差压，当差压超限时，压差开关报警，表明过滤网两侧压差过大，过滤网积灰积尘、堵塞严重，需要清理、清洗。

采用防霜冻开关监测换热器出风侧温度，当温度低于 5 ℃时报警，表明室外温度过低，应关闭风门，同时关闭风机，使换热器温度不再降低。风门应有良好的气密性，同时要有良好的保温性阻止与室外冷空气的传热。但大多数风门本身的气密性和保温性并不好，难以起到保温隔热的作用。比较可靠的方法是机组停止工作后仍然把水量调节阀打开（如开启 30%），使换热器内的水流缓慢循环流动起来，若水泵已停机，则整个水系统还应开启一台小功率的水泵，保证水系统管道内有一定的水流速度，而不至冻裂。

（7）空调机组的定时运行与设备的远程控制

VAV 变风量空调机组的控制系统能够依据预定的运行时间表，实现空调机组的按时启停；中央监控系统应有对 VAV 变风量系统的设备进行远程开/关操作的功能，也就是在控制中心能实现对空调机组现场设备的远程控制。

（8）变风量末端装置的自动调节

VAV 空调系统的运行由 VAV 末端装置根据室内要求进行送风量控制，其控制方式依据末端装置的不同有所不同。这方面的内容在变风量系统组成与工作原理中已进行了讨论。

表 3.6 是对应图 3.9 的变风量空调系统监测、控制点配置表。

表 3.6　变风量空调系统监测、控制点配置表

监测、控制点描述	AI	AO	DI	DO	接口位置	备注
送风机运行状态			√		送风机动力柜主接触器辅助触点	
送风机故障状态			√		送风机动力柜主电路热继电器辅助触点	
送风机手 / 自动转换状态			√		送风机动力柜控制电路，可选	
送风机开 / 关控制				√	DDC 数字输出接口到送风机动力柜主接触器控制回路	
送风机转速控制		√			DDC 模拟输出接口到送风机变频器控制口	
回风机运行状态			√		回风机动力柜主接触器辅助触点	
回风机故障状态			√		回风机动力柜主电路热继电器辅助触点	
回风机手 / 自动转换状态			√		回风机动力柜控制电路，可选	
回风机开 / 关控制				√	DDC 数字输出接口到回风机动力柜主接触器控制回路	
回风机转速控制		√			DDC 模拟输出接口到回风机变频器控制口	
空调冷冻水/热水阀门调节		√			DDC 模拟输出接口到冷热水电动阀驱动器控制口	
加湿阀门调节		√			DDC 模拟输出接口到加湿电动阀驱动器控制口	
新风口风门开度控制		√			DDC 模拟输出接口到送风门驱动器控制口	
回风口风门开度控制		√			DDC 模拟输出接口到回风门驱动器控制口	
排风口风门开度控制		√			DDC 模拟输出接口到排风门驱动器控制口	
空调机组送风出口（静）压力	√				风管式空气压力传感器	
送风管末端静压	√				风管式空气压力传感器	
防冻报警			√		低温报警开关	
过滤网压差报警			√		过滤网压差传感器	
新风温度	√				风管式温度传感器，可选	

续表

监测、控制点描述	AI	AO	DI	DO	接 口 位 置	备 注
新风湿度	√				风管式湿度传感器，可选	
室外温度	√				室外温度传感器，可选	
回风温度	√				风管式温度传感器	
回风湿度	√				风管式湿度传感器	
送风温度	√				风管式温度传感器	
送风风速	√				风管式风速传感器	
送风湿度	√				风管式湿度传感器	
空气质量	√				空气质量传感器（CO_2、CO 浓度）	
末端风量/风速传感器	√				风管式风速传感器，可选	
室内温度传感器	√				室内温度传感器	
末端送风风门开度控制		√			末端送风风门驱动器控制口	
再热器控制				√	再热器阀门/（电热器）启停控制口	
室内静压测量	√				室内温度传感器	
回风量/风速测量	√				风管式风速传感器，可选	
合 计						

在具体的工程中，变风量的系统配置有所不同，并不是每个变风量系统都配置新风温湿度传感器或防冻开关；在洁净度要求较高的场合，变风量系统可能要配多级过滤网等。不同系统中末端装置的原理和数量也不一样，在控制系统设计与设备选型时应该根据实际情况，统计出设备数量，作为选配 DDC 控制器的依据。

变风量系统的空调机组部分也可以像图 3.8 的定风量空调机组一样，将送风机和回风机设计成两用的，在发生火灾时，送风机作为补风机、回风机作为排烟机。

若 VAV 系统的空调机组以这种方式设计时，在对应的控制系统设计中，防烟阀、排烟阀、送风机 / 补风机、排风机 / 排烟机等具有火灾消防功能的设备必须和火灾自动报警系统实现联动控制，无论在硬件配置、电气连锁还是控制软件设计等方面都需要作全面的考虑。还需要注意这种空调系统的设备直接作为消防设备使用时的联动，与常规的空调系统与火灾自动报警系统的联动控制是完全不同的。

3.3.5 风机盘管的控制

早期风机盘管的控制通常不纳入楼宇控制系统内，而作为独立的控制器控制现场风机盘管运行。现在已开发出可纳入楼宇控制系统内的风机盘管控制器，这类风机盘管控制器带有通信接口，只要把这种控制器接在楼宇自动化系统的控制总线上，就能实现远程连网控制。这类控制器可控制风机盘管的回水电动阀，并带有温度传感器，将检测现场温度与设定值比较后，按照比较偏差去控制风机盘管的回水电动阀，实现室内温度的控制。

3.3.5.1 独立盘管的控制

独立运行的风机盘管及其控制原理如图 3.15 所示（控制器没有网络通信接口）。它的控制由带三速开关的独立室内恒温器（也称温控器）来完成，温控器安装在空调房间内。温控器的设定温度一般在 5 ℃～30 ℃范围内可调。

拨动温控器上的“高、中、低”三挡开关在不同的位置，可以控制风机盘管内的风机按“高、中、低”三种风速运行。

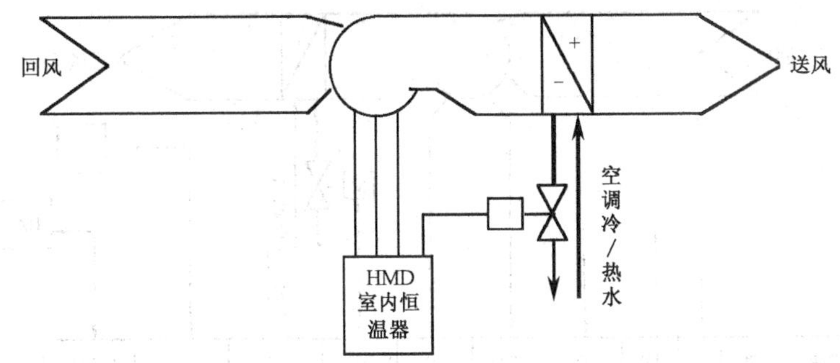

图 3.15　独立运行风机盘管控制原理图

空调系统工作在夏季模式时，空调水管供应冷冻水，温控器选择开关应拨在"COOL（冷）"挡。当室温升高并超过设定点温度时，恒温器的触点接通，电动阀被打开、风机运行，风机盘管对室内空气制冷；当室温在冷气的作用下降低并低于设定温度时，恒温器的触点断开，电动阀被关闭、风机停止运行，风机盘管停止对室内空气制冷。这样往复循环，使室温保持在一定范围之内。

冬季运作时，空调水管供应热水，温控器选择开关应拨在"HEAT（热）"挡。当室温下降并超过设定点温度时，恒温器触点接通，电动阀被打开、风机运行，风机盘管对室内空气加热；当室温在热风气的作用下升高并超过设定点温度时，恒温器的触点断开，电动阀被关闭、风机停止运行，风机盘管停止对室内空气加热。这样往复循环，使室温保持在一定范围之内。

当温控器选择开关拨在"FAN（xunhuan）"挡时，风机盘管只开启风机（电动阀门不打开），使室内空气循环。

各种室内温控器的原理基本一致，互换使用没有太大问题。但在接线上可能有区别，安装时应注意。

3.3.5.2　可连网的风机盘管控制器

Honewell、SIEMENS 等公司的楼宇自控产品中，现在都有可连网的风机盘管控制器（Honeywell 的 W7752 系列控制器；SIEMENS 的 Unit Conditioner Controller，产品编号 540-110 等），可以将原先独立于楼宇自动化系统之外的风机盘管控制纳入 BAS 系统进行控制与管理。这类风机盘管控制器的工作原理见图 3.16。

在图 3.16 中，风机盘管的启停、冷（COOL）/热（HEAT）或冬 / 夏模式设定、风机转速的高（H）、中（M）、低（L）设定、房间温度设定可通过与控制器配套的壁挂模块（Honeywell 的 T7450 系列）或配套装置（如 Siemens 的 QAA 系列等）或其他外置的专用开关进行，也可以由监控中心远程设定；壁挂模块内置温度传感器，对房间温度实时检测，控制器根据设定温度与检测温度的偏差控制风机盘管的运行或停止。其控制原理和运行方式与独立运行的风机盘管系统相似，主要区别是这种系统的控制器具有连网通信功能。通过通信接口将风机盘管的控制纳入楼宇自动化系统，实现楼宇自动化系统对风机盘管系统的统一管理。除了通过室内壁挂模块对风机盘管进行控制和参数设定之外，通过楼宇自动化系统也可以实现对分布在各个房间的风机盘管进行预设时间表的定时启停控制和远程控制等。

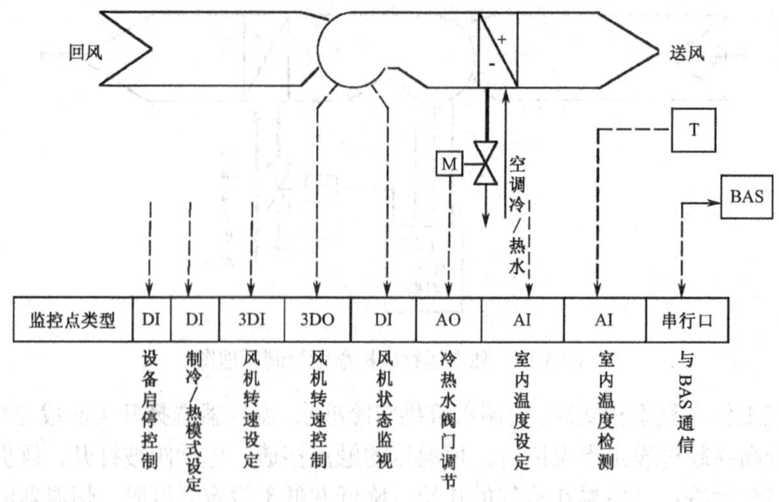

图 3.16　连网控制风机盘管原理图

3.4　通风系统自动控制

在现代建筑中，还有一些对温湿度无严格要求的地方，如卫生间、厨房、锅炉机房、地下车库、仓库等区域，只对空气质量有相应的要求。对这些区域，可通过设置相应的通、排风设备并结合对应的监控策略来满足要求。

对一般的通、排风区域，可由中央监控系统按照每天预先编好的时间、节假日程序启停及监控通/排风机的运行。

对设在地下室的锅炉房，可根据锅炉的启停台数确定通风机的运行台数；对地下车库这些有有害气体排放的区域，可通过能检测 CO、CO_2 浓度的空气质量传感器对空气质量进行监测，并及时启停风机，以保证空气质量和环境安全。

当送、排风机同时兼作发生火灾时的补风机和排烟机时，在电气联动控制和监控程序等方面要进行系统、全面的规划设计。这类风机有的选用双速风机，通风、排风时低速运行，补风、排烟时高速运行。

通、排风机的监控原理如图 3.17、图 3.18 所示。

表 3.7 是送、排风设备的监测、控制点表。这里的控制点表是与图 3.17、图 3.18 对应的。各种通、排风机的功能要与控制方式有所不同，在实际工程中应依据具体的情况进行监测与控制点的安排和控制程序设计。

表 3.7　送/排风设备的监测、控制点表

监测、控制点描述	AI	AO	DI	DO	接 口 位 置	备 注
通风机运行状态			√		送风机动力柜主接触器辅助触点	
通风机故障状态			√		送风机动力柜主电路热继电器辅助触点	
风机手 / 自动转换状态			√		送风机动力柜控制电路，可选	
通风机开 / 关控制				√	DDC 数字输出接口到送风机动力柜主接触器控制回路	
高低速控制				√	DDC 模拟输出接口到送风机变频器控制口	
空气质量监测	√				空气质量传感器（CO_2、CO 浓度）	
过滤网压差报警			√		过滤网压差传感器	
风机风流状态监测			√		风流/风压开关	
合　　计						

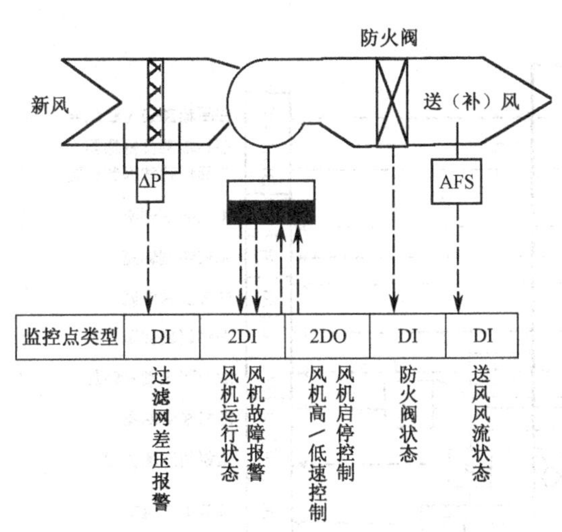

图 3.17　通（补）风机监控原理图

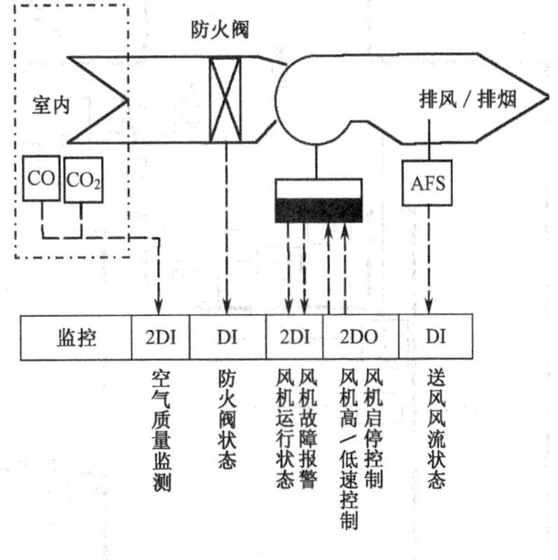

图 3.18　排风/排烟风机监控原理图

3.5　高精度工艺空调系统自动控制

生物、制药、医疗、化工、纺织、电子、精密加工、精密仪器仪表和科研试验等领域都用到高精度工艺空调系统。

高精度工艺空调系统属于工业生产和工艺装备的范畴，严格来讲不属于楼宇自动化的控制范围。但这些系统的用户也习惯于选择楼宇自动化工程公司承担高精度工艺空调控制系统的承建工作。

不同行业的高精度工艺空调系统的参数要求虽然有所不同，但共同的特点是对温度、湿度、洁净度、风压/风速等参数要求很高。例如在某一精密仪表车间，对温度的精度要求达到±0.5℃，专用工作间的精度要求甚至达到±0.2℃，相对湿度要求精度±5%；在某一涤纶车间对送风压力的精度要求为±10Pa，否则生产无法正常进行。这些问题与楼宇自动化中所遇到的一般空调控制情况完全不同，无论是空调工艺，还是对传感器、控制器的精度要求都有很大差别。楼宇自动化系统中的传感器、控制器一般无法满足这类系统的控制要求。为了满足工艺要求和控制精度的特殊要求，在高精度工艺空调的控制系统中必须选用高精度的工业用传感器、控制器、调节阀等检测与控制装置。

下面通过一个实例说明高精度工艺空调系统的控制原理与设计方法。

1. 工艺要求

某工艺空调机组对参数的控制精度要求如下：

- 空调区域的温度：（20±0.5）℃。
- 空调区域相对湿度：（60⊥5）%。
- 通过三级（初效、中效、高效）过滤网保证空调区域空气洁净度。

空调机组的组成与监控原理如图 3.19 所示。

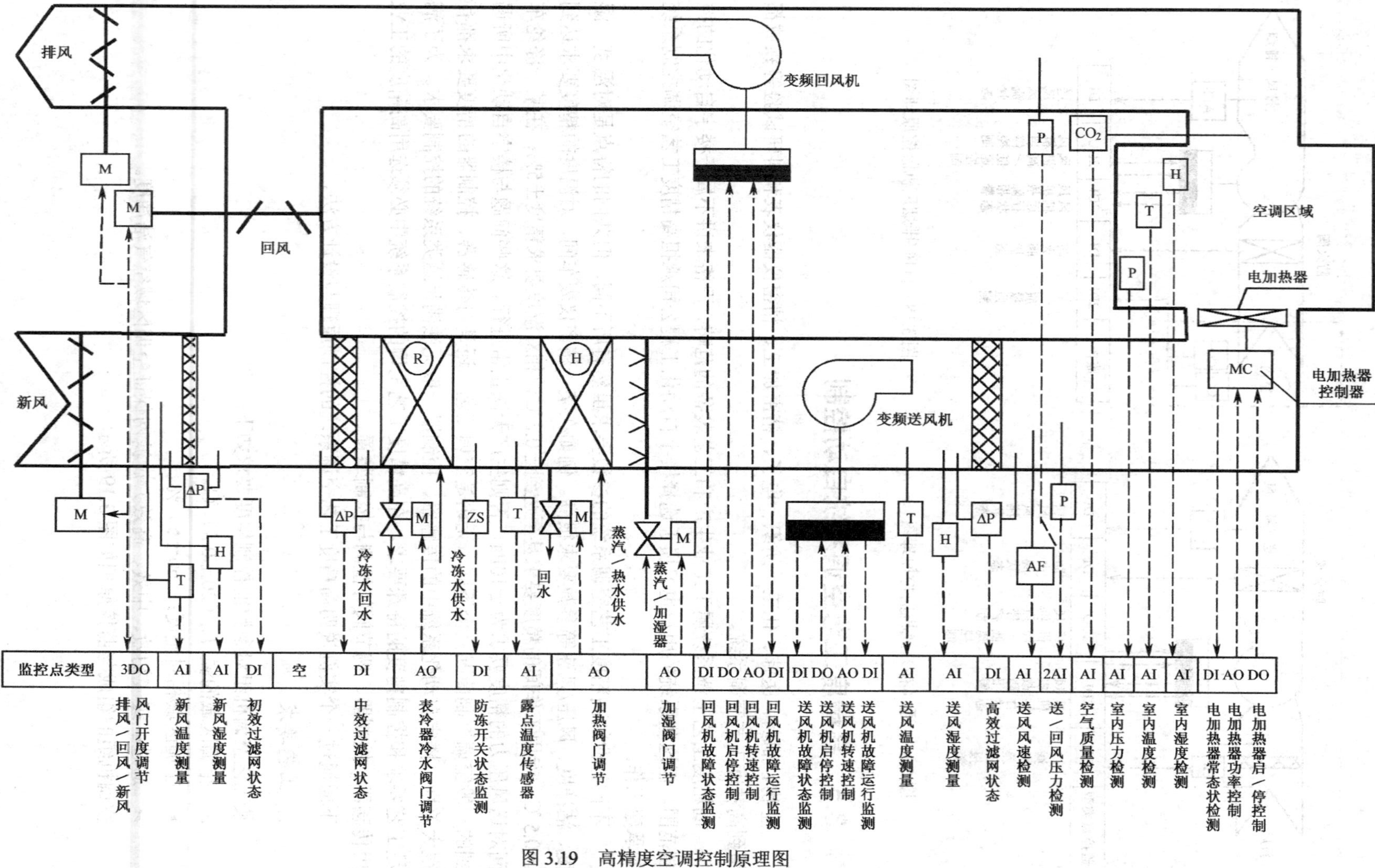

图 3.19　高精度空调控制原理图

2. 高精度工艺空调系统运行参数与状态监控点／位及常用传感器

- 新风温度测量：取自安装在新风口上的温度传感器，采用风管空气温度传感器。
- 新风湿度测量：取自安装在新风口上的湿度传感器，采用风管空气湿度传感器。
- 过滤网两侧差压监测：取自安装在过滤网上的压差开关输出，采用压差开关监测过滤网两侧压差。
- 表冷器出风侧送风露点温度测量：取自安装在送风管上的露点温度传感器，采用风管露点温度传感器。
- 送风温度测量：取自安装在送风管上的温度传感器，采用风管温度传感器。
- 送风湿度测量：取自安装在送风管上的湿度传感器，采用风管空气湿度传感器。
- 送风压力检测：取自安装在送风管出口空气压力传感器，采用风管式空气压力传感器。
- 回风压力检测：取自安装在回风管出口空气压力传感器，采用风管式空气压力传感器。
- 送风风速检测：取自送风管上的风速传感器，采用风管式风速传感器。
- 空气质量检测：取自安装在回风管上的空气质量传感器，常选用二氧化碳（CO_2）传感器。
- 空调区域温度检测：取自安装在空调区域的温度传感器，采用室内温度传感器。
- 湿度检测：取自安装在空调区域的湿度传感器，采用室内湿度传感器。
- 空调区域空气压力检测：取自安装在空调区域空气压力传感器，采用室内空气压力传感器。
- 防冻开关状态监测：取自安装在送风管表冷器出风侧的防冻开关输出（只在冬天气温低于 0℃的北方地区使用）。
- 冷水阀门开度调节：从 DDC 模拟输出口（AO）输出到冷水二通调节阀阀门驱动器控制输入口。
- 电加热器发热量控制（电流/脉宽调节）：从 DDC 模拟输出口（AO）输出到电加热器功率控制口。
- 热水／蒸汽阀门开度调节：从 DDC 模拟输出口（AO）输出到热水/蒸汽二通调节阀阀门驱动器控制输入口。
- 加湿阀门开度调节：从 DDC 模拟输出口（AO）输出到加湿二通调节阀阀门驱动器控制输入口。
- 送／回风机运行状态监测：送／回风机配电柜接触器辅助触点，也可通过监测点在风机前后的差压开关监测。
- 电加热器工作状态检测：电加热器控制器状态输出口。
- 送／回风机故障监测：送／回风机配电柜热机电继电器辅助触点。
- 送／回风机启/停控制：从 DDC 数字输出口（DO）输出到送／回风机配电箱接触器控制回路。
- 送／回风机电机转速控制：从 DDC 模拟输出口（AO）输出到送／回风机电机变频器控制口。
- 新风口风门开度控制：从 DDC 数字输出口（DO）输出到新风口风门驱动器控制输入点。

➢ 回风 / 排风风门开度控制：从 DDC 数字输出口（DO）输出到回风 / 排风风门驱动器控制输入点。

3. 系统的连锁控制

电气连锁：新风风门、回风风门与送风风机连锁，排风风门与排风风机连锁；风机停机连锁切断加湿器电源。

空调机组启动顺序控制：新风风门开启→回风风门启动→送风机启动→排风风门开启→回风机启动→空调冷冻水/热水调节阀开启→（加湿器启动）加湿阀开启。

空调机组停机顺序控制：（加湿器停机）加湿阀关闭→空调冷冻水/热水调节阀关闭→停回风机→排风风门关闭→送风机停机→新风门、排风门关闭、回风门停机。

4. 工艺空调系统的运行控制

（1）湿度控制

这里的湿度控制精度要求严格，不但能加湿，还要能除湿，只有这样才能将空调区域的相对湿度控制在工艺要求的精度范围。

当新风和回风相对湿度低于 60%时，需要对送风加湿以满足湿度要求。控制系统通过露点温度传感器的测量值，计算出加湿量，对加湿阀门（或加湿器）的开度进行控制，实现对空调区域空气相对湿度的控制；当新风和回风相对湿度高于 60%时，控制系统根据空气温度为（20±0.5）℃，空气相对湿度为 60%时对应的露点温度，控制表冷器的冷冻水阀门开度，将空气温度降低到对应露点温度，使空气中多余的水汽凝结为冷凝水析出，再通过加热将送风温度升高到 20℃，这样就将高于 60%的相对湿度调节到 60%的相对湿度。

（2）温度控制

由于工艺过程对空气温度控制精度要求高，在本系统中通过二级加热实现对温度的精确控制。通过表冷器和加热盘管将新风与回风混合空气的温度控制在 18℃～19℃之间，再通过电加热器将送风温度精确控制在（20±0.5）℃精度范围内。在高精度工艺空调的温度控制中，简单的控制规律和算法无法满足要求。为了提高控制精度，经常需要采用前馈、串级等复杂的控制规律和算法，以提高控制质量。

（3）室内压力与送回风压力（压差）控制

控制系统通过对空调区域（房间）压力传感器、送/回风压力传感器的检测值、空调区域气压与室外气压之间的压差（正值）要求、空调区域空气流速的要求等参数的计算分析，得出送/回风机转速值，通过对风机转速的调节，将空调区域（房间）的气压（保证与室外气压间的压差）、空气流速控制在工艺要求的精度范围内。

（4）空气质量控制

为保证空调房间的空气质量，选用空气质量传感器，当回风中的 CO_2、CO 浓度升高时，传感器输出信号到控制系统，输出相应的控制信号，控制新风风门开度增加新风量，保证室内空气质量。

（5）过滤器差压报警、机组防冻保护

采用压差开关测量过滤器两端差压，当差压超限时，压差开关报警，表明过滤网两侧压差过大，过滤网积灰积尘、堵塞严重，需要清理、清洗。

采用防霜冻开关监测表冷器出风侧温度，当温度低于 5℃时报警，表明室外温度过低，应关闭风门，同时关闭风机，使换热器温度不再降低。风门应有良好的气密性，同时要有良好的保温性以阻止与室外冷空气的传热。

(6) 空调机组的定时运行与设备的远程控制

控制系统能够依据预定的运行时间表，实现空调机组的按时启停；中央监控系统应有对工艺空调系统的设备进行远程开/关操作的功能。也就是说，在控制中心能实现对空调机组现场设备的远程控制。

(7) 工作方式转换

控制系统能够适应工艺流程的转换对工艺空调系统控制功能的要求。如定期或不定期地对空调区域进行消毒、灭菌的处理过程，与正常生产时的工艺空调系统控制功能是完全不同的工艺流程，控制系统要能够方便地实现相关的控制流程转换。

表 3.8 是工艺空调系统监测、控制点配置表。

表 3.8 工艺空调系统监测、控制点配置表

监测、控制点描述	AI	AO	DI	DO	接 口 位 置	备 注
送风机运行状态			√		送风机动力柜主接触器辅助触点	
送风机故障状态			√		送风机动力柜主电路热继电器辅助触点	
送风机手 / 自动转换状态			√		送风机动力柜控制电路，可选	
送风机开 / 关控制				√	DDC 数字输出接口到送风机动力柜主接触器控制回路	
送风机转速控制		√			DDC 模拟输出接口到送风机变频器控制口	
回风机运行状态			√		回风机动力柜主接触器辅助触点	
回风机故障状态			√		回风机动力柜主电路热继电器辅助触点	
回风机手 / 自动转换状态			√		回风机动力柜控制电路，可选	
回风机开 / 关控制				√	DDC 数字输出接口到回风机动力柜主接触器控制回路	
回风机转速控制		√			DDC 模拟输出接口到回风机变频器控制口	
新风温度	√				风管式温度传感器	
新风湿度	√				风管式湿度传感器	
新风口风门开度控制		√			DDC 模拟输出接口到送风门驱动器控制口	
回风口风门开度控制		√			DDC 模拟输出接口到回风门驱动器控制口	
排风口风门开度控制		√			DDC 模拟输出接口到排风门驱动器控制口	
初效/中效/高效过滤网压差报警			√		过滤网压差传感器	
防冻报警			√		低温报警开关	
空调冷冻水阀门调节		√			DDC 模拟输出接口到冷冻水电动阀驱动器控制口	
空调蒸汽/热水阀门调节		√			DDC 模拟输出接口到热水/蒸汽电动阀驱动器控制口	
加湿阀门调节		√			DDC 模拟输出接口到加湿电动阀驱动器控制口	
送风温度	√				风管式温度传感器	
送风风速	√				风管式风速传感器	
送风湿度	√				风管式湿度传感器	
送风静压	√				风管式空气压力传感器	
回风静压	√				风管式空气压力传感器	
电加热器状态			√		电加热器控制器状态输出口	
电加热器开关控制				√	DDC 数字输出接口到电加热器启停控制输入口	
电加热器功率控制		√			DDC 模拟输出接口到电加热器功率控制输入口	
空调区域（房间）静压	√				室内温压传感器	
空调区域（房间）温度	√				室内温度传感器	
空调区域（房间）湿度	√				室内湿度传感器	
合 计						

在具体的工艺空调系统中，系统结构、设备配置和功能要求都是不一样的，在控制系统

设计与设备选型时应该根据实际情况，统计出设备数量，作为控制系统设计的基本依据。

高精度工艺空调系统的参数精度要求很高，控制系统的功能比较复杂。一般楼宇自动化中常用的传感器的精度、执行机构的操作精度、控制器的字长不能满足工艺空调控制的要求。通常在工艺空调控制系统中选用工业级的高精度传感器和控制器，硬件要满足检测、控制的精度要求；另一方面，在楼宇自动化中采用的常规控制规律和算法也不能满足高精度工艺空调系统的控制要求，因此，在高精度工艺空调的控制系统软件设计时，必须采用比较复杂的控制规律和先进的控制算法，以达到高质量的控制效果，满足工艺要求。此外，对这类空调系统结构和工艺比较深刻的理解、与空调系统设计人员进行深入沟通，对控制系统的设计和优化都是非常重要的。

除了高精度工艺空调以外，在工农业生产和科研工作中还有低温、低压等特种空调系统。这些空调系统的冷源介质可能具有腐蚀性（如盐水、氨水），环境中有有害气体等，因此，在选用传感器、控制器、执行器等设备时，在耐腐蚀性、温度范围以及对环境条件的要求等方面需作全面考虑，以免失误造成损失和工程延误。

第 4 章　给排水自动化原理

给排水系统是任何建筑都必不可少的重要组成部分。一般建筑物的给排水系统包括生活给水系统、生活排水系统和消防水系统，它们都是楼宇自动化系统重要的监控对象。由于消防水系统与火灾自动报警系统、消防自动灭火系统关系密切，国家技术规范规定消防给水应由消防系统统一控制管理，因此，消防给水系统由消防联动控制系统进行控制。本章主要讨论生活给排水系统的自动控制。

4.1　生活给水系统的自动控制

现代建筑的生活给水系统是整个建筑必不可少的重要组成部分。许多新建的高档建筑，如写字楼、高档办公楼、会展中心、星级宾馆、医院等，除了有冷水供水系统外，还有生活热水供水系统。生活给水系统主要是对给水系统的状态、参数进行监测与控制，保证系统的运行参数满足建筑的供水要求以及供水系统的安全。

4.1.1　给水系统自动控制

现代建筑中常见的生活给水系统有以下三种方式：水泵直接给水方式、高位水箱给水方式和气压罐压力给水方式。

1. 高位水箱给水方式

在建筑的最高楼层设置高位供水水箱，用水泵将低位水箱水输送到高位水箱，再通过高位水箱送向给水管网供水，将水输送到用户。通常生活用水与消防用水分设彼此独立的高位水箱。如果消防用水和生活用水共用一个水箱时，可将生活用水的出水管安装在距高位水箱底部一定高度的位置，而将消防水出水管安装在水箱底部，从而保证高位水箱在通常用水条件下的水位（或水量）不低于（少于）消防设计要求。

2. 水泵直接给水方式

用水泵直接向终端用户提供一定水压的供水方式。通常在给水泵前建有缓冲水池，避免水泵大水量不均衡供水对城市管网的影响。这种供水系统常采用恒速泵加变频调速泵的供水方式，即根据终端用户的用水量调整恒速泵的台数与变频调速泵的转速来满足用户用水量的需要，而调速水泵的转速调节是通过变频来实现的。

3. 气压给水方式

气压给水方式是利用气压罐代替高位水箱的给水系统。气压罐可以集中于地下室水泵房内，避免在楼房高层设置高位水箱占用空间的缺点。气压罐的外层为金属罐体，内有一个密封式弹性橡胶气囊，气囊内充有一定压力的氮气，水泵向罐体和气囊间的空间注水，水压升高，压迫气囊，气囊内氮气体积缩小，当罐体和气囊间的水压力达到规定值时停泵。靠气囊内气体的压力向给水管网供水。给水管网用户用水后，管网和罐内水压下降，当水压下降到下限值后，水泵再次启动，向罐内注水，水压再次升高，如此循环，保持水压在一定的范围内，以满足供水要求。

4.1.1.1　高位水箱给水系统监控

1. 控制原理

高位水箱供水系统监控原理如图 4.1 所示。

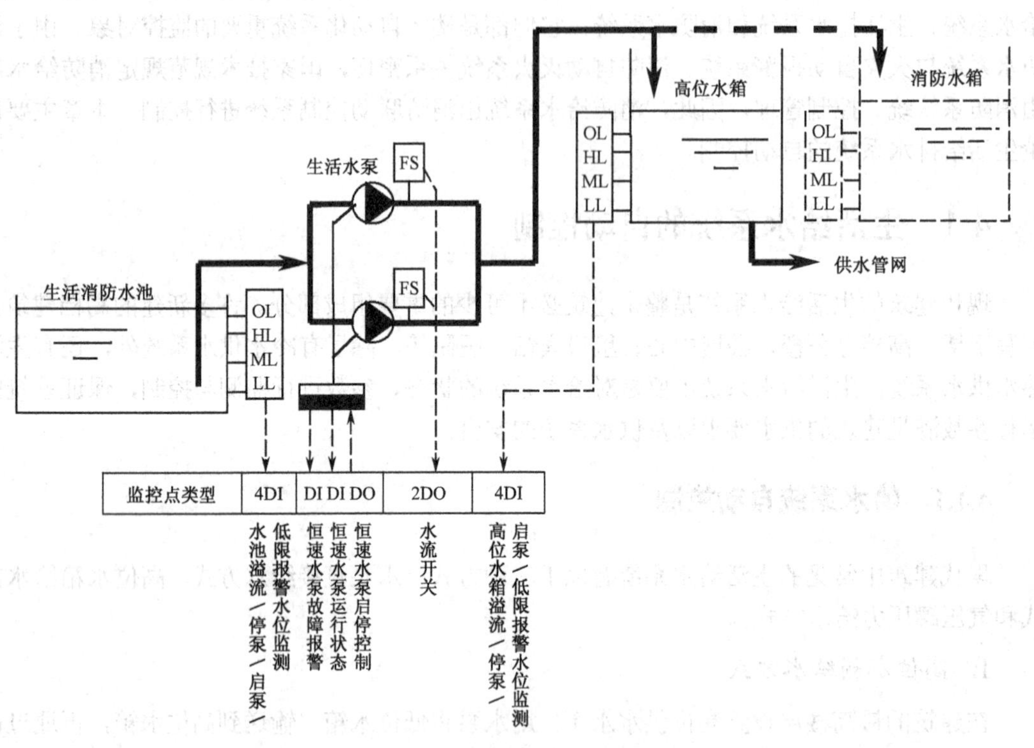

图 4.1　高位水箱给水系统监控原理图

在高位水箱中，设置四个液位开关，分别为检测溢流水位、停泵水位、启泵水位和低限报警水位。DDC 根据液位开关送入信号来控制生活泵的启停。当高位水箱液面低于启泵水位时，DDC 送出信号自动启动生活泵运行，向高位水箱供水；当高位水箱液面高于启泵水位而达到停泵水位时，DDC 送出信号自动停止生活泵。如果高位水箱液面达到停泵水位而生活水泵不停止供水，液面继续上升达到溢流报警水位，控制器发出声光报警信号，提醒工作人员及时处理。同样当高位水箱液面低于启泵水位时，水泵没有及时启动，用户继续用水，当水位达到低限报警水位时，控制器发出报警信号，提醒工作人员及时处理。当工作泵发生故障时，备用泵能自动投入运行。

在由多台水泵组成的系统中，多台水泵互为备用。当一台水泵损坏时，备用水泵能投入使用，以保证系统正常工作。为了延长各水泵的使用寿命，通常要求水泵累计运行时间数尽可能均衡。因此，每次启动水泵时，应优先启动累计运行时间数最少的水泵，控制系统应有自动记录设备运行时间的功能。控制中心能实现对现场设备的远程控制，监控系统能够在控制中心实现对现场设备的远程开 / 关控制。

对于位于低层（一般在地下室最低层）的低位生活消防水池，也应设置水池溢流水位、停泵水位、启泵水位和低限报警水位四个液位开关，通过供水泵或供水阀门控制水池水位在设定范围。当水位达到报警位置时，控制器发出报警信号，提醒工作人员及时处理。这一部分在系统图中并未画出，在系统设计时可根据实际情况进行处理。

2. 设备、系统运行状态与参数监控点 / 位及常用传感器

- 给水泵启停状态：取自给水泵配电柜接触器辅助触点。
- 给水泵故障报警：取自给水泵配电柜热继电器触点。
- 给水泵手 / 自动转换状态：取自给水泵配电柜转换开关，可选。
- 给水泵启停控制：从 DDC 数字输出口（DO）输出到给水泵配电箱接触器控制回路。
- 水流开关状态：水流开关状态输出点。
- 低位水池高、低水位监测：取水池水位开关输出点，一般选用液位开关，溢流报警水位、启泵水位、停泵水位、低限报警水位各一。

图 4.1 高位水箱给水系统的监测、控制点配置表见表 4.1。

表 4.1　高位水箱给水系统监测、控制点配置表

监测、控制点描述	AI	AO	DI	DO	接　口　位　置	备注
给水泵运行状态			√		给水泵动力柜主接触器辅助触点	
给水泵故障状态			√		给水泵动力柜主电路热继电器辅助触点	
给水泵手 / 自动转换状态			√		给水泵动力柜控制电路，可选	
给水泵开 / 关控制				√	DDC 数字输出接口到给水泵动力柜主接触器控制回路	
水流开关状态			√		水流开关状态输出	
高位水箱水位监测			√		高位水箱水位开关状态，一般有溢流、停泵、启泵、低限报警四个液位开关	
生活消防水池水位监测			√		地下水池水位开关状态，一般有溢流、启泵、停泵、低限报警四个液位开关	
合　　计						

表 4.1 只列出了图 4.1 高位水箱给水系统可能的监测、控制点类型。实际的数量应根据具体工程的系统配置进行统计，同时作为现场 DDC 控制器的选配依据。

在高层建筑中，由于最高层与最低层的压差比较大，如果只用一个高位水箱给整个建筑（或建筑群）直接给水，则低层的生活给水压力太大，供水效果不好。因此，若在高层建筑（群）中采用高位水箱供水时，常用的办法有两种，一种是在不同标高的分区设立独立的高位水箱，对相应的分区供水；另一种是对最高层的高位水箱进行减压后，向不同的分区供水。这样就避免了低楼层供水压力太大的缺点。其供水原理图如图 4.2 所示。对于自动监控而言，前者相当于多个独立的高位水箱给水系统，而后者是单一高位水箱给水系统。它们的监控原理与已讨论过的单区高位水箱供水监控原理没有什么区别。

4.1.1.2　水泵直接给水系统监控

1. 控制原理

水泵直接给水系统监控原理如图 4.3 所示。

安装在水泵输出口的水管式压力传感器检测管网压力，DDC 控制器根据这一检测值与设定值比较的偏差去控制变频器的输出频率，实现水泵转速的控制，将供水压力维持在设计范围内。当给水管网用户用水量增多、管网压力减小，控制器控制变频器输出频率增加，水泵转速随着增加，供水量增加，以满足用户的需求；给水管网用户用水量减少、管网压力增加，

控制器控制变频器输出频率降低，水泵转速随着减少，供水量减少，以达到节能的目的。系统运行时，调速泵首先工作，当调速泵不能满足用水量要求时，自动启动恒速泵；反之，压力过高时，亦是先调低调速泵的转速，然后再减少恒速泵的运行台数。

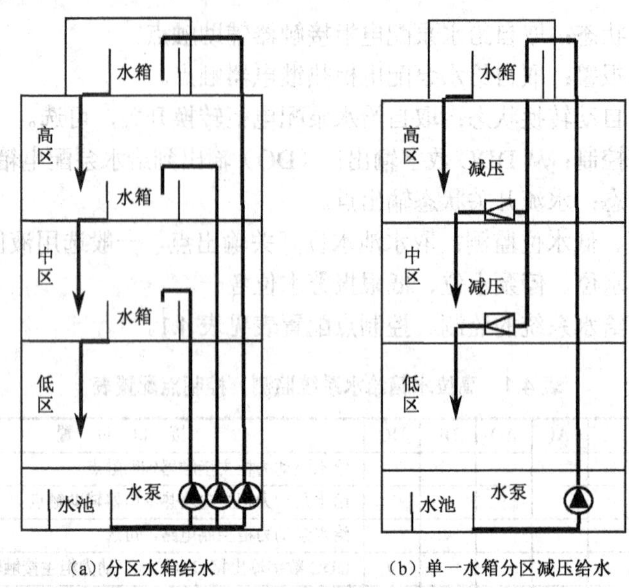

图 4.2　高位水箱分区给水系统图

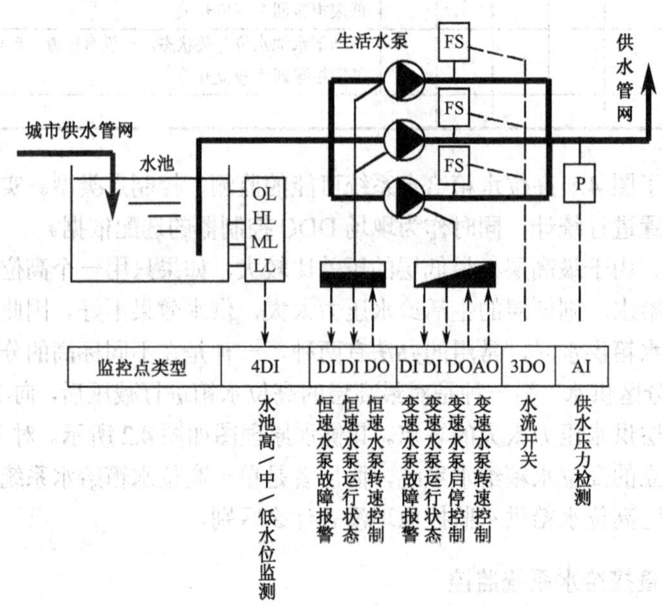

图 4.3　水泵直接给水系统监控原理图

在由多台水泵组成的系统中，几台水泵互为备用，当一台水泵故障时，备用水泵能投入使用，以保证系统正常工作。为了延长各水泵的使用寿命，通常要求水泵累计运行时间数尽可能相同。因此，每次启动水泵时，都应优先启动累计运行小时数最少的水泵，控制系统应有自动记录设备运行时间的功能。监控系统能够在控制中心实现对现场设备的远程开／关控制。

缓冲水池水位监测开关可监测溢流水位、启泵水位、报警水位。只有水位高于启泵水位时，生活水泵方能启动，以免倒空。当缓冲水池水位高于溢流水位或低于报警水位时，控制系统报警，同时控制水池供水装置停止或开启（这一部分在系统图中并未画出，在系统设计时可根据实际情况进行处理）。

2. 设备、系统运行状态与参数监控点／位及常用传感器

- 生活给水供水压力测量：取自安装在生活供水干管上的压力传感器，采用管式液压传感器。
- 恒速供水泵启停状态：取自恒速水泵配电柜接触器辅助触点。
- 恒速供水泵故障报警：取自恒速水泵配电柜热继电器触点。
- 恒速供水泵手/自动转换状态：取自恒速水泵配电柜转换开关，可选。
- 恒速供水泵启停控制：从 DDC 数字输出口（DO）输出到恒速水泵配电箱接触器控制回路。
- 变速供水泵启停状态：取自变速供水泵配电柜接触器辅助触点。
- 变速供水泵故障报警：取自变速供水泵配电柜热继电器触点。
- 变速供水泵手/自动转换状态：取自变速供水泵配电柜转换开关，可选。
- 变速供水泵启停控制：从 DDC 数字输出口（DO）输出到变速供水泵配电箱接触器控制回路。
- 变速供水泵转速控制：从 DDC 控制器模拟输出口（AO）输出到变速供水泵电机变频器控制口。
- 水流开关状态：水流开关状态输出点。
- 缓冲水池高低水位监测：取水池高低水位开关输出点，一般选用液位开关，溢流报警水位、启泵水位、低限报警水位各一。

图 4.3 水泵直接给水系统的监测、控制点配置表见表 4.2。

表 4.2　水泵直接给水系统监测、控制点配置表

监测、控制点描述	AI	AO	DI	DO	接 口 位 置	备 注
恒速水泵运行状态			√		恒速水泵动力柜主接触器辅助触点	
恒速水泵故障状态			√		恒速水泵动力柜主电路热继电器辅助触点	
恒速水泵手／自动转换状态			√		恒速水泵动力柜控制电路，可选	
恒速水泵开／关控制				√	DDC 数字输出接口到恒速水泵动力柜主接触器控制回路	
变速水泵运行状态			√		变速水泵动力柜主接触器辅助触点	
变速水泵故障状态			√		变速水泵动力柜主电路热继电器辅助触点	
变速水泵手／自动转换状态			√		变速水泵动力柜控制电路，可选	
变速水泵开／关控制				√	DDC 数字输出接口到变速水泵动力柜主接触器控制回路	
水流开关状态			√		水流开关状态输出	
水池水位监测			√		水池液水位开关状态	
管网给水压力检测	√				管式液压传感器	
合　计						

表 4.2 只列出了图 4.3 水泵直接给水系统可能的监测、控制点类型。实际的数量应根据具体工程的系统配置进行统计，作为现场 DDC 控制器的选配依据。

在高层建筑中，水泵直接给水系统如果采用一种给水压力向整个建筑（或建筑群）直接给水，同样存在低层的生活给水压力太大、给水效果比较差的问题。因此，如果在高层建筑

（群）采用水泵直接给水系统，则常采用分区配置不同扬程的水泵向不同分区直接给水的方式；或者是采用同一扬程水泵，进行减压后向不同分区给水的方式。其给水原理图如图 4.4 所示。对于自动监控而言，前者相当于多个独立的水泵直接给水系统；而后者则是单扬程水泵直接给水的一种形式。它的监控原理同前面讨论的单区水泵直接给水系统的监控在原理上没有什么区别。

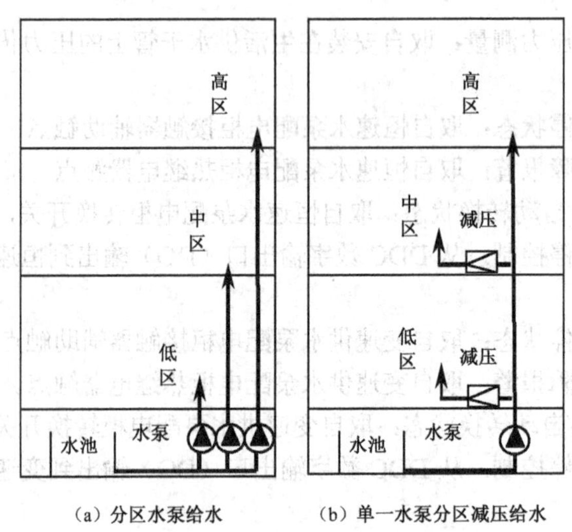

图 4.4　水泵直接给水分区给水系统图

4.1.1.3　气压给水系统监控

1. 控制原理

气压给水系统的监控原理如图 4.5 所示。

通过水管式压力传感器检测给水管网输入口压力，DDC 控制器将测量压力值与设定值比较，根据比较偏差的大小控制给水泵的启 / 停，以保证供水压力在要求的范围内。

在没有给水泵运行时，随着给水管网用户用水量增多，气压罐内气囊体积增大，压出罐内的水供用户使用，囊内气体压力减少，管网压力减小。如用户继续用水，气囊体积越发增大，囊内气体压力减少，管网压力进一步减小。当囊内气体压力减少到工作压力下限时，给水管网压力也同时下降到设定值的下限，控制器自动启动给水泵，向气压罐内注水及用户供水，罐内水压增大，气囊被压缩，囊内气体压力增大，当管网压力增加到设定值上限时，给水泵停泵。这样往复循环，维持供水压力在设定值要求的范围内，保证给水系统正常给水。

在多台水泵的气压式给水系统中，多台水泵互为备用，当一台水泵损坏时，备用水泵自动投入使用，以确保水系统正常工作。为了延长各水泵的使用寿命，通常要求水泵累计运行时间数尽可能相同。因此，每次启动系统时，都应优先启动累计运行小时数最少的水泵，控制系统应有自动记录设备运行时间的功能。监控系统能够在控制中心实现对现场设备的远程开 / 关控制。

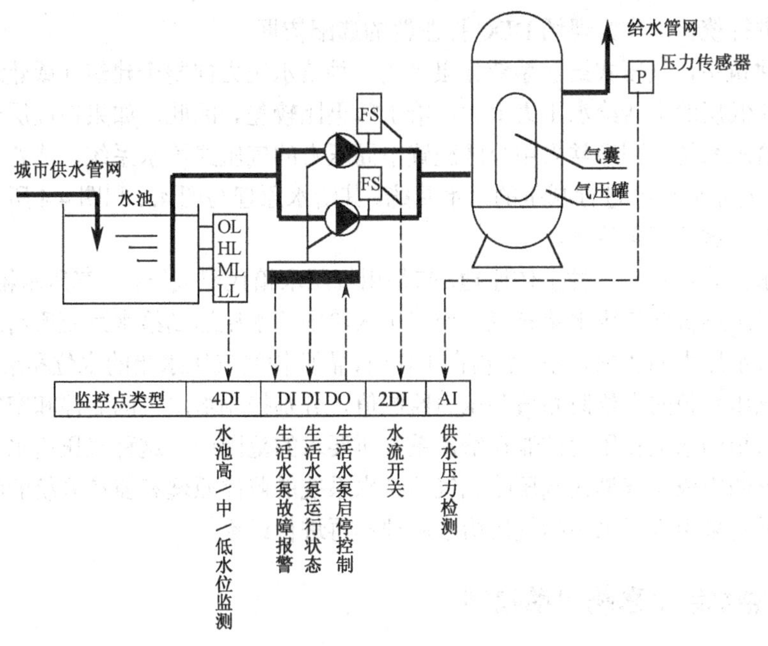

图 4.5 气压给水系统监控原理图

2. 设备、系统运行状态与参数监控点/位及常用传感器

- 生活给水供水压力测量：取自安装在生活供水干管上的压力传感器，采用管式液压传感器。
- 给水泵启停状态：取自给水泵配电柜接触器辅助触点。
- 给水泵故障报警：取自给水泵配电柜热继电器触点。
- 给水泵手/自动转换状态：取自给水泵配电柜转换开关，可选。
- 给水泵启停控制：从 DDC 数字输出口（DO）输出到给水泵配电箱接触器控制回路。
- 水流开关状态：水流开关状态输出点。
- 低位水池高、低水位监测：取水池水位开关输出点，一般选用液位开关，溢流报警水位、启泵水位、停泵水位、低限报警水位各一。

图 4.5 所示的气压给水系统的监测、控制点配置表见表 4.3。

表 4.3 气压式给水系统监测、控制点配置表

监测、控制点描述	AI	AO	DI	DO	接 口 位 置	备注
给水泵运行状态			√		给水泵动力柜主接触器辅助触点	
给水泵故障状态			√		给水泵动力柜主电路热继电器辅助触点	
给水泵手/自动转换状态			√		给水泵动力柜控制电路，可选	
给水泵开/关控制				√	DDC 数字输出接口到给水泵动力柜主接触器控制回路	
水流开关状态			√		水流开关状态输出	
管网给水压力检测	√				管式液压传感器	
水池水位监测			√		地下水池水位开关状态	
合 计						

表 4.5 只列出了气压式给水系统可能的监测、控制点类型。实际的数量应根据具体工程

的系统配置进行统计，作为现场 DDC 控制器的选配依据。

在高层建筑中，气压式给水系统如果采用一种给水压力向整个建筑（或建筑群）直接给水，同样存在低层的生活给水压力太大，给水效果比较差。因此，如果在高层建筑（群）采用水泵直接给水系统，则经常采用分区配置不同压力的气压式给水系统，或者是采用同一水泵系统，同时对不同分区进行减压的给水系统。其给水原理与图 4.2 和图 4.4 所示的分区给水原理基本类似，这里不再赘述。

气压给水方式还有另一种工作原理，它是用气压水箱代替气压罐。气压水箱中没有气囊，而是通过空气压缩机向气压水箱充气，使气压水箱中的水压达到给水系统所需的压力，以满足给水管网给水压力的要求。气压水箱在工作时，需要检测气压水箱的水位和给水压力，DDC 控制器依据气压水箱的水位监测值和压力监测值，分别控制给水泵的启停和空气压缩机的启停，将气压水箱的水位和压力控制在给水系统所要求的范围内。这种气压给水系统的监控原理和监控系统的组成与气囊式气压罐式气压给水系统的监控原理和监控系统的组成没有本质的差别。本书对采用气压水箱的气压给水原理不再进行讨论。

4.1.2　热水给水系统自动控制

除了冷水给水系统外，在许多现代高档建筑中还有生活和卫生热水给水系统。热水给水系统由热交换器、补水箱、热水泵等组成。生活热水的热交换系统与空调热交换系统的区别在于空调热交换系统二次侧是闭式系统，而生活热水的热交换系统二次侧是开式系统。

生活热水系统将热源设备提供的蒸汽或高温热水，通过热交换器转换为满足温度要求的生活热水输送到热水用户。在楼层高、用户分布比较广的热水系统中，往往有多个热交换站，向分布在不同区域的用户就近提供热水，这样可以节约远距离输送热水所需的动力消耗。当热水用量小、用户集中时，可由一个热交换站向所有用户提供热水，以减少设备投资。图 4.6 为生活热水给水系统监控原理图。

1. 生活热水给水系统运行参数与状态监控点／位及常用传感器

- 热交换器一次侧蒸汽与冷凝水回水温度测量：取自安装蒸汽管与冷凝水回水管上的温度传感器，采用管式温度传感器。
- 热交换器一次侧蒸汽压力测量：取自安装在蒸汽供汽管上的压力传感器，采用管式压力传感器。
- 生活热水供水温度测量：取自安装在生活热水供水管上的水温传感器输出，常选用管式水温传感器。
- 生活热水供水流量测量：取自安装在生活热水供水管上的流量传感器，常选用电磁流量计。
- 生活热水供水压力测量：取自安装在生活热水供水干管上的液体压力传感器，常用管式液体压力传感器。
- 补水箱水位监测：取自安装在补水箱上的液位开关，一般有溢流、启泵、停泵、低限报警四个液位开关。
- 生活热水泵启停状态：取自生活热水泵配电箱接触器辅助触点。
- 补水泵启停状态：取自补水泵配电箱接触器辅助触点。
- 生活热水泵故障报警：取自生活热水泵配电箱热继电器触点。

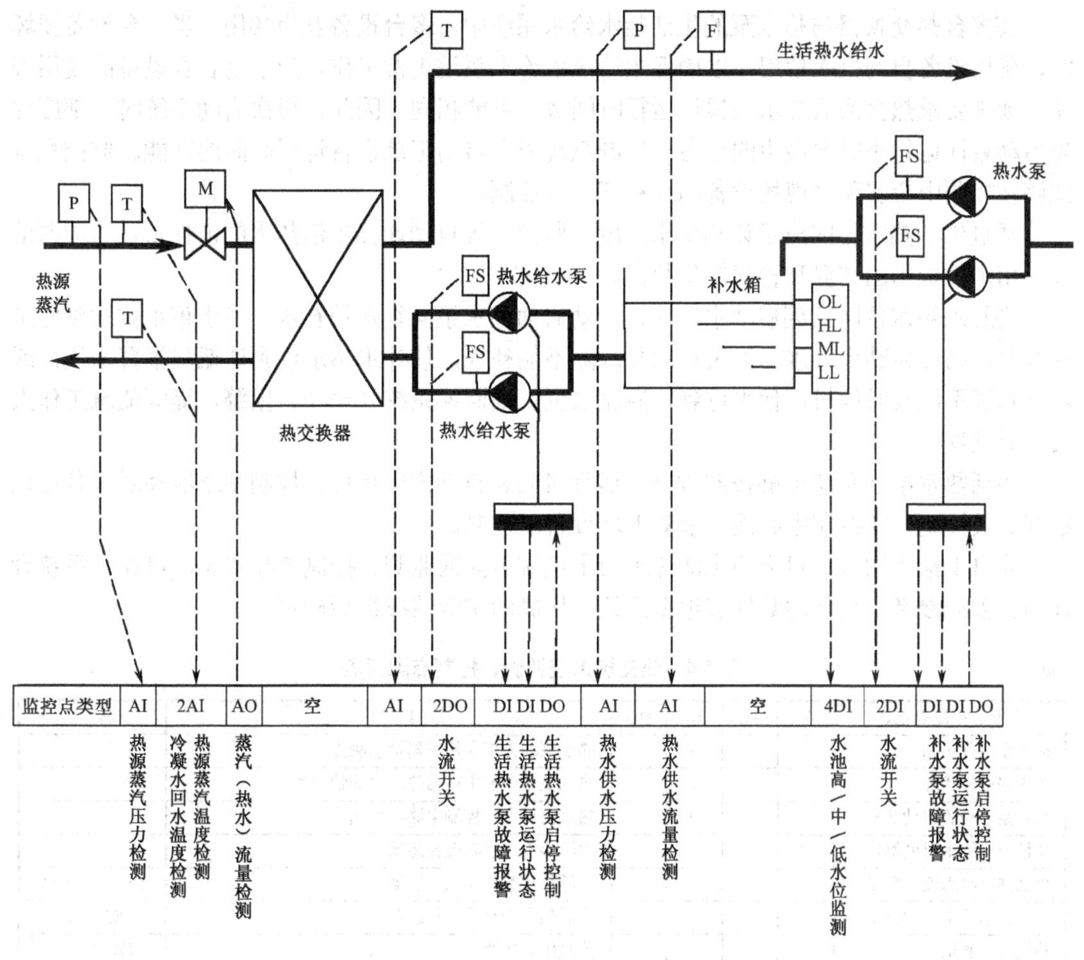

图 4.6　生活热水给水系统监控原理图

➢ 补水泵故障报警：取自补水泵配电箱热继电器触点。
➢ 水流状态：水流开关状态输出点。
➢ 一次侧蒸汽（热水）流量控制——蒸汽（热水）阀门开度控制：从 DDC 模拟输出口（AO）输出到一次侧蒸汽阀门驱动器控制输入口。
➢ 热水泵启停控制：从 DDC 数字输出口（DO）输出到热水泵配电箱接触器控制回路。
➢ 补水泵启停控制：从 DDC 数字输出口（DO）输出到补水泵配电箱接触器控制回路。

2. 生活热水给水系统设备启停顺序

系统设备启动顺序控制：启动热水泵→开启一次侧蒸汽阀门。
系统设备停止顺序控制：关闭一次侧蒸汽阀门→停止热水泵。

3. 生活热水给水系统控制原理

DDC 控制器将生活热水出水温检测值与设定值进行比较，根据温度偏差由控制器按照设定的调节规律，输出控制信号，调节蒸汽电动阀的开度，使生活热水出口温度接近并保持在设定值。当介质为蒸汽时，电动控制阀门一般应采用直线阀调节阀。

当系统内有多台热交换器并联使用时，应在每台热交换器二次热水进口处加电动蝶阀，把不使用的热交换器水路切断。

在多台热交换器与热水泵的生活热水给水系统中，多台设备互为备用，当一台设备损坏时，备用设备自动投入使用，以确保生活热水给水系统正常工作。为了延长各设备的使用寿命，通常要求热交换器与水泵累计运行时间数尽可能相同。因此，每次启动系统时，都应优先启动累计运行小时数最少的设备，控制系统应有自动记录设备运行时间的功能。监控系统能够在控制中心实现对现场设备的远程开 / 关控制。

通过生活热水管的流量计和给水温度，监控系统自动计算生活热水的消耗量，为能源消耗、用水量费用的结算和管理提供数据。

当补水箱水位降低到启动水位时，自动启动补水泵向补水箱补水；当水箱水位达到停泵水位时自动停泵结束补水。如果补水泵故障不能补水，使补水箱水位到达低限报警水位，或者补水泵不能及时停机，使水位到达溢流水位，则监控系统（声光）报警，提醒值班工作人员及时处理。

生活热水给水系统能够按照预设的运行时间表自动定时启停；控制系统能够对设备远程的开 / 关控制，在控制中心能实现对现场设备的控制。

表 4.4 给出图 4.6 对应的生活热水给水系统可能的监测、控制点配置表，可作为系统设计与配置的参考。具体的数据应根据系统与构成的实际情况最后确定。

表 4.4　热交换系统监测、控制点配置表

监测、控制点描述	AI	AO	DI	DO	接 口 位 置	备 注
热水泵运行状态			√		热水泵动力柜主接触器辅助触点	
热水泵故障状态			√		热水泵动力柜主电路热继电器辅助触点	
热水泵手动 / 自动状态			√		热水泵动力柜控制电路，可选。	
生活热水给水温度测量	√				生活热水给水温度传感器	
生活热水给水流量测量	√				生活热水给水流量传感器	DC 4～20mA
生活热水给水压力测量	√				生活热水给水压力传感器	DC 0～5V
蒸汽压力测量	√				蒸汽压力传感器	DC 0～5V
蒸汽温度测量	√				蒸汽温度传感器	
冷凝水温度测量	√				冷凝水回水温度传感器	
补水泵的运行状态			√		补水泵动力柜主电路接触器辅助触点	
补水泵的故障状态			√		补水泵动力柜主电路热继电器辅助触点	
补水泵手动 / 自动状态			√		补水泵动力柜控制电路，可选	
生活热水泵启停控制				√	DDC 数字输出口生活热水泵动力柜控制电路	
补水泵启停控制				√	DDC 数字输出口补水泵动力柜控制电路	
蒸汽电动阀控制		√			DDC 模拟输出到一次侧蒸汽电动阀驱动器控制口	
水流状态			√		水流开关状态输出	
补水箱水位监测			√		补水箱内液位开关，溢流、高位、低位、低限报警四个液位开关	
其他						
合　计						

4.2　排水系统自动控制

地上建筑的排水系统比较简单，可以靠污水的重力沿排水管道自行排入污水井进入城市排水管网。而建筑物地下的污水排放则有所不同，通常把污水集中于污水坑（池），然后用泵排放到地面的排水系统。排水系统监控原理图如图 4.7 所示。

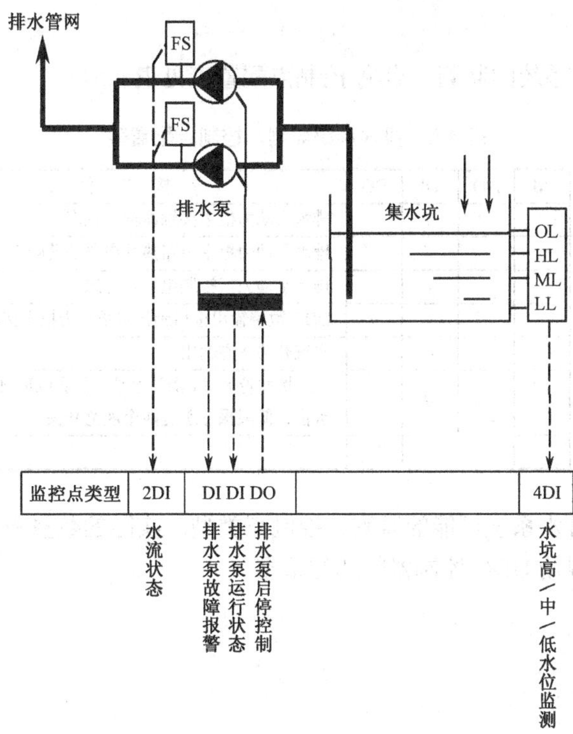

图 4.7　排水系统监控原理图

1. 排水系统运行参数与状态监控

- 集水坑水位监测：取自安装在集水坑的液位开关，一般有溢流报警、启泵、停泵、低限报警四个液位开关。
- 排水泵启停状态：取自排水泵配电箱接触器辅助触点。
- 排水泵故障报警：取自排水泵配电箱热继电器触点。
- 排水泵启停控制：从 DDC 数字输出口（DO）输出到排水泵配电箱接触器控制回路。
- 水流状态：水流开关状态输出点。

2. 排水系统控制原理

在污水集水坑（池）中，设置液位开关，分别检测停泵水位（低）、启泵（高）水位及溢流报警水位。DDC 控制器根据液位开关的监测信号来控制排水泵的启／停，当集水坑（池）液面达到启泵（高）水位时，控制器自动启动污水泵投入运行，将集水坑的污水排出，集水坑（池）液面下降，当集水坑（池）液面降到停泵（低）水位时，DDC 送出信号自动停止排水泵运行。如果集水坑（池）液面达到启泵（高）水位时，水泵没有及时启动，集水坑水位继续升高达到最高报警水位时，监控系统发出报警信号，提醒值班工作人员及时处理；同理，当集水坑水位达到停泵（低）水位，排水泵没有停止而使集水坑水位下降到低限水位，监控系统同样报警，提醒工作人员及时处理以免损坏水泵。

在多台热水泵的排水系统中，多台水泵互为备用，当一台水泵发生故障时，备用水泵自动投入使用，以确保排水系统正常工作。为了延长各水泵的使用寿命，通常要求水泵累计运行时间数尽可能相同。因此，每次启动系统时，都应优先启动累计运行小时数最少的水泵，控制系统应有自动记录设备运行时间的功能。监控系统能够在控制中心实现对现场设备的远

程开 / 关控制。

图 4.7 所示的排水系统的监测、启/停控制点配置表见表 4.5。

表 4.5　排水系统监测、控制点配置表

监测、控制点描述	AI	AO	DI	DO	接 口 位 置	备 注
排水泵运行状态			√		排水泵动力柜主接触器辅助触点	
排水泵故障状态			√		排水泵动力柜主电路热继电器辅助触点	
排水泵手 / 自动转换状态			√		排水泵动力柜控制电路，可选	
排水泵开 / 关控制				√	DDC 数字输出接口到排水泵动力柜主接触器控制回路	
水流开关状态			√		水流开关状态输出	
集水坑水位监测			√		集水坑水位开关，溢流水位、启泵（高）水位、停泵（低）水位、低限报警水位四个液位开关	
合　计						

表 4.5 只列出了排水系统可能的监测、控制点类型。实际的数量应根据具体工程的系统配置进行统计，作为现场 DDC 控制器的选配依据。

第 5 章　配电、照明及电梯系统监控自动化

5.1　变配电系统

变配电系统是建筑物最主要的能源供给系统。对由城市电网供给的电能进行变换处理、分配，并向建筑物内的各种用电设备提供电能。变配电设备是现代建筑物最基本的设备之一。为了确保建筑内用电设备的正常运行，必须保证供电的可靠性。电力供应管理和设备节电运行也离不开供配电设备的监控与管理，因此，变配电系统是楼宇自动化系统最基本的监控对象之一。

楼宇自动化系统对变配电系统的监控管理功能包括以下几方面。

- 对配电系统运行参数，如电压、电流、功率、功率因数、频率、变压器温度等进行实时检测，为正常运行时计量管理和事故发生时的应急处理、故障原因分析等提供数据。
- 对配电系统与相关电气设备运行状态，如高低压进线断路器、母线联络断路器等各种类型开关当前的分合闸状态，是否正常运行等进行实时监视，并提供电气系统运行状态画面；如发现故障，自动报警，并显示故障位置及相关的电压、电流等参数。
- 对建筑物内所有用电设备的用电量进行统计及电费计算与管理，如空调、电梯、给排水、消防喷淋等动力用电及照明用电和其他设备与系统的分区用电量的统计；进行用电量的时间与区域分析，为能源管理和经济运行提供支持；绘制用电负荷曲线如日负荷、年负荷曲线；进行自动抄表、输出用户电费单据等。
- 进行各种电气设备的检修、保养维护管理，通过建立设备档案，包括设备配置、参数档案，设备运行、事故、检修档案，生成定期维修操作单并存档，避免维修操作时引起误报警等。

另外，除了对变配电系统安全运行、正常供配电进行监控外，变配电监控管理系统还应具备以节约电能为目标，对系统中的电力设备进行控制与调度的功能，如变压器运行台数的控制、额定用电量经济值监控、功率因数补偿控制及停电、复电的节能控制等。

因为变配电系统直接与城市的供电网相连，作为城市的供电网的一个终端，变配电系统的安全运行也关系到城市的供电网安全。由于变配电系统的特殊性，楼宇自动化系统通常对这一部分以系统和设备的运行监测为主，并辅以相应的事故、故障报警和开 / 关控制。

根据变配电系统的供电电压，通常把系统分成高压段和低压段两部分。以建筑（群）的变压器为划分界限，变压器的一次侧 6～10 kV 高压线路（大型工程一次侧电压可能更高）为高压段，变压器的二次侧电压（380 / 20 V）为低压段。选用检测仪器时应注意检测仪器参数与可靠性。

5.1.1　变配电系统监控

变配电系统的监控可对以下参数和状态进行检测。

- 高压进线柜真空断路器状态：用高压断路器辅助触点检测。
- 高压进线柜真空断路器故障状态：用高压断路器辅助触点检测。
- 高压进线电压：用电压变送器检测。
- 高压进线电流：用电流变送器检测。

➢ 高压出线柜真空断路器状态：用高压断路器辅助触点检测。
➢ 直流操作柜断路器状态：用断路器辅助触点检测。
➢ 直流操作柜电压：用电压变送器检测。
➢ 直流操作柜电流：用电流变送器检测。
➢ 高压联络柜母线联络断路器状态：用断路器辅助触点检测。
➢ 高压联络柜母线联络断路器故障：用断路器辅助触点检测。
➢ 变压器温度：用温度传感器检测。
➢ 低压进线柜断路器状态：用断路器辅助触点检测。
➢ 低压进线电压：用电压变送器检测。
➢ 低压进线电流：用电流变送器检测。
➢ 低压进线有功功率：用有功功率变送器检测。
➢ 低压进线无功功率：用无功功率变送器检测。
➢ 低压进线功率因数：用功率因数变送器检测。
➢ 低压联络柜母线断路器状态：用断路器辅助触点检测。
➢ 低压联络柜母线断路器故障：用断路器辅助触点检测。
➢ 低压配电柜断路器状态：用断路器辅助触点检测。
➢ 低压配电柜断路器故障：用断路器辅助触点检测。
➢ 市电／发电转换柜断路器状态：用断路器辅助触点检测。
➢ 市电／发电转换柜断路器故障：用断路器辅助触点检测。
➢ 低压进线电量：用电量变送器检测。

监控系统根据检测到的电压、电流、功率因数计算有功功率、无功功率、累计用电量。为绘制负荷曲线、无功补偿、电费结算及能源管理、用电设备的运行和调度提供依据。

变配电系统监控原理如图 5.1 所示。

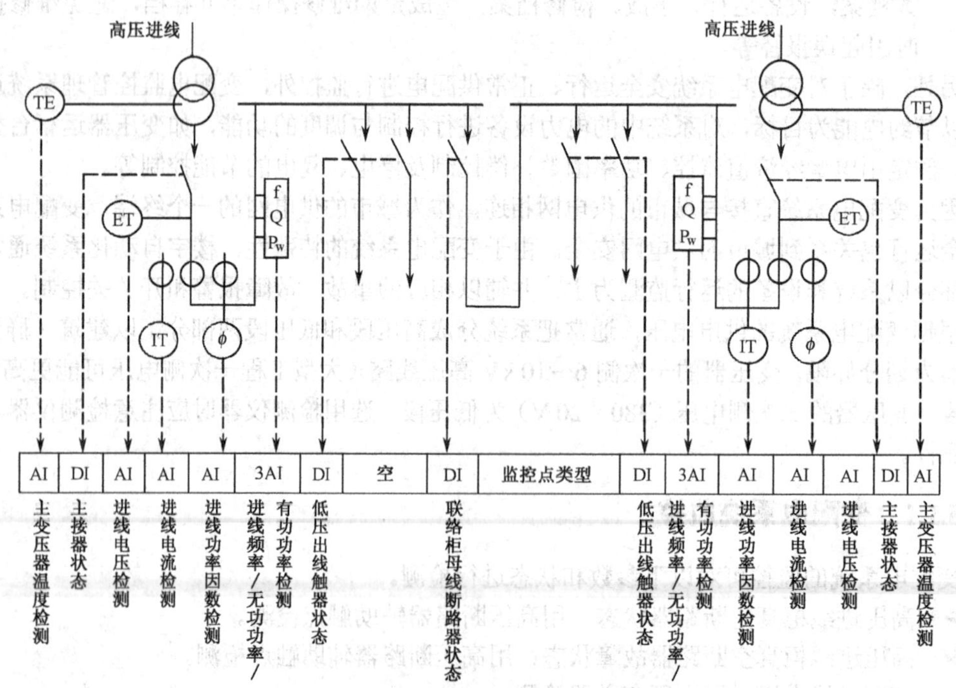

图 5.1　变配电系统监控原理图

基于前面所列的监测内容以及图 5.1 变配电系统监控原理图对应的基本监测、控制点类型如表 5.1 所示。由于具体的变配电系统有所不同，对监控的要求也有差别，因此，在实际工程的设计与实施过程中，应依据具体工程的情况重新确认、统计监控点的数量以及最终 DDC 控制器的选配。

表 5.1　变配电系统监测、控制点配置表

监测、控制点描述	AI	AO	DI	DO	接 口 位 置	备　注
高压进线柜断路器状态			√		高压进线柜断路器辅助触点	
高压进线柜断路器故障			√		高压进线柜断路器辅助触点	
高压进线电压	√				电压变送器	
高压进线电流	√				电流变送器	
高压出线柜断路器状态			√		高压出线柜断路器辅助触点	
直流操作柜断路器状态			√		高压出线柜断路器辅助触点	
直流操作柜电压	√				电压变送器	
直流操作柜电流	√				电流变送器	
高压出线柜断路器故障			√		高压出线柜断路器辅助触点	
高压联络柜母线联络开关状态			√		高压联络柜断路器辅助触点	
高压联络柜母线联络开关故障			√		高压联络柜断路器辅助触点	
变压器温度	√				温度传感器	
低压进线柜断路器状态			√		低压进线柜断路器辅助触点	
低压进线电流	√				电压变送器	
低压进线电压	√				电流变送器	
低压进线有功功率	√				有功功率变送器	
低压进线无功功率	√				无功功率变送器	
低压进线功率因数	√				功率因数变送器	
低压进线电量	√				电量变送器	
低压联络柜母线开关状态			√		低压联络柜断路器辅助触点	
低压联络柜母线开关故障			√		低压联络柜断路器辅助触点	
低压配电柜断路器状态			√		低压联络柜断路器辅助触点	
低压配电柜断路器故障			√		低压联络柜断路器辅助触点	
市电／发电转换柜断路器状态			√		转换柜断路器辅助触点	
市电／发电转换柜断路器故障			√		转换柜断路器辅助触点	
其他						
合计						

5.1.2　动力电源柜监控

低压动力电源柜的运行参数及状态的监测通常在自动化程度较高的或无人值守场所使用。低压动力电源柜监控系统既能作为楼宇设备运行状态的辅助监测手段，同时又能对终端设备的用电量进行单独计量。在需要对电能消耗进行单独核算计费并作为考核指标时，低压动力电源柜监控系统则更为必要。

动力柜状态与参数的监测范围如下。

- 动力柜进线电流：用电流变送器检测。
- 动力柜进线电压：用电压变送器检测。

➢ 动力柜断路器故障：用断路器辅助触点检测。
➢ 动力柜断路器状态：用断路器辅助触点检测。
➢ 动力进线有功功率：用有功功率变送器检测。
➢ 动力进线无功功率：用无功功率变送器检测。
➢ 动力进线功率因数：用功率因数变送器检测。
➢ 动力进线电量：用电量变送器检测。

动力电源柜基本的监控点表见表 5.2。

表 5.2　动力电源柜监测、控制点表

监测、控制点描述	AI	AO	DI	DO	接口位置	备　注
动力柜进线电流	√				电流变送器	
动力柜进线电压	√				电压变送器	
动力柜断路器故障			√		动力柜断路器辅助触点	
动力柜断路器状态			√		动力柜断路器辅助触点	
动力进线有功功率	√				有功功率变送器	
动力进线无功功率	√				无功功率变送器	
动力进线功率因数	√				功率因数变送器	
动力进线电量	√				电量变送器	
其他						
合计						

5.1.3　应急发电机与蓄电池组监控

为保证消防泵、消防电梯、紧急疏散照明、防排烟设施、电动防火卷帘门等消防用电和重要部门、重要部位的安全防范设施用电，必须设置自备应急柴油发电机组，按一级负荷对消防设施和安防设施供电。柴油发电机应启动迅速并自启动控制方便，能在市网停电后 10～15 s 内接待应急负荷，适合作为应急电源。对柴油发电机组的监控包括电压、电流等参数检测、机组运行状态监视、故障报警和日用油箱液位监测等。

智能建筑中的高压配电室对继电保护要求严格，一般的纯交流或整流操作难以满足要求，必须设置蓄电池组，以提供控制、保护、自动装置及应急照明等所需的直流电源。镉镍电池以其体积小、重量轻、不产生腐蚀性气体、无爆炸危险、对设备和人体健康无影响而获得广泛应用。对镉镍电池组的监控包括电压监视、过流过电压保护及报警等。应急发电机与蓄电池组监控原理简图如图 5.2 所示。由于应急发电机品牌、类型比较多，在图 5.2 中只表示了发电机运行状态、故障状态、油箱液位、电流与电压的监测原理和蓄电池组电压的监测原理，其他参数没有在图中标示出来。在具体工程中，应根据发电机和系统需求进行设计。

发电机组运行参数、状态和蓄电池组监控内容如下。

➢ 发电机输出电压：用电压变送器检测。
➢ 发电机输出电流：用电流变送器检测。
➢ 发电机输出有功功率：用有功功率变送器检测。
➢ 发电机输出无功功率：用无功功率变送器检测。
➢ 发电机输出功率因数：用功率因数变送器检测。
➢ 发电机配电屏断路器状态：用断路器辅助触点检测。

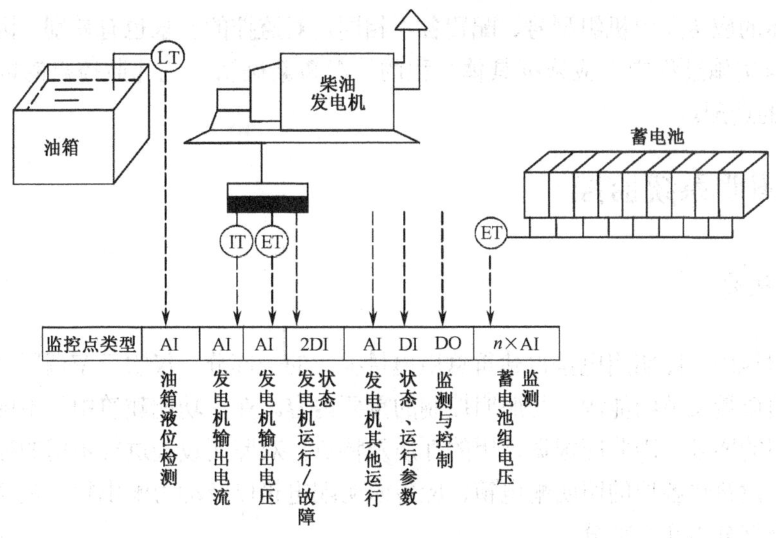

图 5.2　应急柴油发电机与蓄电池组监控原理简图

- ➢ 发电机配电屏断路器故障：用断路器辅助触点检测。
- ➢ 发电机日用油箱高 / 低油位：用液位开关检测。
- ➢ 发电机冷却水泵开 / 关控制：用 DDC 数字输出接口。
- ➢ 发电机冷却水泵运行状态：用水流开关检测。
- ➢ 发电机冷却水泵故障：用水泵主电路热继电器的辅助接口。
- ➢ 发电机冷却风扇开关控制：用 DDC 数字输出接口。
- ➢ 发电机冷却风扇运行状态：用风扇主电路接触器的辅助接口。
- ➢ 发电机冷却风扇故障：用风扇主电路热继电器的辅助接口。

应急发电机与蓄电池组基本监控点表见表 5.3。

表 5.3　应急发电机与蓄电池组监测、控制点表

监测、控制点描述	AI	AO	DI	DO	接 口 位 置	备　注
发电机输出电压	√				电压变送器	
发电机输出电流	√				电流变送器	
发电机输出有功功率	√				有功功率变送器	
发电机输出无功功率	√				无功功率变送器	
发电机输出功率因数	√				功率因数变送器	
发电机配电屏断路器状态			√		配电屏断路器辅助开关	
发电机配电屏断路器故障			√		配电屏断路器辅助开关	
发电机油箱油位	√				液位传感器	
发电机冷却水泵开 / 关控制				√	DDC 数字输出接口	
发电机冷却水泵运行状态			√		水流开关	
发电机冷却水泵故障			√		水泵主电路热继电器的辅助接口	
发电机冷却风扇开关控制				√	DDC 数字输出接口	
发电机冷却风扇运行状态			√		风扇主电路接触器的辅助接口	
发电机冷却风扇故障			√		风扇主电路热继电器的辅助接口	
蓄电池电压	√				直流电压传感器	
合计						

由于具体的应急发电机组型号、配置各不相同，对监控的要求也有差别，因此，在实际工程的设计与实施过程中，应依据具体工程的情况重新确认、统计监控点的数量以及最终DDC控制器的选配。

5.2 照明系统监控

5.2.1 概述

在现代建筑中，照明用电量占建筑总用电量很大的一部分，仅次于空调用电量。如何做到既保证照明质量又节约能源，是照明控制的重要内容。在多功能建筑中，不同用途的区域对照明有不同的要求。因此应根据使用的性质及特点，对照明设施进行不同的控制。照明系统的监控包括建筑物各层的照明配电箱、应急照明配电箱以及动力配电箱。按照功能，可将照明监控系统划分为几个部分：

- 走廊、楼梯照明监控；
- 办公室照明监控；
- 障碍照明、建筑物立面照明监控；
- 应急照明的应急启 / 停控制、状态显示。

照明监控系统的任务主要有两个方面：一是为了保证建筑物内各区域的照度及视觉环境而对灯光进行控制，称为环境照度控制，通常采用定时控制、合成照度控制等方法来实现；二是以节能为目的，对照明设备进行的控制，简称照明节能控制，有区域控制、定时控制、室内检测控制三种控制方式。照明系统监控如图 5.3 所示。

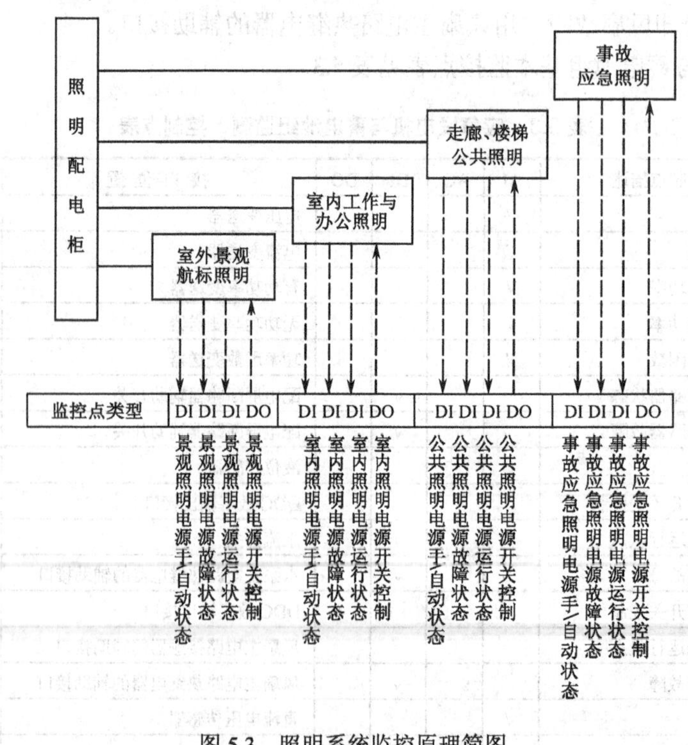

图 5.3　照明系统监控原理简图

5.2.2 照明系统的自动监控

1. 照明系统运行参数与状态监控点／位

- 室外自然光照度测量：自然光（照度）传感器。
- 楼层照明电源开关控制：DDC 数字输出接口。
- 楼层照明电源运行状态：楼层照明电源接触器的辅助触点。
- 楼层照明电源故障：楼层照明电源接触器的辅助触点。
- 楼层照明电源手／自动状态：楼层照明电源箱控制回路。
- 航空障碍灯电源开／关控制：DDC 数字输出接口。
- 航空障碍灯电源运行状态：航标灯电源接触器的辅助触点。
- 航空障碍灯电源故障：航标灯电源接触器的辅助触点。
- 航空障碍灯电源手／自动状态：航标灯照明箱控制回路。
- 景观照明电源开／关控制：DDC 数字输出接口。
- 景观照明电源运行状态：景观照明电源接触器的辅助触点。
- 景观照明电源故障：景观照明电源接触器的辅助触点。
- 景观照明电源手／自动状态：景观照明电源箱控制回路。
- 各楼层事故照明电源开／关控制：DDC 数字输出接口。
- 各楼层事故照明电源运行状态：楼层事故照明电源接触器的辅助触点。
- 各楼层事故照明电源故障：楼层事故照明电源接触器的辅助触点。
- 各楼层事故照明故障手／自动状态：楼层事故照明电源箱控制回路。

2. 走廊、楼梯公共照明系统监控

走廊、楼梯照明除保留部分值班照明外，其余的灯在下班后及夜间应及时关掉以节约能源。对这一部分照明设施，可按预先设定的时间，编制程序进行开／关控制，并监视开关状态。例如，自然采光的通道，白天、夜间可以断开照明电源，但在清晨和傍晚，上、下班前后应接通。

3. 工作与办公照明监控

办公室照明应为办公人员创造一个良好、舒适的视觉环境，以提高工作效率。办公室宜采用自动控制的白天室内人工照明，这是一种质量高、经济效果好的人工照明系统，是照明设计的发展方向。它由辐射入室内的天然光和人工照明协调配合而成。不论晴天、阴天、清晨或傍晚自然光如何变化（夜间照明也可看做其中的一个特例），也不论房间朝向、进深尺寸有多大，始终能有效地保持良好的照明环境，减轻人们的视觉疲劳。它的调光原理是，当自然光较弱时，自动增强人工照明；当自然光较强时，自动减弱人工照明。即人工照明的照度与自然光照度成反比例变化，以使二者始终能够动态地补偿。调光方法可分为照度平衡型和亮度平衡型两大类，前者可使近窗工作区与房间深部工作区的照度达到平衡，尽可能均匀一致；后者可使室内人工照明亮度与窗的亮度比例达到平衡，消除人与物的黑相，多用于对照明质量要求高的场所。在实际工程中，应根据对照明空间的照明质量要求，实测的室内自然光照度分布曲线选择调光方式和控制方案。根据工作面上的照度标准和自然光传感器检测的自然光亮度变化信号自动控制照明灯具的发光强度。根据白天工作区与夜间工作区的使用特点，分别编制控制程序。如办公室一般在白天工作，其中又分工作、休息、午餐等不同时间区，照明系统能按程序自动进行控制。

4. 航标障碍照明、建筑物立面景观照明监控

航空障碍灯根据当地航空部门要求设定，一般安装在建筑物顶端，属于一级负荷，应接入应急照明回路。可根据预先设定的时间程序控制，并进行闪烁；或根据室外自然环境的照度来控制光电器件的动作实现自动通／断。

建筑立面景观照明可采用投光灯，当光线配合协调、明暗搭配适当时，建筑物犹如一座玲珑剔透的雕塑耸立于夜幕之中，给人以美的视觉享受。投光灯的照度计算必须考虑建筑物的位置、背景亮度、建筑物表面材料的反射系数以及灯具技术特性。投光灯的开启／断开可编制时间程序进行定时控制，同时监视开关状态。

5. 应急照明的应急启／停控制、状态标志显示

这是为了保证市电停电后的事故照明、疏散照明之用。

照明系统基本监控点表见表 5.4。

表 5.4　照明系统监测、控制点表

监测、控制点描述	AI	AO	DI	DO	接口位置	备注
室外自然光照度测量	√				自然光（照度）传感器	
分区（楼层）照明电源开／关控制				√	DDC 数字输出口	
分区（楼层）照明电源运行状态			√		分区照明电源接触器辅助触点	
分区（楼层）照明电源故障			√		分区照明电源接触器辅助触点	
分区（楼层）照明电源手／自动状态			√		分区照明电源控制回路，可选	
航标灯电源开／关控制				√	DDC 数字输出接口	
航标灯电源运行状态			√		航标灯电源接触器辅助触点	
航标灯电源故障			√		航标灯电源接触器辅助触点	
航标灯电源手／自动状态			√		航标灯电源控制回路，可选	
景观照明电源开／关控制				√	DDC 数字输出接口	
景观照明电源运行状态			√		景观照明电源接触器辅助触点	
景观照明电源故障			√		景观照明电源接触器辅助触点	
景观照明电源手／自动状态			√		景观照明电源控制回路，可选	
分区（楼层）事故照明电源开／关控制				√	DDC 数字输出接口	
分区（楼层）事故照明电源运行状态			√		分区（楼层）事故照明电源接触器的辅助触点	
分区（楼层）事故照明电源故障			√		分区（楼层）事故照明电源接触器的辅助触点	
分区（楼层）事故照明故障手／自动状态			√		分区（楼层）事故照明电源箱控制回路，可选	
合计						

通过前面的讨论，应该注意到照明系统可按不同的分类方法划分为不同的子系统。一部分照明设备可同时属于不同的子系统。在监控系统中，可通过电气联动和软件组态实现同一照明设备在不同子系统中的功能。

上面讨论的照明系统监控是通过楼宇自动化系统的 DDC 控制器实现的。还有另一种设计思路，就是利用专用的照明智能控制系统实现照明系统的控制。现在市场已有多种品牌的照明控制产品可供选用。需要注意的是，有的照明控制产品是楼宇自动化系统生产厂家作为 BAS 的子系统被开发出来的，自然与 BAS 兼容；而有的照明控制系统则是由电器生产商开发的，这类系统如果要并入 BAS，二者软硬件的兼容存在问题，在系统设计、选型时应作充

分的考虑。

5.3　电梯系统监控

电梯是现代建筑尤其是高层建筑中必备的垂直交通工具，包括直升电梯和自动扶梯。按用途，电梯又可划分普通客梯、观光梯、货梯等。电梯系统是楼宇自动化系统基本的监控对象之一。电梯运行状态监控原理如图 5.4 所示。

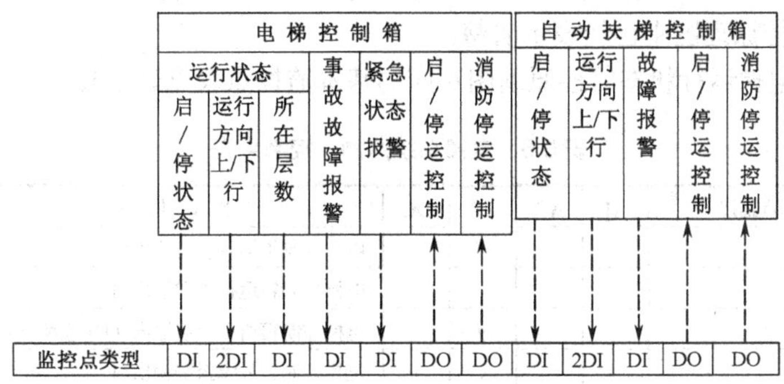

图 5.4　电梯运行状态监控原理图

电梯的监控包括以下内容。

1. 按时间程序设定运行时间表启／停电梯、监视电梯运行状态、故障及紧急状况报警

运行状态监视包括启动／停止状态、运行方向、所处楼层位置等，通过自动检测并将结果送入 DDC，动态地显示出各台电梯的实时状态。故障检测包括电动机、电磁制动器等各种装置出现故障后，自动报警，并显示故障电梯的地点、发生故障时间、故障状态等。紧急状况检测通常包括火灾、地震状况检测、发生故障时是否关人等，一旦发现，立即报警。

2. 多台电梯群控管理

以办公大楼中的电梯为例，在上、下班、午餐时间客流量十分集中，其他时间又比较空闲。如何在不同客流时期，自动进行调度控制，达到既能减少候梯时间、最大限度地利用现有交通能力，又能避免数台电梯同时响应同一召唤造成空载运行、浪费电力，这就需要不断地对各厅站的召唤信号和轿厢内选层信号进行循环扫描，根据轿厢所在位置、上下方向停站数、轿内人数等因素来实时分析客流变化情况，自动选择最适合于客流情况的输送方式。群控系统能对运行区域进行自动分配，自动调配电梯至运行区域的各个不同服务区段。服务区域可以随时变化，它的位置与范围均由各台电梯通报的实际工作情况确定，并随时监视，以便随时满足大楼各处的不同厅站的召唤。

群控管理可大大缩短候梯时间，改善电梯交通的服务质量，最大限度地发挥电梯作用，使之具有比较好的适应性和交通应变能力。这是单靠增加台数和调整电梯行驶速度所不易做到的，在经济上也是最可取的。

3. 配合消防系统协同工作

发生火灾时，普通电梯直驶首层、放客，切断电梯电源；消防电梯由应急电源供电，在首层待命。

4. 配合安全防范系统协调工作

按照保安级别自动行驶至规定的停靠楼层，并对轿厢门进行监控。

最后要说明的是：由于电梯的特殊性，每台电梯本身都有自己的控制箱，对电梯的运行进行控制，如（上 / 下）行驶方向、加 / 减速、制动、停止定位、轿厢门开 / 闭、超重监测报警等。有多台电梯的建筑场合一般都有电梯群控系统，通过电梯群控系统实现多部电梯的协调运行与优化控制。楼宇自动化系统主要实现对电梯运行状态及相关情况的监视，只有在特殊情况下，如发生火灾等突发事件时才对电梯进行必要的控制。这一点在如图 5.4 所示的电梯运行状态监控原理图中已经表示清楚。

图 5.4 中的电梯运行状态监控原理图对应的基本监控点表见表 5.5。

表 5.5　电梯系统监测、控制点表

监测、控制点描述	AI	AO	DI	DO	接 口 位 置	备　注
电梯运行状态			√		电梯控制箱运行状态输出口	
电梯运行方向			√		电梯控制箱运行方向输出口	
所处楼层			√		电梯控制箱所处楼层输出（DI 或串口）	
故障报警			√		电梯控制箱故障报警输出口	
紧急状况报警			√		电梯控制箱紧急状况报警输出口	
电梯运行的开 / 关控制				√	DDC 数字输出接口	
消防控制				√	消防联动控制器的输出模块	
合计						

第 6 章　楼宇设备自动化系统设计实例

前面几章讨论了建筑物（群）空调、给／排水、变配电、照明、电梯等系统的自动检测与控制，这些系统构成了狭义楼宇自动化系统（BAS）的监控内容。早期的楼宇控制系统基本上都是针对这些监控内容设计开发的。本章通过一个实例，说明基于 DCS 的楼宇设备自动化系统的设计。在本章的最后，简要说明了仍在许多地方使用的楼宇设备简单控制系统的基本原理与设计。

6.1　系统设计的原则与基本步骤

6.1.1　楼宇设备自动化系统设计原则

楼宇设备自动化系统是智能建筑的主要组成部分之一，对于楼宇设备自动化系统的设计，应该遵守以下基本原则。

1. 功能实用性

在系统设计中，无论是设备的控制功能设计，还是系统的管理功能设计，都应该以实用为第一原则。

2. 技术先进性

计算机技术、自动化技术和现代通信技术发展日新月异，技术和设备的更新换代也非常迅速，不少系统由于设计、选型不合理，在安装阶段就已经落后，或将被淘汰。在进行楼宇设备自动化系统设计时，必须尽量采用国际上先进的、成熟的、实用的技术和设备。

3. 设备与系统的开放性和互操作性

充分考虑楼宇设备自动化系统设备品牌多、可选范围大、技术复杂和市场竞争激烈等因素，为保证设计系统达到最优组合，拥有最佳的性能价格比；同时保证廉价与可靠的备品备件供应，往往需要从市场上选择多个厂家的产品，此时必须注意所选产品一定要具备开放性和互操作性，以保证所设计系统的可运行性和低廉的维保费用。

4. 选择符合主流标准的系统与产品

最有生命力的产品通常是符合主流标准的产品。标准一般有两种，一种是由国际标准化组织（ISO）规定或建议的标准；另一种是业界公认的标准。对于楼宇设备自动化系统而言，目前业界公认的标准是美国 ASHRAE 制定的 BACnet 网络标准和 LonMark 制定的 LonMark 标准。

5. 系统的生命周期成本

对于传统意义上的建筑物而言，其寿命周期通常在几十年、上百年。我们在为该建筑物设计相应的楼宇设备自动化系统时，一定要选择比较容易扩充、维修和改造的控制系统，以保证在建筑物整个生命周期内楼宇设备自动化系统的维护、改造与换代的再投资费用尽可能少。

6. 可集成性

现代智能建筑向着智能化综合管理系统发展，其发展方向是将 BAS、OAS 及 CNS 集成到一个图形操作界面上来进行整个建筑的全面监视、控制和管理，从而实现信息的综合共享，以提高建筑的全局功能和物业管理的效率以及综合服务功能。在楼宇设备自动化系统设计时，应充分考虑其系统的可集成性，以便低层次设备与系统的加入、同层次系统的互连和更高层次的系统集成。

7. 系统安全性

这里的安全性是指系统的构成必须保证系统和信息的高度安全，采取必要的防范措施，使整个系统在受到有意或无意的非法侵入时，其所造成的经济损失降低到最小。

8. 可靠性和容错性

根据设备的功能、重要性等的不同要求，分别采取热备、冗余、容错等技术，确保系统长期工作的稳定性与可靠性。

9. 经济性

楼宇设备自动化系统的经济性也是我们设计时必须坚持的一条基本原则，也就是说在满足用户要求的情况下，系统造价和运行维护费用越低越好。

6.1.2　楼宇设备自动化系统设计的基本步骤

楼宇设备自动化系统的设计通常分为如下几个步骤。

1. 技术需求分析

设计人员应根据建筑物的实际情况及业主的要求（一般通过招标文件体现），依据相关规范与规定，确定建筑物内实施自动控制及管理的各功能子系统。

根据业主提供的技术数据与设计资料（一般为设计图纸），确认各功能子系统所包括的需要监控、管理的设备数量。

2. 确定各功能子系统的控制方案

对楼宇设备自动化子系统的控制功能给出详细说明，明确系统的控制方案及要达到的控制目标，以指导工程设备的安装、调试。

3. 确定系统监控点及监控设备

在控制方案的基础上，确定被控设备的监控点位、监控点的性质以及选用的传感器、阀门及执行机构，并选配相应的控制器、控制模块。并根据中央监控中心的功能和要求，确定中央监控系统的硬件设备数量及系统软件、工具软件需求的种类与数量。

4. 统计汇总控制设备（传感器、控制器、）清单

对选配的控制设备、软件进行列表统计与汇总。

5. 绘制出各种被控设备的控制原理图

绘制出整个设备楼宇自动化系统施工平面图及系统图。

6.2　基于 DCS 的楼宇系统实例

本节以某会议展览中心楼宇设备自动化系统为例，说明楼宇设备自动化系统的设计步骤与设计内容。6.2.1 小节设备自动化系统技术规范是业主对设备自动化系统的总体要求及控制范围的说明，6.2.2 小节主要设备技术性能指标是对设备自动化系统技术要求的进一步明确。系统设备选型与设计以这些技术要求与技术数据为基本依据。

6.2.1　设备自动化系统技术规范

6.2.1.1　系统概况

设备自动化系统要求对会展中心的空调系统、冷热水系统、送排风系统及其他机电设备等进行自动检测、控制和管理，保证设备正常运行，并达到最佳状态。设备自动化系统在保证独立运行的同时，同 BMS 服务器和其他系统进行数据交换和共享，实现连锁控制和优化运行，以提高工作效率和改善用户的工作和生活环境。

6.2.1.2　总体要求

- 设备自动化系统应符合中国行业标准 JGJ / T16-92《民用建筑建筑电气设计规范》第 26 章《建筑物自动化系统》的各项规定和中国国家标准 GB / T50314—2000《智能建筑设计标准》有关条目的规定。同时，应以设计院施工图纸为基本依据，特别是系统结构及管线敷设，以免引起施工图纸过多的更改。
- 设备自动化系统的结构，应符合 JGJ / T16-92 第 26.2.2.6 条分级分布式系统的规定，中央站与 DDC 应共同直接连接在总线上。中央站与 DDC 信号传递路径应为直接通信。
- 根据设计院设备自动化系统施工图纸的规定，对 VAV 变风量箱控制器应选有 LonMark 标志的产品，以满足互操作及互换要求。
- 建筑设计院楼宇控制系统施工图纸的规定，布线可以采用综合布线，因此，BA 系统的数据通信信道应为非屏蔽双绞线（UTP），以适应综合布线非屏蔽双绞线格局。
- 设备自动化系统网络配置应遵循分散控制和集中监视，资源和信息共享的基本原则，DDC 无须监控站干预便可实现全部监控功能，而且 DDC 之间能直接通信。
- 中央站应提供实时数据库，容量不小于 10 000 点，同时提供 ODBC, API, DDE, OPC 等接口，以便进行系统集成。
- DDC 应具有标准的模块化结构以适应不同控制点容量的要求并具有灵活方便的扩充能力。
- 设备自动化系统应具有多种运行方式，通过系统的优化控制提高会展中心内机电设备运行的合理性，保持设备运行在最佳工况，以达到节省能源、减轻劳动强度的目的。通过系统的统一管理和调度，充分发挥会展中心内机电设备的整体协调与配合的功能。
- 实时地提供机电设备运行资料、报表，进行集中分析为管理决策提供依据，实现机电设备管理的自动化。

6.2.1.3　控制范围及功能

1. 中央站功能

（1）监视功能

以全中文图形化界面监视整个设备自动化系统的运行状态，包括现场图片、工艺流程、实时曲线，监控点表、设备平面布置图，以形象直观的方式实时显示设备运行情况。系统要求提供丰富的图库和方便的图形生成工具。画面转换操作不超过两键，画面全部数据刷新不超过 2 s。

（2）控制功能

能对现场设备进行手动控制，进行运行方式的设定和工艺参数的修改，且提供操作权限管理，保证系统的安全。

（3）报警功能

当设备自动化系统出现故障或监测参数越限时，应产生明显的视觉和听觉报警信号，并有报警优先级管理功能，包括报警查看、确认、记录、打印。

（4）综合管理功能

应具有历史数据存储能力，能生成和打印各种报表和趋势图，为设备管理和维护提供依据。

（5）通信及优化运行功能

中央站提供 Windows NT 操作系统、以太网连接和 TCP / IP 协议，通过 ODBC 等方式同 BMS 服务器通信，上传综合管理、计量、报警等 BMS 要求的数据并接收 BMS 下发的联动及协调控制命令，控制整个系统的优化运行。

中央站与 DDC 之间可直接通信，不应采用任何转接设备。通信速率应大于 9600 bps，并应满足画面刷新对通信速率的要求。

2. 空调系统监控功能

（1）冷水系统

冷水机组自带控制器，控制范围包括冷水机组、冷冻水一级泵、冷却塔、冷却水泵及相关阀门。设备自动化系统通过 RS-485 接口及 Trane BACnet 通信协议与冷水系统控制器通信，对冷水系统进行监视，监视内容包括：

- 冷水机组启动后通过彩色图形显示，显示不同的状态和报警，显示每个参数的值，通过鼠标任意修改设定值，以达到最佳的状态。
- 冷水机组的每一点都有列表汇报、趋势显示图、报警显示。设备自动化系统通过紧急停机开关信号控制整个冷水机组紧急停机。
- 设备运行时间记录。

对冷冻水二级泵（7 台）及相关阀门进行监控，根据空调水系统末端信号自动启停、调速，运行时间积累，监测运行状态，监测手 / 自动状态，故障报警，监视供水压力及流量。

（2）空调系统

① 对 11 台变风量空调机组进行监控

具体内容包括：

- 新风、送风温度监测。

- 回风二氧化碳浓度监测。
- 风管压力监测。
- 过滤器堵塞报警。
- 风机监控：风机按时间程序自动启停、调速，运行时间积累，监测运行状态，监测手 / 自动状态，故障报警。
- 新风、回风、排风风门控制：根据回风 CO_2 浓度及室外温度进行控制。
- 冷、热水阀控制：根据送风温度调节。

② 对 185 台变风量箱进行监控

具体内容包括：

- 室内温度监测；
- 风门控制；
- 风门开度信号监测；
- 风量监测。

③ 对 34 台定风量空调机组进行监控

具体内容包括：

- 新风、送风、室内温度监测。
- CO_2 浓度监测。
- 过滤器堵塞报警。
- 风机监控：风机按时间程序自动启停，运行时间积累，监测运行状态，监测手 / 自动状态，故障报警。
- 新风、回风、排风风门控制：根据回风二氧化碳浓度及室外温度进行控制。
- 冷、热水阀控制：根据回风温度调节。

④ 对 3 台设备间空调机组进行监控

具体内容包括：

- 回风、室内温度监测；
- 过滤器堵塞报警；
- 风机监控；
- 冷、热水阀控制：根据回风、室内温度调节。

⑤ 空调机组连锁及时间程序控制功能要求

- 按预先编排的程序，自动控制空调机组的启停并对风机的工况进行监视；
- 当系统停止运行时，关闭所有风门，冷冻水阀全关，热水阀全开；
- 当接到防火阀关闭的信号时，空调机关闭。

3. 锅炉热力系统监控功能

（1）锅炉系统

① 监控范围

对热水锅炉（3 台）、热水泵（3 台）、油泵（4 台）、地下油罐（1 个）、油箱（1 个）及相关阀门进行监控，具体内容如下。

- 锅炉系统运行参数通过锅炉自身控制网络，采用 RS-485 通信接口和开放的通信协议与设备自动化系统通信。
- 供油、供水流量与累积量。

- 油箱油位监测：超高油位报警，极低油位停锅炉报警，低油位启动油泵，高油位停泵。
- 地下油罐油位监测，低油位停泵报警。
- 热水泵运行状态，手 / 自动状态检测，热水泵启停控制，故障报警，运行时间积累。
- 油泵运行状态，手 / 自动状态检测，油泵启停控制，故障报警，运行时间积累。
- 旁通水流流向及流量监测。
- 进行各种参数越限报警，设备运行时间累积和故障报警。

② 监控功能

- 整体控制可提供对锅炉运行工况的监测、控制和诊断，可按每天预先编制的程序时间启停锅炉，可给出单个锅炉机组或整个系统即时和以往累积运行报告。
- 机组启动后通过彩色图形显示，显示不同的状态和报警，显示每个参数的值，通过鼠标任意修改设定值，以达到最佳的状态。
- 机组的每一点都有列表汇报、趋势显示图、报警显示。
- 设备发生故障时，自动切换。
- 监测锅炉运行参数，当出现故障时立即停止锅炉机组及相关设备。
- 程序控制锅炉系统，目的是达到最低的能耗、最低的主机折旧以保障设备安全。
- 根据程序或会展中心的日程安排自动启停锅炉系统。
- 根据会展中心的要求自动切换机组的运行备用关系，累积每台机组运行时间，使每台机组运行时间基本相等，目的是延长机组使用寿命。
- 检测旁通管路水流开关状态，确定水流方向。
- 检测旁通管路水流量。
- 根据盈亏流量，确定锅炉运行台数。
- 根据油箱油位信号控制油泵启停，并监视其工作状态，实现故障切换。
- 根据油箱油位极低信号停锅炉并报警。
- 根据油箱油位超高信号停油泵并报警。
- 软件根据运行时间设定油泵工作备用关系，保证运行时间基本相等。

（2）供热系统

① 对 15 个换热站、4 台热水泵、12 台循环泵及相关阀门进行监控

② 监控功能

- 监测换热器供水温度。
- 检测热水系统末端压力。
- 补水控制。
- 监测换热器供水温度，闭环调节进水二通阀门，维持供水温度在设定值。
- 两台热水泵，一台变速运行，一台恒速运行，软启动热水泵，检测水系统末端压力用以变频调节热水泵转速，维持供回水差压恒定。
- 控制热水泵启停，监测热水泵运行状态，故障报警。
- 控制循环泵启停，检测循环泵运行状态，故障报警。
- 上述设备运行时间积累。

4. 送排风系统监控功能

对锅炉房、冷水机房、机电设备房、地下停车场的通风系统进行监控。监测运行状态，

监测手 / 自动状态，故障报警。

6.2.2 主要设备技术性能指标

6.2.2.1 总则

- 必须选用信誉可靠、技术先进的设备。
- 系统的设备、材料、布线方法、安装工艺、调试内容及验收方法等，均应符合国家的有关规范及标准。
- 系统的主要组件均由同一厂商制造，并采用制造商的标准产品，包括控制系统、控制器、传感器、执行器及阀门，禁止任何改装。
- 本规范仅列出主要设备要求，其他附件及材料只要符合中国有关标准并经业主认可即可使用。

6.2.2.2 楼宇自动化系统功能要求

1. 管理软件

- 管理软件完全满足系统监控要求，同时必须兼顾系统集成需要，提供以太网 TCP / IP 连接和 ODBC, API, DDE, OPC 等网络接口，保证同 BMS 服务器和其他分系统进行数据交换和共享，实现连锁控制和优化运行。
- 提供用户查询和处理现场设备的信息，并提供报警及记录功能。
- 系统软件必须是一个多任务、多用户实时软件。
- 具有数据记录功能，能把数据记录以多种图形等方式显示，便于管理员了解运行情况，合理利用资源。
- 具有动态图形编辑功能，以动态图形方式监控各点的当前值和状态，并能同时显示多个图形。
- 使用标准的菜单系统和工具栏。
- 根据不同操作者的输入密码配置不同的用户界面。
- 符合 OSI 7 层通信标准。
- 多级密码系统。
- 时间表和日历表可设定。
- 实现报警管理，报警动作可触发多媒体等功能。
- 图形界面允许用户通过动态图形操作系统，操作受密码控制。
- 图形显示会根据输入量的变化随时更新。

2. DDC 控制器

- DDC 应是基于至少 16 bit 的微处理器的全智能化现场控制器。
- DDC 的平均无故障时间（MTBF）应大于 5 万小时。
- DDC 之间不需要经过任何形式的管理站或中间节点即可直接通信，符合 JGJ / T16-92 的规定。
- DDC 可以不依赖中央站独立运行。
- 可使用手持终端在 DDC 进行显示和操作。

- 具有标准的通信端口，如 RS-485、LonTalk 以及 RS-232。
- 48 小时后备电池。
- I / O 点信号应是工业标准信号。
- VAV 箱控制器应有 LonMark 标记。
- DDC 应独立供电，外壳可靠接地。

3. 通信控制器

通信控制器应能根据第三方提供的通信协议，通过标准接口（如 RS-485 等）与下列系统通信。

- 生活水泵控制器；
- 排水泵控制器；
- 冷却水补水泵控制器；
- 锅炉控制器；
- 冷冻机组控制器。

4. 传感器与执行器

- 结构必须便于现场安装和维护；
- 提供或接收工业标准信号。

6.2.3 楼宇设备自动化系统设计

6.2.3.1 楼宇设备自动化系统设计及范围

在（建设工期第一阶段）楼宇设备自动化系统的设计中，会展中心楼宇设备自动化系统的控制和管理内容包括：

- 冷水机组及辅助设备群控系统；
- 热水锅炉及生活热水系统；
- 空调通风系统；
- 给排水系统；
- 变配电系统；
- 电梯系统。

其中，冷水机组及辅助设备群控系统由冷机供应商提供，实现冷冻水二次循环泵之前所有设备的监控，并通过 RS-485 接口及 Trane BACnet 通信协议与 DCS 通信，本设计只对冷冻水二次循环泵进行监控。

电力系统、给排水系统、电梯系统均配备相应的监控子系统，实现各系统设备的控制，设备自动化系统提供相应的通信接口设备，实现对这些系统与设备的全面监控。

本阶段楼宇设备自动化系统只实现主楼部分和辅楼（7、8、9 段）部分楼宇设备的自动控制，涉及的所有被控设备为主楼及辅楼（7、8、9 段）部分楼宇设备。中央站及控制网络有足够的扩容能力，充分满足将来将其余设备纳入设备自动化系统时的扩容需要。

6.2.3.2 楼宇设备自动化系统选型

按照国家技术规范和招标书的要求，楼宇设备自动化系统选型以产品质量、性能、可集成性及价格为第一原则，同时兼顾系统产品完整性、与其他系统兼容性、系统可升级等因素，选择西门子 Landis&Staefa S600 APOGEE 系统作为会展中心的楼宇设备自动化系统，实现对主楼所有机电设备的自动控制。

6.2.3.3 楼宇设备自动化控制对象及控制功能设计

1. 冷冻水系统（主楼地下室，二次冷水泵 7 台）

制冷站系统由冷机供应商提供成套控制系统，实现冷水机组、冷却塔、冷冻水一次循环泵及其附属设备的自动控制，并通过通信接口与楼宇设备自动化系统通信。本设计只涉及冷水二次循环泵监控。

（1）冷冻水二次供回水监控内容

- ➢ 冷冻水二次总供水温度监测；
- ➢ 冷冻水二次总回水温度监测；
- ➢ 冷冻水二次总供 / 回水流量监测；
- ➢ 冷冻水末端压力监测；
- ➢ 冷冻水二次循环泵启 / 停控制；
- ➢ 冷冻水二次循环泵转速调节；
- ➢ 膨胀水箱水位监测。

（2）冷冻站监控功能

- ➢ 通过通信接口，在中央工作站监视器上，以图形方式实现对制冷站设备的全面监控；
- ➢ 通过对冷水末端压力的测量，实现分区和冷冻水二次循环泵的启 / 停控制和转速的调节；
- ➢ 通过对冷水二次总供 / 回水温度和总流量监测值，计算总的冷负荷；
- ➢ 对二次循环泵的状态进行实时监视及进行故障报警、记录；
- ➢ 对各台泵的运行时间进行累计、记录，并自动平衡各台泵的运行时间；
- ➢ 通过冷冻水膨胀箱水位监测，及时提请启 / 停补水泵进行补水；
- ➢ 所有信息均可图形显示，所有控制 / 操作在工作站直接进行。

（3）监测、控制设备配置（见表 6.1）

表 6.1 冷冻水系统监测、控制设备配置

设备名称		数　量
DDC 模块化楼宇控制器（MBC）		1
I / O 点终端模块（PTM）	PTM6.2Q250	4
	PTM6.4D20	7
	PTM6.4P1K	1
	PTM6.2I420	1
	PTM6.2Y420	2
通信网关 GATEWAY（BACnet）		1
传感器	水温传感器（544-577）	2
	电磁流量计（DWM-2000）	1
	液位开关（SC37A4P1）	4

2. 空调系统（主楼二、三、四层，11 台）

（1）标准变风量空调机

① 监控功能

➢ 按预定时间程序（可根据要求临时或者永久设定、改变有关时间表，确定假期和特殊时段）或实际需求控制风机的启 / 停（DO），并开启新、回、排风风门开度（AO）为设定值，达到设定新、回、排风风量。
➢ 根据设定温度与新风温度、送风温度，调节（PID 调节）冷 / 热水管两通阀开度，使实际温度趋向设定温度。
➢ 根据送 / 回风压力，控制送回风机转速，保证送风压力恒定，进行 VAV 控制。
➢ 根据室外温度、设定温度调整新 / 回 / 排风风门开度，条件具备，可全新风工作，以利节能。
➢ 监测过滤网两端压差，堵塞时报警，提示清洗过滤网，提高过滤效率。
➢ CO_2 浓度过高，调节风门，增大新风、排风量，减小回风量，以保证室内空气质量。
➢ 根据末端 VAV 风门开度与室内温度调整送风温度设定值。
➢ 风机停机，所有风门、水阀全关。
➢ 根据火警联动信号，送回风机停机（如果回风机兼作排烟风机，则在发生火警时，送风机电源关闭，回风机和防排烟设备联动进行消防排烟，当排烟温度达到 280℃时，防火阀关闭，排烟机停机）。
➢ 通过彩色三维图形显示不同监测对象的状态和报警信号，动态显示每个模拟量参数的值，通过鼠标修改设定值或者末端设备开度、改变设备启停状态，以求达到最佳工况。
➢ 每一点均有历史记录，可以与图形关联，可列表输出有关历史记录信息。在报警发生时，将报警信息显示于报警窗口，同时蜂鸣器发出连续警报声，直至该报警信号被确认。
➢ 可显示与存储、打印有关信号的趋势、列表、动态趋势图。

② 监控点位设计

➢ 新风温度测量（AI）;
➢ 送风温度测量（AI）;
➢ 送风管压力测量（AI）;
➢ 送风管末端压力测量（AI）;
➢ 回风管压力测量（AI）;
➢ 回风 CO_2 浓度监测；
➢ 送、回风机运行状态、手 / 自动状态监测（DI）;
➢ 送、回风机过载继电器状态监测，产生故障报警信号（DI）;
➢ 过滤网两侧压差报警监测（DI）;
➢ 送、回风机启停控制（DO）;
➢ 送、回风机转速控制（AO）;
➢ 新、回、排风风门控制（AO）。

③ 监测、控制设备配置（见表 6.2）

表 6.2　标准变风量空调机监测、控制设备配置

设备名称		数　量
DDC 模块化设备控制器（MEC）		11
传感器	风管温度传感器（544-339）	22
	CO_2 传感（QPA62.2+ARG64）	11
	水压力传感器（QBE61.1-P10）	4
	风管压力传感器（QBM62.203）	22
	过滤网差压开关（QBM81-3）	11
执行机构	二通阀调节阀 DN100 VVF41.90	4
	DN65 VVF41.65	3
	DN50 VVG41.50	1
	DN40 VVG41.50	3
	阀门驱动器 SKC62	7
	阀门驱动器 SKD62	4
	模拟量风门驱动 GBB161.1E	33

（2）空变风量（VAV）末端单元（主楼二、三、四层，185 台）

① 监控功能

- 变频送风机 / 回风机保证 VAV 末端单元进风口压力恒定。
- 根据室内温度和风量，控制风门开度以保证室内温度满足要求。若风门开度已达极值，仍满足不了要求，则由工作站和 DDC 调整对应变风量空调机组送风温度设定值以满足要求。
- 工作站可全面监视、控制每一台 VAV 箱的参数和状态。

② 监控点位设计

- 室内温度测量（AI）;
- 风（速）量测量室（AI）;
- 风门开度控制（AO）;
- 风门开度监测（AI）。

③ 监测、控制设备配置（见表 6.3）

表 6.3　VAV 末端单元监测、控制设备配置

设备名称		数　量
DDC 控制器	网络控制器（545-441）	5
	VAV 末端单元控制器（540-100）	185
传感器	室内温度传感器（544-300）	185
	风速传感器（QAV61）	185
执行机构	模拟量风门驱动（GBB131.1E）	185

（3）定风量空调机组（主楼二、三、四、五层，34 台）

① 监控功能

I　型定风量空调机组监控功能

- 按预定时间程序（可根据要求临时或者永久设定、改变有关时间表，确定假期和特殊时段）或实际需求控制风机的启 / 停（DO），并开启新、回、排风风门开度（AO）

为设定值，达到设定的新、回、排风风量。

➢ 根据设定温度与新风温度、送风温度，调节（PID 调节）冷 / 热水管两通阀开度，使实际温度趋向设定温度。
➢ 根据室外温度、设定温度调整新 / 回 / 排风风门开度，条件具备，可全新风工作，以利节能。
➢ 监测过滤网两端压差，堵塞时报警，提示清洗过滤网，提高过滤效率。
➢ CO_2浓度过高，调节风门，增大新风、排风量，减小回风量，以保证室内空气质量。
➢ 风机停机，所有风门、水阀全关。
➢ 根据火警联动信号，送回风机停机。
➢ 通过彩色三维图形显示不同监测对象的状态和报警信号，动态显示每个模拟量参数的值，通过鼠标修改设定值或者末端设备开度、改变设备启停状态，以求达到最佳工况。
➢ 每一点均有历史记录，可以与图形关联，可列表输出有关历史记录信息。在报警发生时，将报警信息显示于报警窗口，同时蜂鸣器发出连续警报声，直至该报警信号被确认。
➢ 可显示与存储、打印有关信号的趋势、列表、动态趋势图。

Ⅱ 型定风量空调机组监控功能

➢ 按预定时间程序（可根据要求临时或者永久设定、改变有关时间表，确定假期和特殊时段）控制风机的启 / 停（DO），并开启新、回、排风风门开度（AO）为设定值，达到设定新、回、排风风量。
➢ 根据设定温度与新风温度、送风温度，调节（PID 调节）冷 / 热水管两通阀开度，使实际温度趋向设定温度。
➢ 根据室外温度、设定温度调整新、回、排风风门开度，条件具备，可全新风工作，以利节能。
➢ 监测过滤网两端压差，堵塞时报警，提示清洗过滤网，提高过滤效率。
➢ CO_2浓度过高，调节风门，增大新风、排风量，减小回风量，以保证室内空气质量
➢ 风机停机，所有风门、水阀全部关闭。
➢ 消防联动：

如果回风机兼做排烟机，发生火警时，根据火警联动控制信号关闭防烟阀，开启排烟阀、切断送风机电源，当排烟温度达到 280℃，则关防火阀，停排烟风机。

如果排风机兼做排烟机，送风机兼做补风机，发生火警时，根据火警联动控制信号关闭防烟阀，开启排烟阀，启动送风机进行补风，启动排风机进行排烟，当排烟温度达到 280℃，则关闭放火阀，排烟机关机。

➢ 通过彩色三维图形显示不同监测对象的状态和报警信号，动态显示每个模拟量参数的值，通过鼠标修改设定值或者末端设备开度、改变设备启停状态，以求达到最佳工况。
➢ 每一点均有历史记录，可以与图形关联，可列表输出有关历史记录信息。在报警发生时，将报警信息显示于报警窗口，同时蜂鸣器发出连续警报声，直至该报警信号被确认。
➢ 可显示与存储、打印有关信号的趋势、列表、动态趋势图。

② 监控点位设计

Ⅰ 型定风量空调机组监控点位设计

➢ 室内温度测量（AI）；
➢ 新风温度测量（AI）；
➢ 送风温度测量（AI）；
➢ 回风 CO_2 测量（AI）；
➢ 送、回风机运行状态手 / 自动状态监测（DI）；
➢ 送、回风机过载继电器状态监测，产生故障报警信号（DI）；
➢ 过滤网两侧压差监测（DI）；
➢ 送、回风机启停控制（DO）；
➢ 新、回、排风风门控制（AO）。

Ⅱ 型定风量空调机组监控点位设计

➢ 室内温度测量（AI）；
➢ 新风温度测量（AI）；
➢ 送风温度测量（AI）；
➢ 回风 CO_2 测量（AI）；
➢ 送、回风机运行状态手 / 自动状态监测监测（DI）；
➢ 送、回风机过载继电器状态监测，产生故障报警信号（DI）；
➢ 过滤网两侧压差监测（DI）；
➢ 送、回风机启停控制（DO）；
➢ 新、回、排风风门控制（AO）。

③ 定风量空调机组监测、控制设备配置（见表 6.4）

表 6.4　定风量空调机组监测、控制设备配置

设备名称		数　量
DDC 模块化设备控制器（MEC）		34
传感器	风管温度传感器（544-339）	68
	室内温度传感器（544-300）	34
	CO_2 传感（QPA62.2+ARG64）	34
	水压力传感器（QBE61.1-P10）	10
	过滤网差压开关（QBM81-3）	34
执行机构	二通阀调节阀 DN100 VVF41.90	20
	DN80 VVF41.80	5
	DN65 VVF41.65	4
	DN50 VVG41.50	4
	DN32 VVG41.32	1
	阀门驱动器 SKC62	29
	阀门驱动器 SKD62	5
	模拟量风门驱动 GBB161.1E	102

（4）设备间空调机组

① 变电所空调机组监控功能

➢ 按预定日程表、时间表控制风机的启停，可根据要求临时或者永久设定、改变有关时间表，确定假期和特殊时段。

- 设定温度与送风温度、室内温度进行比较，调节冷水调节阀开度，将室温控制在设定值。
- 过滤网两端压差监测，提示清洗过滤网。
- 每一个机组通过彩色三维图形显示，显示不同监测对象的状态和报警信号，动态显示每个模拟量参数的值，通过鼠标修改设定值或者末端设备开度，改变设备启停状态，以求达到最佳工况。
- 每一点均有历史记录，可以与图形关联，可列表输出有关历史记录信息。在报警发生时，将报警信息显示于报警窗口，同时蜂鸣器发出连续警报声，直至该报警信号被确认。
- 可显示与存储、打印有关信号的趋势、列表、动态趋势。

② 冷冻站控制室空调机组监控功能

- 于预定时间程序下控制风机的启停，可根据要求临时或者永久设定、改变有关时间表，确定假期和特殊时段。
- 设定温度与送风温度、室内温度进行比较，调节冷水调节阀开度，将室温控制在设定值内。
- 每一个机组通过彩色三维图形显示，显示不同监测对象的状态和报警信号，动态显示每个模拟量参数的值，通过鼠标修改设定值或者末端设备开度、改变设备启停状态，以求达到最佳工况。
- 每一点均有历史记录，可以与图形关联，可列表输出有关历史记录信息。在报警发生时，将报警信息显示于报警窗口，同时蜂鸣器发出连续警报声，直至该报警信号被确认。
- 可显示与存储、打印有关信号的趋势、列表、动态趋势图。

③ 变电所空调机组监控点位设计

- 送风温度测量（AI）；
- 室内温度测量（AI）；
- 送风机运行状态、手动 / 自动状态监测（DI）；
- 送风机过载继电器状态监测，产生故障报警信号（DI）；
- 过滤网两侧压差监测（DI）；
- 送风机启停控制（DO）；
- 冷冻水管两通阀开度调节（AO）。

④ 冷冻站控制室空调机组监控点位设计

- 送风温度测量（AI）；
- 室内温度测量（AI）；
- 送风机运行状态、手 / 自动状态监测（DI）；
- 送风机过载继电器状态监测，产生故障报警信号（DI）；
- 送风机启停控制（DO）；
- 冷冻水管两通阀开度调节（AO）。

⑤ 设备间空调机组监测、控制设备配置（见表 6.5）

表 6.5　设备间空调机组监测、控制设备配置

设 备 名 称		数　量
DDC 控制器　通过在制冷站、锅炉房的 MBC 中增加模块实现对 3 台设备房空调机组的控制		
点终端模块（PTM）	PTM6.2Q250	2
	PTM6.4D20	3
	PTM6.4P1K	3
传感器	风管温度传感器（544-339）	3
	室内温度传感器（544-300）	3
	过滤网差压开关（QBM81-3）	3
执行机构	二通阀调节阀 DN50 VVG41.50	2
	DN25 VVG41.25	1
	阀门驱动器 SKD62	3

3. 锅炉热力系统监控功能

（1）锅炉系统

锅炉系统由热水锅炉（3 台）、一次热水循环泵（3 台）、热水膨胀水箱（1 台）、油泵（3 台）、地下油罐（1 个）、日用油箱（2 个）及相关设备组成。锅炉配有自己的控制系统，锅炉系统运行参数通过锅炉自身控制网络，采用 RS-485 通信接口和开放的通信协议与 BA 系统通信。本设计只对锅炉配套设备和一次热水循环泵进行监控。

① 监控功能

- 根据日程表、时间表及实际需要，并严格按照工艺流程启 / 停锅炉与相关设备，累计各设备的运行时间，自动均衡各台设备运行时间，以保障系统高效、可靠和设备安全运行。
- 通过通信接口对锅炉运行工况进行监测、控制和诊断，及时对系统状况作出判断，以便及时进行维护检修，提高锅炉效率、延长使用寿命。
- 图形显示设备状态、运行参数，通过鼠标及时修改工艺参数和设定值，以达到最佳运行状态。
- 运行资料进行记录，列表报告，趋势图显示，报警显示。
- 锅炉故障时，立即停止锅炉及相关设备。
- 设备故障，互备设备自动切换。
- 显示油罐油位，以便掌握油料存量。
- 根据油箱液位，控制油泵启 / 停，保证油箱油量在正常范围内。
- 油箱液位下限低位，锅炉停运并报警。
- 油箱液位超极高（溢流）限位，锅炉停运并报警。
- 根据旁路水流量、流向，确定锅炉运行台数，启动锅炉。
- 根据热水供 / 回水温度、热水总供水流量，计算热负荷及热量消耗累计。
- 监测、显示热水膨胀水箱水位，提醒及时补水。

② 监控点位设计

- 油罐液位检测，上、下限液位监测。
- 油箱上、下限液位监测，极低位、溢出报警，停机停泵。
- 供油泵启 / 停控制，运行状态、手 / 自动状态、故障状态监测。

➢ 供油流量监测，耗油量计量。
➢ 一次热水循环泵启 / 停控制，运行状态、手 / 自动状态、故障状态监测。
➢ 热水锅炉启 / 停控制，运行状态、手 / 自动状态、故障状态监测。
➢ 旁通水流量监测，流向监测。
➢ 热水供 / 回水温度监测，热水总供水流量监测。
➢ 热水膨胀水箱水位监测。

③ 锅炉系统监测、控制设备配置（见表 6.6）

表 6.6　锅炉系统监测、控制设备配置

<table>
<tr><th colspan="2">设 备 名 称</th><th>数　量</th></tr>
<tr><td colspan="2">DDC 模块化楼宇控制器（MBC）</td><td>1</td></tr>
<tr><td colspan="2">模块化设备控制器（MEC）</td><td>1</td></tr>
<tr><td rowspan="6">I / O 点终端模块（PTM）</td><td>PTM6.2Q250</td><td>7</td></tr>
<tr><td>PTM6.4D20</td><td>14</td></tr>
<tr><td>PTM6.4P1K</td><td>1</td></tr>
<tr><td>PTM6.2I420</td><td>2</td></tr>
<tr><td>PTM6.2Y420</td><td>1</td></tr>
<tr><td>PTM6.2C</td><td>2</td></tr>
<tr><td>通信网关</td><td>GateWay（FOR BOILER CONTROLIERS）</td><td>1</td></tr>
<tr><td rowspan="7">传感器</td><td>水温传感器（544-577）</td><td>7</td></tr>
<tr><td>电磁流量计（DWM-2000）</td><td>2</td></tr>
<tr><td>水流开关（FS4-3）</td><td>2</td></tr>
<tr><td>液位开关（SC37A4P1）</td><td>12</td></tr>
<tr><td>液位传感器（Oillevel）</td><td>1</td></tr>
<tr><td>水压力传感器（QBE61.1-P10）</td><td>2</td></tr>
<tr><td>油料计量表</td><td>2</td></tr>
<tr><td rowspan="2">执行机构</td><td>二通阀调节阀 DN32 VVG41.25</td><td>5</td></tr>
<tr><td>阀门驱动器 SKD62</td><td>5</td></tr>
</table>

（2）供热系统

供热系统由 15 个换热站、4 台热水二次循环泵、12 台生活热水循环泵及相关设备组成。本设计对其中辅楼的 10 台换热器、8 台生活热水循环泵及相关设备暂不进行监控设计。

① 监控功能

➢ 监测末端热水压力，通过相应分区对热水泵运行台数控制，变频泵转速调节，维持热供水末端压差恒定。
➢ 监测换热器出水温度，通过闭环调节（PID）热水两通调节阀开度，保持换热器出水温度为设定值。
➢ 所有设备状态监测，故障报警，图形显示。
➢ 生活热水循环泵两两互为备份，发生故障时自动切换并报警。
➢ 设备运行资料记录，列表报告，趋势图显示，运行时间累计。

② 监控点位设计

➢ 热水系统末端压力监测。
➢ 换热器出水温度监测。

➢ 热水二次循环泵启 / 停控制、运行状态、手 / 自动状态，故障报警状态监测。
➢ 热水二次循环泵转速调节。
➢ 生活热水循环泵启 / 停控制、运行状态、手 / 自动状态，故障报警状态监测。
➢ 换热器热水阀开度控制。

4. 通风系统

由于本设计范围仅限于主楼，不包括辅楼（如车库、宾馆）的通风系统，但为辅楼通风的控制系统预留扩容余量。

（1）排风系统

① 排风机监控功能
➢ 按日程表、时间表自动或按实际需要启 / 停排风机。
➢ 排风机运行状态、手 / 自动状态监测。
➢ 故障状态监测并报警。
➢ 排风温度达到 70℃，防火阀关闭，风机联动停机。
➢ 火灾时，火灾自动联动系统切断风机电源。

② 排风机兼排烟机监控功能
➢ 按日程表、时间表自动或按实际需要启 / 停排风机。
➢ 排风机运行状态、手 / 自动状态监测。
➢ 故障状态监测并报警。
➢ 火灾时，火灾自动报警系统联动风机启动进行排烟。
➢ 排烟温度达到 280℃，防火阀关闭，风机联动停机。

③ 排风机兼排烟机机组监控功能
➢ 按日程表、时间表自动或按实际需要控制启 / 停排风机（台数）。
➢ 排风机运行状态、手 / 自动状态监测。
➢ 故障状态监测并报警。
➢ 火灾时，关闭防烟阀，火灾自动报警系统联动启动排烟风机进行排烟；排风机兼排烟机切换到排烟状态，进行排烟；切断（单功能）排风机电源。
➢ 排烟温度达到 280℃，防火阀关闭，所有风机联动停机。

（2）送风系统

① 送风机监控功能
➢ 按日程表、时间表自动或按实际需要启 / 停送风机。
➢ 送风机运行状态、手 / 自动状态监测。
➢ 过滤网差压报警，提醒清洗。
➢ 故障状态监测并报警。
➢ 送风温度达到 70℃，防火阀关闭，风机联动停机。
➢ 火灾时，火灾自动联动系统切断风机电源。

② 送风机兼补风机监控功能
➢ 按日程表、时间表自动或按实际需要启 / 停送风机。
➢ 送风机运行状态、手 / 自动状态监测。
➢ 过滤网差压报警，提醒清洗。
➢ 故障状态监测并报警。

➢ 火灾时，火灾自动报警系统联动风机启动进行补风。
➢ 补风温度达到 70℃，防火阀关闭，风机联动停机。

③ 送风机兼补风机机组监控功能

➢ 按日程表、时间表自动或按实际需要控制启 / 停送风机（台数）。
➢ 送风机运行状态、手 / 自动状态监测。
➢ 过滤网差压报警，提醒清洗。
➢ 故障状态监测并报警。
➢ 火灾时，火灾自动报警，系统联动，送风机启动进行补风；送风机兼补风机切换到补风状态进行补风。
➢ 补风温度达到 70℃，防火阀关闭，风机联动停机。

④ 通风系统监测、控制设备配置（见表 6.7）

表 6.7　通风系统监测、控制设备配置

设备名称		数　量
DDC 控制器	模块化楼宇控制器（MBC）	1
	数字单元（DPU）	4
I / O 点终端模块（PTM）	PTM6.2Q250	14
	PTM6.4D20	19
	MEC 点模块（549-201）	11
传感器	液位传感器（Oillevel）	1
	水压力传感器（QBE61.1-P10）	2
执行机构	二通阀调节阀　DN32 VVG41.25	5
	阀门驱动器　SKD62	5

5. 变配电系统、电梯系统及给排水系统

变配电系统、电梯系统及给排水系统均配备有专用监控设备与系统对其进行监控，楼宇设备自动化系统不需配置现场监控设备。通过通信网关（GateWay）接口与以上控制系统进行通信，在楼宇设备自动化系统工作站，通过监视器、键盘、鼠标，以图形方式对所有设备进行全面监控，并对设备运行资料记录存储、列表报告，趋势图显示等。

6. 楼宇设备自动化系统中央工作站系统

（1）中央工作站系统功能

① 监视功能

全中文图形化界面显示、监视整个设备自动化系统，包括：系统组成结构、工艺流程、运行状态、工况参数、趋势曲线、设备状态等。画面切换单键完成。状态、参数刷新时间可调，最小刷新时间小于 2 s。Designer 7.0 绘图软件包提供丰富的专用图形库和绘图工具，可方便、迅速地生成新的界面、图形。

② 保密功能

系统具有六级权限密码，使具有不同操作权限的工作人员不得进入高于授权的操作级别，保证系统的安全性和保密性。

③ 控制功能

可直接对所有监控设备进行控制操作：启停控制、参数修改、方式改变、状态设定等，

所有操作均有授权限制。设备自动化系统具有多种运行方式，通过系统优化控制会提高会展中心机电设备运行的合理性，保持设备运行在最佳工况，以达到节省能源、减轻劳动强度的目的。通过系统统一管理和调度，充分发挥会展中心机电设备整体协调与配合的功能。

④ 报警功能

具有报警信息管理和优先级管理功能，进行报警确认、记录、列表报告、打印输出等功能。当自动化设备出现故障或参数越限，工作站将报警，发出声光报警信号，监视器显示报警信息。

⑤ 综合管理功能

具有系统运行信息和历史数据库管理功能，丰富的数据库可以报表和图形曲线的形式，从监视器或打印机输出，实时提供机电设备运行资料，为系统管理和维护提供依据，实现机电设备管理自动化。

⑥ 通信功能

楼宇设备自动化系统中央工作站配置 Windows NT 操作系统、以太网连接和 TCP / IP 协议，以 ODBC 等方式与 BMS 服务器通信，传递计量、报表、报警集中管理所需的资料和数据库，接收 BMS 服务器所发出的协调控制命令、参数以及联动操作指令，控制整个系统的优化运行及与其他系统的联动协调，保证 BMS 服务器和其他系统的数据交换和共享。

楼宇设备自动化系统中央工作站与 DDC 之间、DDC 与 DDC 之间不需要经过任何形式的管理站就可直接通信，通信速率最高可达 115.2 kbps。

楼宇设备自动化系统根据第三方提供的通信协议，通过标准接口（RS-485 等）和通信控制器与下列控制系统通信：

- 变配电系统；
- 电梯系统；
- 冷冻机组群控系统；
- 生活给水控制系统；
- 排水控制系统；
- 锅炉控制系统。

（2）楼宇设备自动化系统中央工作站主要配置（见表 6.8）

表 6.8 楼宇设备自动化系统中央工作站主要配置

设 备 名 称	数　量
pentium 主工作站（21"SVGA 显示器）（Windows NT、INSIGHT 4.X、Designer 7.0 ）	1 台
彩色打印机	1 台
Trunk Interface II	1 台
UPS	1 台

（3）控制网络

按照系统技术要求和国家有关技术规范规定，楼宇设备自动化系统网络采用对等同层无主网络结构、Peer to Peer（Token-Pass）通信协议，中央工作站与 DDC 共同连接在总线上，中央工作站与 DDC 信号传递路径为直接通信；VAV 控制器具有 LonMark 标志，通过网络控制器进入控制网络；通信介质为 PDS 的 UTP 或普通双绞线；系统提供 ODBC, API, DDE, OPC 等通信接口，以便系统集成。楼宇设备自动化系统网络通信信道 UTP / STP 任选，可按工程技术要求采用非屏蔽双绞线（UTP）。

6.2.3.4　楼宇设备自动化系统监控点统计表与设备清单

1. 楼宇设备自动化系统监控点统计表（见表 6.9）

表 6.9　XXXXXX 会展中心楼宇设备自动化系统（一期）监控点统计表

序号	设备名称与监控内容	设备	输入		输出		传感器及执行机构		
		数量	DI	AI	DO	AO	说明	型号	数量
一	冷冻水系统								
1	二次冷水循环泵	7							
2	二次冷水冻循环泵启／停控制				7				
3	二次冷水循环泵运行状态		7						
4	二次冷水循环泵故障状态		7						
5	二次冷水循环泵调速控制					3			
6	二次冷水循环泵手／自动状态		7						
7	冷冻水总供水温度			1			水温传感器	544-577	1
8	冷冻水总回水温度			1			水温传感器	544-577	1
9	冷冻水总供水流量			1			电磁流量计	DWM-2000	1
10	冷冻水膨胀水箱水位		4				液位开关	SC37A4P1	4
	控制器　MBC40CP+4×PTM6.2Q250+7×PTM6.4D20+1×PTM6.2P1K+1×PTM6.2I420+2×PTM6.2Y420+GateWay FOR TRANE								
二	热水锅炉系统	3							
1	锅炉启／停控制				3				
2	锅炉运行状态		3						
3	锅炉故障状态		3						
4	锅炉手／自动状态		3						
5	热水泵启／停控制				3				
6	热水泵运行状态		3						
7	热水泵故障状态		3						
8	热水泵手／自动状态		3						
9	热水供水温度			1			水温传感器	544-577	1
10	热水回水温度			1			水温传感器	544-577	1
11	热供水总流量			1			电磁流量计	DWM-2000	1
12	旁路热水流量			1			电磁流量计	DWM-2000	1
13	旁路热水流向		2				水流开关	SC37A4P1	2
14	二次热水泵启／停控制				4				
15	二次热水泵运行状态		4						
16	二次热水泵故障状态		4						
17	二次热泵运行手／自动状态		4						
18	水泵调速控制					2			
19	膨胀水箱水位		4				液位开关	SC37A4P1	4
20	燃油库液位			1			液位传感器	OILLEVEL	1
21	燃油库上限液位		1				液位开关	SC37A4P1	1
22	燃油库下限液位		1				液位开关	SC37A4P1	1
23	日用油箱上限液位		2				液位开关	SC37A4P1	2

续表

序号	设备名称与监控内容	设备数量	输入		输出		传感器及执行机构		
			DI	AI	DO	AO	说明	型号	数量
24	日用油箱下限液位		4				液位开关	SC37A4P1	4
25	日用油箱溢流报警		2						
26	燃油泵启／停控制				4				
27	燃油泵启／停状态		4						
28	燃油泵故障状态		4						
29	燃油泵手动／自动状态		4						
30	燃油计量		2						2
	MBC-40CP GateWay+7×（2Q250-M）+15×（4D20）+2×（2I420）+1×（2Y420）+1×（2P1K）+1×（6.2C）								
三	热交换系统								
A	主楼四层热交换	2							
1	热水循环泵启／停控制				2				
2	热水循环泵运行状态		2						
3	热水循环泵故障状态		2						
4	热水循环泵手／自动状态		2						
5	热水温度测量			3			水温传感器	544-577	3
6	调节阀控制					3	DN25 VV41.25+SKD62		3
7	末端热水供水压力			1			压力传感器	QBE61.1-P10	1
8	末端热水回水压力			1			压力传感器	QBE61.1-P10	1
	1×MEC200								
B	主楼底层热交换	2							
1	热水循环泵启／停控制				2				
2	热水循环泵运行状态		2						
3	热水循环泵故障状态		2						
4	热水循环泵手／自动状态		2						
5	热水温度测量			2			水温传感器	544-577	2
6	调节阀控制					2	VV41.25+SKD62		2
	2×（4D20）+1×（2Q250-M）+1×（2P1K）+1×（2Y10S-M）								
四	主楼变风量空调系统	11							
1	新、回及排风风门控制					33	连续风门驱动器	GBB161.1E	33
2	空调水阀控制					11	驱动器加调节阀		11
3	送风温度测量			11			风管温度传感器	544-339	11
4	新风温度测量			11			风管温度传感器	544-339	11
5	CO2 检测			11			空气质量传感器	QPA62.2+ARG64	11
6	送风机供水压力			2			压力传感器	QBE61.1-P10	2
7	送风机回水压力			2			压力传感器	QBE61.1-P10	2
8	送风压力测量			11			压力传感器	QBM62.2-P9000	11
9	送风机启／停控制				11				
10	送风机运行状态		11						
11	送风机运行故障		11						
12	送风机手／自动状态		11						
13	送风机转速控制					11			
14	回风压力测量			11			压力传感器	QBM62.2-P3000	11
15	回风机启／停控制				11				

续表

序号	设备名称与监控内容	设备数量	输入		输出		传感器及执行机构		
			DI	AI	DO	AO	说明	型号	数量
16	回风机运行状态		11						
17	回风机运行故障		11						
18	回风机手 / 自动状态		11						
19	回风机转速控制					11			
20	火灾报警		11						
21	过滤网差压报警		11					QBM81-3	11
	12×MEC200+5×FLN								
五	VAV 箱控制	185							
1	室内温度检测		185				室内温度传感器	544-300	185
2	风速检测		185				风速传感器	QAV61	185
3	风门开度检测		185						185
4	风门控制					185	风门驱动器	GBB131.1E	185
	185×540-100VAV 控制器								
六	主楼定风量空调器	34							
1	新、回及排风风门控制					102	驱动器+调节阀	GBB161.1E	102
2	空调水阀控制					34	风门+驱动器		34
3	送风温度测量			34			风管温度传感器	544-339	34
4	新风温度测量			34			风管温度传感器	544-339	34
5	室内温度测量			34			室内温度传感器	544-300	34
6	CO_2 检测			34			CO_2 传感器	QPA62.2+ARG64	34
7	末端机供水压力			5			压力传感器	QBE61.1-P10	5
8	末端回水压力			5			压力传感器	QBE61.1-P10	5
9	送风机启 / 停控制					34			
10	送风机运行状态		34						
11	送风机运行故障		34						
12	送风机手 / 自动状态		34						
13	回风机启 / 停控制				34				
14	回风机运行状态		34						
15	回风机运行故障		34						
16	回风机手 / 自动状态		34						
17	火灾报警		34						
18	过滤网差压报警		34					QBM81-3	34
	34×MEC200								
七	冷机房控制室空调	1							
1	空调水阀控制					1		VV41.25+SKD62	1
2	送风温度			1			风管温度传感器	544-339	1
3	室内温度			1			室内温度传感器	544-300	1
4	送风机控制				1				
5	送风机运行状态		1						
6	送风机运行故障		1						
7	过滤网差压报警		1					QBM81-3	
8	送风机运行手 / 自动状态		1						
9	火灾报警								

续表

序号	设备名称与监控内容	设备	输入		输出		传感器及执行机构		
		数量	DI	AI	DO	AO	说明	型号	数量
	1×（2Q250-M）+2×（4D20）+1×（2P1K）+1×（2Y10S-M）								
八	变电所空调系统	2							
1	空调水阀控制					2	VV41.25+SKD62		2
2	送风温度			2					
3	室内温度			2					
4	送风机控制				2				
5	送风机运行状态		2						
6	送风机运行故障		2						
7	送风机运行手／自动状态		2						
8	过滤网差压报警		2					QBM81-3	2
9	火灾报警		2						
	3×（4D20）+1×（2Q250-M）+2×（2P1K）+1×（2Y10S-M）								
九	风机盘管								
1	室内温控器+二通阀	6							
十	主楼通风系统								
A	主楼排风机	16							
1	风机启／停控制				16				
2	风机运行状态		16						
3	风机运行故障		16						
4	风机手／自动状态		16						
5	火灾报警		16						
B	主楼排风／排烟机								
1	风机启／停控制				2				
2	风机运行状态		2						
3	风机运行故障		2						
4	风机手／自动状态		2						
5	火灾报警		2						
C	主楼送风／补风机	5							
1	风机启／停控制				5				
2	风机运行状态		5						
3	风机运行故障		5						
4	风机手／自动状态		5						
5	过滤网差压报警		5					QBM81-3	5
6	火灾报警		5						
D	主楼排风、排烟机组	5							
1	排风机启／停控制				5				
2	排风机运行状态		5						
3	排风机运行故障		5						
4	排风机手／自动状态		5						
5	排烟机运行状态		5						
6	排烟机运行故障		5						
7	火灾报警		5						
E	主楼送风、补风机组	1 组							

续表

序号	设备名称与监控内容	设备数量	输入		输出		传感器及执行机构		
			DI	AI	DO	AO	说明	型号	数量
1	送风机启 / 停控制				1				
2	送风机运行状态		1						
3	送风机运行故障		1						
4	送风机手 / 自动状态		1						
5	过滤网差压报警		1					QBM81-3	1
6	补风机运行状态		1						
7	补风机运行故障		1						
8	火灾报警		1						
F	主楼锅炉房送风、补风机组	1							
1	送风机启 / 停控制				3				
2	送风机运行状态		3						
3	送风机运行故障		3						
4	送风机手 / 自动状态		3						
5	火灾报警		1						
G	主楼厨房送风机	3							
1	送风机启 / 停控制				3				
2	送风机运行状态		3						
3	送风机运行故障		3						
4	送风机手 / 自动状态		3						
5	过滤网差压报警		3					QBM81-3	3
	MBC-40CP+4×DPU+11×（549-201 / 203）+12×（2Q250-M）+16×（4D20）								
H	其他								
1	电源箱	52						120VA	
2	电源箱	185						40VA	

2. 楼宇设备自动化系统设备清单（见表 6.10）

表 6.10　XXXXXX 会展中心楼宇设备自动化系统（一期）设备清单

序　号	名　　称	型 号 规 格	产　　地	单　　位	数　　量
一、中央站					
1	计算机	PVI		台	1
2	监视器	SVGA21		台	1
3	通信接口	538-675		台	1
4	WINDOWS NT4.0 FOR WORKSTATON	571-210		套	1
5	INSIGHT3.1	571-675		套	1
6	Dynanic Plotter	571-130		台	1
7	UPS			台	1
二、冷冻水系统					
1	水温传感器	544-577		只	2
2	电磁流量计	DWM-2000		只	1
3	液位开关	SC37A4P1		个	4
4	数字控制器	MBC40-CP		个	1
5	点终端模块	PTM6.2Q250-M		个	4

续表

序　号	名　称	型 号 规 格	产　地	单　位	数　量
6	点终端模块	PTM6.4D20		个	7
7	点终端模块	PTM6.2P1K		个	1
8	点终端模块	PTM6.2I420		个	1
9	点终端模块	PTM6.2Y420		个	2
10	GATEWAYS			个	4
三、热水锅炉及热交换系统					
1	水温传感器	544-577		只	7
2	电磁流量计	DWM-2000		只	2
3	水流开关	FS4-3		只	2
4	液位开关	SC37A4P1		只	12
5	液位传感器	OILLEVEL		只	1
6	压力传感器	QBE61.1-P10		只	2
7	燃油计量表			只	1
8	调节阀	VVG41.25		个	5
9	驱动器	SKD62		个	5
10	数字控制器	MEC200		个	1
11	数字控制器	MBC40-CP		个	1
12	点终端模块	PTM6.2Q250-M		个	9
13	点终端模块	PTM6.4D20		个	17
14	点终端模块	PTM6.2P1K		个	2
15	点终端模块	PTM6.2I420		个	2
16	点终端模块	PTM6.2Y420		个	1
17	点终端模块	PTM6.2C		个	1
18	点终端模块	PTM6.2U10		个	1
19	GATEWAYS			个	1
四、主楼变风量空调系统					
1	风门驱动器	GBB161.1E		个	33
2	二通阀	VVF41.90		个	4
3	二通阀	VVF41.65		个	3
4	二通阀	VVG41.50		个	1
5	二通阀	VVG41.40		个	3
6	驱动器	SKD62		个	4
7	驱动器	SKC62		个	7
8	风管温度传感器	544-339		个	22
9	CO_2 传感器	QPA62.2+ARG64		只	11
10	压力传感器	QBE61.1-P10		只	4
11	风压力传感器	QBM62.203		只	22
12	过滤网差压传感器	QBM81-3		只	11
13	室内温度传感器	544-300		只	185
14	风速传感器	QAV61		个	185
15	风门驱动器	GBB131.1E		个	185
16	VAV 控制器	540-100		台	185
17	数字控制器	MEC200		台	11
18	网络控制器	FLN		台	5

续表

序　号	名　称	型号规格	产　地	单　位	数　量
五、主楼定风量空调系统					
1	风门驱动器	GBB161.1E		个	102
2	二通阀	VVF41.90		个	20
3	二通阀	VVF41.80		个	5
4	二通阀	VVF41.65		个	4
5	二通阀	VVG41.50		个	4
6	二通阀	VVG41.32		个	1
7	驱动器	SKC62		个	29
8	驱动器	SKD62		个	5
9	风管温度传感器	544-339		个	68
10	室内温度传感器	544-300		只	34
11	CO_2传感器	QPA62.2+ARG64		只	34
12	压力传感器	QBE61.1-P10		只	10
13	过滤网差压传感器	QBM81-3		只	34
14	数字控制器	MEC200		台	34
六、地下室空调及主楼通风系统					
1	风管温度传感器	544-339		只	3
2	室内温度传感器	544-300		只	3
3	二通阀	VVG41.25		个	1
4	二通阀	VVG41.50		个	2
5	驱动器	SKD62		个	3
6	过滤网差压传感器	QBM81-3		只	3
7	数字控制器	MBC40-CP		台	1
8	数字控制器	DPU		台	4
9	点终端模块	PTM6.2Q250-M		个	14
10	点终端模块	PTM6.4D20		个	19
11	点终端模块	PTM6.2P1K		个	3
12	点终端模块	PTM6.2Y10S-M		个	2
13	MEC 数字点模块	549-201 / 203		个	11
七、电源					
1	电源箱	120VA		个	52
2	电源箱	45VA		个	185

控制原理图、系统图、施工图（略）。

6.3　楼宇设备独立控制与简单控制的工作原理与系统设计

在现代化的高档建筑中，通过基于 DCS 的楼宇设备自动化系统实现楼宇设备自动控制已成为楼宇自动化技术的主流。但由于适用于楼宇自动化系统的 DCS 系统一般规模较大，而且价格普遍较高。在投资有限的中低档建筑、小型建筑或功能单一的专用建筑中，基于 DDC 的独立控制系统，甚至是基于传统模拟控制仪表的单回路控制系统设备自动化仍有较大的市场占有率。如 Honewell、SIEMENS、Johson contols 等著名公司都有品种齐全的独立式模拟和数字式楼宇设备控制器和系列的配套产品，而且销售量相当大。这从另一方面也说明这类系统强大的生命力和诱人的市场前景。对独立控制的楼宇设备，也应区分不同的情况进行控制系统设计。

6.3.1　设备数量很少、控制要求高、控制流程复杂的楼宇设备的独立控制

对于这种情况，一般可采用现有楼宇 DCS 系统中的 DDC 控制器或专用的 DDC 控制器组成楼宇设备控制系统。控制系统的设计原理和设计方法与前面已介绍过的基本相同。要特别注意的是，在 DCS 系统中的 DDC 控制器选型与配置时，由于有 DCS 系统的中央工作站，基本不用考虑 DDC 控制器的人机界面问题。但在使用 DDC 控制器构成独立的控制系统时，一定要选配相应的人机界面或选用具有人机界面的 DDC 控制器。各个知名品牌的 DDC 控制器一般既可用做 DCS 的现场控制单元，又可构成独立的控制系统。并有配套的人机界面，作为 DDC 独立工作时的人机接口，供控制系统调试、运行模式转换、参数调整、系统维护和运行状态、运行参数显示用。

6.3.2　楼宇设备的简单控制

在楼宇设备控制要求不高、控制原理比较简单的情况下，选用比较便宜的单回路（模拟式或数字式）控制器，组成单回路控制系统实现楼宇设备或系统主要参数的自动控制，结合相应的电气联动，再配以简单的报警装置，即可实现楼宇设备的自动化。这种策略在系统简单、投资有限的情况下，无疑是比较可取的选择。这也是这类系统被广泛采用的主要原因。

下面通过一个空气处理机组控制系统的实例说明这类控制系统组成原理和设计方法。

在图 6.1 所示的空气处理机组控制原理图中，各种符号的含义见图中的文字说明。

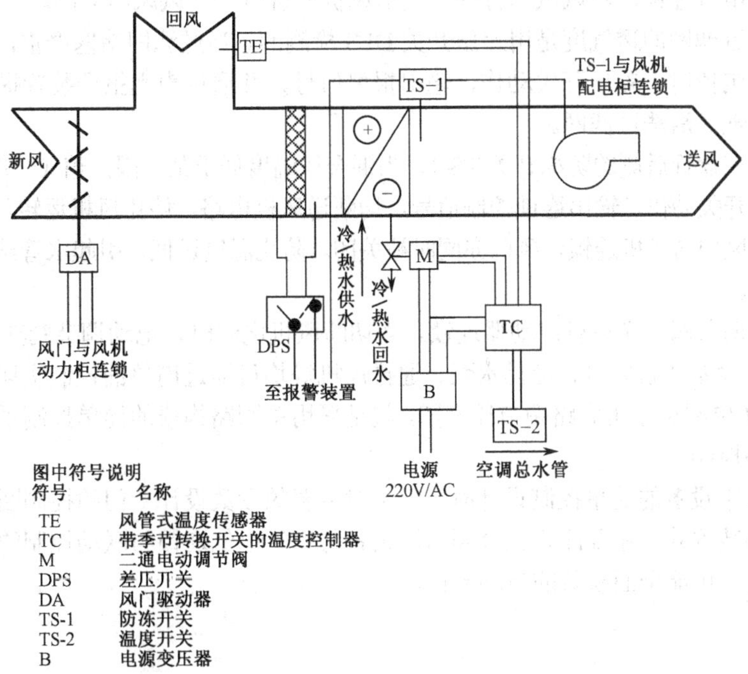

图 6.1　空气处理机组控制原理图

空气处理机组控制系统主要由比例积分（PI）温度控制器（TC）、安装在回风管内的温

度传感器（TE）以及电动调节阀组成。控制器（TC）的作用是将传感器（TE）所检测的温度与控制器温度设定值相比较，并根据比较的结果输出相应的电压信号，以控制电动调节阀的动作，使回风温度保持在所设定的工作范围之内。

温度控制器（TC）通过安装在空调水主管上的温度开关 TS-2，实现冬季 / 夏季控制模式的自动转换。空调水主管供应冷冻水时，温度开关 TS-2 测到低温，处于开路状态，则温度控制器（TC）工作在夏季模式。当温度传感器（TE）测到回风温度高于设定值时，温度控制器（TC）根据测量值与设定值的偏差大小，按照 PI 调节规律输出控制信号以增加电动调节阀开度，使回风温度降低；当 TE 测到回风温度低于设定值时，TC 则输出相应控制信号，减小电动调节阀开度，使回风温度升高。温度控制器（TC）按照温度传感器（TE）测到的回风温度和设定温度的偏差，实时控制阀门开度，调节冷冻水流量，将温度控制在设定值范围内。

当空调水主管供应热水时，温度开关 TS-2 测到高温，处于闭合状态，温度控制器（TC）工作在冬季模式。当温度传感器（TE）测到回风温度低于设定值时，温度控制器（TC）根据测量值与设定值的偏差大小，按照 PI 调节规律输出控制信号，增加电动调节阀开度，使回风温度升高；当 TE 测到回风温度高于设定值时，TC 则输出控制信号，减小电动调节阀开度，使回风温度降低。温度控制器（TC）按照温度传感器（TE）测到的回风温度和设定温度之间的偏差，实时控制开度，调节热水流量，将温度控制在设定值。有时为简化系统，省略温度开关 TS-2，而采用外接手动开关，实现 TC 运行模式的季节转换。

其次，通过防冻开关 TS-1 的连锁控制、其他设备间的电气联动控制以及差压开关（DPS）的报警输出，实现以下的自动控制和自动报警功能。

- 安装在新风入口处的常闭二位式（ON / OFF）风门与送风机连锁。当送风机启动时，通过电气连锁，新风风门打开；当送风机停机时，新风风门关闭。
- 空气过滤网的透气度是用差压开关 DPS 检测的。当过滤网堵塞严重，两侧之压差超过设定值时，差压开关动作，输出报警信号，并通过声光报警装置提醒工作人员及时清理、清洗过滤网。
- 安装在盘管后侧的防冻开关 TS-1，当混合风温度低于某一限定值（一般为 3℃～5℃）时，开关动作，输出连锁控制信号，切断送风机电路，停止风机运转。由于新风入口处的风门与风机连锁，风门亦同时被关闭。防止温度过低，引起水管结冰造成设备的损坏。
- 电动调节阀与送风机启动器连锁。当切断风机电源时，电动调节阀亦同时关闭。

其他楼宇设备如新风机、给排水泵、通排风机等均可通过简单的控制实现自动化。在第 3 章中，图 3.2 单回路差压旁路调节原理图，就是采用单回路构成的简单控制系统实现空调冷冻水差压旁路控制。

在进行楼宇设备的简单控制设计时，除了对主要的参数设计专门的控制回路和配置专用的检测与控制装置外，还要注意充分利用原设备与系统电气连锁与联动控制的资源和潜力，实现楼宇设备尽可能全面有效的自动监控。

第 7 章 火灾自动报警和消防控制系统

火灾自动报警和消防控制系统是（广义）楼宇自动化系统的重要子系统。火灾自动报警系统探测火灾隐患，肩负着保护建筑内人们生命安全和财产安全的重任。火灾自动报警系统设计必须符合国家强制性标准《火灾自动报警系统设计规范》（GB50116—98）的规定，同时也要适应建筑智能化系统集成的要求。在系统设计时要合理选配产品，做到安全适用、技术先进、经济合理。

按照《火灾自动报警系统设计规范》（GB50116—98）的要求，火灾自动报警系统应为一个独立的系统。目前，在许多楼宇自动化系统设计中，要求火灾自动报警系统向楼宇自动化系统发送信号。发生火灾时，火灾自动报警系统可向楼宇自动化系统发出火警信号，但火灾消防的专用设备仍通过消防控制系统进行控制。火灾自动报警和消防控制系统采用专用通信总线，构成独立系统。随着智能建筑技术的发展，将火灾自动报警和消防控制系统完全纳入楼宇自动化系统中直接控制，是今后的规范和技术值得进一步研究探讨的问题。

7.1 火灾自动报警和消防控制系统的主要设备

火灾自动报警系统和消防控制系统由火灾探测器、火灾报警控制器及其他设备组成。

7.1.1 火灾探测器

火灾探测器是系统的“感觉器官”，它的作用是监视环境中是否有火灾发生。一旦有火情，火灾探测器就将其特征物理量，如温度、烟雾、气体和辐射光强等转换成电信号，并向火灾报警控制器发送报警信号。对于易燃易爆场合，火灾探测器主要探测其周围空间的气体浓度，在浓度达到爆炸下限以前报警。在个别场合下，火灾探测器也可探测压力和声波。

7.1.1.1 火灾探测器的分类和原理

火灾探测器的分类比较复杂。实用的分类方法有探测区域分类法、探测火灾参数分类法和使用环境分类法等。

1. 探测区域分类法

按火灾探测器的探测范围分类，可以分成线型和点型两大类。

（1）线型火灾探测器

这是一种探测某一连续线路周围的火灾参数的火灾探测器，其连续线路可以是“硬”的，也可以是“软”的。如空气管线型差温火灾探测器，是由一条细长的铜管或不锈钢管构成“硬”的连续线路。又如红外光束线型感烟火灾探测器，是由发射器和接受器二者中间的红外光束构成“软”的连续线路。

（2）点型探测器

它是探测某一点周围火灾参数的火灾探测器，大多数火灾探测器属于点型火灾探测器。

2. 探测火灾参数分类法

根据火灾探测器探测火灾参数的不同，可以划分为感温、感烟、感光、气体和复合式等几大类。

（1）感温火灾探测器

这是一种响应异常温度、温升速率和温差的火灾探测器。又可分为定温火灾探测器（温度达到或超过预定值时响应的火灾探测器）、差温火灾探测器（升温速率超过预定值时响应的感温火灾探测器）、差温&定温火灾探测器（兼有差温、定温两种功能的感温火灾探测器）。感温火灾探测器采用不同的敏感元件，如热敏电阻、热电偶、双金属片、易熔金属、膜盒和半导体等，按照感温元件又可派生出各种感温火灾探测器。

（2）感烟火灾探测器

感烟火灾探测器是一种响应燃烧或热解产生的固体或液体微粒的火灾探测器。由于它能探测物质燃烧初期所产生的气溶胶或烟雾粒子浓度，因此，有的国家称感烟火灾探测器为“早期发现”探测器。气溶胶或烟雾粒子可以改变光强、减小电离室的离子电流以及改变空气电容器的介电常数、半导体的某些性质等。由此，感烟火灾探测器又可分为离子型、光电型、电容式和半导体型等几种。其中光电感烟火灾探测器，按其动作原理的不同，还可以分为减光型（应用烟雾粒子对光路遮挡原理）和散光型（应用烟雾粒子对光散射原理）两种。

① 离子感烟探测器

它在内外电离室里面有放射源镅 241。电离产生的正、负离子在电场的作用下分别向正负电极移动。在正常的情况下，内外电离室的电流、电压都是稳定的。一旦有烟雾窜逃至电离室，干扰了带电粒子的正常运动，使电流、电压有所改变，破坏了内外电离室之间的平衡，于是探测器就发出警报信号。

② 光电感应探测器

光电感应探测器有一个发光元件和一个光敏元件，平常光源发出的光，通过透镜射到光敏元件上，电路维持正常，如果有烟雾从中阻隔，到达光敏元件上的光就显著减弱，于是光敏元件就把光强的变化变成电的变化，通过放大电路报警。

（3）感光火灾探测器

感光火灾探测器又称为火焰探测器。这是一种响应火焰辐射出的红外、紫外、可见光的火灾探测器，主要有红外火焰型和紫外火焰型两种。

（4）气体火灾探测器

这是一种响应燃烧或热解产生的气体的火灾探测器。在易燃易爆场合中主要探测气体（粉尘）的浓度，一般调整在爆炸下限浓度的 1/5～1/6 时报警。用做气体火灾探测器探测气体（粉尘）浓度的传感元件主要有铂丝、铂钯（黑白元件）和金属氧化物半导体（如金属氧化物、钙钛晶体和尖晶石）等几种。

（5）复合式火灾探测器

这是一种响应两种以上火灾参数的火灾探测器。主要有感温感烟火灾探测器、感光感烟火灾探测器、感光感温火灾探测器等。

（6）管道抽吸式感烟探测器

它的工作原理与光电感应探测器中散射型探测器的原理相似，通过烟雾的反射或散射产生光敏电流，主要用在船舶上。

（7）其他火灾探测器

除了前面所说的几种探测器之外，还有通过探测泄漏电流大小的漏电流感应型火灾探测器和通过探测静电电位高低的静电感应型火灾探测器。另外，还有在一些特殊场合使用的、要求探测极其灵敏、动作极为迅速，以至要求探测爆炸声产生的某些参数的变化（如压力的变化）信号，来抑制消灭爆炸事故发生的微差压型火灾探测器；以及利用超声原理探测火灾的超声波火灾探测器等。近年来还出现了激光感烟探测器，它也是利用光电感应原理，不同的是光源改用激光束，探测器采用半导体器件，体积小、价格低、耐震动、寿命长，发展前景广阔。

3. 使用环境分类法

（1）陆用型

一般用于内陆、无腐蚀性气体的环境，其使用温度范围为-10℃～+50℃，相对湿度在85%以下。在现有产品中，凡没有注明使用环境的都为陆用型。

（2）船用型

船用型火灾探测器主要用于舰船上，也可用于其他高温、高湿的场所，其特点是耐高温、高湿，在 50℃以上的高温和 90%～100%的高湿环境中，可以长期正常工作。

（3）耐寒型

这种火灾探测器特点是耐低温。它能在-40℃以下的高寒环境中长期正常工作。它适用于北方无采暖的仓库和冬季平均温底低于-10℃的地区。

（4）耐酸型

该火灾探测器不受酸性气体的腐蚀，适用于空间经常停滞有较重含酸性气体的工厂区。

（5）耐碱型

该火灾探测器不受碱性气体的腐蚀，适用于空间经常停滞有较重碱性气体的场合。

（6）防爆型

该火灾探测器适用于易燃易爆的场合，其结构符合国家防爆有关规定。

4. 输出信号类型或信号处理方式分类法

（1）开关量火灾探测器

这种类型的探测器在内部的电路设计中设定一个报警阈值，当火情（烟雾浓度、环境温度）达到一定值时，探测器的内部电路翻转，探测器进入报警状态。这种探测器的阈值一旦设定，便不能调节，报警完全由探测器决定，然后将报警信号送出到报警控制器。这种探测器不易适应变化大的场所，并且对环境的变化也很难适应，所以现在基本很少使用。有时候也把这种探测器称做传统型探测器，以便于和现在的智能模拟量探测器区别。

（2）模拟量探测器

这种探测器本身通过内部电路将环境情况（烟雾浓度、环境温度）通过通信方式传送给火灾报警控制器，通过在控制器上设置报警阈值来决定是否报警。这样在工程应用上比较灵活，可以根据现场的环境调节报警阈值，大大降低了误报警的几率。

（3）智能火灾探测器

一般把内置微处理器 MCU 的探测器称为智能火灾探测器，通过内置的火灾模型分析程序对于现场的环境进行了初步的分析，极大地降低了火灾误报的几率。

（4）编码火灾探测器

报警控制器需要在两根回路总线上连接多个探测器，便需要对每个探测器设置一个地址，以便于控制器识别，这样的探测器称做编码探测器。现在大多数的探测器都是编码探测器，编码的形式各式各样，通过双位十进制的拨轮开关进行探测器编码的设置，其优点是直观简洁，缺点是编号最大为99，另外不太适应潮湿的环境，开关容易使误码失效。也有通过内置的FLASH芯片存储编码地址的，编码必须通过专用的编码器设置，调试起来比较烦琐，但是可靠、稳定。

5. 其他分类法

火灾探测器按探测到火灾后的动作，可划分为延时型和非延时型两种。

目前国产的火灾探测器大多为延时型探测器，延时范围为3～10s。火灾探测器按安装方式可分为外露型和埋入型两种。一般场所采用外露型，在内部装饰讲究的场所采用埋入型。

7.1.1.2　火灾探测器型号代码编制

在《GA / T 227—1999》行业标准——火灾探测器产品型号编制方法中，对我国火灾探测器的型号代码编制方法有明确的统一规定。

图7.1给出了火灾探测器产品型号代码编制格式与表示方法。

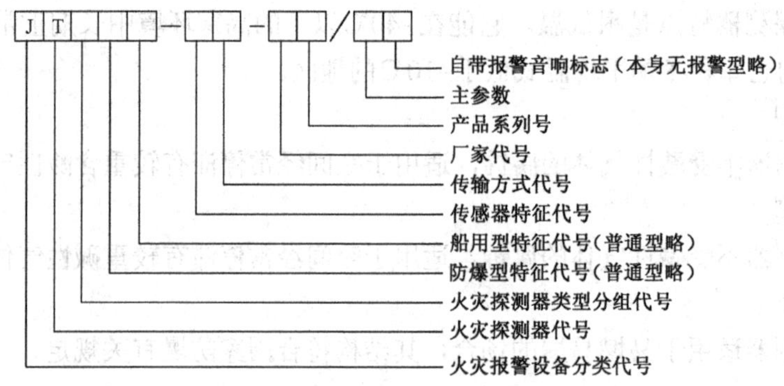

图7.1　火灾探测器的型号代码编制分类规则

各个位置上字母的具体内容如下。

第1位：J（警）—消防产品中火灾报警设备分类代号。

第2位：T（探）—火灾探测器代号。

第3位：火灾探测器类型分组代号，具体表示方法如下。

Y（烟）—感烟火灾探测器；

W（温）—感温火灾探测器；

G（光）—感光或火灾探测器；

Q（气）—气体敏感火灾探测器；

T（图）—图像摄像方式火灾探测器；

S（声）—感声火灾探测器；

F（复）—复合式火灾探测器。

第4位：应用范围特征表示法。

B（爆）—防爆型（型号中无“B”代号即为非防爆型，其名称亦无须指出“非防爆型”）。

第5位：应用范围特征表示法。

C（船）—船用型（型号中无“C”代号即为陆用型，其名称中亦无须指出“陆用型”）。

第 6 位：传感器特征表示法。

➢ 感烟火灾探测器传感器特征表示法。

L（离）—离子；

G（光）—光电；

H（红）—红外光束；

LX—吸气型离子感烟火灾探测器；

GX—吸气型光电感烟火灾探测器。

➢ 感温火灾探测器传感器特征表示法：感温传感器特征由两个字母表示，前一个字母为敏感元件特征代号，后一个字母为敏感方式特征代号。

元件特征代号表示法如下。

M（膜）—膜盒；

S（双）—双金属；

Q（球）—玻璃球；

G（管）—空气管；

L（缆）—热敏电缆：

O（偶）—热电偶，热电堆；

B（半）—半导体；

Y（银）—水银接点；

Z（阻）—热敏电阻；

R（熔）—易熔材料；

X（纤）—光纤。

方式特征代号表示法如下。

D（定）—定温；

C（差）—差温；

O—差定温。

➢ 感光火灾探测器传感器特征表示法如下。

Z（紫）—紫外；

H（红）—红外；

U—多波段。

➢ 气体敏感火灾探测器传感器特征表示法如下。

B（半）—气敏半导体；

C（催）—催化。

➢ 图像摄像方式火灾探测器、感声火灾探测器传感器特征可省略。

➢ 复合式火灾探测器传感器特征表示法：复合式火灾探测器是对两种或两种以上火灾参数响应的火灾探测器。复合式火灾探测器的传感器特征用组合在一起的火灾探测器类型分组代号或传感器特征代号表示。列出传感器特征的火灾探测器用其传感器特征表示，其他用火灾探测器类型分组代号表示，感温火灾探测器用其敏感方式特征代号表示。

第 7 位：传输方式表示法。

W（无）—无线传输方式；

M（码）—编码方式；

F（非）—非编码方式；

H（混）—编码、非编码混合方式。

第 8 位：厂家及产品代号表示法。

厂家及产品代号为 4～6 位，前两位或三位使用厂家名称中有代表性的汉语拼音字母或英文字母表示厂家代号，其后用阿拉伯数字表示产品系列号。

第 9 位：主参数及自带报警声响标志表示法。

- 定温、差定温火灾探测器用灵敏度级别或动作温度值表示。
- 差温火灾探测器、感烟火灾探测器的主参数无须反映。
- 其他火灾探测器用能代表其响应特征的参数表示。
- 复合火灾探测器主参数如为两个以上，其间用“／”隔开。

市场上常见的下列几种探测器的型号及其具体含义列举如下：JTY-CA-2001 型为点型光电感烟，JTY-LZ-1451 型为点型离子感烟火灾探测器，JTY-GD-2451型为点型光电感烟火灾探测器。

7.1.1.3　分布智能光电感烟火灾探测器

火灾探测器的发展从最初的开关量多线制探测器，发展到最新的分布智能探测器，新型智能探测器内置微处理器 MCU，固化多种火情模型，通过智能算法真正实现了对火情的人工智能判断，基本上杜绝了误报。以 JTY-GD-CA2001 分布智能型光电感烟探测器为例说明这类探测器结构、原理、性能参数及安装方法。

1. 外形图

外形如图 7.2 所示（图中单位：mm）。

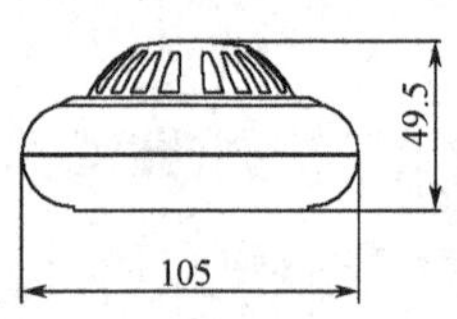

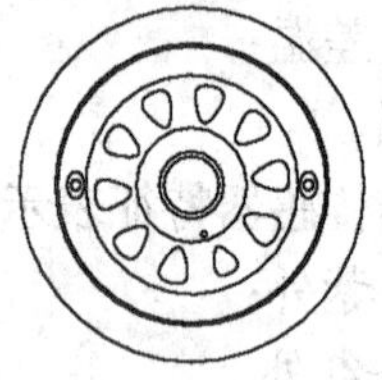

图 7.2　CA2001 分布智能光电感烟探测器外形图

2. 工作原理

CA2001 分布智能型光电感烟探测器根据红外散射原理来判断环境的烟雾变化，可实现火情的早期探测及报警。该探测器采用现代工艺 SMT 技术，内置微处理器及存储器，通过内部固化的运算程序，可自动完成对外界环境参数变化的补偿，根据存储环境参数变化的特征曲线进行类比分析，作出火警、故障的判断，提高了探测器工作的准确性，降低了误报率；采用数字化传输方式，提高了探测器的抗电磁辐射能力。该探测器灵敏度高，耗电少，性能稳定可靠，光学腔迷宫结构设计独特，内置防虫网，防尘防虫，抗外界光线，干扰性良好。其光学腔罩可现场取下，无环境污染，便于清洗维护。该探测器利用火灾报警控制器的编程端子或电子编码器进行数字编码，减少了因拨码错误或拨码开关本身老化带来的不可靠因素。主要用于火灾形成过程中有烟雾产生的环境，例如：宾馆、饭店、博物馆、图书馆、档案馆、电影院、办公楼、医院、车站、通信机房、会议中心等；有大量粉尘、水雾、油烟的场所要慎用，例如：洗衣房、厨房、面粉厂、停车场等。

3. 主要技术指标

工作电压：DC17V～DC33V（脉冲直流）。

工作电流：监视状态：<300 μA。

　　　　　报警状态：<4 mA。

灵敏度：　可调。

使用环境：温度：-10℃～+50℃。

　　　　　相对湿度：≤95% RH（40℃±2℃）。

指示灯：　监视状态：慢速闪亮（绿灯）。

　　　　　报警状态：快速闪亮（红灯）。

外形尺寸：直径ϕ105 mm×高 50 mm（含底座）。

线　　制：回路二总线，无极性。

配套底座：DZ2000。

执行标准：GB4715—93。

4. 保护面积

对一般保护场所而言，空间高度为 6～12 m 时，一个 CA2001 探测器的保护面积为 80 m^2；空间高度为 6 m 以下时，保护面积为 60 m^2。具体参数应以《火灾自动报警系统设计规范》（GB50116—98）为准。

5. 安装与布线

安装方式及接线示意图如图 7.3 所示（图中单位：mm），配套底座接线示意如图 7.4 所示。

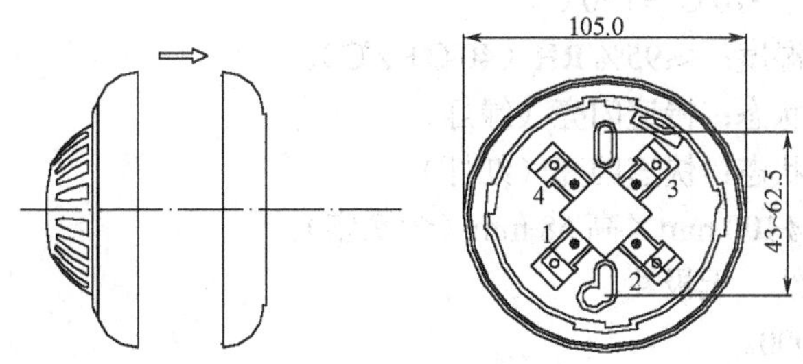

图 7.3　JTY-GD-CA2001 安装方式示意图

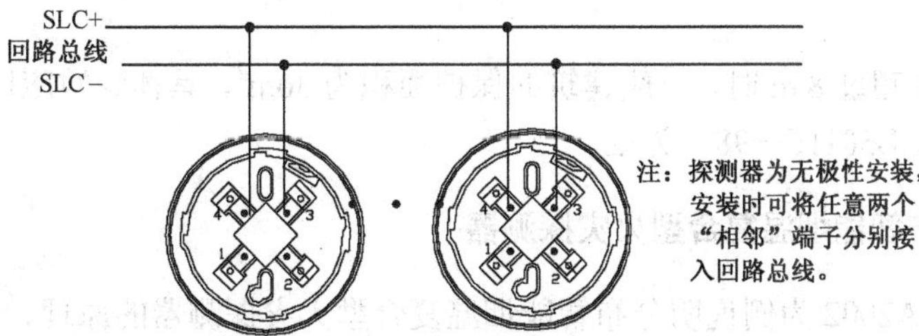

图 7.4　探测器底座 DZ2000 接线示意图

7.1.1.4　分布智能型差定温感温探测器

以 JTW-ZOM-CA2005 为例说明分布智能型差定温感温探测器的原理、特点。

1. 外形图

外形如图 7.5 所示（图中单位：mm）。

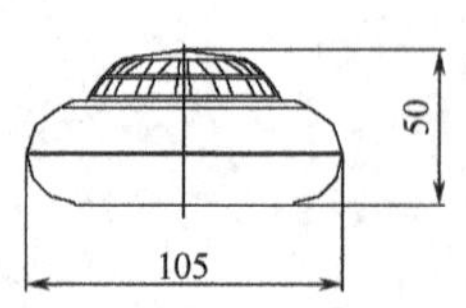

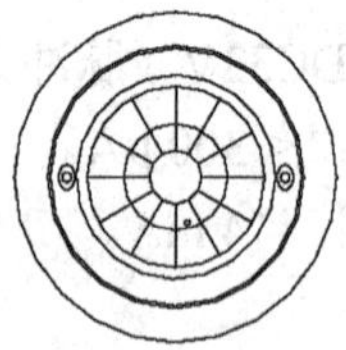

图 7.5　CA2005 差定温感温探测器外形

2. 工作原理

电子差定温探测器采用现代工艺 SMT 技术，内置微处理器，固化高可靠火灾判断程序，利用热敏元件来检测环境的温度变化，实现差定温度报警，工作性能稳定、可靠。既能响应温度的变化，也能按固定温度进行报警。常用于感烟探测器不适合的场所，如经常产生粉尘的场所、车库、厨房、锅炉房、吸烟室、会议室、产生烟雾的化学实验室、烘干车间、发电机房等。利用火灾报警控制器的编程端子或电子编码器进行数字编码，减少了拨码错误或拨码开关本身老化带来的不可靠因素。采用数字化传输方式，提高了探测器的抗电磁辐射能力。

3. 主要技术指标

工作电压：DC17V～DC33V（脉冲直流）。

工作电流：监视状态：＜300μA。

　　　　　报警状态：＜4 mA。

灵敏度：可调。

使用环境：温度：−10℃～+50℃。

　　　　　相对湿度：≤95% RH（40℃± 2℃）。

指示灯：　监视状态：慢速闪亮（绿灯）。

　　　　　报警状态：快速闪亮（红灯）。

外形尺寸：直径ϕ100 mm×高 58 mm（含底座）。

线　　制：二总线，无极性。

配套底座：DZ2000。

执行标准：GB4716—93。

4. 保护面积

当空间高度不超过 8 m 时，一般建筑的保护面积为 30m^2，具体参数应以《火灾自动报警系统设计规范》（GB50116—98）为准。

7.1.1.5　分布智能烟温复合型火灾探测器

以 JTF-GO-CA2002 为例说明分布智能烟温复合型火灾探测器的原理、特点。

1. 外形图

外形如图 7.6 所示（图中单位：mm）。

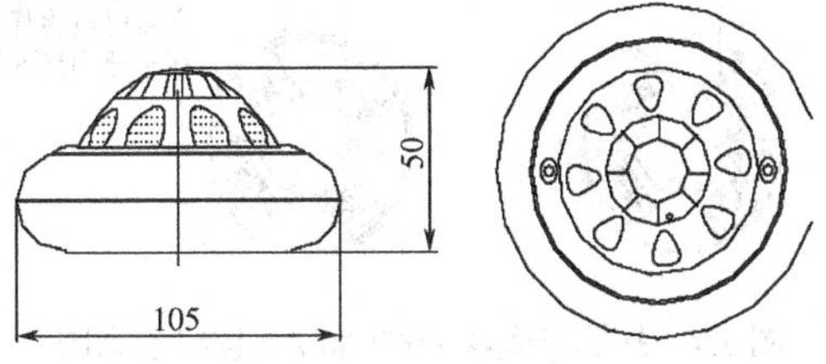

图 7.6　CA2002 烟温复合探测器外形图

2. 工作原理

CA2002 型分布智能烟温复合探测器能同时满足 GB4715—93、GB4716—93 双重标准的检测。根据光的散射原理来判断环境的烟雾变化，实现火情的早期探测及报警；利用热敏元件来检测环境的温度变化，实现差定温报警。采用现代工艺 SMT 技术，内置微处理器及存储器，通过内部固化的运算程序，可自动完成对外界环境参数变化的补偿，根据存储环境参数变化的特征曲线进行类比分析，作出火警、故障的判断，提高了探测器工作的准确性，降低了误报率；采用数字化传输方式，提高了探测器的抗电磁辐射能力。

3. 主要技术指标

工作电压：DC17V～DC33V（脉冲直流）。

工作电流：监视状态：<300μA。

报警状态：<4mA。

灵敏度：可调。

使用环境：温度：-10℃～+50℃。

相对湿度：≤95% RH（40℃± 2℃）。

指示灯：监视状态：慢速闪亮（绿灯）。

报警状态：快速闪亮（红灯）。

外形尺寸：直径ϕ103 mm×高 60 mm（含底座）。

线　　制：二总线，无极性。

配套底座：DZ2000/2

执行标准：GB4715—93，GB4716—93。

4. 保护面积

对一般保护场所而言，空间高度为 6～12 m 时，一个 CA2002 探测器的感烟保护面积为 80 m^2；空间高度为 6 m 以下时，感烟保护面积为 60 m^2；当空间高度不超过 8 m 时，感温保护面积为 30 m^2。具体参数应以《火灾自动报警系统设计规范》（GB50116—98）为准。

5. 安装与布线

配套底座接线示意图如图 7.7 所示。

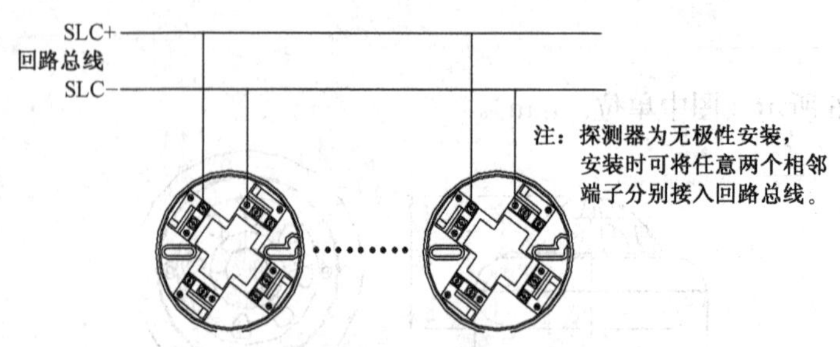

图 7.7　探测器底座 DZ2000 / 2 接线示意图

7.1.1.6　智能线型红外光束感烟探测器

以 JTY-HS-G2 型为例，智能线型红外光束感烟探测器内置单片机，具备强大的分析判断能力，通过探测器内部固化的运算程序，可自动完成对外界环境参数变化的补偿及火警、故障的判断，提高了整个系统探测火灾的实时性和准确性。该探测器与控制器配套使用，可组成火灾报警控制系统，特别适用于高层建筑群、文物保护建筑设施、厅堂馆所、仓库群及隧道工程等，凡是在火灾形成前有烟雾出现的场所均可使用本产品。

该探测器调试方法简单，调试过程中，利用火警灯与故障灯组合确认（亮或灭），及控制器的“定点调试”功能，可以连续监视接收端光强的变化趋势，便于探测器对正调试，解决了非智能红外光束探测器高空对正调试难及作业安全问题。

主要技术指标如下。

工作电压：发射端工作电压为 DC24 V，接收端总线为 24 V。

接收器：监视电流≤1.8 mA，报警电流≤2.5 mA。

发射器：监视电流≤2.5 mA（与 24 V 电源相连接，不分极性）。

报警确认灯：红色；故障指示灯：黄色。

使用环境：温度为-10℃～+50℃；相对湿度≤95%，不结露。

编码方式：十进制电子编码。

外形尺寸：直径为 100 mm，高为 94 mm（不带底座）。

保护面积：有效保护一矩形区域，其最大保护区域面积为 100 m×14 m。

7.1.1.7　防爆型探火灾探测器

对于一些特殊场所，如石油、化工、天然气、制药等易燃危险场所，所使用的探测器等消防产品防爆性能必须符合 GB3836.1—83《爆炸性环境用防爆电气设备通用要求》及 GB3836.2—83《爆炸性环境用防爆电气设备隔爆型电气设备》标准要求。

1. 本质安全防爆概念

本质安全防爆实质上是系统防爆，其防爆性能不仅与在危险区内工作的现场仪表有关，而且与危险区内所用的连接导线、危险区和安全区之间的安全栅有关。它的基本工作原理是通过安全栅将提供给危险区内现场仪表和连接导线的电能限制在既不能产生足以引爆的火花，又不能产生足以引爆的仪表表面温升的安全范围内，从而消除引爆源。因此本质安全防爆技术能确保对现场仪表进行带电拆装、检查和维修时的防爆安全。它是最可靠的防爆方法，被允许用在最危险的场合。下面针对一种本质安全性探测器加以分析和介绍。

2. 本质安全型光电感烟火灾探测器

以 JTYB-GM-HST8110Ex 本质安全型点型光电感烟火灾探测器为例，说明这类探测器的特点与基本功能。

- 采用本质安全防爆技术，可以在所有爆炸性危险场合使用。
- 采用专利烟雾探测结构，对烟雾的自然波动有一定的平滑作用，使光电信号稳定，同时对水雾有一定的吸附作用，降低了水雾对探测的影响。
- 对阴燃火自动提高探测灵敏度。
- 工作电压：24VDC，允许范围 18～30VDC。
- 工作电流：监视状态平均 100 μA，报警状态小于 600 μA。
- 灵敏度：Ⅰ级 0.23 dB/m，Ⅱ级 0.38 dB/m，Ⅲ级 0.55dB/m。
- 确认灯：红光 LED，报警时每秒闪亮 1 次。
- 外壳防护等级：IP42。
- 工作环境：-10℃～+50℃，≤95%RH 不结露。
- 采用标准：GB4715—1993，GB3836.4—2000，GB3836.1—2000。

3. 安全栅

防爆型探测器必须通过安全栅接入火灾报警控制器，才能保证现场探测器的防爆性能。火灾自动报警系统常用的安全栅为齐纳安全栅，使用时要注意以下几点：

- 齐纳安全栅应安装在安全区内；
- 建议使用厂家提供的配套标准安装导轨的接线箱；
- 要有良好的接地，接地电阻小于 1 Ω。
- 要使用指定型号的安全栅，若选用其他型号安全栅，必须经防爆检验机构认可。

7.1.2　火灾探测器的选择原则

根据现场环境和探测器的工作原理，选择合适的火灾探测器显得相当重要，在强制性国家标准《火灾自动报警系统设计规范》GB50116—98 中有详细的规定。

7.1.2.1　一般规定

对火灾初期有阴燃阶段，产生大量的烟和少量的热，很少或没有火陷辐射的场所，应选择感烟探测器。

对火灾发展迅速，可产生大量热、烟和火焰辐射的场所，可选择感温探测器、感烟探测器、火焰探测器或其组合。

对火灾发展迅速，有强烈的火焰辐射和少量烟、热的场所，应选择火焰探测器。

对火灾形成特征不可预料的场所，可根据模拟实验的结果选择探测器。

对使用、生产或聚集可燃气体或可燃液体蒸汽的场所，应选择可燃气体探测器。

7.1.2.2　火灾探测器的选择原则

表 7.1 详细列出了点型火灾探测器选择的一些基本原则，表 7.2 详细列出了线性火灾探测器选型的一些基本原则。

表 7.1　点型火灾探测器的选择

序　号	探 测 器	适 合 场 所	不适合场所
1	点型感烟探测器	饭店、旅馆、教学楼、办公楼的厅堂、卧室、办公室等；电子计算机房、通信机房、电影或电视放映室等；楼梯、走道、电梯机房等；书库、档案库等；有电气火灾危险的场所	
2	离子感烟探测器		相对湿度经常大于 95%；气流速度大于 5 m / s；有大量粉尘、水雾滞留；可能产生腐蚀性气体；在正常情况下有烟滞留；产生醇类、醚类、酮类等有机物质
3	光电感烟探测器		可能产生黑烟；有大量粉尘、水雾滞留；可能产生蒸汽和油雾；在正常情况下有烟滞留
4	感温探测器	相对湿度经常大于 95%；无烟火灾；有大量粉尘；在正常情况下有烟和蒸汽滞留；厨房、锅炉房、发电机房、烘干车间等；吸烟室等；其他不宜安装感烟探测器的厅堂和公共场所	可能产生阴燃火或发生火灾不及时报警将造成重大损失的场所
5	定温探测器		温度在 0° 以下的场所
6	差温探测器		温度变化较大的场所
7	火焰探测器	火灾时有强烈的火焰辐射；液体燃烧火灾等无阴燃阶段的火灾；需要对火焰作出快速反应	可能发生无焰火灾；在火焰出现前有浓烟扩散；探测器的镜头易被污染；探测器的“视线”易被遮挡；探测器易受阳光或其他光源直接或间接照射；在正常情况下有明火作业以及 X 射线、弧光等影响
8	可燃气体探测器	使用管道煤气或天燃气的场所；煤气站和煤气表房以及存储液化石油气罐的场所；其他散发可燃气体和可燃蒸汽的场所；有可能产生一氧化碳气体的场所，宜选择一氧化碳气体探测器	装有联动装置、自动灭火系统以及用单一探测器不能有效确认火灾的场合，宜采用感烟探测器、感温探测器、火焰探测器（同类型或不同类型）的组合

表 7.2　线型火灾探测器的选择

序　号	探 测 器	适 合 场 所	不适合场所
1	红外光束感烟探测器	无遮挡大空间或有特殊要求的场所	
2	缆式线型定温探测器	电缆隧道、电缆竖井、电缆夹层、电缆桥架等；配电装置、开关设备、变压器等；各种皮带输送装置；控制室、计算机室的闷顶内、地板下及重要设施隐蔽处等；其他环境恶劣不适合点型探测器安装的危险场所	
3	空气管式线型差温探测器	可能产生油类火灾且环境恶劣的场所；不易安装点型探测器的夹层、闷顶	

7.1.3　火灾报警控制器

对于火灾自动报警系统来说，火灾报警控制器是火灾自动报警系统中的核心单元，负责监视和收集现场的火灾探测器的信号以及一些需要监视的设备的状态信号。另外，火灾报警器还需要联动一些控制装置。

对于连网的系统，火灾报警控制器还要将报警信息传送给上一级的报警管理中心。

7.1.3.1　火灾报警控制器型号代码编制方法

中华人民共和国公共安全行业标准 GA / T 228－1999《火灾报警控制器产品型号编制方法》对于火灾报警控制器的型号代码编制有详细的规定，详见图 7.8。

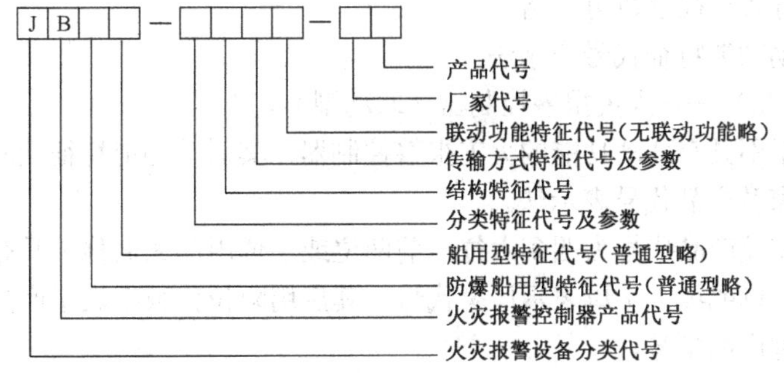

图 7.8　火灾报警控制器型号代码编制方法

各个位置上字母的具体内容如下：

第 1 位：J（警）——消防产品中火灾报警设备分类代号。

第 2 位：B（报）——火灾报警控制器产品代号。

第 3 位：应用范围特征代号表示。

应用范围特征代号是指火灾报警控制器的适用场所，适用于爆炸危险场所的为防爆型，否则为非防爆型；适用于船上使用的为船用型，适合于陆上使用的为陆用型。其具体表示方式是：

B（爆）——防爆型（型号中无“B”代号即为非防爆型，其名称亦无须指出“非防爆型”）；

C（船）——船用型（型号中无“C”代号即为陆用型，其名称中亦无须指出“陆用型”）。

第 4 位：分类特征代号及参数。

Q（区）——区域火灾报警控制器；

J（集）——集中火灾报警控制器；

T（通）——通用火灾报警控制器。

分类特征参数用一或二位阿拉伯数字表示。集中或通用火灾报警控制器的分类特征参数表示其可连接的火灾报警控制器数。区域火灾报警控制器的分类特征参数可省略。

第 5 位：结构特征代号表示法。

G（柜）——柜式；

T（台）——台式；

B（壁）——壁挂式。

第 6 位：传输方式特征代号表示法。

D（多）——多线制；

Z（总）——总线制；

W（无）——无线制；

H（混）——总线无线混合制或多线无线混合制。

传输方式特征参数用一位阿拉伯数字表示。对于传输方式特征代号为总线制或总线无线混合制的火灾报警控制器，传输方式特征参数表示其总线数。对于传输方式特征代号为多线制、无线制、多线无线混合制的火灾报警控制器，其传输方式特征参数可省略。

第 7 位：联动功能特征代号表示法。

L（联）——火灾报警控制器（联动型）。

对于不具有联动功能的火灾报警控制器，其联动功能特征代号可省略。

第 8 位：厂家及产品代号表示法。

厂家及产品代号为四到六位，前两位或三位用厂家名称中具有代表性的汉语拼音字母或英文字母表示厂家代号，其后用阿拉伯数字表示产品系列号。

第 9 位：分型产品型号。

火灾报警控制器分型产品的型号用英文字母或罗马数字表示，加在产品型号尾部以示区别。

7.1.3.2　火灾报警控制器的功能

火灾报警控制器作为火灾自动报警系统的核心装置，主要有以下功能：

- 为火灾探测器供电，也可为其连接的其他部件供电。消防系统不同于楼宇自控其他子系统，探测器需要由报警控制器集中供电。
- 直接或间接地接收来自火灾探测器及其他火灾报警触发器件的火灾报警信号，发出声、光报警信号，指示火灾发生部位，并予保持；光报警信号在火灾报警控制器复位之前应不能手动消除；声报警信号应能手动消除，但再次有火灾报警信号输入时，应能再启动。
- 当火灾报警控制器内部，火灾报警控制器与火灾探测器、火灾报警控制器与起传输火灾报警信号作用的部件间发生故障时，应能在 100 s 内发出与火灾报警信号有明显区别的声、光故障信号。
- 火灾报警控制器应有本机检查功能（以下称自检）。火灾报警控制器在执行自检功能时，应切断受其控制的外接设备。如火灾报警控制器进行每次自检所需时间超过 1 min 或其不能自动停止自检功能，自检期间，如非自检回路有火灾报警信号输入，火灾报警控制器应能发出火灾报警声、光信号。
- 火灾报警控制器应具有显示或记录火灾报警时间的计时装置，其日计时误差不超过 30 s；仅使用打印机记录火灾报警时间时，应打印出月、日、时、分等信息。
- 关于详细的功能和要求，可参考《火灾报警控制器通用技术条件》（GB 4717—93）。

7.1.3.3　工程上常用的火灾报警控制器

本节从工程应用的角度，讨论几种常用的火灾报警控制器，使读者对目前火灾报警器的应用有进一步的了解。

1. 单回路火灾报警控制器

对于一些小型场所，需要布置火灾探测器的数量相对比较少，一般不超过 100 点。而且不需要复杂的控制器联网。在仓库、酒吧、网吧、饭馆、银行等小型工程中应用广泛。

下面针对单回路火灾报警控制器 JB-LB-GEC2000SZ 为例进行分析。

（1）设备简介

JB-LB-GEC2000SZ 分布智能火灾报警控制器与探测器及各种模块组成自动监测系统，监测现场的火灾情况，利用智能算法判断其状态（火警或故障或反馈），完成火灾自动报警和联动功能。该控制器可实现全总线通信，集报警、监视、控制于同一回路总线。硬件电路采用单片微机控制，模块化结构，布局简洁紧凑，便于系统安装和扩展。控制器外型为壁挂式结构，全中文液晶显示，外形新颖美观，是一种高性能、高可靠性的智能火灾报警控制器。

（2）主要技术指标

➢ 电源：AC 220 V（-15%～+10%），50 Hz。
➢ 备用电源：DC 24 V（密封式蓄电池 2 节：2×12V×4Ah）。
➢ 控制器容量：单回路可达 127 点。
➢ 回路容量：127 个编码地址。
➢ 控制输出：2 组双触点继电器输出（火警输出、故障输出）；
　2 组手动控制输出继电器；
　每对触点容量为 1A / 220VAC 或 2A / 27VDC。
➢ 电源输出：24V/1A。
➢ 使用环境：温度-10℃～+50℃。
　湿度≤95%。
➢ 执行标准：GB4717—93 火灾报警控制器通用技术条件；
　GB16806—97 消防联动控制设备通用技术条件。

（3）系统组成

GEC2000SZ 智能火灾报警控制器（联动型）由控制主板和多线联动操作控制板组成。通过全汉字液晶和键盘操作，实现信息的显示和人机对话。

（4）主要功能

① 系统参数设置功能

系统安装完毕后，控制器第一次开机时将默认无编码，正常巡检，系统显示一切正常，必须进行编程设置，才能监视编码地址。

② 火灾报警功能

当控制器检测并判断某一探测器处于火警状态时，控制器点亮火警指示灯，响起火警报警声，并在液晶屏显示出具体的报警地址、时间、描述信息等。按“消音”键可消除音响，若有多个报警，则按“▲▼”键可以查看多个报警的部位。

③ 故障报警功能

控制器能自动检测交、直流电源、探测器、模块等工作状况。机器在正常巡检过程中发现某个编码地址发生异常，经过多次确认后（约 1min）报出故障部位所在的地址号，点亮“故障”指示灯，响起故障音响，按“消声”键可消除音响。若有多个报警，按“▲”或“▼”键可以查看多个报警的部位。当交流电源（AC220V）未接或欠压时，报“主电故障”，备用电池（DC24V）未接或欠压时，报“备电故障”，电池充电回路短路或充电电流过大时，报

“充电故障”，故障指示灯点亮，同时发出故障报警音响。多线联动设备发生断线或短路故障时，多线联动区故障指示灯点亮。故障恢复后，相应的故障信息显示同时消失。

④ 自检功能

为了验证控制器的运行状态，可对控制器进行自检。自检时，控制器将对显示器、指示灯、声响电路、按键、内存、回路依次检查。

⑤ 查询编码

在主菜单下选择“2”进入“2 部件查询”菜单，选择“2 部件查询”显示回路部件当前设置状态表格，按“▲”或“▼”查询更多信息。

⑥ 密码锁

控制器设置两级密码，即用户密码和安装密码。使用用户密码可查询部件信息，查询事件记录、探测器编码、时间设置等。使用安装密码还可对系统进行各种编程。

⑦ 联动功能

GEC2000SZ 具有总线联动和多线联动两种联动控制方式。总线联动控制：通过“总线联动模块”可实现对现场的各种消防设备的自动控制。总线联动通过现场编程，可实现多种逻辑关系的自动控制。当系统设置为“自动允许”时可实现总线联动的自动控制。 多线联动控制：任何时候都可以人工直接启动或停止多线联动设备，或通过联动编程自动启动或停止多线联动设备。注意：当多线联动控制报故障时（断线或短路）或“输出控制”设置为“禁止”时，不能启动对应设备。

⑧ 手 / 自动设置

控制器可设置“自动”允许或禁止，系统设置为自动允许时，系统可实现自动控制；自动禁止时，系统不能自动控制。

⑨ 自动状态的设置

在主菜单下进入“操作设置”菜单进行手 / 自动设置，在液晶显示屏上将显示其相应的手 / 自动状态。

⑩ 多线联动控制设置

通过电子锁设置允许和禁止，设置时，对应的指示灯点亮。在允许时，系统可以启动或停止多线联动设备。在禁止时，系统禁止启动多线联动设备。

2. 分布智能火灾报警控制器

对于大型的小区和智能大厦，需要先进的火灾自动报警控制系统，分布智能型火灾自动报警系统是一种适合于现代智能建筑集成的先进控制系统。

以 JB-LB-GEC2000 型分布智能火灾报警控制系统为例，说明这类系统的工作原理与特点。该系统是新一代的火灾报警控制系统，吸收了国内外多家火灾报警产品生产厂家的产品特点，并注重未来系统的发展方向。

（1）功能

- 采用分布智能技术，即每只探测器均内置微处理器，能对各种火灾特征信号进行复杂的数字分析，区别真假火灾信号，去掉环境因素的干扰，将结果直接传给火灾报警控制器，降低了数据传输时间，提高了系统的报警速度；采用集中智能技术，即控制器将探测器传过来的结果通过与历史信号相比较，对不同的环境灵敏度自动调整、对不同环境引起的工作漂移自动补偿、对报警进行多种方式确认和多次分析，以作出准确无误的判断，提高了报警准确性，减少了误报率。能对昼、夜和节假日的报警灵敏度预置。

- 总线报警及总线联动，全系统最大配置内可任意挂接报警点或联动设备，联动地址不受限制。通过现场编程，联动软件包方便地解决了建筑物所需的各种（同层或竖向）2 级联动关系。控制器及模块满足 GB4717—93 和 GB16806—97 双重标准的检测。系统可采用报警联动汇总式布线，也可采用报警总线和联动多线式布线，适用于目前各种报警系统的布线方式，兼容性和扩展性非常强，彻底解决了变更产品设计带来的原设计图纸改动的问题。
- 控制器连接探测器及模块的回路总线上，所有信息采用国际标准的数字化信号传输协议，国家标准化委员会第六分委员会的情报与信息组曾多次推荐，该传输方式减少了失真，并具有查错及纠错功能，增强系统抗干扰能力，对传输线材及走线方式要求低，可在较差环境准确地传输信号。系统可在 3000 m 的距离以内使用散线准确传输信号。探测器与控制器采用无极性二总线技术，整个报警系统的布线极大简化，便于安装、线路维修及降低了工程造价。
- 回路接口采用美国 UL 国际标准信号处理模式，可实现开闭环连接、过压保护、短路保护及 EMC 滤波，保护控制器免受外界环境的破坏和干扰。
- 模块化设计系统功能单元，系统总容量 64 回路，可达 8128 点；系统可扩展多组总线制和多线制联动控制盘，使系统方便实现各种消防联动设备（风机、水泵、电磁阀、警报、广播、强切及弱切）的手动和自动控制；系统可扩展多组分布智能电源，实现系统供电的集中控制，并且与主机进行信息交换，以便联动命令能够可靠地执行；所有系统功能模块可组装在单一的各种结构（壁挂式、柜式及台式）内，也可分别安装在现场的各个防火分区。通过网络连接，可以连接 16 台控制器，满足更大容量的要求。
- 友好的用户界面，大屏幕中文汉字信息显示及简捷快速的编程方法，信息采用分类逐条显示，直观、方便查找；编程菜单采用层层提示及侧拉式方式，简单易懂，方便现场编程。基于 Windows 的 PC 离线编程及计算机图文系统提供了更优越的综合信息处理能力，可对控制系统进行计算机快速编程，也可提供建筑物的分区图形报警显示、存储及打印。系统配有各种接口，可将信息传达到城市消防调度网、远程维修中心、楼宇自控系统。
- 完善的系统诊断能力、检查功能及可记录 2000 条事件记录，为火灾事故的事后分析提供依据。控制器可自动记录报警类型、器件型号、器件地址、报警时间及报警部位的描述等，便于核查。报警控制器配有时钟及打印机（可选配），记录、拷贝方便。
- 工程安装、调试简单方便。设有自动登录功能，可以自动识别和记录回路上的所有模块、探测器的地址和类型，无须人工输入，提高了施工效率；回路探测器和模块数量统计功能，可以自动统计每个回路各种类型探测器和模块的数量；回路动态监测功能，可以对整个回路的所有模块和探测器跟踪检测，便于及时发现和处理回路中异常的模块和探测器；火警跟踪功能，可以自动跟踪报火警的探测器，可记录该探测器 90 min 的数据，便于对火警的分析和判断。另外，分布智能技术的探测器、各类模块可用电子编码器进行数字编码，方便安装、调试，能减少由开关设置错误和开关本身老化带来的不可靠因素。
- 系统产品种类齐全，拥有控制器、系统显示终端、系统扩展模块、分布智能探测器及模块等具有不同结构及功能的多种产品，多达 4 类 70 余种。许多产品具有分型产品，其中控制器就有 10 多种分型，选型方便，可满足不同档次、不同规模建筑物的需求，能有效减少系统综合造价。

（2）系统组成

GEC2000 系统采用模块化结构，可以方便地实现系统的组合和扩展。GEC2000 系统模块主要包括 CA2201 回路模块、CA2202 联动模块、CA2203 显示模块和 CA2204 智能电源模块。根据工程需要，每种系统模块均可扩展到 8 块。系统模块可以安装在控制器中（壁挂、柜机、琴台等），也可以安装在现场的模块箱中。每个模块与系统主板之间只需要系统总线即可实现连接，系统总线为 RS-485 总线，采用 2 线半双工方式，系统组合和扩展简单方便。

7.1.3.4　消防联动控制设备

随着微处理器的广泛应用，火灾报警控制器技术及其功能得到飞速的发展，现在的火灾报警控制器除了能够完成基本的报警功能外，还具有消防联动控制功能，对联动的消防设备进行控制。

联动控制功能可以通过火灾报警控制器的控制信号输出实现，也可以通过配置相应的消防联动控制设备（联动控制器或联动模块）实现对消防设备的联动控制。国标 GB 16806－1997《消防联动控制设备通用技术条件》对火灾报警控制器有详细的描述和规定。

消防联动控制设备的主要功能如下。

① 消防联动控制设备的直流工作电压应符合 GB156 的规定，优先采用直流 24 V。

② 消防联动控制设备可为与其直接相连的设备或其部件供电。

③ 消防联动控制设备能直接或通过控制部件间接启动受其控制的设备。

④ 消防联动控制设备能直接或间接地接收来自火灾报警控制器或火灾触发器件的相关火灾报警信号，并发出声光报警信号。声报警信号能手动消除，光报警信号在消防联动控制设备复位前应予以保持。

⑤ 消防联动控制设备在接收到火灾报警信号后，应在 3 s 内发出联动控制信号。特殊情况需要设置延时时间时，最大延时时间不应超过 10 min，如有关标准、规范另有规定，应按有关标准、规定执行。

⑥ 消防联动控制设备在接收到火灾报警信号后，应按有关标准所规定的逻辑关系和要求输出和显示相应控制信号，完成下列功能：

- 输出切断火灾发生区域的正常供电电源，接通消防电源的控制信号。
- 输出能控制室内消火栓系统消防水泵的启动和停止的控制信号，接收反馈信号并显示状态。应能显示启泵按钮所处的位置。
- 输出能控制自动喷水和水喷雾灭火系统的启动和停止的控制信号，接收反馈信号并显示其状态。应能显示水流指示器、报警阀以及其他有关阀门所处状态。
- 能在管网气体灭火系统的报警、喷洒各阶段发出相应的声、光警报信号，声信号能手动消除；在延时阶段应能关闭防火门、窗，停止空调通风系统，关闭有关部位的防火阀的控制信号，接收反馈信号并显示其状态。
- 输出能控制泡沫灭火系统的泡沫泵和消防水泵的启动和停止的控制信号，接收反馈信号并显示其状态。
- 能输出干粉灭火系统启动和停止的控制信号，接收反馈信号并显示其状态。

➢ 输出能控制防火卷帘门的半降、全降的控制信号，接收反馈信号并显示其状态。
➢ 输出能控制平开防火门的控制信号，接收反馈信号并显示其状态。
➢ 输出能停止有关部位的空调通风、关闭电动防火阀的控制信号，接收反馈信号并显示其状态。
➢ 输出能启动有关部位的防烟、排烟风机和排烟阀等的控制信号，接收反馈信号并显示其状态。
➢ 输出能控制常用电梯，使其自动降至首层的控制信号，接收反馈信号并显示其状态。
➢ 输出能使受其控制的火灾应急广播投入工作的控制信号。
➢ 输出能使受其控制的应急照明系统投入工作的控制信号。
➢ 输出能使受其控制的疏散、诱导指示设备投入工作的控制信号。
➢ 输出能使受其控制的警报装置投入工作的控制信号。

⑦ 消防联动控制设备应能以手动或自动两种方式完成上条所规定的各项功能，能指示手动或自动操作方式的工作状态。在自动方式操作过程中，手动插入操作优先。处于手动操作方式时，如要进行操作，必须用密码或钥匙才能进行操作。

⑧ 消防联动控制设备应具有对单路受控设备的手动控制功能。

⑨ 当消防联动控制设备发生下述故障时，应能在 100 s 内发出与火灾报警信号有明显区别的声光故障信号。

➢ 与火灾报警控制器或火灾触发器件之间的连接线断路（断路报火警除外）；
➢ 与输入 / 输出模块间的连线断路、短路；
➢ 消防联动控制设备主电源欠压；
➢ 给消防联动控制设备备用电源充电的充电器与备用电源之间的连接线断路、短路；
➢ 消防联动控制设备与为其供电的备用电源之间的连接线断路、短路；
➢ 在备用电源单独供电时，其电压不足以保证消防联动控制设备正常工作。

对于①、②类故障，应能指示出部位，对于③、④、⑤、⑥类故障应能指示出类型。声故障信号应能手动消除并有消音指示，当有新故障信号时，声故障信号应能再次启动；光故障信号在故障排除之前应能保持。故障期间，非故障回路的正常工作应不受影响。

⑩ 消防联动控制设备采用总线控制方式时，还应至少设有六组直接输出接点。

7.1.4 火灾报警控制系统功能模块

为了组成一个完整的火灾报警控制系统，除了火灾探测器完成火灾的自动探测外，还需要一些功能模块，如手动报警按钮、联动控制模块、声光报警器、警铃、信号输入模块、总线隔离模块等。

7.1.4.1 手动报警按钮

手动报警按钮安装在公共场所，如建筑物走道的墙壁上、宾馆楼层服务台附近等比较醒目的地方。当确认火灾发生后，按下按钮上的有机玻璃片，可向控制器发出火灾报警信号，控制器接收到报警信号后，显示出报警按钮的编码或位置并发出报警音响。报警时有一组无源常开触点输出，可同时驱动声光报警器或其他报警器件。

此外，带电话插孔的手动报警按钮还可用做消火栓报警按钮，既具有报警功能，又可以直接启动消防泵。消防泵启动后，其启动状态可以在消火栓报警按钮上指示。

每个防火分区至少要设置一个手动报警按钮或消火栓，且分区内任何一个位置到手动报警按钮或消火栓按钮的位置均不能超过 30 m。具体设置以《火灾自动报警系统设计规范》GB50116—98 为准。

7.1.4.2　联动控制模块

为了满足消防联动控制标准，总线联动模块通过接收火灾报警控制器的指令，可以对现场的消防联动设备（如警铃、排烟阀、送风阀、防火卷帘门、消防泵、风机等）进行控制，还可以将消防联动设备动作的信号反馈回火灾报警控制器。

通过控制器设置，控制模块的输出可为连续输出或脉冲输出，可向现场消防联动设备提供一个常开 / 常闭继电器无源触点（1A/DC24V），另外还接收设备动作状态的反馈信号。

图 7.9 为典型的控制模块接线图，需要联动设备的驱动线圈连接在控制模块的继电器常开节点上，当控制模块动作后，消防联动设备动作，并且将动作后的状态返回到控制模块。终端电阻提供一个电流回路给消防设备和控制模块的连接线路，用于监视是否断线。

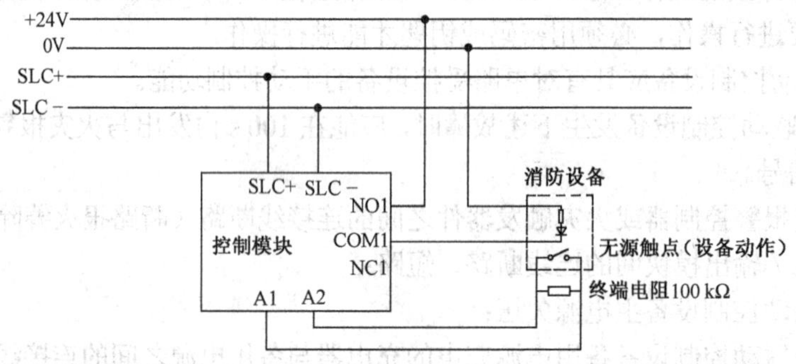

图 7.9　控制模块接线示意图

7.1.4.3　信号输入模块

输入模块主要用于接收外部各种开关量信号，如：水流指示器、压力开关、带输出的防盗报警器等设备输出的无源开关量信号。设备动作后，常开点变为常闭点，由输入模块向火灾报警控制器发出报警信号；同时，火灾报警控制器显示对应位置或编码，并联动相关设备。

图 7.10 为典型的输入模块接线图，外部设备的常开无源触点连接在输入模块上。输入模块通过终端电阻对连接线路形成一个电流回路，正常状态下，可以监视连接线是否断开。

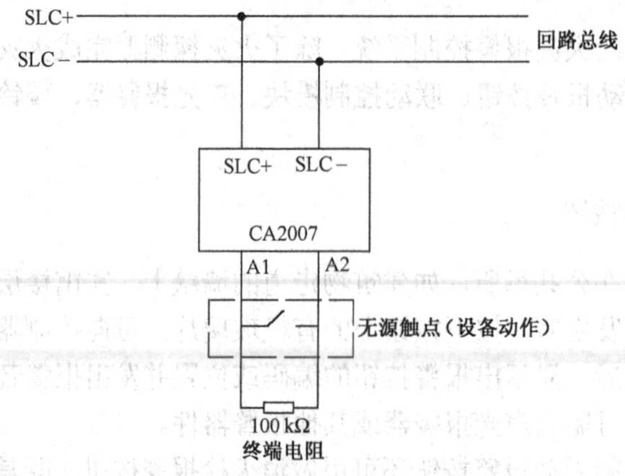

图 7.10　输入模块接线示意图

7.1.4.4 总线接口模块

总线接口模块将各种开关量火灾探测器或其他探测器（防盗、燃气泄漏等）接入智能总线报警控制系统。典型应用在走廊、大厅等大面积环境中，连接多只开关量探测器，扩大了监视面积，节省造价及系统中地址资源。总线联动模块与火灾报警控制器间连线除了回路总线外，应增加电源总线（DC24V）。

一般总线接口模块最多可以并联 25 只开关量探测器，所有并联接入同一接口模块的开关量探测器共用同一地址。有的厂家也称做传统探测器接口模块。图 7.11 是总线接口模块接线示意图。

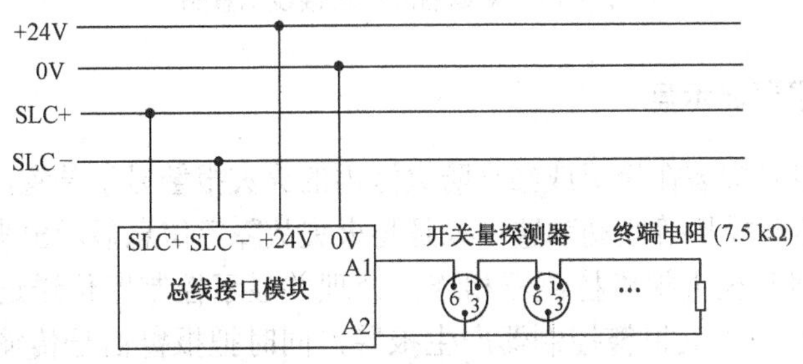

图 7.11 总线接口模块接线示意图

7.1.4.5 声光报警器

声光报警器一般用于火灾报警系统的楼层或防火分区内，在发生火灾时，提醒楼层或防火分区内的人员。由于一般声光报警器的功耗比较大，和控制器间连线除了回路总线外，应增加电源总线（DC24V）。图 7.12 是 CA2011 总线声光报警器接线示意图，与其他声光报警器接线方式也基本相同。

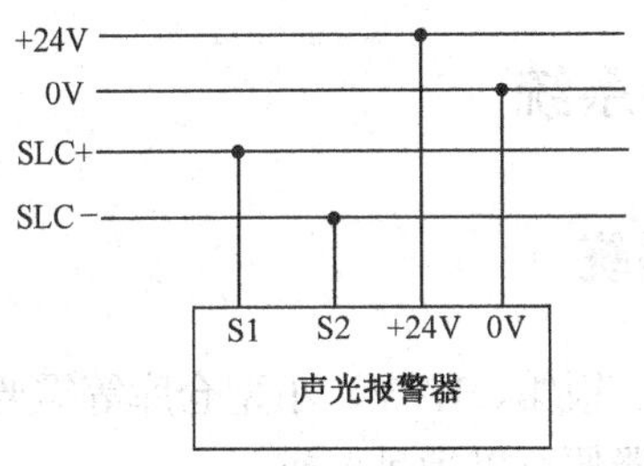

图 7.12 CA2011 总线声光报警器接线示意图

7.1.4.6 总线隔离模块

总线隔离模块能对回路总线中的短路故障作出隔离响应，广泛应用在火灾报警系统中。安装在系统中每个分支回路的前端（系统中，一般每 25 个地址单元使用一个），当其后的回路发生短路时，总线隔离模块可将该部分回路与总线隔离，保证系统内其余部分能正常工作。当故障排除后，总线隔离模块自动恢复正常，与总线隔离的部分自动恢复工作。总线隔离模块不占回路总线的地址。

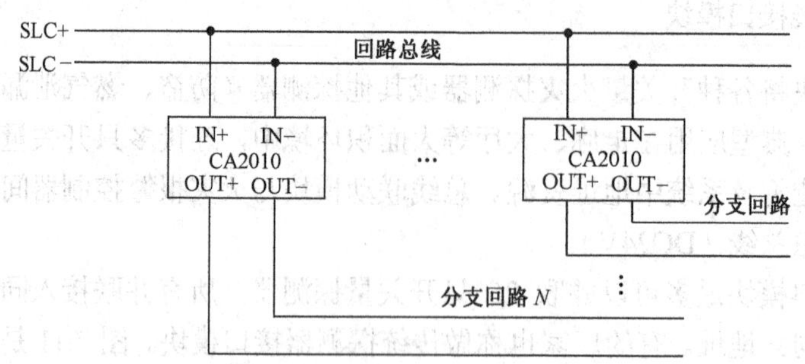

图 7.13　总线隔离模块接线示意图

7.1.4.7　火灾报警显示盘

火灾报警显示盘是安装在楼层或独立防火区内的火灾报警显示装置，也称做复示器。本身不连接任何探测器和模块等联动装置，只是将火灾故障等信息显示出来，并有声音提示或报警声。它通过总线与火灾报警控制器相连，处理并显示控制器传送过来的数据。发生火灾时，消防控制中心的火灾报警控制器产生报警，同时把报警信号传输到失火区的火灾显示盘上。显示盘将报警的探测器编号及相关信息显示出来，同时发出报警信号，以通知失火区人员。

当用一台报警控制器同时监控数个楼层或防火分区时，可在每个楼层或防火分区设置火灾显示盘以取代区域报警控制器。一般在宾馆、公寓等场所广泛使用。

显示盘有造价低廉的数码管显示方式，显示报警区域、探测器等的编号；还有 LCD 液晶显示方式，直观方便，可以显示报警点的详细描述，比如房间编号等。还有专门根据建筑物平面图定制的用 LED 发光管显示的模拟盘，这种显示盘为非标产品，需按工程实际要求，并根据火灾显示盘所显示报警区域的平面图定制。

7.2　火灾自动报警系统

7.2.1　小型单机报警系统

对于小型的场所，如酒吧、饭馆、KTV、小型仓库等需要探测器不多，控制点少，控制关系简单。一般一台报警控制器便可以满足要求。

系统由报警控制器、探测器、手动报警按钮、控制模块、输入模块等组成，如图 7.14 所示。一般一台火灾报警控制器有单回路、2 回路、4 回路等。可以根据工程的实际情况选择。简单的逻辑控制可以通过输入模块实现。

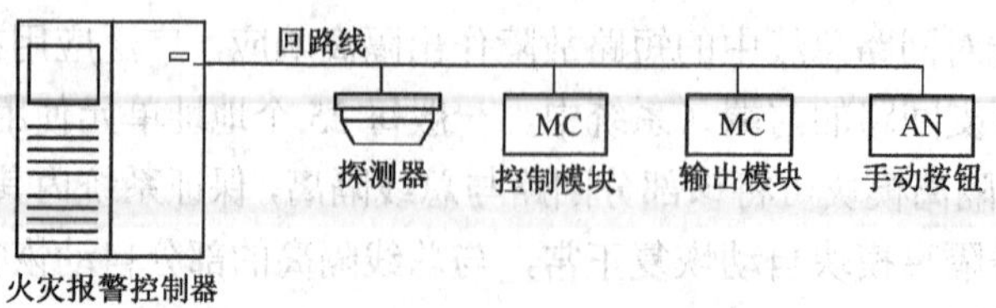

图 7.14　基本型火灾自动报警系统

7.2.2　连网型系统

大型建筑需要设立专门的消防控制中心，火灾自动报警控制系统一般有一台火灾自动报警控制主机，将分布在中心外的火灾报警分机通过通信网络连接起来。消防控制中心可以监控整个建筑物的所有消防设备的状态。图 7.15 为一连网型火灾自动报警控制系统配置图。

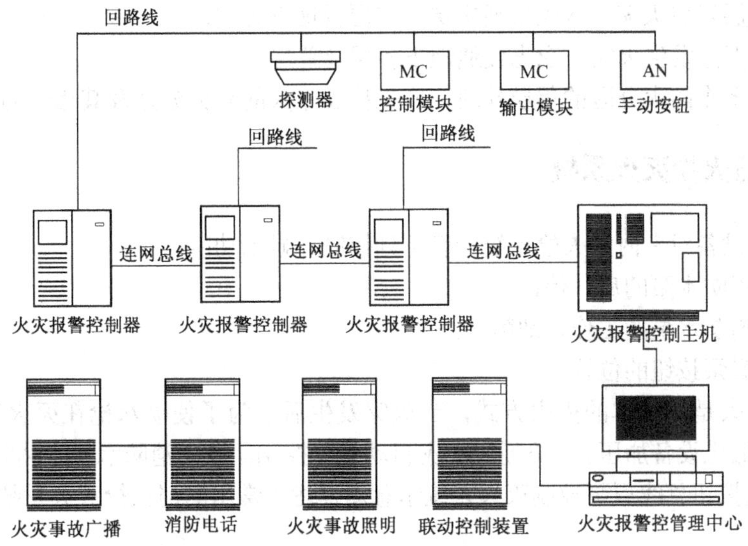

图 7.15　连网型火灾自动报警控制系统

7.3　消防联动控制系统

消防联动控制系统设备由下列控制装置（部分或全部）组成：

- 自动灭火系统的控制装置；
- 室内消火栓系统的控制装置；
- 防烟、排烟系统及空调通风系统的控制装置；
- 常开防火门、防火卷帘的控制装置；
- 电梯回降控制装置；
- 火灾应急广播的控制装置；
- 火灾警报装置的控制装置；
- 火灾应急照明与疏散指示标志的控制装置。

7.3.1　消防控制设备的功能

消防控制室的控制设备应有下列控制及显示功能：

- 控制消防设备的启、停，并应显示其工作状态。
- 消防水泵、防烟和排烟风机的启、停，除自动控制外，还应能手动直接控制。
- 显示火灾报警、故障报警部位。
- 显示保护对象的重点部位、疏散通道及消防设备所在位置的平面图或模拟图等。

➢ 显示系统供电电源的工作状态。
➢ 消防控制室在确认火灾后，应能切断有关部位的非消防电源，并接通警报装置及火灾应急照明灯和疏散标志灯。
➢ 消防控制室在确认火灾后，应能控制电梯全部停于首层，并接收其反馈信号。
➢ 消防控制室应设置火灾警报与应急广播控制装置，其控制程序应符合下列要求：
　a. 二层及以上的楼房发生火灾，应先接通着火层及其相邻的上、下层；
　b. 首层发生火灾，应先接通本层、二层及地下各层；
　c. 地下室发生火灾，应先接通地下各层及首层；
　d. 含多个防火分区的单层建筑，应先接通着火的防火分区及其相邻的防火分区。

7.3.2　消火栓灭火系统

消防控制设备对室内消火栓系统应有下列控制、显示功能：
➢ 控制消防水泵的启、停；
➢ 显示消防水泵的工作、故障状态；
➢ 显示启泵按钮的位置。

消火栓灭火是最基本的灭火方式，当火灾发生后，为了使喷水枪在灭火时有足够的压力，必须通过加压设备加压。一般通过火灾自动报警控制器联动消防水泵来达到加压的目的。图 7.16 消火栓按钮总线启泵控制灭火系统示意图描述了常用的消火栓灭火系统图。

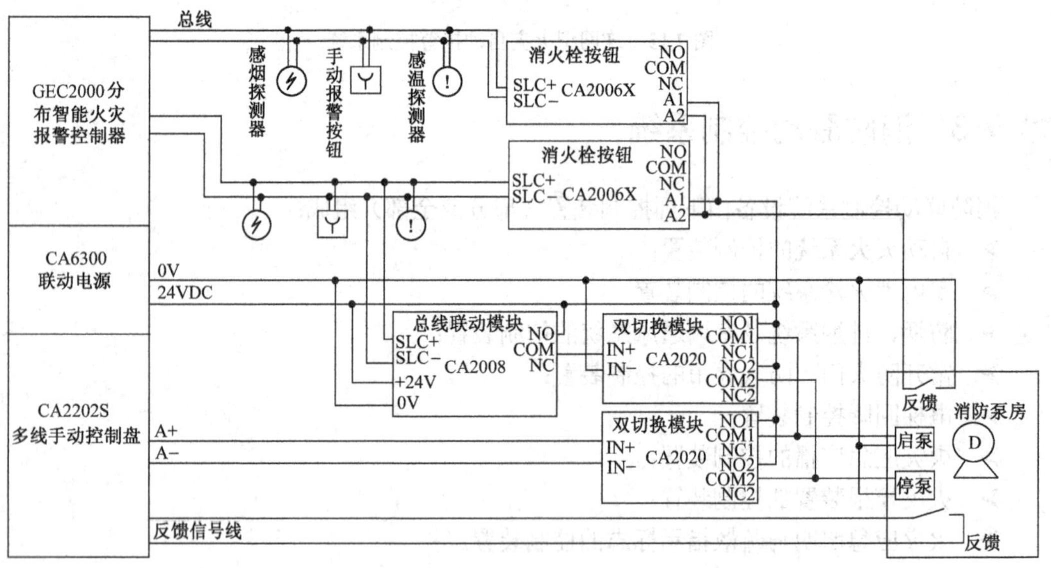

图 7.16　消火栓按钮总线启泵控制灭火系统示意图

7.3.3　自动喷淋灭火系统

消防控制设备对自动喷水和水喷雾灭火系统应有下列控制、显示功能：
➢ 控制系统的启、停；
➢ 显示消防水泵的工作、故障状态；

➢ 显示水流指示器、报警阀、安全信号阀的工作状态。

安装有水喷淋灭火系统的建筑物，在每层支路管线上均安装水流指示器，必须通过输入模块将水喷淋系统连接到回路总线上，再通过回路总线连接到火灾报警控制器上。当某层着火，温度升高，并达到一定温度时，闭式喷头感温元件动作喷水，相应的水流指示器随之动作。其报警信号经回路总线输送到控制器上，发出声、光报警，明确指示报警部位。随着管内水压下降，湿式报警阀动作，带动水力警铃报警，同时压力开关动作，给控制器告警信号。控制器在水流指示器和压力开关信号的作用下，启动喷淋泵，自动供水灭火。

水流指示器信号的采集采用回路总线方式，如果需要外加 DC24V 直流电源，可以由消防控制中心的系统电源提供。水流指示器、压力开关信号通过输入模块采集。

喷淋泵的启动采用现场编程方式，这种控制方式很灵活，特别适用于大型工程。也可与多线手动控制盘一起，组成湿式自动喷淋灭火控制系统。在多线手动控制盘上可启动、停止喷淋泵。另外，也可与总线联动控制盘配合使用，实现一对一控制。

图 7.17 为总线及多线手动联动湿式自动喷淋灭火控制系统基本系统组成示意图。

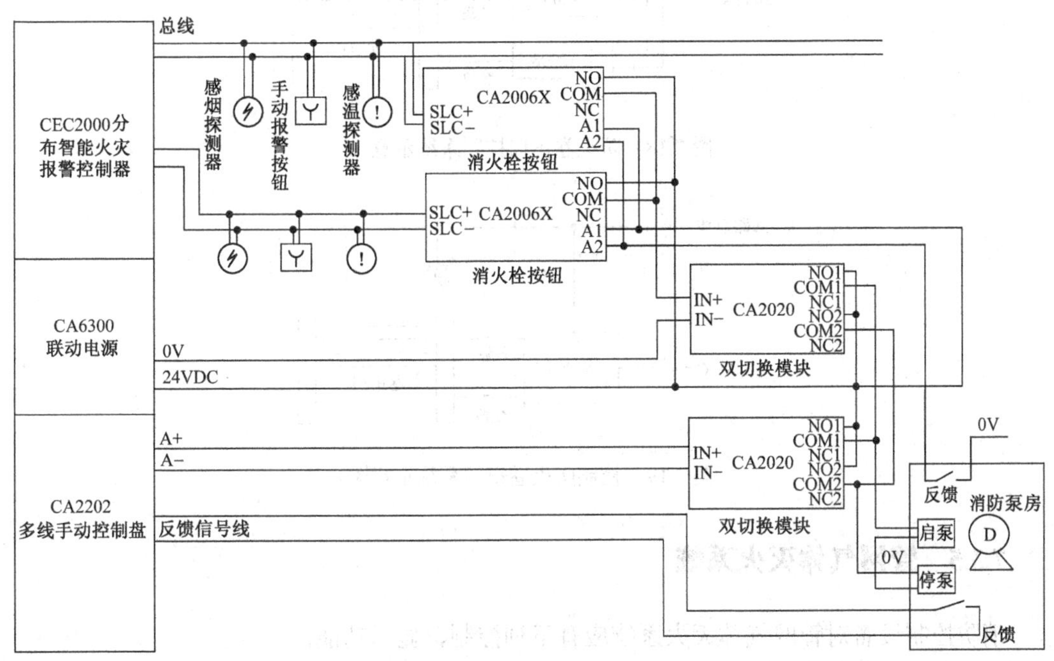

图 7.17　总线及多线手动联动湿式自动喷淋灭火控制系统示意图

7.3.4　防火卷帘门控制

消防控制设备对防火卷帘的控制，应符合下列要求：

➢ 疏散通道上的防火卷帘两侧，应设置火灾探测器组及其警报装置，且两侧应设置手动控制按钮。

➢ 疏散通道上的防火卷帘，应按下列程序自动控制下降：

a. 感烟探测器动作后，卷帘下降至距地（楼）面 1.8 m；

b. 感温探测器动作后，卷帘下降到底。

➢ 用做防火分隔的防火卷帘，火灾探测器动作后，卷帘应下降到底。

➢ 感烟、感温火灾探测器的报警信号及防火卷帘的关闭信号应送至消防控制室。

当火灾发生时，根据防火分区的要求，防火卷帘门应视火灾发生地点的火情情况降落。火警地点及火势大小是由安装在防火卷帘门两侧的（或一侧）的感烟探测器及感温探测器准确及时的报警得知的，卷帘门的降落是半降还是全降，是按事先编好的程序由火灾报警控制器发出指令。由于卷帘门需要有半降和全降两个指令控制，所以可以通过两个控制模块来实现控制卷帘门的降落。通过输入模块可输入反馈信号，从而实现了卷帘门的半降到位反馈和全降到位反馈显示。所有逻辑要求都可以通过控制器编程来实现。

注：多线控制可采用多线手动控制盘。

图 7.18、图 7.19 描述了两种防火卷帘门控制系统示意图。

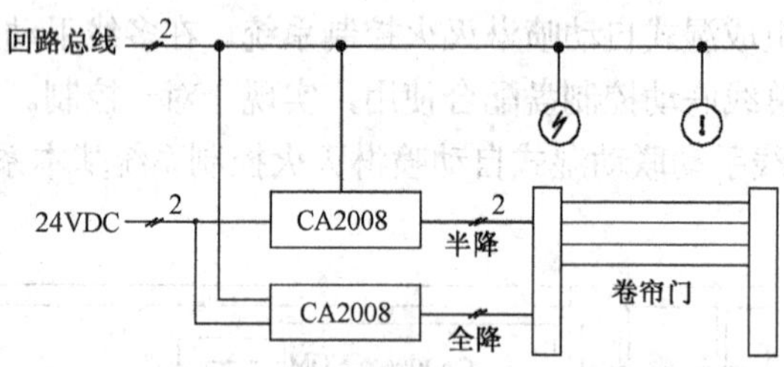

图 7.18　防火卷帘门控制系统示意图

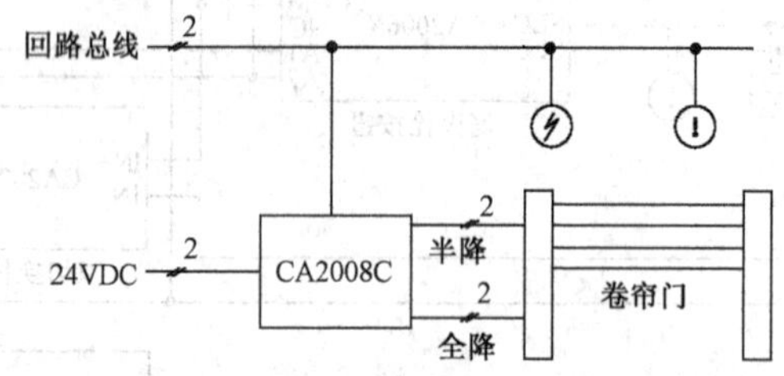

图 7.19　控制防火卷帘门系统示意图

7.3.5　管网气体灭火系统

消防控制设备对管网气体灭火系统应有下列控制、显示功能：

➢ 显示系统的手动、自动工作状态。

➢ 在报警、喷射各阶段，控制室应有相应的声、光警报信号，并能手动切除声响信号。

➢ 在延时阶段，应自动关闭防火门、窗，停止通风空调系统，关闭有关部位防火阀。

➢ 显示气体灭火系统防护区的报警、喷放及防火门（帘）、通风空调等设备的状态。

➢ 消防控制设备对泡沫灭火系统应有下列控制、显示功能：

　a. 控制泡沫泵及消防水泵的启、停；

　b. 显示系统的工作状态。

➢ 消防控制设备对干粉灭火系统应有下列控制、显示功能：

　a. 控制系统的启、停；

　b. 显示系统的工作状态。

7.3.6　常开防火门的控制

消防控制设备对常开防火门的控制，应符合下列要求：

- 门任一侧的火灾探测器报警后，防火门应自动关闭；
- 防火门关闭信号应送到消防控制室。

7.3.7　防烟、排烟设施的控制

火灾报警后，消防控制设备对防烟、排烟设施应有下列控制、显示功能：

- 停止有关部位的空调送风，关闭电动防火阀，并接收其反馈信号；
- 启动有关部位的防烟和排烟风机、排烟阀等，并接收其反馈信号；
- 控制挡烟垂壁等防烟设施。

7.4　消防广播系统

根据《火灾自动报警系统设计规范》GB 50116—98 中的要求，控制中心报警系统应设置火灾应急广播，集中报警系统宜设置火灾应急广播。

消防广播为建筑物的消防疏散指挥系统，在整个消防系统中起着极其重要的作用。消防广播系统指当发生火灾等事故时，可将火灾疏散层的扬声器和公共广播扩音机强制转入火灾应急广播状态，并实现分区控制。系统包括背景音源部分、紧急广播的音源与切换部分。

一般消防广播系统可分为多线制消防广播系统和总线制消防广播系统。

火灾应急广播扬声器的设置，应符合下列要求：

- 民用建筑内扬声器应设置在走道和大厅等公共场所。每个扬声器的额定功率不应小于 3 W，其数量应能保证从一个防火分区内的任何部位到最近一个扬声器的距离不大于 25m。走道内最后一个扬声器至走道末端的距离不应大于 12.5m。
- 在环境噪声大于 60 dB 的场所设置的扬声器，在其播放范围内最远点的播放声压级应高于背景噪声 15dB。
- 客房设置专用扬声器时，其功率不宜小于 10W。
- 火灾应急广播与公共广播合用时，应符合下列要求：

  a. 火灾时应能在消防控制室将火灾疏散层的扬声器和公共广播扩音机强制转入火灾应急广播状态。

  b. 消防控制室应能监控用于火灾应急广播时的扩音机的工作状态，并应具有监控遥控开启扩音机和采用传声器播音的功能。

  c. 床头控制柜内设有服务性音乐广播扬声器时，应有火灾应急广播功能。

  d. 应设置火灾应急广播备用扩音机，其容量不应小于发生火灾时需同时广播的范围内火灾应急广播扬声器最大容量总和的 1.5 倍。

7.5　消防专用电话系统

消防专用电话由总机和分机组成，为独立的消防通信系统，总机与分机之间的呼叫是直通的，中间没有交换或转接程序，保证了中心控制室与分布现场联络的稳定可靠。系统有总线制和多线制之分。

电话分机或电话塞孔的设置，应符合下列要求。

➢ 下列部位应设置消防专用电话分机：

a. 消防水泵房、备用发电机房、变配电室、主要通风和空调机房、排烟机房、消防电梯机房及其他与消防联动控制有关的且经常有人值班的机房。

b. 灭火控制系统操作装置处或控制室。

c. 企业消防站、消防值班室、总调度室。

➢ 设有手动火灾报警按钮、消火栓按钮等处宜设置电话塞孔。电话塞孔在墙上安装时，其底边距地面高度宜为 1.3～1.5 m。

➢ 特级保护对象的各避难层应每隔 20 m 设置一个消防专用电话分机或电话塞孔。

➢ 消防控制室、消防值班室或企业消防站等处，应设置可直接报警的外线电话。

➢ 消防电话系统。

多线制电话系统主机分 8 门、16 门、24 门、32 门、40 门等各种规格，价格也各不相同，用户可灵活选配。其分机可配普通的电话接听机，所以整个系统的造价较低，但因为是多线制系统，现场布线相对复杂一些。

7.6　火灾自动报警系统工程设计

在设计火灾自动报警及消防联动控制系统时，首先要明确建筑物本身建筑特点和功能特点，了解该建筑的防火工程设计中其他专业的设施，尤其是设备（通风、水）专业对于电气专业的设计要求，然后根据有关规范对建筑物定性，确定系统的总体结构。根据《高层民用建筑设计防火规范》和《火灾自动报警系统设计规范》，确定工程分类，确定保护对象的分级标准。

详细要求可查阅以下相关国家规范：

《火灾自动报警系统设计规范》（GB50166—98）；

《火灾自动报警系统施工验收规范》（GB50166—92）；

《高层民用建筑设计防火规范》（GB50045—95）2001 年修订版；

《建筑设计防火规范》（GBJ16—87）2001 年修订版。

第 8 章　安全技术防范系统

8.1　安全技术防范系统概述

8.1.1　安全技术防范的概念

安全防范是社会公共安全的一部分，安全技术防范及其产业是社会公共安全科学技术及其产业的一个分支。就防范手段而言，安全防范包括人力防范、实体（物）防范和技术防范三个范畴。其中人力防范和实体防范是古而有之的传统防范手段，它们是安全防范的基础。随着科学技术的不断进步，这些传统的防范手段也不断融入新科技的内容。而通常所说的安全防范主要是指安全技术防范。

安全防范技术就是用于安全防范工作的专门技术。那么，到底哪些技术是安全防范工作经常采用的技术呢？在国外，安全防范技术通常分为三大类：物理防范技术（Physical Protection）、电子防范技术（Electronic Protection）、生物统计学防范技术（Biometric Protection）。这里的物理防范技术，主要是指实体防范技术，如建筑物和实体屏障以及与其相配套的各种实物设施、设备和产品（如各种门、窗、柜、锁具等）。电子防范技术主要是指应用于安全防范的电子、通信、计算机与信息处理技术及其相关技术，如电子报警技术、视频监控技术、出入口控制技术、计算机网络技术以及与其相关的各种软件、系统工程等。生物统计学防范技术是法庭科学的物证鉴定技术和安全防范技术中的模式识别技术相结合的产物，它主要是指利用人体的生物学特征进行安全防范的一种特殊技术门类，现在应用较广的有指纹、掌纹、眼纹、声纹等识别控制技术。

所谓安全技术防范，可以从字面上简单地理解为利用安全防范的技术手段进行安全防范的工作。根据安全防范的本质内涵，安全技术防范可以从两个不同的层面来理解和解释。对于执法部门而言，安全技术防范，就是利用安全防范技术开展安全防范工作的一项公安业务；而对于社会经济部门来说，安全技术防范就是利用安全防范技术为社会公众提供安全防范技术服务的一种产业。既然是一种产业，就要有产品的研制与开发，就要有系统的设计与工程的施工、服务和管理。因此，要给安全技术防范下一个确切的定义，并非易事。关于安全技术防范，我国目前尚无严格、统一的定义。笔者在综合安防管理部门大多数管理专家和产品研发领域大多数技术专家意见的基础上，暂给安全技术防范下这样一个定义：安全技术防范是以安全防范技术为先导，以人力防范为基础，以技术防范和实体防范为手段，为建立具有探测、延迟、反应基本功能并使其有效结合的综合安全防范服务保障体系而进行的活动。它是以预防损失和预防犯罪为目的的一项公安业务和社会经济产业。预防损失和预防犯罪的具体内容主要包括：预防入侵、盗窃、抢劫、破坏、爆炸违法犯罪活动和重大治安事故。

技术防范的概念是在近代科学技术（最初是电子报警技术）用于安全防范领域并逐渐形成一种独立防范手段的过程中所产生的一种新的防范概念。由于现代科学技术不断发展和普及应用，技术防范的概念也越来越为执法部门和社会公众所认可和接受，以致成为使用频率很高的一个新词汇。技术防范的内容随着科学技术的进步而不断更新。在科学技术迅猛发展的当今时代，可以说几乎所有的高新技术都将或迟或早地移植或应用于安全防范工作中，技术防范将带来安全防范的一次新的革命。

在我国，安全防范技术通常是指安全技术防范行业所采用的一些专门技术：防爆安检技术、实体防护技术、入侵报警技术、出入口控制技术、电视监控技术及其相应的工程设计、施工技术等。

8.1.2　安全防范的三个基本要素

安全防范三要素：探测、延迟与反应。探测，感知显性和隐性风险事件的发生，并发出报警；延迟，延长和推延风险事件发生的进程；反应，组织力量为制止风险事件的发生所采取的快速行动。

在安全防范的三种基本手段中，实现防范的最终目的都要围绕探测、延迟、反应这三个基本防范要素开展工作，采取措施，以预防和阻止风险事件的发生。当然三种防范手段在实施防范过程中所起的作用是不同的。

基础的人力防范手段，是利用人们自身的传感器（眼、耳等感官）进行探测，发现妨碍或破坏安全的目标，作出反应：用声音警告、恐吓、设障、武器还击等手段来延迟或阻止危险的发生，在自身力量不足时还要发出救援信号，以期作出进一步的反应，制止危险的发生或处理已发生的危险。

实体防范的主要作用在于推迟危险的发生，为反应提供足够的时间。现代的实体防范已不是单纯物质屏障的被动式防范，而是越来越多地采用高科技的手段，一方面使实体屏障被破坏的可能性变小，增大延迟时间；另一方面也使实体屏障本身增加探测和反应的功能。

技术防范手段可以说是人力防范和实体防范手段的功能的延伸和加强，是对后两者在技术手段上的补充和强化，使人力防范和实体防范在探测、延迟、反应三个基本要素中不断地增加高科技的含量，不断提高探测能力、延迟能力和反应能力，使防范手段真正起到作用。比如各种高科技的技术防范产品、系统的应用，都离不开实体防护实施，都要靠高素质的操作人员和高水平的组织管理，才能充分发挥高科技的威力。探测、延迟和反应三个基本要素之间是相互联系、缺一不可的。一方面，探测要准确无误，延迟时间长短要合适，反应要迅速；另一方面，反应的总时间应小于（至多等于）探测加延迟的总时间，即：$T_{反应} \leqslant T_{探测} + T_{延迟}$。

8.2　防盗报警系统

8.2.1　防盗报警系统的基本构成

安防系统通常由探测器、信号传输信道和控制器组成。最基本的防盗报警系统由设置在现场防区内的入侵探测器与报警控制器组成。典型的系统组成如图 8.1 所示。

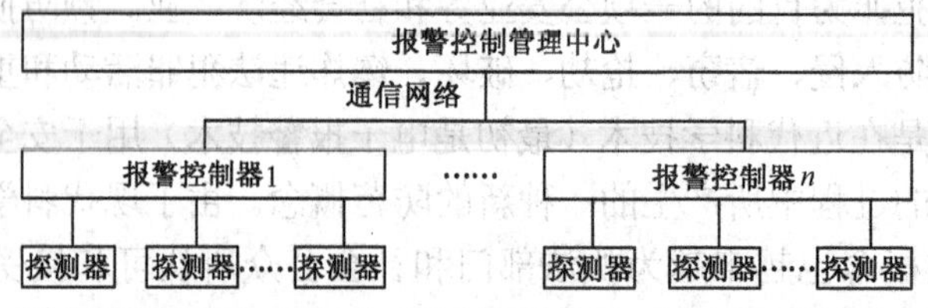

图 8.1　入侵探测报警系统的基本组成

8.2.2　入侵探测器概述

入侵探测器是由传感器和信号处理器组成的用来探测入侵者入侵行为的电子和机械部件组成、用来探测入侵者的入侵行为的装置。入侵报警探测器需要防范入侵的地方可以是某些特定部位，如门、窗、柜台、展览厅的展柜；或是条线，如边防线、警戒线、边界线；有时要求防范范围是个面，如仓库、重要建筑物的周界围网（铁丝网或围墙）；有时又要求防范的是个空间，如档案室、资料室、武器室、珍贵物品的展厅等，它不允许入侵者进入其空间的任何地方。因此入侵报警系统在设计时就应根据被防范场所的不同地理特征、外部环境及警戒要求选用合适的探测器以达到安全防范的目的。

入侵探测器应有防拆、防破坏等保护功能。当入侵者企图拆开外壳或使信号传输线断路、短路或接其他负载时，探测器应能发出报警信号。

入侵探测器还要有较强的抗干扰能力。在探测范围内，任何小动物或长 150 mm、直径为 30 mm 具有与小动物类似的红外幅射特性的圆筒大小物体都不应使探测器产生报警；探测器对于与射束轴线成 15° 或更大一点的任何外界光源的辐射干扰信号应不产生误报；探测器应能承受常温气流和电铃的干扰；还应能承受电火花的干扰。

入侵探测器通常由传感器和前置信号处理电路两部分组成。根据不同的防范场所，选用不同的信号传感器，如气压、温度、振动、幅度传感器等探测和预报各种危险情况。如红外探测器中的红外传感器能探测出被测物体表面的热变化率，从而判断被测物体的运动情况而引起报警；震动电磁传感器能探测出物体的震动，把它固定在地面或保险柜上，就能探测出入侵者走动或撬挖保险柜的动作。前置信号处理电路将传感器输出的电信号处理后变成信道中传输的电信号，此信号常称为探测电信号。

信号传输信道种类极多，通常分有线信道和无线信道。有线信道常数用双绞线、电力线、电话线、电缆或光缆传输探测电信号，而无线信道则是将控测电信号调制到规定的无线电频段上，用无线电波传输探测电信号。

控制器通常由信号处理器和报警装置组成。由有线或无线信道送来的探测电信号经信号处理器作深入处理，以判断“有”或“无”危险信号，若有警情出现，控制器就控制告警装置，发出声光报警信号，引起值班人员的警觉，以采取相应的措施；或直接向公安保卫部门发出报警信号。

用于安全防范技术的产品多种多样，各种不同类型传感器组成的探测器，应用在不同的地点、场合，取得了良好的效果。报警器材名目繁多，对报警器材进行分类，有利于掌握它的工作原理、构造和适用的场合。

8.2.3　入侵探测器的分类和工作原理

8.2.3.1　入侵探测器的分类概述

入侵探测器的种类繁多，分类方式也有多种。通常按其传感器种类、工作方式、警戒范围等来区分。

1. 按传感器种类分类

入侵探测器的分类可按其所用传感器的特点分为开关型入侵探测器、震动型入侵探测器、声音探测器、超声波入侵探测器、次声入侵探测器、主动与被动红外入侵探测器、微波入侵探测器、激光入侵探测器、视频运动入侵探测器和多种技术复合入侵探测器。

2. 按工作方式来分类

按工作方式可分为主动和被动探测报警器。被动探测报警器，在工作时不需向探测现场发出信号，而对被测物体自身存在的能量进行检测。平时接收传感器的信号稳定，当出现异常情况时，稳定信号被破坏，经处理发出报警信号。

主动探测报警器在工作时，探测器要向探测现场发出某种形式的能量，经反向或直射在传感器上形成一个稳定信号，当出现异常情况时，稳定信号被破坏，经信号处理后，输出报警信号。

3. 按警戒范围分类

按防范警戒区域可分为点型入侵探测器、直线型入侵探测器、面型入侵探测器和空间型入侵探测器。

点型入侵探测器警戒的仅是某一点，如门窗、柜台、保险柜，当这一监控点出现危险情况时，即发出报警信号，通常由微动开关方式或磁控开关方式报警控制。

直线型入侵探测器警戒的是一条线，当这条警戒线上出现危险情况时，发出报警信号。如光电报警器或激光报警器，先由光源或激光器发出一束光或激光，被接收器接收，当光和激光被遮断时，报警器即发出报警信号。

面型入侵探测器警戒范围为一个面，当警戒面上出现危害时，即发出报警信号。如震动报警器装在一面墙上，当墙面上任何一点受到震动时即发出报警信号。

空间型入侵探测器警戒的范围是一个立体空间，当空间内任意处出现入侵危害时，即发出报警信号。如在微波多普勒报警器所警戒的空间内，入侵者从门窗、天花板或地板的任何一处进入都会产生报警信号。

4. 按报警信号传输方式分类

按报警信号传输方式可分为有线型和无线型。探测器在检测到非法入侵者后，以导线或无线电两种方式将报警信号传输给报警控制主机。有线型与无线型的选取由报警系统或应用环境决定。所有无线探测器无任何外接连线，内置电池均可正常连续工作 2～4 年。

5. 按使用环境分类

按使用环境分类可分为室内型和室外型。室外型产品主要防范露天空间或平面周界，室内型产品主要防范室内空间区域或平面周界。

6. 按探测模式分类

按探测模式分为空间型和幕帘型。空间型防范整个立体空间，幕帘型防范一个如同幕帘的平面周界。幕帘型分为单幕帘、双幕帘和四幕帘三种。单幕帘探测器只是在透镜片上与空间型探测器有所区别，单幕帘探测器所防范的幕帘周界不能识别入侵方向且较容易误报，在以往安装单幕帘或空间型探测器的情况下，居住者的活动范围是受到限制的，因为他们不得不避开受保护的区域，以避免触发报警。而双幕帘探测器使用了全新的方向识别技术，可以准确辨别出被保护区域内人体的运动方向，从而区分出是居住者还是入侵者。因此，居住者在布防情况下可以在防范区域内自由活动，不会触发警报；入侵者一旦从门窗、阳台进入，双幕帘探测器会立即报警。四幕帘探测器有比双幕帘探测器更精确的识别功能与更强的抗误报能力。

还有一些其他的分类方法，市场销售和工程应用上的分类方法也很多，这里不一一论述。

8.2.3.2　点型入侵探测器的原理

对于门窗、柜台、展橱、保险柜等防范范围仅是某一特定部位使用的入侵探测器为点型入侵探测器，点型入侵探测器通常有开关型和振动型两种。

1. 开关入侵探测器

开关入侵探测器是由开关型传感器构成的，可以是微动开关、干簧继电器、易断金属导线或压力垫等。不论是常开型或是常闭型，当其状态改变时均可直接向报警控制器发出报警信号，由报警控制器发出声、光警报信号。

2. 振动入侵探测器

当入侵者进入防范区域实施犯罪时，总会引起地面、墙壁、门窗、保险柜等发生振动，我们可以采用压电式传感器、电磁感应传感器或其他可感受振动信号的传感器来探测入侵时发生的振动信号，这种探测器我们称之为振动入侵探测器。

墙振动探测器及玻璃破碎探测器是典型的振动入侵探测器，这种探测器常使用压电式传感器或导电簧片开关传感器。

压电传感器是利用压电材料的压电效应制成的，当压电材料受到某方向的压力时，在一特定方向两个相对电极上分别感应出电荷，电荷量的大小与压力成正比。我们把压电传感器贴在玻璃上，当玻璃受到振动时，传感器相应的两电极上感应出电荷，形成一微弱的电位差，通过采用高放大倍数、高输入阻抗的集成放大电路进行信号放大，输出报警信号。

玻璃破碎探测器的外壳黏附在需防范的玻璃的内侧。环境温度和湿度的变化及轻微振动产生的低频振动，甚至敲击玻璃所产生的振动都能被上簧片的弯曲部分吸收，而不改变上、下电极的接触状态，只有当探测器探测到玻璃破碎或足以使玻璃破碎的强冲击力时产生的特殊频率范围的振动才能使上、下簧片振动，处于不断开闭状态，触发控制电路产生报警信号。

电动式振动入侵探测器是利用电磁感应传感器将振动转换成线圈两端的感应电动势输出。将电动式振动入侵传感器与保险柜、贵重物体固定在一起，当入侵者搬动或触动保险柜等物体时产生振动，电动传感器随之振动，线圈与电动传感器是固定在一起的，而磁铁通过弹簧与壳体连接在一起，壳体振动后，磁铁随之运动，在线圈上感应出电动势，其大小 $E=nBLv$，B 为磁感应强度，L 为每匝线圈的长度，n 为绕组匝数，v 为物体的振动速度。输出电压 E 正比于振动速度，电动传感器具有较高的灵敏度，输出电动势较高，不需要高增益的放大器，而且电动传感器输出阻抗低，噪声干扰小。

8.2.3.3　直线型入侵探测器的原理

直线型入侵探测器是指警戒范围为一条线束的探测器。当在这条警戒线上的警戒状态被破坏时发出报警信号。最常见的直线型报警探测器有红外入侵探测器、激光入侵探测器。

1. 红外入侵探测器

红外入侵探测器分为被动红外探测器和主动红外探测器两种形式。

被动红外探测器只有红外线接收器。当被防范范围内有目标入侵并移动时，将引起该区域内红外辐射的变化，而红外探测器能探测出这种红外辐射的变化并发出报警信号。实际上除入侵物体发出红外辐射外，被探测范围内的其他物体如室外的建筑物、地形、树木、山和室内的墙壁、课桌、家俱等都会发生热辐射，但因这些物体是固定不变的，其热辐射也是稳定的，当入侵物体进入被监控区域后，稳定不变的热辐射被破坏，产生了一个变化的热辐射，而红外探测器中的红外传感器就能收到这个变化的辐射，经放大处理后报警。在使用中，把探测器放置在所要防范的区域里，那些固定的景物就成为不动的背景，背景辐射的微小信号变化为噪声信号，由于探测器的抗噪能力较强，噪声信号不会引起误报，红外探测器一般用在背景不动或防范区域内无活动物体的场合。

现在实际应用的被动红外探测器，大多是在一个探测器中集成多个红外接收单元，称为多元被动红外探测器。这样的探测器由于具有几个接收单元，不仅能检测出其防范区域有入侵者时的红外变化，还可以因各单元安装方向的不同而接收信号的大小不同，检测出入侵者走动时产生的单元信号差值的变化，从而达到双重检测的目的，大大提高了报警精度，减少了误报率。

主动红外探测器由主动红外光发射器和接收器两个部件构成。

主动红外发射器发出一束经调制的红外光束，投向红外接收器，形成一条警戒线。当目标侵入该警戒线时，红外光束被部分或全部遮挡，接收机因接收信号发生变化而报警。

主动红外探测器的发射光源通常为红外发光二极管。其特点是体积小、重量轻、寿命长、功耗小，晶体管、集成电路都能直接推动。主动红外探测器的光源通常为脉冲调制的脉冲波形，发射机采用自激多谐振荡器作为调制电源，产生很高占空比的脉冲波形，去调制红外发光二极管发光，发射出红外脉冲调制光谱。这样大大降低了电源的功耗，又增加了系统抗杂散光干扰的能力。

对光束遮挡型的探测器，要适当选取有效的报警最短遮光时间。遮光时间选得太短，会引起不必要的噪声干扰，如小鸟飞过、小动物穿过都会引起报警；而遮光时间太长，则可能导致漏报。通常以 10 m/s 速度通过镜头的遮光时间，来定最短遮光时间。若人的宽度为 20 cm，则最短遮光时间为 20 cm/（10 m/s）=20 ms。大于 20 ms，系统报警；小于 20 ms 则不报警。

主动红外探测器体积小、重量轻、便于隐蔽，采用双光路甚至四光路的主动红外探测器可大大提高其抗噪防误报的能力，加大防范的垂直面，另外主动红外探测器寿命长、价格低、易调整，因此被广泛使用在安全防范工程中。

然而，当主动红外探测器用在室外自然环境时，比如无星光和月亮的夜晚，以及夏日中午太阳光背景辐射的强度比超过 100 dB 时，会使接收机的光电传感器工作环境相差太大。通常采用截止滤光片，滤去背景光中的极大部分能量（主要为可见光的能量），使接收机的光电传感器在各种户外光照条件下的使用条件基本相似。

另外，室外的大雾会引起传输中红外光的散射，大大缩短主动红外探测器的有效探测距离。虽然大部分应用在室外的主动红外探测器在出厂时已考虑到了上述因素，但在使用中还是应该充分考虑大雾天气造成的影响。

2. 激光入侵探测器

激光与一般光源相比有如下特点。

（1）方向性好，亮度高

一束激光的发散角可能很小，即使在几千米以外激光光束的直径也仅扩展到几毫米或几厘米。由于激光光束发散角小，几乎是一束平行光束，光束能聚集在一个很小的平面上，产生很大的光功率密度，其亮度很高。

（2）激光的单色性和相干性好

激光探测器与主动红外探测器有些相似，也是由发射器与接收器两部分构成。发射器发射激光束照射在接收器上，当有入侵目标出现在警戒线上时，激光束被遮挡，接收机接收状态发生变化，从而产生报警信号。

激光具有高亮度，高方向性，所以激光探测器十分适用于远距离的线控报警装置。由于能量集中，可以在光路上加装反射镜，围绕成光墙，从而可以用一套激光器来封锁场地的四周，或封锁几个主要通道路口。

激光探测器采用半导体激光器的波长在红外线波段时，处于不可见范围，便于隐蔽，不易被发现。激光探测器采用脉冲调制，抗干扰能力较强，其稳定性能好，一般不会因机器本身而产生误报，如果采用双光路系统，可靠性更会大大提高。

8.2.3.4 面型入侵探测器的原理

面型入侵探测器的警戒范围为一个面。当警戒面上出现入侵目标时即能发出报警信号。振动式或感应式报警探测器常被用做面报警探测器，例如把用做点报警探测器的振动探测器安装在墙面或玻璃上，或安装在某一要求保护的铁丝网或隔离网上，当入侵者触及时网发生振动，探测器即能发生报警信号。

面型入侵探测器更多的是使用电磁感应探测器。电场畸变入侵探测器是一种电磁感应探测器，当目标侵入防范区域时，引起传感器线路周围电磁场分布的变化，探测器响应这一畸变并输出报警信号。电场畸变入侵探测器有平行线电场畸变入侵探测器、泄漏电缆电场畸变探测器等。

1. 平行线电场畸变入侵探测器

平行线电场畸变入侵探测器是由传感器线支撑杆、跨接件和传感器电场信号发生接收装置构成，如图 8.2 所示。传感器由一组平行线（2～10 条）构成，在这些导线中一部分是场线，它们与振荡频率为 1～40 kHz 的信号发生器相连接，工作时场线向周围空间辐射电磁场能量。另一部分线为感应线，场线辐射的电磁场在感应线上产生感应电流。当入侵者靠近或穿越平行导线时，就会改变周围电磁场的分布状态，使感应线中的感应电流发生变化，由接收信号处理器分析后发出报警信号。

平行线电场畸变入侵探测器主要用于户外周界报警。通常沿着防范周界安装数套电场探测器，组成周界防范系统。信号分析处理器常采用微处理器，信号分析处理程序可以分析出入侵者和小动物引起的场变化的不同，从而将误报率降到最低。

2. 泄漏电缆电场畸变入侵探测器

泄漏电缆是一种特制的同轴电缆，见图 8.3，其中心是铜导线，外面包围着绝缘材料（如聚乙烯），绝缘材料外面用两条金属散层以螺旋方式交叉缠绕并留有孔隙。电缆最外面为聚乙烯保护层。当电缆传输电磁能量时，屏蔽层的空隙处便将部分电磁能量向外辐射。为了使电缆在一定长度范围内能够均匀地向空间泄漏能量，电缆空隙的尺寸大小是沿电缆变化的。把平行安装的两根泄漏电缆分别接到高强信号发生器和接收器上就组成了泄漏电缆入侵探测器。当发生器产生的脉冲电磁能量沿发射电缆传输并通过泄漏孔向空间辐射时，在电缆周围形成空间电磁场，同时与发射电缆平行的接收电缆通过泄漏孔接收空间电磁能量并沿电缆送入接收器，泄漏电缆可埋入地下，如图 8.4 所示。当入侵者进入探测区时，使空间电磁场的分布状态发生变化，因而接收电缆收到的电磁能量发生变化，这个变化量就是入侵信号，经过分析处理后可使报警器动作。泄漏电缆探测器可全天候工作，抗干扰能力强，误报漏报率都较低，适用于高、长周界的安全防范场所。

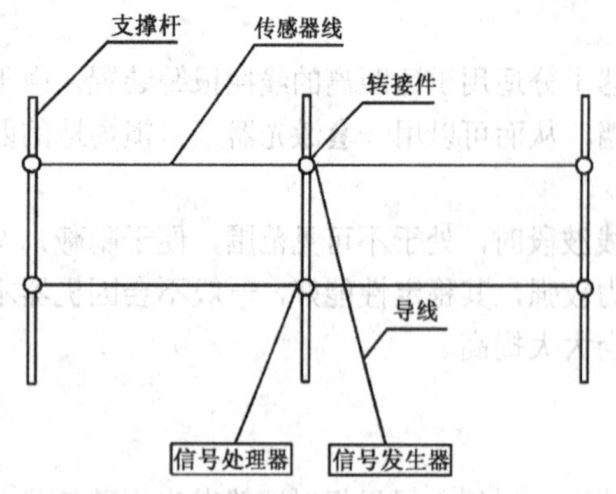

图 8.2　平行线电场畸变入侵探测器

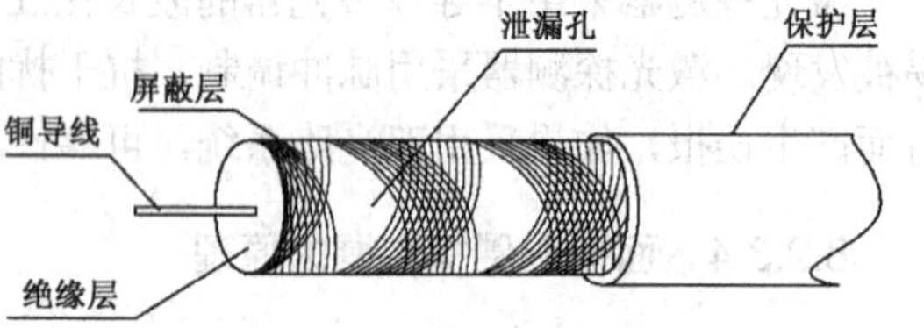

图 8.3　泄漏电缆结构示意图

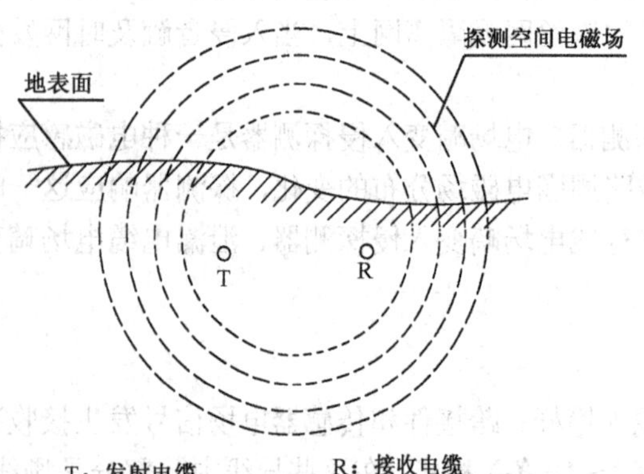

图 8.4　泄漏电缆产生空间场示意图

3. 振动传感电缆型入侵探测器

这种入侵探测器是在一根塑料护套内装有三芯导线的电缆两端，分别接上发送装置与接收装置，并将电缆做成波浪状或呈其他曲折形状固定在网状的围墙上（如图 8.5 所示）。一定长度的电缆构成一个防区。每两个或四个、六个防区共用一个控制器（称为多通道控制器），由控制器将各防区的报警信号传送至控制中心。当有入侵者触动网状围墙，破坏网状围墙等行为使其振动并达到一定强度时（安装时强度可调，以确定其报警灵敏度），就会产生报警信号。这种入侵探测器精度极高，漏报率为零，误报率几乎为零，且可全天候使用（不受气候的影响）。它特别适合围网状的周界围墙（即采用铁网构成的围墙）使用。

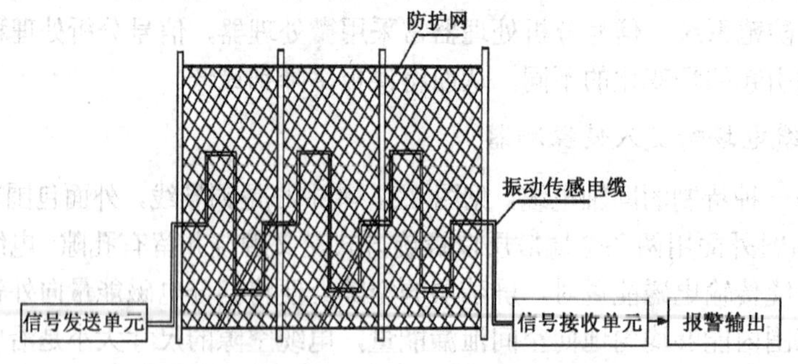

图 8.5　振动传感电缆型入侵探测器示意图

4. 电子围栏式入侵探测器

电子围栏式入侵探测器也是一种用于周界防范的探测器。它由三大部分组成，即脉冲电压发生器、报警信号检测器以及前端的电围栏，其系统原理框图如图 8.6 所示。

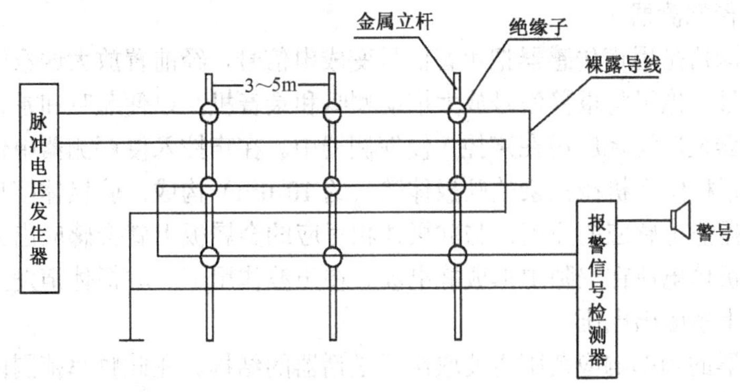

图 8.6　电子围栏式入侵探测器

当有入侵者入侵时，触碰到前端的电子围栏或试图剪断前端的电子围栏，都会发出报警信号。这种探测器的电子围栏上的裸露导线，接通由脉冲电压发生器发出的高达 1 万伏的脉冲电压（但能量很小，一般在 4 焦耳以下，对人体不会构成生命危害）时，即使入侵者戴上绝缘手套，也会产生脉冲感应信号，使其报警。这种电子围栏如果使用在市区或来往人群多的场合时，安装前应事先征得当地公安等部门的同意。

5. 微波墙式入侵探测器

微波墙式入侵探测器，主要用于周界防范。它类似于主动红外对射式入侵探测器的工作方式，不同的是用于探测的波束是微波而不是红外线。另外，这种探测器的波束更宽，呈扁平状，像一面墙壁的形状，所以防范的面积更大。其安装后构成的原理框图如图 8.7 所示。

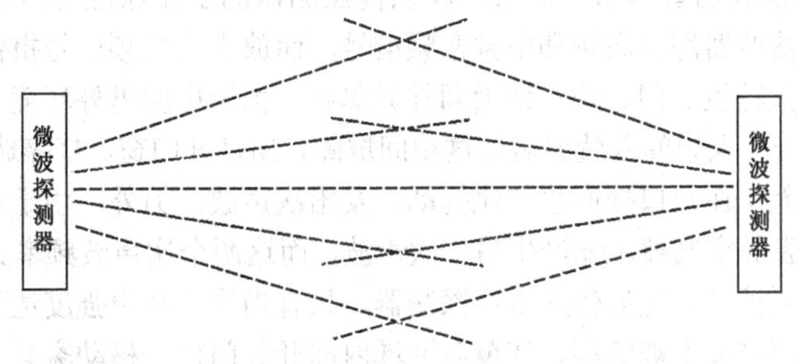

图 8.7　微波墙式入侵探测器原理图

这种探测器在使用时，应注意使墙式微波波束控制在防范区域内，不向外扩展，以免误报。另外，在防范区域（波束）内，不应有花草树木等物体，以免有风吹动时，产生误报。

8.2.3.5　空间入侵探测器的原理

空间入侵探测器是指警戒范围是一个空间的报警器。当这个警戒空间任意处的警戒状态被破坏时，即发生报警信号。声入侵探测器和微波入侵探测器以及被动红外探测器等都属于空间入侵探测器。

1. 声入侵探测器

声入侵探测器是常用的空间防范探测器。通常将探测说话、走路等声响的装置称声控入侵探测器。当探测物体被破坏（如打碎玻璃、凿墙、锯钢筋）时，发生固有声响的装置称为声发射入侵探测器。

（1）声控入侵探测器

声控入侵探测器是用声传感器把声音信号变成电信号，经前置放大送报警控制器处理后发出报警处理信号，也可将报警信号放大推动喇叭和录音机，以便监听和录音。

驻极体传感器被广泛地应用在声控入侵探测器中。在声控入侵探测器中使用的驻极体送话器由一个金属极板蒙上机械张紧的驻极体箔（约 10 μm）构成，驻极体箔与金属板之间构成一只电容。根据静电感应的原理，与驻极体相对应的金属板上就会感应出大小相等、方向相反的电荷。驻极体电荷在空隙中形成静电场。在声波作用下，驻极体箔发生运动，产生位移，在电容极板上感应出电压。

驻极体送话器的频率响应范围主要取决于送话器的结构。在此频率范围内，驻极体箔的位移与所加的声强成正比，送话器的输出电压仅与声强有关，而与频率无关，音频驻极体送话器在 20 Hz～15 kHz 的频率范围内有恒定的灵敏度。

（2）声发射入侵探测器

声发射入侵探测器是监控某一频带的声音发出报警信号，而对其他频带的声音信号不予响应。主要监控玻璃破碎声、凿墙、锯钢筋声等入侵时的破坏行为所发出的声音，玻璃破碎声发射入侵探测器通常也用驻极体传话器作为声电传感器。当玻璃破碎时，发出的破碎声由多种频率的声响构成，主要频率为 10～15 kHz 高频声响信号；当锤子打击墙壁、天花板的砖、混凝土时会产生一个频率为 1 kHz 左右的衰减信号，大约持续 5 ms；锯钢筋时产生频率约 3.5 kHz、持续时间约 15 ms 的声音信号。采用带通滤波器滤去高于或低于探测声信号的干扰信号，经放大后产生报警信号。

（3）次声波入侵探测器

次声波为频率很低的音频信号。次声波入侵探测器的工作原理与声发射入侵探测器相同，不过采用低通滤波器滤去高频和中频音频信号，而放大次低频信号报警。

房屋通常由墙天花板、门、窗、地板同外界隔离。由于房屋里外环境不同，强度、气压等均有一定差异，一个人想闯入就要破坏这空间屏障，如打开门窗、打碎玻璃、凿墙开洞等，由于室内外的气压差，在缺口处产生气流扰动，发出次声波；另外，由于开门、碎窗、破墙产生加速度，则内表面空气被压缩产生另一次声波，而这两个次声波频率大约为 1 Hz。两种次声波在室内向四周扩散，先后传入次声探测器，只有当这二次声强度达到一定阈值后才能报警，所以只要外部屏障不被破坏，在覆盖区域内部开关门窗、移动家具、人员走动，次声波强度都低于阈值，不会报警。但是这种特定环境下如果采用其他超声、微波或红外探测器都会导致误报。

（4）超声波入侵探测器

超声波是指频率在 20 kHz 以上的信号，这种信号人的耳朵听不到。超声波入侵探测器是利用超声波技术构造的探测器，通常分为多普勒式超声波探测器和超声波声场型探测器两种。

多普勒式超声波探测器是利用超声对运动目标产生的多普勒效应构成的报警装置。通常，多普勒式超声波探测器是将超声波发射器与接收器装在一个装置内。多普勒效应是指在辐射源（超声波发生器）与探测目标之间有相对运动时，接收的回波信号频率会发生变化。如超声波发射器发射 25～40 kHz 的超声波充满室内空间，超声波接收器接收从墙壁、天花板、地板及室内其他物体反射回来的超声能量，并不断地与发射波的频率加以比较。当室内没有移动物体时，反射波与发射波的频率相同，不报警；当入侵者在探测区内移动时，超声反射波会产生大约±100 Hz 多普勒频移，接收机检测出发射波与反射波之间的频率差异后，即发出报警信号。

超声波声场型探测器是将发射器和接收器分别安装在不同位置。超声波在密闭的房间内经固定物体（如墙、地板、天花板、家具）多次反射，布满各个角落。由于多次反射，室内的超声波形成复杂的驻波状态，有许多波腹点和波节点。波腹点能量密度大，波节点能量密度低，造成室内超声波能量分布的不均匀。当没有物体移动时，超声波能量处于一种稳定状态；当改变室内固定物体分布时，超声能量的分布将发生改变。而当室内有一移动物体时，室内超声波能量发生连续变化，而接收器接收到连续变化的信号后，就能探测出移动物体的存在，变化信号的幅度与超声频率和物体移动的速度成正比。

2. 微波入侵探测器

微波是一种频率很高的无线电波，波长一般在 0.001～1 m 之间，由于微波的波长与一般物体的几何尺寸相当，所以很容易被物体所反射。按工作原理微波入侵探测器可分为移动型微波探测器和阻挡型微波探测器。

（1）移动型微波探测器

移动型微波探测器又称多普勒式微波入侵探测器。其工作原理与多普勒式超声波探测器相同，只不过探测器发射和接收的是微波而不是超声波。

（2）阻挡型微波探测器

阻挡型微波探测器由发射器、接收器和信号处理器组成。使用时将发射天线和接收天线相对放置在监控场地的两端，发射天线发射的微波束直接送达接收天线。当没有运动目标遮断微波束时，微波能量被接收天线接收，发出正常工作信号；当有运动目标阻挡微波束时，天线接收到的微波能量减弱或消失，此时产生报警信号。

8.2.4　探测器的应用

8.2.4.1　开关式探测器的应用

开关式探测器是一种结构比较简单，使用也比较方便、经济的探测器。它是通过各种类型开关的闭合或断开来控制电路通、断，从而触发报警的。

常用的开关式探测器有磁控开关、微动开关、紧急报警开关、压力垫或用金属丝、金属条、金属箔等多种类型的开关。它们可以将压力、磁场力或位移等物理量的变化转换为电压或电流的变化。报警控制器发出报警信号的方式有两种：一种是开路报警方式，另一种是短路报警方式。

1. 磁控开关（又称磁控管开关或磁簧开关）

（1）磁控开关的组成及基本工作原理

磁控开关是由永久磁铁及干簧管（又称磁簧管或磁控管）两部分组成的。

干簧管是一个内部充有惰性气体（如氮气）的玻璃管，内装有两个金属簧片，形成触点，如图 8.8 所示。当需要用磁控开关去警戒多个门、窗时，可采用图 8.9 所示的方式。

（2）磁控开关的主要特点及安装使用要点

- 磁控开关其磁控管的金属簧片要有较好的弹性且易于吸合，同时磁铁的磁性必须有足够的强度和寿命，以易于安装且减少误报。

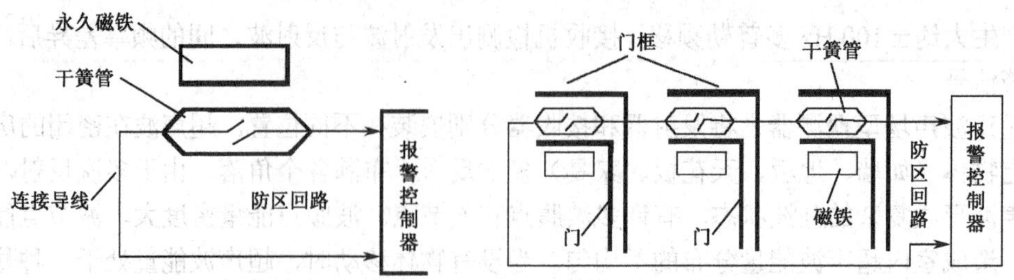

图 8.8　磁控开关的工作原理　　　　图 8.9　磁控开关的串联使用

- 要经常注意检查永久磁铁的磁性是否减弱，否则会导致开关失灵。
- 一般普通的磁控开关不宜在钢、铁物体上直接安装，这样会使磁性削弱，缩短磁铁的使用寿命。
- 磁控开关有明装式（表面安装式）和暗装式（隐藏安装式），应根据防范部位的特点和要求选择。
- 磁控开关的触点有较高的可靠性和较长寿命，一般其可靠通断的次数可达 10^8 次以上。
- 由于磁控开关的体积小、耗电少、使用方便、价格便宜，动作灵敏（接点的释放与吸合时间约在 1ms），抗腐蚀性能又好，比其他机械触点的开关寿命要长，因此得以广泛应用。

2. 微动开关

这种开关做成一个整体部件，需要靠外部的作用力通过传动部件带动，将内部簧片的接点接通或断开。

最简单的一种是如图 8.10（a）所示的两个接点的按钮开关。只要按钮被压下，A、B 两点间即可接通；压力去除，A、B 两点间断开。还有如图 8.10（b）所示的三个接点的按键开关，A、B 两点间为常闭接触；A、C 两点间为常开。

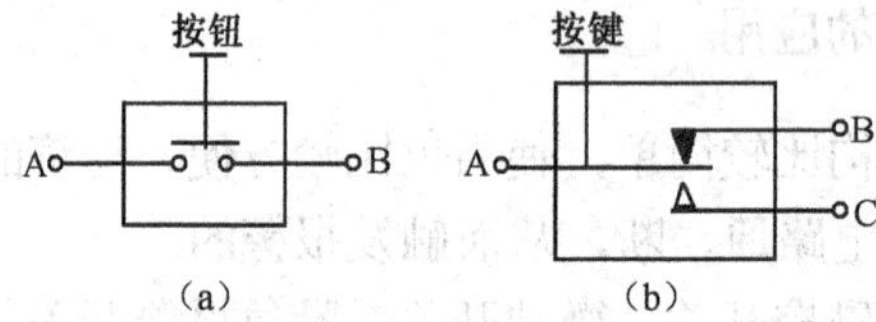

图 8.10　微动开关

微动开关的优点是结构简单、安装方便、价格便宜、防震性能好、触点可承受较大电流，可以安装在金属物体上。缺点是抗腐蚀性及动作灵敏程度不如磁控开关。

3. 紧急报警开关

当银行、家庭、机关、工厂等场合出现入室抢劫、盗窃等险情或其他异常情况时，往往需要采用人工操作来实现紧急报警。这时可采用紧急报警按钮开关和脚挑式或脚踏式开关。

4. 带有开关的防抢钱夹

从外表上看，它就是一个很平常的可以夹钞票的钱夹子，其实是内部带有开关的防抢钱夹。

5. 压力垫

压力垫是由两条平行放置的具有弹性的金属带构成，中间有几处用很薄的绝缘材料（如泡沫塑料）将两块金属条支撑着绝缘隔开，如图 8.11 所示。两块金属条分别接到报警电路中，相当于一个接点断开的开关。

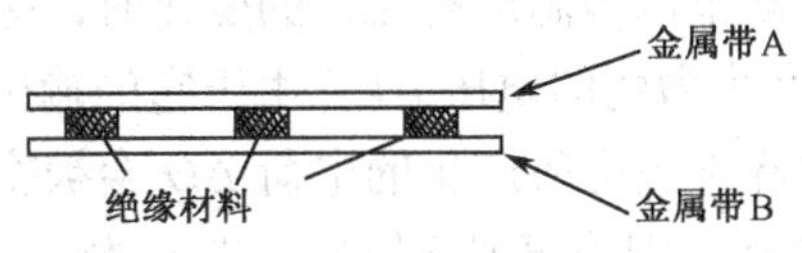

图 8.11　压力垫

压力垫通常放在窗户、楼梯和保险柜周围的地毯下面。当入侵者踏上地毯时，人体的压力会使两根金属带相通，使终端电阻被短路，从而触发报警，如图 8.12 所示。

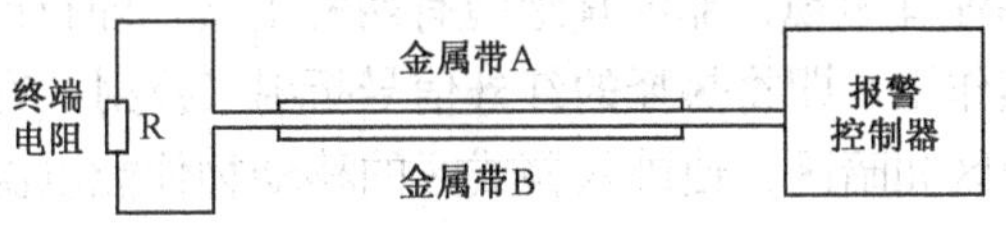

图 8.12　利用压力垫报警

开关式探测器结构简单、稳定可靠、抗干扰性强、易于安装维修、价格低廉，从而获得广泛的应用。

8.2.4.2　被动红外探测器的应用

被动红外探测器是靠探测人体发射的红外线而进行工作的。探头收集外界的红外辐射聚集到红外感应源上。红外感应源通常采用热释电元件，这种元件在接收了红外辐射后温度发生变化就会向外释放电荷，检测处理后产生报警。

1. 自然界物体的红外辐射特性

根据普通物理学知识，自然界中的任何物体都可以看做一个红外辐射源，当物体的表面温度高于绝对零度（–273℃），均会产生热辐射，热辐射产生的光谱主要位于红外波段。人体辐射的红外峰值波长约在 10 μm 处。

物体表面的温度越高，其辐射的红外线波长越短。也就是说，物体表面的绝对温度决定了其红外辐射的峰值波长。如表 8.1 所示。

表 8.1　不同温度下物体的红外辐射峰值波长

物 体 温 度	红外辐射峰值波长
573 K（300℃）	5 μm
373 K（100℃）	7.8 μm
人体（36.5℃左右）	10 μm
273 K	10.5 μm

2. 被动红外探测器的组成和基本工作原理

在被动红外探测器中有两个关键性的元件，一个是热释电红外传感器（PIR），它能将波长为 812 μm 之间的红外信号转变为电信号，并能对自然界中的白光信号具有抑制作用，因此在被动红外探测器的警戒区内，当无人体移动时，热释电红外感应器感应到的只是背景温度，当人体进入警戒区时，通过菲涅耳透镜，热释电红外感应器感应到的是人体温度与背景温度的差异信号，因此，红外探测器的红外探测的基本概念就是感应移动物体与背景物体的温度的差异。

热释电传感器是对温度敏感的传感器。它由陶瓷氧化物或压电晶体元件组成，在元件两个表面做成电极，在传感器监测范围内温度有 ΔT 的变化时，热释电效应会在两个电极上产生电荷 ΔQ，即在两电极之间产生微弱的电压 ΔV。由于它的输出阻抗极高，在传感器中有一个场效应管进行阻抗变换。热释电效应所产生的电荷 ΔQ 会被空气中的离子所结合而消失，即当环境温度稳定不变时，$\Delta T=0$，则传感器无输出。当人体进入检测区时，因人体温度与环境温度有差别，产生 ΔT，则有 ΔT 输出；若人体进入检测区后不动，则温度没有变化，传感器也没有输出了。所以传感器检测人体或者动物的活动使环境背景温度产生传感。热释电效应同压电效应类似，是指由于温度的变化而引起晶体表面荷电的现象。

另外一个器件就是菲涅耳透镜，菲涅耳透镜有两种形式，即折射式和反射式。菲涅耳透镜作用有两个：一是聚焦作用，即将热释的红外信号折射（反射）在 PIR 上，第二个作用是将警戒区内分为若干个明区和暗区，使进入警戒区的移动物体能以温度变化的形式在 PIR 上产生变化热释红外信号，这样 PIR 就能产生变化的电信号。被动式红外探测器主要是由光学系统、热传感器（或称红外传感器）及报警控制器等部分所组成。

3. 被动式红外探测器的主要特点及安装使用要点

- 被动式红外探测器属于空间控制型探测器，由于本身不向外辐射任何能量，因此功耗可以做得很低，普通的电池就可以维持长时间的工作。
- 红外线的穿透性能较差，在监控区域内不应有障碍物，否则会造成探测“盲区”。
- 为了防止误报警，不应将被动式红外探测器探头对准任何温度会快速改变的物体，特别是发热体，如电暖气，空调的出风口，白炽灯等强光源以及受阳光直射的窗口等。这样可以防止由于热气流的流动而引起误报警。
- 被动式红外探测器亦称为红外线移动探测器。应使探测器具有最大的警戒范围，使可能的入侵者都能处于红外警戒的光束范围之内。并使入侵者的活动有利于横向穿越光束带区，这样可以提高探测的灵敏度。
- 被动式红外探测器的产品有壁挂式、吸顶式、幕帘探测器几种安装分类。
- 在同一室内安装数个被动式红外探测器时，也不会产生相互之间的干扰。
- 注意保护菲涅耳透镜。菲涅耳透镜用软塑料制成，应该避免用硬物或指甲等划伤。
- 基于上述原因，被动式红外探测器基本上属于室内应用型探测器。但是随着技术的发展，有的公司已经推出适合室外使用的被动式红外探测器。

8.2.4.3　双技术探测器的应用

双技术探测器又称为双鉴器或复合式探测器。它将两种探测技术结合在一起，以“相与”的关系来触发报警，即只有当两种探测器同时或者相继在短暂的时间内都探测到目标时，才可发出报警信号。

人们对几种不同的探测技术（环境因素对各技术的影响如表 8.2 所示）进行了多种不同组合方式的试验，如超声波-微波双技术探测器、双被动红外双技术探测器、微波-被动红外双技术探测器、超声波-被动红外双技术探测器、玻璃破碎声响-振动双技术探测器等，并对几种双技术探测器的误报率进行了比较，如表 8.3 所示。其中以微波-被动红外双技术探测器的误报率最低，比其他几种类型双技术探测器的误报率低约 270 倍，比采用各种单技术探测器的误报率低约 421 倍。实践证明，把微波与被动红外两种探测技术加以组合，是最为理想的一种组合方式。因此，获得了广泛的应用。

表 8.2　环境因素表

因　素	红　外	微波	超声波
振动	问题不大	有问题	问题不大
被大型金属物体反射	除非是抛光金属面，一般没问题	有问题	极少有问题
对门窗的晃动	问题不大	有问题	注意安装位置
对小物体的活动	靠近有问题	靠近有问题	靠近有问题
水在塑料管中流动	没问题	靠近有问题	没问题
在薄墙或玻璃窗外侧活动	没问题	注意安装位置	没问题
通风口或空气流	温度较高的热对流有问题	没问题	注意安装位置
阳光，车大灯	注意安装位置	没问题	没问题
加热器，火炉	注意安装位置	没问题	极少有问题
运转的机械	问题不大	注意安装位置	注意安装位置
雷达干扰	问题不大	靠近有问题	极少有问题
温度变化	有问题	没问题	有些问题
湿度变化	没问题	没问题	有问题
无线电干扰	严重时有问题	严重时有问题	严重时有问题

表 8.3　几种探测器误报率的比较

	单技术探测器				双技术探测器			
报警器种类	超声波	微波	声控	被动红外	超声波，被动红外	被动红外，被动红外	超声波，微波	微波，被动红外
误报率	421				270			1
可信度	最低				中等			最高

微波-被动红外双技术探测器实际上是将这两种探测技术的探测器封装在一个壳体内，并将两个探测器的输出信号共同送到“与门”电路去触发报警。“与门”电路的特点是：当两个输入端同时为“1”（高电平）时，其输出才为“1”（高电平）。换句话说，只有当两种探测技术的传感器都探测到移动的人体时，才可触发报警。其基本组成如图 8.13 所示。

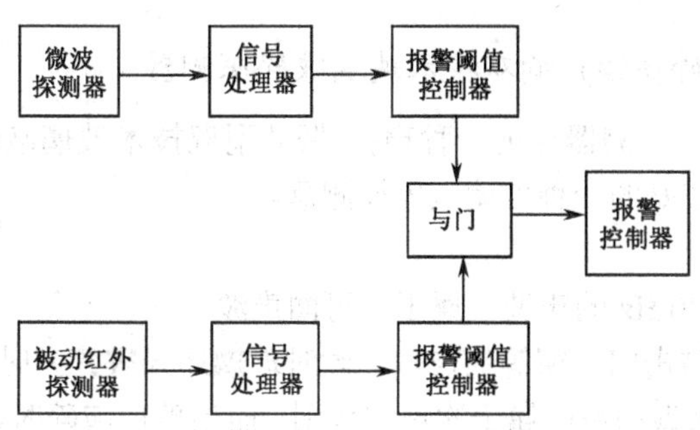

图 8.13　微波-被动红外双技术探测器的基本组成

微波-被动红外双技术探测器的主要特点及安装使用要点如下。

➢ 双技术探测器比单技术探测器的价格要贵些，但其可靠性要远高于单技术探测器，且价格日渐降低。

- 安装时，要使两种探测器的灵敏度都达到最佳状态是比较难做到的。
- 单技术的微波探测器对物体的振动（如门、窗的抖动等）往往会发生误报警，而被动红外探测器对防范区域内任何快速的温度变化，或温度较高的热对流等也往往会发生误报警。而双鉴器可集两者的优点于一体，取长补短，对环境干扰因素有较强的抑制作用，因而对安装环境的要求不十分严格，通常只要按照使用说明书的要求进行安装即可满足防范要求。

8.2.4.4　玻璃破碎探测器的应用

玻璃破碎探测器是专门用来探测玻璃破碎功能的一种探测器。当入侵者打碎玻璃试图作案时，即可发出报警信号。

玻璃破碎探测器有声控型单技术玻璃破碎探测器和双技术玻璃破碎探测器（声控-振动型双技术玻璃破碎探测器和次声波-玻璃破碎高频声响双技术玻璃破碎探测器）。

1. *声控型单技术玻璃破碎探测器的基本工作原理*

声控型玻璃破碎探测器与声控探测器的工作原理很相似，其组成方框图如图 8.14 所示。

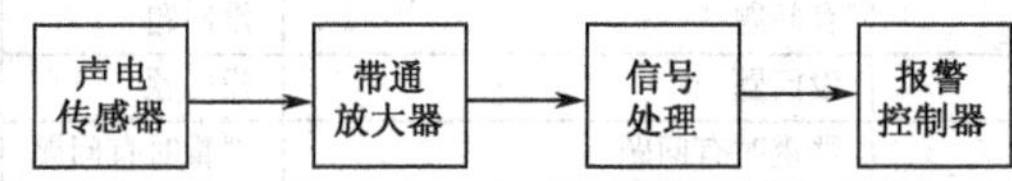

图 8.14　玻璃破碎报警器的组成方框图

玻璃破碎时发出的响亮而刺耳的声响频率是处于 10～15 kHz 的高频段范围之内。将带通放大器的带宽选在 10～15 kHz 的范围内，就可将玻璃破碎时产生的高频声音信号取出，从而触发报警。但对人的走路、说话、雷雨声等却具有较强的抑制作用，从而可以降低误报率。

2. *声控-振动型双技术玻璃破碎探测器*

声控-振动型双技术玻璃破碎探测器是将声控探测与振动探测两种技术组合在一起，只有同时探测到玻璃破碎时发出的高频声音信号和敲击玻璃引起的振动时，才能输出报警信号。因此，与前述的声控型单技术玻璃破碎探测器相比，可以有效地降低误报率，增加探测系统的可靠性。它不会因周围环境中其他声响而发生误报警。因此，可以全天候（24 小时）地进行防范工作。

3. *次声波-玻璃破碎高频声响双技术玻璃破碎探测器*

这种双技术玻璃破碎探测器比前一种声控-振动型双技术玻璃破碎探测器的性能又有了进一步的提高，是目前较好的一种玻璃破碎探测器。

（1）次声波的产生

次声波是频率低于 20 Hz 的声波，属于不可闻声波。

实验分析表明：当敲击门、窗等的玻璃（此时玻璃还未破碎）时，会产生一个超低频的弹性振动波，这时的机械振动波就属于次声波范围，而当玻璃破碎时，才会发出高频的声音。

其他一些原因也会导致次声波的产生。

一般的建筑物，通常其内部的各个房间（或单元）是通过室内的门、窗户、墙壁、地面、天花板等物体与室外环境相互隔开的，这就造成了房间内部与外部的环境在温度、湿度、气压、气流等方面存在着一定的差异。特别是对于那些门、窗紧闭、封闭性较好的房间，其室内外的这种环境差异就更大些。

当入侵者试图进室作案时，必定要选择在这个房间的某个位置打开一个通道。如打碎玻璃，强行而入，或在墙壁、天窗顶棚、门板上钻眼凿洞，打开缺口，或强行打开门、窗等才能进入室内。由于室内外环境不同所造成的气压、气流差，致使在打开的缺口或通道处的空气受到扰动，造成一定的流动性。此外，在门、窗强行被推开时，因具有一定的加速运动，空气受到挤压也会进一步加强这一扰动。上述这两种因素都会产生超低频的机械振动波，即为次声波，其频率甚至可低于 10 Hz 以下。产生的次声波会通过室内的空气介质向房间各处传播，并通过室内的各种物体进行反射。由此可见，当入侵者在打碎玻璃强行入室作案的瞬间，不仅会产生玻璃破碎时的可闻声波和相关物体（如窗框、墙壁等）的振动，还会产生次声波，并在短时间充满室内空间。

（2）次声波探测技术

与探测玻璃破碎高频声响的原理相似，采用具有选频作用的声控探测技术，即可探测到次声波的存在。其简化方框图如图 8.15 所示。

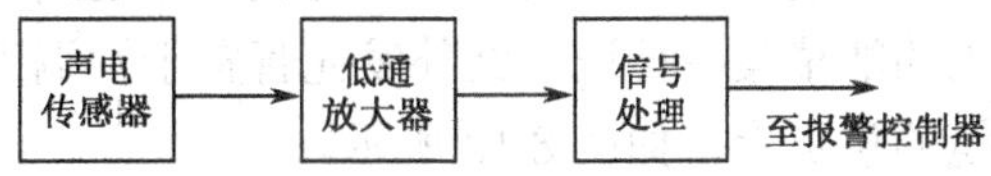

图 8.15　探测次声波的原理

所不同的是，由声电传感器将接收到的包含高、中、低频等多种频率的声波信号转换为相应的电信号后，必须要加一级低通放大器，以便将次声波频率范围内的声波取出，并加以放大，再经信号处理后，达到一定的阈值即可触发报警。

4. 玻璃破碎探测器的主要特点及安装使用要点

- 玻璃破碎探测器适用于一切需要警戒玻璃防碎的场所。
- 安装时应将声电传感器正对着警戒的主要方向。
- 安装时要尽量靠近所要保护的玻璃，尽可能地远离噪声干扰源，以减少误报警。
- 不同种类的玻璃破碎探测器安装位置不一样。不同种类的玻璃破碎探测器，根据其工作原理的不同，有的需要安装在窗框旁边（一般距离窗框 5 cm 左右），有的可以安装在靠近玻璃附近的墙壁或天花板上，但要求玻璃与墙壁或天花板之间的夹角不得大于 90°，以免降低其探测力。次声波-玻璃破碎高频声响技术玻璃破碎探测器安装方式比较简易，可以安装在室内任何地方，只需满足探测器的探测范围半径要求即可。其安放位置如图 8.16 所示。
- 可以用一个玻璃破碎探测器来保护多面玻璃窗。
- 探测器不要装在通风口或换气扇的前面，也不要靠近门铃，以确保工作可靠性。

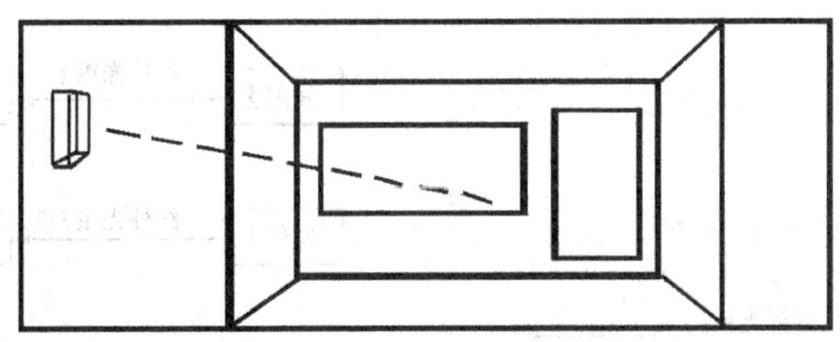

图 8.16　玻璃破碎探测器的安装位置

8.2.4.5　主动式红外探测器的应用

1. 主动式红外探测器的组成及基本工作原理

主动式红外探测器是由发射和接收装置两部分组成，如图 8.17 所示。

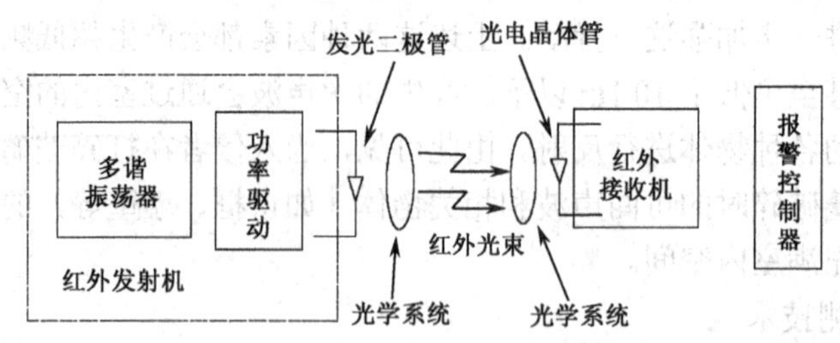

图 8.17　主动式红外探测器的基本组成

分别置于收、发端的光学系统一般采用的是光学透镜，它起到将红外光聚焦成较细的平行光束的作用，以使红外光的能量集中传送。红外发光管置于发端光学透镜的焦点上，而光敏晶体管置于收端光学透镜的焦点上，如图 8.18 所示。

图 8.18　利用光学透镜将红外光聚集成束

2. 主动式红外探测器的防范布局方式

主动式红外探测器可根据防范要求、防范区的大小和形状的不同，分别构成警戒线、警戒网、多层警戒等不同的防范布局方式。

根据红外发射机及红外接收机设置的位置不同，主动式红外探测器又可分为对向型安装方式及反射型安装方式两种。

（1）对向型安装方式

红外发射机与红外接收机对向设置，如图 8.19 所示。可采用多组红外发射机与红外接收机对向放置的方式，这样可以用多道红外光束形成红外警戒网（或称光墙），如图 8.20 所示。也可采用如图 8.21 所示的其他多种形式的多光束组成警戒网。根据警戒区域的形状不同，只要将多组红外发射机和红外接收机合理配置，就可以构成不同形状的红外线周界封锁线，如图 8.22 所示。

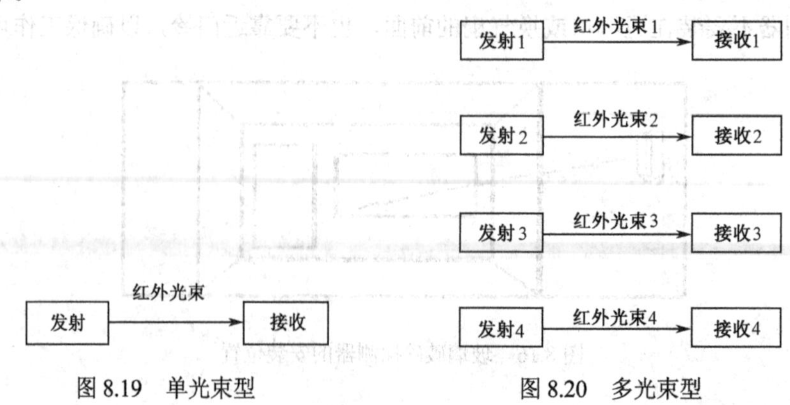

图 8.19　单光束型　　　图 8.20　多光束型

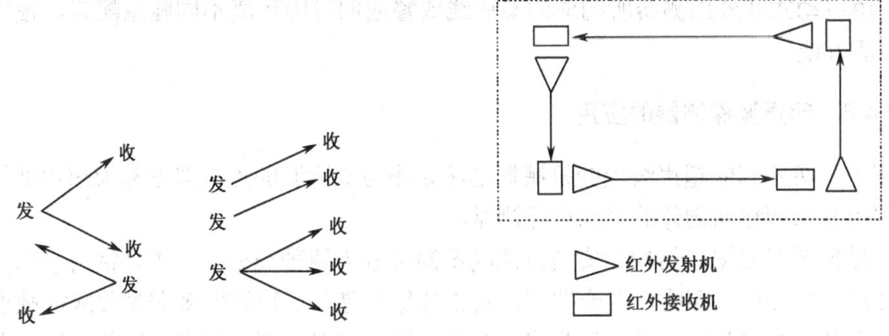

图 8.21　其他类型的多光束组合而成的警戒网　　图 8.22　四组红外收、发机构成的周界警戒线

当需要警戒的直线距离较长时，也可采用几组收、发设备接力的形式，如图 8.23 所示。

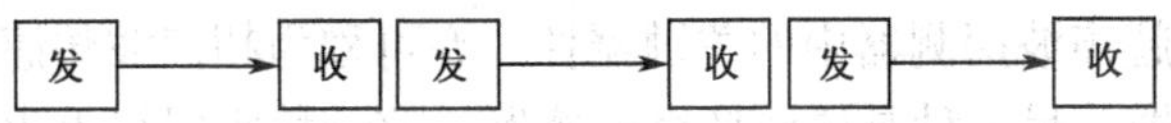

图 8.23　用接力方式加长探测距离

目前使用较多的双光束主动式红外探测器的防范布局方式，在多组红外发射机与接收机一起使用时，应注意消除射束的交叉误射。

（2）反射型安装方式

反射型安装方式如图 8.24 所示。

采用这种方式，一方面可缩短红外发射机与接收机之间的直线距离，便于就近安装、管理；另一方面也可通过反射镜的多次反射，将红外光束的警戒线扩展成红外警戒面或警戒网，如图 8.25 所示。

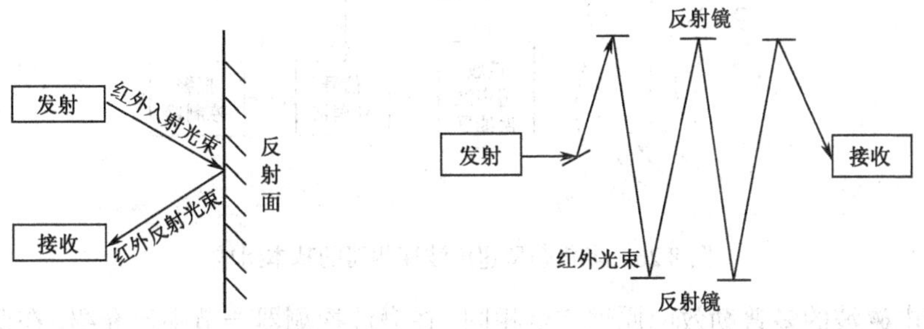

图 8.24　反射型安装方式　　图 8.25　利用反射型安装方式所形成的红外警戒网

要注意的是：采用反射型安装方式时的累计探测距离将小于采用对向型安装方式时的直线探测距离，因此，实际安装时应留有充分的余地。

3. 主动式红外探测器的主要特点及安装使用要点

- 属于线控制型探测器，其控制范围为线状分布的狭长空间。
- 主动式红外探测器的监控距离较远，可长达百米以上。
- 探测器还具有体积小、重量轻、耗电低、操作安装简便、价格低廉等优点。
- 主动式红外探测器用于室内警戒时，工作可靠性较高。但用于室外警戒时，受环境气候影响较大。
- 由于光学系统的透镜表面裸露在空气之中，极易被尘埃等杂物所污染。

➢ 由主动式红外探测器所构成的警戒线或警戒网可因环境不同随意配置，使用起来灵活方便。

8.2.4.6　超声波探测器的应用

利用人耳听不到的超声波段的机械振动波来作为探测源的探测器就称为超声波探测器，它是专门用来探测移动物体的空间型探测器。

超声波探测器根据其结构和安装方法的不同可分为两种类型。一种是将两个超声波换能器安装在同一壳体内，即收、发合置型，其工作原理是基于声波的多普勒效应，故通常又称为多普勒型超声波探测器。另一种是将两个超声波换能器分别放置在不同的位置，即收、发分置型，其工作原理不同于一般的多普勒效应，通常称为声场型超声波探测器。

1. 超声波换能器

超声波换能器是超声波探测器中的关键器件，亦可称为超声波传感器。常用的有两种：一种是压电晶体传感器，另一种是磁致伸缩传感器，前一种应用得更为广泛。利用它们可以实现将电能转变为声能或将声能转变为电能的能量转换。

超声波接收装置的换能器是利用压电晶体的正压电效应制成的。

2. 多普勒型超声波探测器

超声波探测器主要是由发射机、接收机和信号处理电路几部分组成的。将发射机与接收机合置的多普勒型超声波探测器的基本组成如图 8.26 所示。

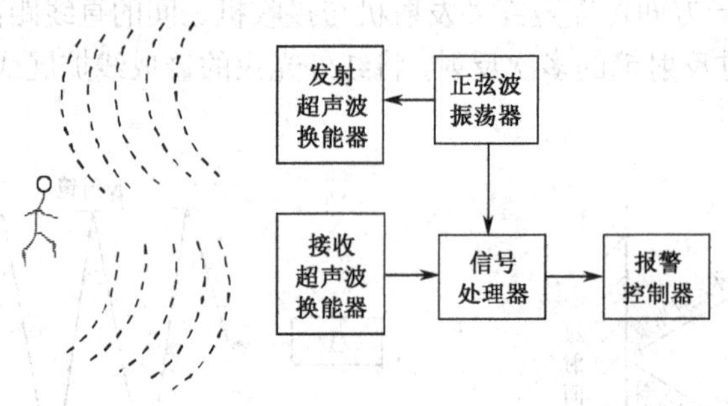

图 8.26　多普勒型超声波探测器的基本组成

声波与电磁波的多普勒效应原理完全相同。在微波探测器一节中已介绍，在此不再重复。

超声波收、发机通常装在天花板或墙上，其发射的超声波能场的分布是有一定方向性的，一般是面向防范区呈椭圆形的能场分布，控制面积可达几十平方米。如图 8.27 所示。

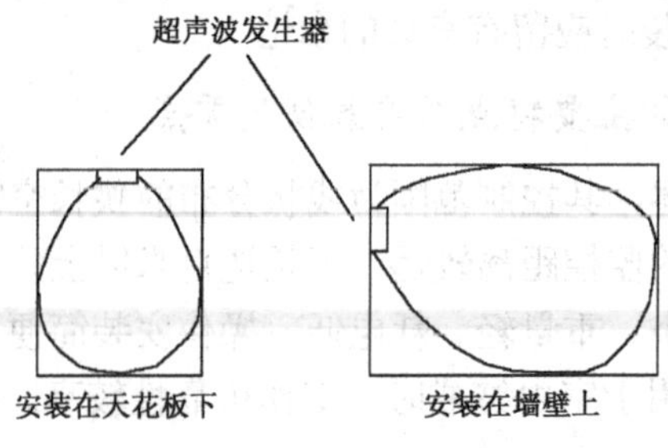

图 8.27　超声波能场的分布图

为了减少探测盲区，在较大的防范区也可安装多个超声波收、发机，并使各个收、发机的能场相互重叠以减小盲区。

3. 声场型超声波探测器

声场型超声波探测器是将超声波收、发机分开放置，其工作原理与前述的多普勒超声波探测器有所不同。

收、发机分置的超声波探测器其控制空间可达几百立方米。由于可以采用数对以至十几对收、发机并联使用的方式，故还可以警戒更大范围的空间。也可根据房间的大小分别采用一发、一收、一控，三发、三收、一控和六发、三收、一控等多种不同的布局系统。

声场型超声波探测器由于不是以多普勒效应为原理的，故其探测灵敏度与移动人体的运动方向无关。而多普勒型超声波探测器的探测灵敏度则与移动人体的运动方向有关。即当入侵者向着或背着超声波收、发机的方向行走时，因可使超声波产生较大的多普勒频移，故探测灵敏度也就较高。

4. 超声波探测器的主要特点及安装使用要点

- 超声波探测器属于空间控制型探测器；
- 室内的密封性应较好；
- 房间的隔音性能要好；
- 超声波对物体没有穿透性能；
- 安装位置；
- 环境介质的影响。

8.2.4.7　声控探测器的应用

利用由声电传感器做成的监听头对监控现场进行立体式空间警戒的探测系统通常称为声控探测器。

1. 声控探测器的组成及基本工作原理

声控探测器用来探测入侵者在防范区域室内的走动或进行盗窃和破坏活动（如撬锁、开启门窗、搬运、拆卸东西等）时所发出的声响，并以探测声音的声强来作为报警的依据。这种探测系统比较简单，只需在防护区域内安装一定数量的声控头，把接收到的声音信号转换为电信号，并经电路处理后送到报警控制器，当声音的强度超过一定电平时，就可触发电路发出声、光等报警信号。

声控报警系统主要由声控头和报警监听控制器两个部分组成。声控头置于监控现场，控制器置于值班中心。

2. 声控探测器的主要特点及安装使用要点

- 声控探测器属于空间控制型探测器；
- 声控探测器与其他类型的探测器一样，一般也设置有报警灵敏度调节装置；
- 采用选频式声控报警电路可进一步解决在特定环境中使用声控报警器误报的问题。

8.2.4.8　振动探测器的应用

振动探测器以探测入侵者的走动或进行各种破坏活动时所产生的振动信号来作为报警

的依据，例如，入侵者在进行凿墙、钻洞、破坏门、窗、撬保险柜等破坏活动时，都会引起这些物体的振动，以这些振动信号来触发报警的探测器就称为振动探测器。

1. 振动探测器的基本工作原理

振动探测器的基本工作原理如图 8.28 所示。振动传感器是振动探测器的核心组成部件。

图 8.28　振动探测器的基本工作原理

2. 常用的几种振动探测器

振动探测器包括机械式振动探测器、惯性棒电子式振动探测器、电动式振动探测器、压电晶体振动探测器、电子式全面型振动探测器等多种类型。

（1）机械式振动探测器

机械式振动探测器可以看做一种振动型的机械开关，类型有多种。

其中一种机械式振动探测器的结构极为简单，在一块金属板上有一个圆孔，在圆孔中心悬有一根细圆金属棒，棒与板孔之间留有少许的空隙。

（2）惯性棒电子式振动探测器

惯性棒电子式振动探测器适用于各种环境。

（3）电子式全面型振动探测器

所谓全面型振动探测器是指该探测器可以探测到由各种入侵方式，如爆炸、焊枪、锤击、电钻、电锯、水压工具等引发的振动信号，但对在防范区内人员的正常走动则不会引起误报。它包含了对振动频率、振动周期和振动幅度三者的分析，三组感应器感应三种不同的振动方式，从而有效地探测出非法入侵所产生的振动，但却抑制了环境的干扰因素。

电动式振动探测器对磁铁在线圈中的垂直加速位移尤为敏感。因此，当安装在周界的钢丝网面上时，对强行爬越钢丝网的入侵者有极高的探测率。

（4）压电晶体振动探测器

在超声波探测器一节中，我们已经介绍过压电晶体的压电效应。压电晶体是一种特殊的晶体，它可以将施加于其上的机械作用力转变为相应大小的电压，即模拟的电信号。此电信号的频率及幅度与机械振动的频率及幅度成正比。利用压电晶体的压电效应就可做成压电晶体振动探测器，其适用范围也很广。

3. 振动探测器的主要特点及安装使用要点

- 振动探测器基本上属于面控制型探测器；
- 振动式探测器安装要牢固；
- 振动探测器安装的位置应远离振动源（如旋转的电机）；
- 电子式振动探测器主要用于室外掩埋式周界报警系统中。

8.2.4.9　视频探测器的应用

视频探测器是将电视监视技术与报警技术相结合的一种新型安全防范报警设备。它是用电视摄像机来作为遥测传感器，通过检测被监视区域的图像变化，从而报警的一种装置。由于是通过检测因移动目标闯入摄像机的监视视野所引起的电视图像的变化，所以又称为视频运动探测器或移动目标检测器。

视频探测器的基本工作原理如图 8.29 所示。在监控区域安装适当数量的摄像机，由摄像机摄取到的视频图像信号通过电缆传送到控制中心的视频报警控制器，并在电视监视器上显示监控现场的图像。

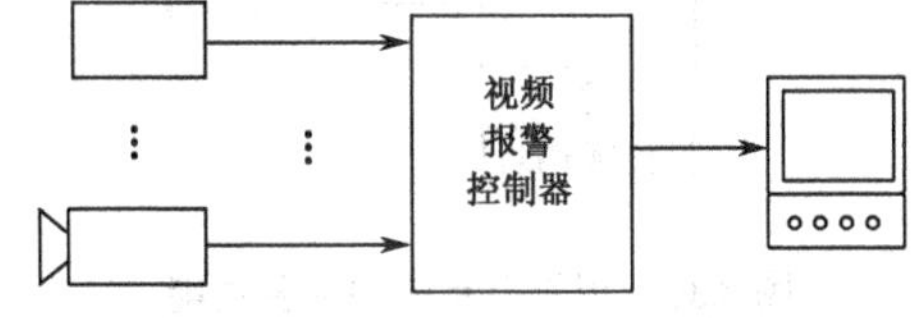

图 8.29　视频探测器的基本工作原理

视频探测器分模拟式视频报警控制器和数字式视频报警控制器两种类型。

（1）模拟式视频报警控制器

模拟式视频报警控制器是通过检测被摄景物亮度电子的变化来触发报警的，不足之处是因其参与比较的信息量较少，准确性稍差，且抗干扰能力较差，易发生误报和漏报。模拟式视频报警控制器一般只限于在室内且完全静态或稳定的环境中使用。

（2）数字式视频报警控制器

数字式视频报警控制器的处理电路将摄像机摄取的正常情况下的图像视频信号进行数字化处理，并加以存储。不断地将摄像机在担任警戒工作中实时摄取的图像信号进行实时数字化图像处理，再不断地将实时摄取的数字化图像信号与原存储的正常数字化图像信号加以比较、分析、处理。当检测到监视区域内有移动目标时，图像信号发生变化，即可发出报警信号。同时还可增加报警现场图像存储、记录和给出报警点的语音提示等多种辅助功能。

由于监视区域的范围较大，视频报警器可以只对监视区内的重要部位进行报警，如房间的门、窗或保险柜等。利用视频报警器电路可以在监视器的图像上叠加上 1 个或多个方形或圆形的报警区。这些人为设定的报警区的大小、形状和位置均可由使用者任意调节。

（3）视频探测器的主要特点及安装使用要点

- 视频探测器将监视与报警功能合为一体。
- 可以直观、实时地观察到触发报警现场的情况，及时发现报警原因，而且准确无误，从而可以及时果断地采取处置措施。
- 视频报警系统进一步发挥和完善了电视监控系统的优点。
- 视频探测器可以在视场范围内人为设定报警区，实现对特定区域或特定目标的报警；可以有效地避免误报警和漏报警的发生。
- 视频探测器也兼有火灾报警和火情监视的功能。
- 对监视区域快速的光线变化比较敏感。
- 数字式视频探测器在室内室外均可全天候地使用。
- 数字式视频探测器对被摄景物的视频信号进行了数字化图像处理，因此信息量大。

8.2.4.10　入侵探测报警控制器的应用

1. 入侵探测报警控制器的功能

入侵探测报警控制器置于用户端的值班中心，是报警系统的主控部分，它可向报警探测器提供电源，接收报警探测器送出的报警电信号，并对此电信号进行进一步的处理。报警控制器通常又可称为报警控制 / 通信主机。

入侵探测报警控制器包括可驱动外围设备，具有系统自检功能、故障报警功能、对系统的编程等功能。

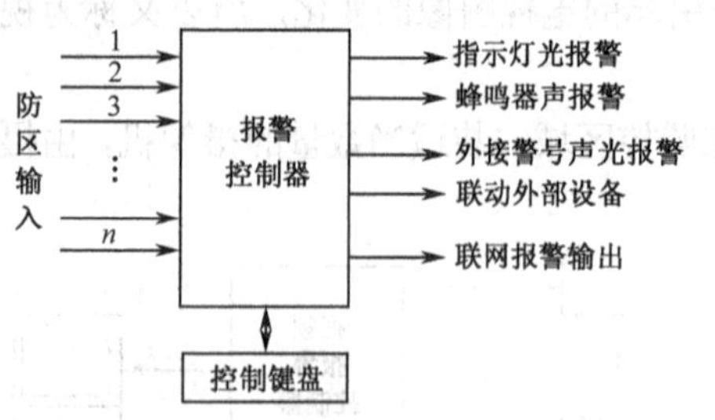

图 8.30　报警控制器的主要功能

近期生产的报警控制器多采用微处理机进行控制，用户可以在键盘上完成编程和对报警系统的各种控制操作，功能很强，使用也非常方便。参看图 8.30。

2. 报警控制器的分类

按系统规模不同，报警控制器可分为小型、中型和大型报警控制器。

按防范控制功能，报警控制器又可分为仅具有单一安全防范功能的报警控制器（如防盗、防入侵报警控制器、防火报警控制器等）和具有多种安全防范功能集防盗、防入侵、防火、电视监控、监听等控制功能为一体的综合型多功能报警控制器。

将各种不同类型的报警探测器与不同规格的报警控制器组合起来，能构成适于不同用途、不同警戒范围的报警系统网络。

按照信号的传输方式不同来分，报警控制器可分为具有有线接口的报警控制器和具有无线接口的报警控制器以及有线接口和无线接口兼而有之的报警控制器。

依据报警控制器的安装方式不同，报警控制器又可分为台式、柜式和壁挂式。

3. 报警控制器对报警探测器和系统工作状态的控制

将探测器与报警控制器相连并接通电源，就组成了报警系统。在用户已完成对报警控制器编程的情况下（或直接利用厂家的默认程序设置），操作人员即可在键盘上按厂家规定的操作码进行操作。只要输入不同的操作码，就可通过报警控制器对探测器的工作状态进行控制。

系统主要有以下 5 种工作状态：布防（又称设防），撤防，旁路，24 小时监控（不受布防、撤防操作的影响），系统自检、测试。

（1）布防状态

所谓布防（又称设防）状态，是指操作人员执行了布防指令后，例如从键盘输入[密码][#]后，该系统的探测器开始工作（俗称为开机），并进入正常警戒状态。

（2）撤防状态

撤防状态是指操作人员执行了撤防指令后，例如从键盘输入[密码][#]码后，该系统的探测器不能进入正常警戒工作状态，或从警戒状态下退出，使探测器无效。

（3）旁路状态

旁路状态是指操作人员执行了旁路指令，防区的探测器就会从整个探测器的群体中被旁路掉（失效），而不能进入工作状态，当然也不会受到对整个报警系统布防、撤防操作的影响。在报警系统中可以只将其中一个探测器单独旁路，也可以将多个探测器同时旁路掉。

（4）24 小时监控状态

24 小时监控状态是指某些防区的探测器处于常布防的全天候工作状态，一天 24 小时始终担任着正常警戒（如用于火警、匪警、医务救护用的紧急报警按钮、感烟火灾探测器、感温火灾探测器等）。它不会受到布防、撤防操作的影响。

(5) 系统自检、测试状态

这是在系统撤防时操作人员对报警系统进行自检或测试的工作状态。

如可对各防区的探测器进行测试，当某一防区被触发时，键盘会发出声响。

4. 报警控制器的防区布防类型

不同厂家生产的报警控制器，其防区布防类型的种类或名称在编程表中不一定都设置得完全相同，但综合起来看，大致可以有以下几种防区的布防类型。

(1) 按防区报警是否设有延时时间划分

主要分为两大类：瞬时防区和延时防区。

(2) 按探测器安装的不同位置和所起的防范功能划分

可分为以下几种：

➢ 出入防区。
➢ 周边防区。
➢ 内部防区：接于该防区的探测器主要用来对室内平面或空间的防范，多采用被动红外探测器、微波-被动红外双技术探测器等。
➢ 日夜防区（有的厂家称之为日间防区）。
➢ 24 小时报警防区：接于该防区的探测器 24 小时都处于警戒状态，不会受到布防、撤防操作的影响。一旦触发，立即报警，没有延时。除火警防区是属于 24 小时报警防区外，还有像使用振动探测器和玻璃破碎探测器、微动开关等来对某些贵重物品、保险柜、展示柜等防止被窃、被撬的保护；或在工厂车间里对某些设备的监控保护，如利用温度或压力传感器来防止设备过热、过压等的保护；或用于突发事件、紧急救护的紧急报警按钮等。
➢ 火警防区。

(3) 按用户的主人是否留守室内划分

可分为 4 种类型：

➢ 外出布防；
➢ 留守布防；
➢ 快速布防；
➢ 全防布防。

这四种布防状态只需在控制键盘上执行不同的操作码即可实现。

以上四种布防方式的特点和使用情况如表 8.4 所示。

表 8.4　四种布防方式的特点和使用情况

布防方式	外出延时	进入延时	防区类型	旁路防区	使用情况
外出布防	有	有	所有	无	外出无人
留守布防	有	有	除防区内部	内部防区	室内有人
快速布防	有	无	除防区内部	内部防区	夜晚休息
全防布防	有	无	所有	无	长期外出

8.2.5　有线入侵探测报警系统

1. 有线入侵探测报警系统的基本概念

有线入侵探测报警系统是指在入侵探测器与报警控制器之间采用的是有线传输的方式。

同时报警控制器与上一级接警中心也采用有线传输方式。如图 8.31 所示。

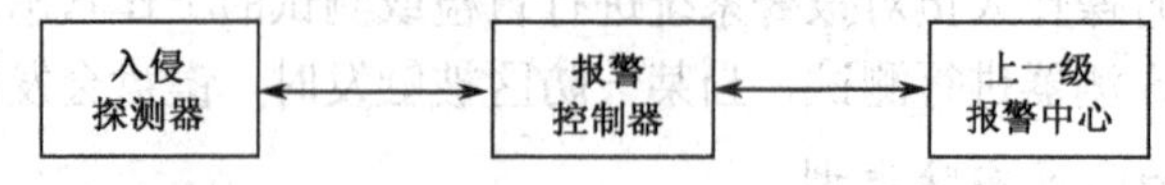

图 8.31　有线入侵探测报警系统

2. 有线入侵探测报警系统的分类

根据系统中所采用的传输线路不同，有线入侵探测报警系统基本上可以分为两大类：

➢ 利用专线传输的有线报警系统；

➢ 利用公用电话网传输的连网报警系统；

3. 利用公用电话网传输的连网报警系统

此系统可方便地利用现有的城市或各单位、部门的程控电话交换网来作为传输网络，既适用于城市公安局、公安分局、派出所辖区组织报警网，也适用于银行、宾馆、饭店、工厂及所有有电话交换设备的企事业单位内部组织报警网。只要有电话线的地方就可与中心连网，组网方便、施工简便、节省费用。

它具有及时可靠的自动报警、接警功能，是预防和打击盗窃、抢劫、火灾等案情的发生，提高快速反应能力的高技术电子安全防范系统。

（1）利用电话线传输报警信息的基本方式

利用电话线传输网络来实现报警，基本上可分为以下两大类。

① 人工电话报警

报案人拨通电话，利用电话交换网来实现口述语音报警，如 110 报警、接警系统。人工电话报警可以做到快速、及时，但它解决不了防范现场无人值守时的自动报警问题。

② 电子设备自动报警

根据报警信号在电话线中传输的信息方式不同，该方式又可分为两种类型，即录音语音信号电话自动报警和数字信号电话自动报警。

➢ 录音语音信号电话自动报警：在该方式中，报警信号是将事先录好的人说话的或模拟人说话的录音语音报警信号送入电话线，传输至接警中心。

➢ 数字信号电话自动报警：在该方式中，报警信息在电话线中是以数字信号的方式传输的。不仅速度快、准确，单位时间内传输的信息量也较大，效率高，便于接警中心快速处理。同时还具有报警资料，便于存储、分类、归档、查询、统计方便等优点。

（2）数字信号电话自动报警系统的组网模式

数字信号电话自动报警系统的组网模式目前基本上有两大类型。

➢ 数字信号电话自动报警系统模式 1——利用计算机来接警。

➢ 数字信号电话自动报警系统模式 2——采用专用的数字报警接收机来接警。

（3）电话线传输多级报警连网系统

根据各级中心使用的设备不同，又可分为以下三种方式。

➢ 各级接警中心都采用数字报警接收机接警的连网系统。

➢ 接警中心分别采用数字报警接收机和计算机接警的连网系统。

➢ 各接警中心都采用计算机接警的连网系统。

4. 电话线传输电脑连网报警系统的主要功能与特点

➢ 运用计算机技术组网，依靠电话线传输报警信号，组网简单易行，灵活方便，范围广，容量大，自动化程度高。
➢ 功能全面、适应性强，可以组成多功能的安全报警网。
➢ 当防范现场出现警情时可实现自动拨号报警，接警中心自动接警。报警信号传输速度快，信息全面、准确具体。
➢ 报警控制器与中心接警计算机之间具有双向通信能力，报警控制器与接警接收机之间采用双向应答方式工作。
➢ 密码操作，安全可靠。
➢ 可编程操作，灵活方便，实用性强。
➢ 具有防破坏功能和电源备份功能。

以上只介绍了电话线传输电脑连网报警系统最主要的功能与特点，实际上，不同设计方案的报警系统，具有其自己独特的功能与特点。

8.2.6 无线入侵探测报警系统

1. 无线入侵探测报警系统的基本概念

入侵探测器与无线报警发射机组成无线报警探测器，这两个部分可以是各自独立分开的，使用时再把它们之间用有线方式相连（限制在 10 m 之内），也可以是组装在一起的，成为合二为一的一个部件。

全国无线电管理委员会分配给无线报警系统所使用的专用无线电频率如下。

第一组：36.050 MHz，36.075 MHz，36.125 MHz。

第二组：36.350 MHz，36.375 MHz，36.425 MHz。

第三组：36.650 MHz，36.675 MHz，36.725 MHz。

早期多采用音频电路方式或简单编码的电路方式，近几年都采用了微机或微电脑编码控制方式。

2. 无线报警系统的主要技术指标

（1）无线报警接收机和无线报警发射机共同的技术指标
➢ 无线通信方式，即调制与解调的方式。
➢ 报警频点：即工作频率（MHz）。
➢ 频率准确度（±*X* kHz）。
➢ 频率稳定度（±*X* PPM）。

（2）无线报警接收机的主要技术指标
➢ 接收机的灵敏度（μV）；
➢ 控制距离（m 或 km）；
➢ 最大容量；
➢ 接收机可显示的报警类型的种类。

（3）无线报警发射机的主要技术指标
➢ 报警方式：触点开或触点闭报警。

- 发射机的发射功率（W）。
- 发射机的探测器输入接口的个数和要求。
- 发射机静态警戒电流，即发射机在非报警时的工作电流（mA）。
- 发射机发射工作电流，即发射机在报警时的工作电流（mA）。
- 发射机向探测器提供的电源。

3. 无线连网报警系统

无线连网报警系统可以根据防范区域大小、防范报警要求等级以及防范报警的功能等方面合理配置，可将有线及无线报警系统有机地组合在一起，构成一个无线报警连网系统。

8.3 闭路电视监控系统

电视监控系统的前端设备通常由摄像机、手动或电动镜头、云台、防护罩、监听器、报警探测器和多功能解码器等部件组成，它们各司其职，并通过有线、无线或光纤传输媒介与中心控制系统的各种设备建立相应的联系（传输视／音频信号及控制、报警信号）。在实际的电视监控系统中，这些前端设备不一定同时使用，但实现监控现场图像采集的摄像机和镜头是必不可少的。

8.3.1 摄像机的工作原理与分类

摄像机是获取监视现场图像的前端设备，它以面阵 CCD 图像传感器为核心部件，外加同步信号产生电路、视频信号处理电路及电源等。近年来，新型的低成本 MOS 图像传感器有了较快速的发展，基于 MOS 图像传感器的摄像机已开始被应用于对图像质量要求不高的可视电话或会议电视系统中。由于 MOS 图像传感器的分辨率和低照度等主要指标暂时还比不上 CCD 图像传感器，因此，在电视监控系统中使用的摄像机仍为 CCD 摄像机。

摄像机具有黑白和彩色之分，由于黑白摄像机具有高分辨率、低照度等优点，特别是它可以在红外光照下成像，因此在电视监控系统中，黑白 CCD 摄像机仍具有较高的市场占有率。顺便指出，在各商家列出的闭路电视监控器材清单中的摄像机通常都是不带镜头的（一体化摄像机除外），因此在实际应用中，应根据监控现场的实际环境及用户要求，为摄像机配合适的镜头。

严格来说，摄像机是摄像头和镜头的总称，而实际上，摄像头与镜头大部分是分开购买的，用户根据目标物体的大小和摄像头与物体的距离，通过计算得到镜头的焦距，所以每个用户需要的镜头都是依据实际情况而定的。

摄像头的主要传感部件是 CCD，它具有灵敏度高、畸变小、寿命长、抗震、抗磁场、体积小、无残影等特点，CCD 是电耦合器件（Charge Couple Device）的简称，它能够将光线变为电荷并可将电荷存储及转移，也可将存储的电荷取出使电压发生变化，因此是理想的摄像元件。

1. CCD 的工作原理

被摄物体反射光线，传播到镜头，经镜头聚焦到 CCD 芯片上，CCD 根据光的强弱积聚相应的电荷，经周期性放电，产生表示一幅幅画面的电信号，经过滤波、放大处理，通过摄像头输出端子输出一个标准的复合视频信号。这个标准的视频信号同家用的录像机、VCD、摄像机的视频输出是一样的，所以也可以录像或接到电视机上观看。

2. CCD 摄像机的选择和分类

CCD 芯片就像人的视网膜，是摄像头的核心。目前我国尚无制造能力，市场上大部分摄像头采用的是日本 SONY、SHARP、松下等公司生产的芯片，韩国也有能力生产如 LG，但质量就要稍逊一筹。因为芯片生产时产生不同等级，各厂家获得途径不同等原因，造成 CCD 采集效果也大不相同。在购买时，可以采取如下方法检测：接通电源，连接视频电缆到监视器，关闭镜头光圈，看图像全黑时是否有亮点，屏幕上雪花大不大，这些是检测 CCD 芯片最简单直接的方法，而且不需要其他专用仪器。然后可以打开光圈，看一个静物，如果是彩色摄像头，最好摄取一个色彩鲜艳的物体，查看监视器上的图像是否偏色、扭曲，色彩或灰度是否平滑。好的 CCD 可以很好地还原景物的色彩，使物体看起来清晰自然；而残次品的图像就会有偏色现象，即使面对一张白纸，图像也会显示蓝色或红色。个别 CCD 由于生产车间的灰尘，CCD 靶面上会有杂质，在一般情况下，杂质不会影响图像，但在弱光或显微摄像时，细小的灰尘也会造成不良的后果，如果摄像机用于此类工作，一定要仔细挑选。

（1）依成像色彩划分

- 彩色摄像机：适用于景物细部辨别，如辨别衣着或景物的颜色。
- 黑白摄像机：适用于光线不充足区域及夜间无法安装照明设备的区域，在仅监视景物的位置或移动时，可选用黑白摄像机。

（2）依分辨率灵敏度划分

影像像素在 38 万以下的为一般型，其中尤以 25 万像素（512×492）、分辨率为 400 线的产品最普遍；影像像素在 38 万以上的为高分辨率型。

（3）按 CCD 靶面大小划分

CCD 芯片已经开发出多种尺寸，目前采用的芯片大多数为 1/3 英寸和 1/4 英寸。在购买摄像头时，特别是对摄像角度有比较严格的要求时，CCD 靶面的大小，CCD 与镜头的配合情况将直接影响视场角的大小和图像的清晰度。具体包括：1 英寸——靶面尺寸为宽 12.7 mm×高 9.6 mm，对角线 16 mm；2/3 英寸——靶面尺寸为宽 8.8 mm×高 6.6 mm，对角线 11 mm；1/2 英寸——靶面尺寸为宽 6.4 mm×高 4.8 mm，对角线 8 mm；1/3 英寸——靶面尺寸为宽 4.8 mm×高 3.6 mm，对角线 6 mm；1/4 英寸——靶面尺寸为宽 3.2 mm×高 2.4 mm，对角线 4 mm。

（4）按扫描制式划分

按扫描制式可划分为 PAL 制和 NTSC 制。中国采用隔行扫描（PAL）制式（黑白为 CCIR），标准为 625 行，50 场，只有医疗或其他专业领域才用到一些非标准制式。另外，日本为 NTSC 制式（黑白为 EIA），525 行，60 场。

（5）按供电电源划分

按供电电源分为 110VAC，220VAC，24VAC，12VDC 或 9VDC（微型摄像机多属此类）几种类型。

（6）按同步方式划分

- 内同步：用摄像机内同步信号发生电路产生的同步信号来完成操作。
- 外同步：使用一个外同步信号发生器，将同步信号送入摄像机的外同步输入端。
- 功率同步（线性锁定，line lock）：用摄像机 AC 电源完成垂直推动同步。
- 外 VD 同步：将摄像机信号电缆上的 VD 同步脉冲输入完成外 VD 同步。

➢ 多台摄像机外同步：对多台摄像机固定外同步，使每一台摄像机可以在同样的条件下作业，因各摄像机同步，这样即使其中一台摄像机转换到其他景物，同步摄像机的画面亦不会失真。

（7）按照度划分

➢ 普通型：正常工作所需照度为 1～3 LUX（勒克斯）。
➢ 月光型：正常工作所需照度 0.1 LUX 左右。
➢ 星光型：正常工作所需照度 0.01 LUX 以下。
➢ 红外型：采用红外灯照明，在没有光线的情况下也可以成像。

（8）按外观分

按外观分为机板型、针孔型、半球型。

3. CCD 彩色摄像机的主要技术指标

（1）CCD 尺寸（即摄像机靶面）

原多为 1/2 英寸，现在 1/3 英寸的已普及化，1/4 英寸和 1/5 英寸也已商品化。

（2）CCD 像素

这是 CCD 的主要性能指标，它决定了显示图像的清晰程度，分辨率越高，图像细节的表现越好。CCD 由面阵感光元素组成，每一个元素称为像素，像素越多，图像越清晰。现在大多以 38 万像素为划界，38 万像素以上者为高清晰度摄像机。

（3）水平分辨率

彩色摄像机的典型分辨率是在 320 到 500 电视线之间，主要有 330 线、380 线、420 线、460 线、500 线等不同档次。分辨率是用电视线（简称线 TV LINES）来表示的，彩色摄像头的分辨率在 330～500 线之间。分辨率与 CCD 和镜头有关，还与摄像头电路通道的频带宽度直接相关，通常规律是 1 MHz 的频带宽度相当于清晰度为 80 线。 频带越宽，图像越清晰，线数值相对越大。

（4）最小照度

最小照度也称为灵敏度。是 CCD 对环境光线的敏感程度，或者说是 CCD 正常成像时所需要的最暗光线。照度的单位是勒克斯（LUX），数值越小，表示需要的光线越少，摄像头也越灵敏。月光级和星光级等高增感度摄像机可工作在很暗条件下，2～3LUX 属一般照度，现在也有低于 1 LUX 的普通摄像机问世。

（5）扫描制式

有 PAL 制和 NTSC 制之分。

（6）摄像机电源

交流电源有 220 V、110 V、24 V 之分，直流为 12 V 或 9 V。

（7）信噪比

信噪比典型值为 46 dB，若为 50 dB，则图像有少量噪声，但图像质量良好；若为 60 dB，则图像质量优良，不出现噪声。

（8）视频输出

视频输出多为 1 $V_{p\text{-}p}$、75 Ω，均采用 BNC 接头。

（9）镜头安装方式

镜头安装有 C 和 CS 方式，二者间不同之处在于感光距离不同。

8.3.2　CCD 摄像机的主要参数

电视监控系统中摄像机的选择，一般要看几个主要参数，即分辨率、最低照度和信噪比等，另外还要考虑摄像机的附带功能、价格和售后服务等因素。以下对摄像机的几个主要参数作介绍。

1. CCD 尺寸及像素数

CCD 尺寸指的是 CCD 图像传感器感光面的对角线尺寸，早期的 CCD 尺寸比较大，为 1 英寸、2/3 英寸和 1/2 英寸等几种，因而近年来用于电视监控摄像机的 CCD 尺寸以 1/3 英寸为主流。

像素数指的是摄像机 CCD 传感器的最大像素数，有些给出了水平及垂直方向的像素数，如 500（高）×582（宽），有些则给出了前两者的乘积值，如 30 万像素。对于一定尺寸的 CCD 芯片，像素数越多则意味着每一像素单元面积越小，因而由该芯片构成的摄像机分辨率也就越高。

2. 分辨率

分辨率是衡量摄像机优劣的一个重要参数，是当摄像机摄取等间隔排列的黑白相间条纹时，在监视器（应比摄像机的分辨率高）上能够看到的最多线数。当超过这一线数时，屏幕上就只能看到灰蒙蒙的一片而不能再辨出黑白相间的线条。工业监视用摄像机的分辨率通常在 380～460 线之间，广播级摄像机的分辨率则可达到 700 线左右。

3. 最低照度

低照度指的是当被摄景物的光亮度低到一定程度而使摄像机输出的视频信号电平低到某一规定值时的景物光亮度值。测定此参数时，还应特别注明镜头的最大相对孔径。例如，使用 F1.2 的镜头，当被摄景物的光亮度值低到 0.04lx 时，摄像机输出的视频信号幅值为最大幅值的 50%，即达到 350 mV（标准视频信号最大幅值为 700 mV），则称此摄像机的最低照度为 0.04lx/F1.2。被摄景物的光亮度值再低，摄像要输出的视频信号的幅值就达不到 350 mV 了，反映在监视器的屏幕上，将是一屏很难分辨出层次的、灰暗的图像。

4. 信噪比及伽玛校正系数

信噪比也是摄像机的一个主要参数。其基本定义是信号对于噪声的比值取对数后乘以 20，单位为分贝（dB）。一般摄像机给出的信噪比值均是在 AGC（自动增益控制）关闭时的值，因为当 AGC 接通时，会对小信号进行提升，使得噪声电平也相应提高。CCD 摄像机的信噪比的典型值一般为 45～55 dB。测量信噪比参数时，应使用视频杂波测量仪直接连接于摄像机的视频输出端子上。伽玛校正系数是前面提到的γ值，其典型值为$\gamma=0.45$。

5. CCD 摄像机的附带功能

除了上述介绍的基本参数外，各品牌的摄像机大都还有一些附带的功能，如自动光圈接口、电子快门、自动增益控制、逆光补偿、线锁定同步及外同步等。

（1）自动光圈接口

目前在市场上见到的标准 CCD 摄像机大都带有驱动自动光圈镜头的接口，其中有些只提供一种驱动方式（通常为视频驱动方式），只能配接 VD 型的自动光圈镜头；有些则可同时提供两种驱动方式（视频驱动和直流驱动）供用户选择，可以配接任何自动光圈镜头。视频驱动（Video Driver，简称 VD）方式是指摄像机将视频信号电平输出到自动光圈镜头的内部，再由其内部的驱动电路输出控制电压，使镜头光圈调整电动机转动；直流驱动（DC Driver，简称 DD）方式则是指摄像机内部增加了镜头光圈电动机的驱动电路，可以直接输出直流控制电压到镜头内的光圈电动机并使其转动。

（2）电子快门

电子快门（Electronic Shutter）是比较照相机的机械快门功能提出的一个术语，它相当于控制 CCD 图像传感器的感光时间。由于 CCD 感光的实质是信号电荷的积累，则感光时间越长，信号电荷的积累时间就越长，输出信号电流的幅值也就越大。通过调整光生信号电荷的积累时间（即调整时钟脉冲的宽度），即可实现控制 CCD 感光时间的功能。

（3）自动增益控制

摄像机输出的视频信号必须达到电视传输规定的标准电平。为了能在不同的景物照度条件下都能输出标准视频信号，必须使放大器的增益能够在较大的范围内进行调节。这种增益调节通常都是通过检测视频信号的平均电平而自动完成的，实现此功能的电路称为自动增益控制电路，简称 AGC 电路。具有 AGC 功能的摄像机，在低照度时灵敏度会有所提高，但此时的噪点也会比较明显，这是由于信号和噪声被同时放大的缘故。

（4）背光补偿

背光补偿（Back-light Compensation）也称做逆光补偿或逆光补正，它可以有效地补偿摄像机在逆光环境下拍摄时画面主体黑暗的缺陷。

（5）线锁定同步

线锁定同步（Line Lock）是一种利用交流电源来锁定摄像机场同步脉冲的一种同步方式。当图像出现因交流电源造成的网波干扰时，将此开关拨到线锁定同步（LL）的位置，就可消除交流电源的干扰。

8.3.3　镜头的主要参数与选择

镜头是电视监控系统中必不可少的部件，镜头与 CCD 摄像机配合，可以将远距离目标成像在摄像机的 CCD 靶面上。

镜头的种类繁多，从焦距上分类，可分为短焦距、中焦距、长焦距和变焦距镜头；从视场的大小分类，可分为广角、标准、远摄镜头；从结构上分类，还可分为固定光圈定焦镜头、手动光圈定焦镜头、自动光圈定焦镜头、手动变焦镜头、自动光圈电动变焦镜头、电动三可变镜头（指光圈、焦距、聚焦这三者均可变）等类型。由于镜头选择得合适与否，直接关系到摄像质量的优劣，因此，在实际应用中必须合理选择镜头。

1. 镜头的参数

镜头的光学特性包括成像尺寸、焦距、相对孔径和视场角等几个参数，一般在镜头所附的说明书中都有注明，以下分别介绍。

（1）成像尺寸

镜头一般可分为 25.4 mm（1 英寸）、16.9 mm（2/3 英寸）、12.7 mm（1/2 英寸）、8.47 mm（1/3 英寸）和 6.35 mm（1/4 英寸）等几种规格，它们分别对应不同的成像尺寸，选用镜头时，应使镜头的成像尺寸与摄像机的靶面尺寸大小相吻合。表 8.5 列出了几种常见 CCD 芯片的靶面尺寸，表中单位为 mm。

表 8.5　几种常见 CCD 芯片的靶面尺寸

标称芯片尺寸 / CCD 感光靶面尺寸	25.4 (1 英寸)	16.9 (2/3 英寸)	12.7 (1/2 英寸)	8.47 (1/3 英寸)	6.35 (1/4 英寸)
对角线	16	11	8	6	4.5
垂直	9.6	6.6	4.8	3.6	2.7
水平	12.7	8.8	6.4	4.8	3.6

（2）焦距

在实际应用中，经常会有用户提出该摄像机能看清多远的物体或该摄像机能看清多宽的场景等问题，这实际上由所选用的镜头的焦距来决定，因为焦距决定了摄取图像的大小，用不同焦距的镜头对同一位置的某物体摄像时，配长焦距镜头的摄像机所摄取的景物尺寸就大，反之，配短焦距镜头的摄像机所摄取的景物尺寸就小。当然，被摄物体成像的清晰度还与所选用的 CCD 摄像机的分辨率及监视器的分辨率有关。

理论上，任何一种镜头均可拍摄很远的物体，并在 CCD 靶面上成一很小的像，但受 CCD 单元（像素）物理尺寸的限制，当成像小到小于 CCD 传感器的一个像素大小时，便不再能形成被摄物体的像，即使成像有几个像素大小，该像也难以辨识为何物。

当已知被摄物体的大小及该物体到镜头的距离时，可根据下列两式估算出选取配镜头的焦距：

$$f=hD/H$$

$$f=vD/V$$

式中，D 为镜头中心到被摄物体的距离；H 和 V 分别为被摄物体的水平尺寸和垂直尺寸；v 为靶面成像的高度；h 为靶面成像的水平宽度。

（3）相对孔径

为了控制通过镜头的光通量大小，在镜头的后部均设置了光阑（俗称光圈）。假定光阑的有效孔径为 d，由于光线折射的关系，镜头实际的有效孔径为 D，D 与焦距 f 之比定义为相对孔径 A，即

$$A=D/f$$

镜头的相对孔径决定于被摄像的照度，像的照度 E 与镜头的相对孔径平方成正比，一般习惯上用相对孔径的倒数来表示镜头光阑的大小，即

$$F=f/D$$

式中，F 一般称为光阑 F 数，标注在镜头光阑调整圈上，其标值为 1.4, 2, 2.8, 4, 5.6, 8, 11, 16, 22 等序列值，每两个相邻数值中，后一个数值是前一个数值的 $\sqrt{2}$ 倍。由于像面照度与光阑的平方成正比，所以光阑每变化一挡，像面亮度就变化一倍。F 值越小，光阑越大，到达摄像机靶面的光通量就越大。

（4）视场角

镜头有一个确定的视野，镜头对这个视野的高度和宽度的张角称为视场角。视场角与镜头的焦距 f 及摄像机靶面尺寸（水平尺寸 h 及垂直尺寸 v）的大小有关，镜头的水平视场角 a_h 及垂直视场角 a_v 可分别由下式来计算，即

$$a_h=2\arctan(h/2f)$$

$$a_v=2\arctan(v/2f)$$

由以上两式可知，镜头的焦距 f 越短，其视场角越大，或者，摄像机靶面尺寸 h 或 v 越

大，其视场角也越大。如果所选择的镜头的视场角太小，可能会因出现监视死角而漏监；而若所选择的镜头的视场角太大，又可能造成被监视的主体画面尺寸太小，难以辨认，且画面边缘出现畸变。因此，只有根据具体的应用环境选择视场角合适的镜头，才能保证既不出现监视死角，又能使被监视的主体画面尽可能大而清晰。

表 8.8 列出了几种常用镜头的水平视场角，表中参数以日本精工系列镜头为参考。

表 8.6　几种常用镜头的水平视场角

焦距/mm 镜头尺寸/英寸	2.8	3.5	4.0	4.8	6.0	8.0	12.0	16.0	25.0
1/3	86.3	67.4	62.0	52.2	42.3	32.6	22.1	17.1	10.6
1/2		94.6		69.4	57.1	42.6	29.7	22.6	14.2
2/3						59.2		30.8	19.4
1									27.8

图 8.32 为不同焦距镜头所对应的视场角示意图（设所用镜头均配接 1/2 英寸靶面 CCD 摄像机）。

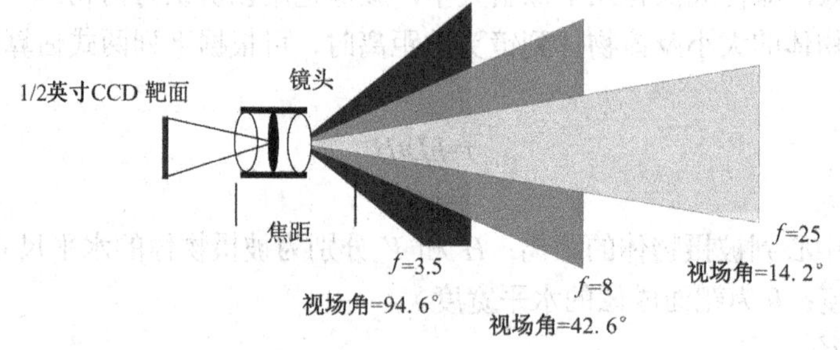

图 8.32　不同焦距镜头所对应的视场角

在实际应用中，经常听到有用户提出诸如某摄像机能够“看多远”之类的问题，比如 100 m、500 m 甚至 1 km 远外的物体还能否在监视器上清晰地显示出来。有了前面关于镜头的成像尺寸、焦距及视场角等概念后，这个问题就不难解释了，即“看多远”问题与许多因素有关。比如说，用某定焦镜头可以看清 100 m 远处的钞票的面值。一般来说，镜头焦距越长，“看”得就越远，但同时视场角却变小，结果观看的范围变窄了。

（5）接口

镜头的安装方式有 C 型安装和 CS 型安装两种。在电视监控系统中常用的镜头是 C 型安装镜头，这是一种国际公认的标准。这种镜头安装部位的口径是 25.4 mm，从镜头安装基准面到焦点的距离是 17.526 mm。大多数摄像机的镜头接口则做成 CS 型，因此将 C 型镜头安装到 CS 接口的摄像机时需增配一个 5 mm 厚的接圈，而将 CS 镜头安装到 CS 接口的摄像机时就不需接圈。

在实际应用中，如果误对 CS 型镜头加装接圈后安装到 CS 接口摄像机上，会因为镜头的成像面不能落到摄像机的 CCD 靶面上而不能得到清晰的图像，而如果对 C 型镜头不加接圈就直接接到 CS 接口摄像机上，则可能使镜头的后镜面碰到 CCD 靶面的保护玻璃，造成 CCD 摄像机的损坏，这一点在实用中需特别注意。

2. 镜头的种类

镜头有许多种类，每一种镜头都有其特点。根据功能与结构的不同，这些镜头的价格相差非常大，如电动变焦镜头要比普通定焦镜头的价格高约 10 倍，因此，只有正确了解各种镜头的特性，才能更加灵活地选择镜头。

（1）固定光圈定焦镜头

固定光圈定焦镜头是相对较为简单的一种镜头，该镜头上只有一个可手动调整的对焦调整环（环上标有若干距离参考值），当左右旋转该环使 CCD 靶面上的呈像最清晰时，此时在监视器屏幕上得到图像也最为清晰。

由于是固定光圈镜头，因此在镜头上没有光圈调整环，也就是说该镜头的光圈是不可调整的，因而进入镜头的光通量不能通过简单地改变镜头因素而改变，而只能通过改变被摄现场的光照度来调整，如增减被摄现场的照明灯光等。这种镜头一般应用于光照度比较均匀的场合，如室内全天以灯光照明为主的场合，在其他场合则需与带有自动电子快门功能的 CCD 摄像机合用，通过电子快门的调整来模拟光通量的改变。

（2）手动光圈定焦镜头

手动光圈定焦镜头比固定光圈定焦镜头增加了光圈调整环，其光圈调整范围一般可从 F1.2 或 F1.4 到全关闭，能很方便地适应被摄现场的光照度，然而由于光圈的调整是通过手动人为操作的，一旦摄像机安装完毕，位置固定下来，再频繁地调整光圈就不那么容易了，因此，这种镜头一般也是应用于光照度比较均匀的场合，而在其他场合则也需与带有自动电子快门功能的 CCD 摄像机合用，如早晚与中午、晴天与阴天等光照度变化比较大的场合，通过电子快门的调整来模拟光通量的改变。

（3）自动光圈定焦镜头

自动光圈定焦镜头在结构上有了比较大的改变，它相当于在手动光圈定焦镜头的光圈调整环上增加一个由齿轮啮合传动的微型电动机，并从其驱动电路上引出 3 芯或 4 芯线传送给自动光圈镜头，使镜头内的微型电动机相应地作正向或反向转动，从而高速调整光圈的大小。自动光圈镜头又分为含放大器（视频驱动型）与不含放大器（直流驱动型）两种规格。

（4）手动变焦镜头

顾名思义，手动变焦镜头的焦距是可变的，它有一个焦距调整环，可以在一定范围内调整镜头的焦距，其变比一般为 2～3 倍，焦距一般为 3.6～8 mm。在实际工程应用中，通过手动调节镜头的变焦环，可以方便地选择监视现场的视场角，如：可选择对整个房间的监视或是选择对房间内某个局部区域的监视。当对于监视现场的环境情况不十分了解时，采用这种镜头显然是非常重要的了。

对于大多数电视监控系统工程来说，当摄像机安装位置固定下来后，再频繁地手动变焦是很不方便的，因此，工程完工后，手动变焦镜头的焦距一般很少再去调整，而仅仅起到定焦镜头的作用。因而手动变焦镜头一般用在要求较为严格而用定焦镜头又不易满足要求的场合。但这种镜头却受到工程人员的青睐，因为在施工调试过程中使用这种镜头，通过在一定范围的焦距调节，一般总可以找到一个可使用户满意的观测范围（不用反复更换不同焦距的镜头）。

（5）自动光圈电动变焦镜头

此种镜头与前述的自动光圈定焦镜头相比另外增加了两个微型电动机，其中一个电动机与镜头的变焦环啮合，当其受控而转动时可改变镜头的焦距（Zoom）；另一个电动机与镜头的对焦环啮合，当其受控而转动时可完成镜头的对焦（Focus）。由于该镜头增加了两个可遥控调整的功能，因而此种镜头也称做电动两可变镜头。

自动光圈电动变焦镜头一般引出两组多芯线，其中一组为自动光圈控制线，其原理和接法与前述的自动光圈定焦镜头的控制线完全相同；另一组为控制镜头变焦及对焦的控制线，一般与云台镜头控制器及解码器相连。当操作远程控制室内云台镜头控制器及解码器的变焦或对焦按钮时，将会在此变焦或对焦的控制线上施加一个或正或负的直流电压，该电压加在相应的微型电动机上，使镜头完成变焦及对焦调整功能。图 8.33 为该镜头控制线的接线图。

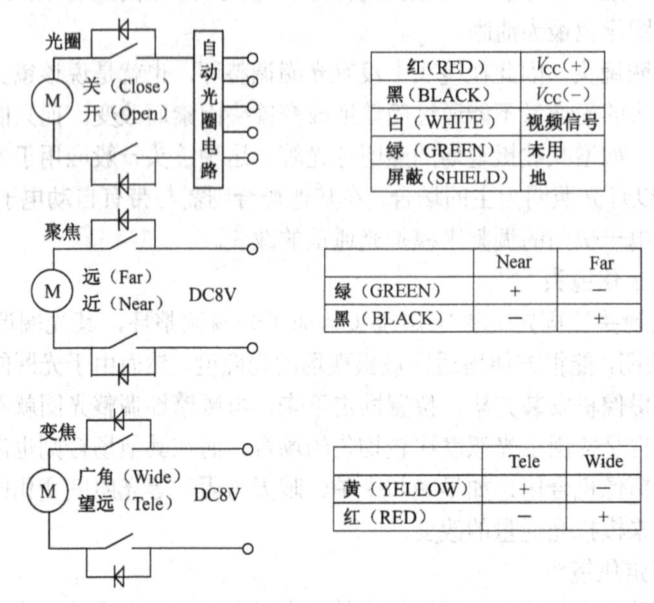

图 8.33　自动光圈电动变焦镜头控制线的接线图

（6）电动三可变镜头

此种镜头与前述电动两可变镜头结构相差不多，只是将对光圈调整电动机的控制由自动控制方式改为由控制器来手动控制，因此它也包含了 3 个微型电动机，引出一组 6 芯控制线与云台镜头控制器及解码器相连。常见的有 6 倍、10 倍和 12 倍等几种规格。图 8.34 为该镜头控制线的接线图。

需要说明的是，变焦镜头的“倍率”与焦距是两个不同的概念，有些人往往混淆两者的含义，认为倍率越高则看得越远。其实，倍率是变焦镜头的最长焦距与最短焦距之比，是一个相对值。例如，同样是 6 倍镜头，市面上常见的就有 6～36 mm、7～42 mm、8～48 mm 和 8.5～51 mm 等多种不同厂家的不同品种，其中 8.5～51 mm 镜头的远视特性显然比 6～36 mm 镜头的远视特性要好，但它的近视（广角）特性却不如 6～36 mm 镜头好。

3. 镜头的分类

按外形功能分为：球面镜头、非球面镜头、针孔镜头、鱼眼镜头。

按尺寸大小分为：1 英寸镜头、1/2 英寸镜头、1/3 英寸镜头、2/3 英寸镜头。

按光圈分为：自动光圈镜头、手动光圈镜头、固定光圈镜头。

按变焦类型分为：电动变焦镜头、手动变焦镜头、固定焦距镜头。

按焦距长矩分为：长焦距镜头、标准镜头、广角镜头。

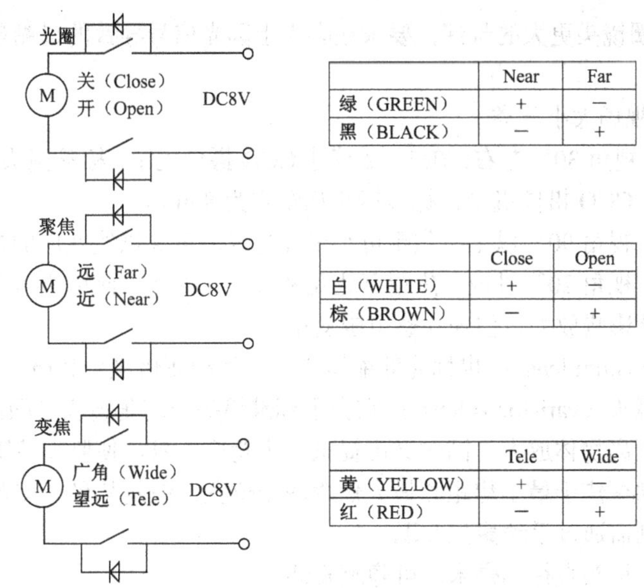

	Near	Far
绿（GREEN）	+	−
黑（BLACK）	−	+

	Close	Open
白（WHITE）	+	−
棕（BROWN）	−	+

	Tele	Wide
黄（YELLOW）	+	−
红（RED）	−	+

图 8.34　电动三可变镜头控制线的接线图

（1）以镜头安装分类

所有的摄像机镜头均是螺纹口的，CCD 摄像机的镜头安装有两种工业标准，即 C 安装座和 CS 安装座。两者螺纹部分相同，但两者从镜头到感光表面的距离不同。C 安装座：从镜头安装基准面到焦点的距离是 17.526 mm。CS 安装座：特种 C 安装，此时应将摄像机前部的垫圈取下再安装镜头，其镜头安装基准面到焦点的距离是 12.5 mm。如果要将一个 C 安装座镜头安装到一个 CS 安装座摄像机上时，则需要使用镜头转换器。

（2）以摄像机镜头规格分类

摄像机镜头规格应视摄像机的 CCD 尺寸而定，两者应相对应。即当摄像机的 CCD 靶面大小为 1/2 英寸时，镜头应选 1/2 英寸。当摄像机的 CCD 靶面大小为 1/3 英寸时，镜头应选 1/3 英寸。当摄像机的 CCD 靶面大小为 1/4 英寸时，镜头应选 1/4 英寸。如果镜头尺寸与摄像机 CCD 靶面尺寸不一致，观察角度将不符合设计要求，或者发生画面在焦点以外等问题。

（3）以镜头光圈分类

镜头有手动光圈（manual iris）和自动光圈（auto iris）之分，配合摄像机使用，手动光圈镜头适合于亮度不变的应用场合，自动光圈镜头因亮度变更时其光圈作自动调整，故适用亮度变化的场合。自动光圈镜头有两类：一类是将一个视频信号及电源从摄像机输送到透镜来控制镜头上的光圈，称为视频输入型；另一类则利用摄像机上的直流电压来直接控制光圈，称为 DC 输入型。自动光圈镜头上的 ALC（自动镜头控制）调整用于设定测光系统，可以以整个画面的平均亮度，也可以以画面中最亮部分（峰值）来设定基准信号强度，供自动光圈调整使用。一般而言，ALC 已在出厂时经过设定，可不作调整，但是当拍摄景物中包含一个亮度极高的目标时，明亮目标物之影像可能会造成“白电平削波”现象，而使得全部屏幕变成白色，此时可以调节 ALC 来变换画面。另外，自动光圈镜头装有光圈环，转动光圈环时，通过镜头的光通量会发生变化，光通量即光圈，一般用 F 表示，其取值为镜头焦距与镜头通光口径之比，即：$F=f$（焦距）/ D（镜头实际有效口径），F 值越小，则光圈越大。采用自动光圈镜头，对于下列应用情况是理想的选择，如在太阳光直射等非常亮的情况下，用自动光圈镜头可有较宽的动态范围；要求在整个视野有良好的聚焦时，用自动光圈镜头有比固定光圈镜头更大的景深；要求在亮光上因光信号导致的模糊最小时，应使用自动光圈镜头。

（4）以镜头的视场大小分类

- 标准镜头：视角 30° 左右，在 1 / 2 英寸 CCD 摄像机中，标准镜头焦距定为 12 mm，在 1/3 英寸 CCD 摄像机中，标准镜头焦距定为 8 mm。
- 广角镜头：视角 90° 以上，焦距可小于几毫米，可提供较宽广的视景。
- 远摄镜头：视角 20° 以内，焦距可达几米甚至几十米，此镜头可在远距离情况下将拍摄的物体影响放大，但使观察范围变小。
- 变倍镜头（zoom lens）：也称为伸缩镜头，有手动变倍镜头和电动变倍镜头两类。
- 可变焦点镜头（vari-focus lens）：它介于标准镜头与广角镜头之间，焦距连续可变，即可将远距离物体放大，同时又可提供一个宽广视景，使监视范围增加。变焦镜头可设置自动聚焦于最小焦距和最大焦距两个位置，但是从最小焦距到最大焦距之间的聚焦，则需通过手动聚焦实现。
- 针孔镜头：镜头直径几毫米，可隐蔽安装。

（5）从镜头焦距上分

- 短焦距镜头：因入射角较宽，可提供一个较宽广的视野。
- 中焦距镜头：标准镜头，焦距的长度视 CCD 的尺寸而定。
- 长焦距镜头：因入射角较狭窄，故仅能提供狭窄视景，适用于长距离监视。
- 变焦距镜头：通常为电动式，可做广角、标准或远望等镜头使用。

4. 选择镜头的技术依据

（1）镜头的成像尺寸

应与摄像机 CCD 靶面尺寸相一致，如前所述，有 1 英寸、2/3 英寸、1/2 英寸、1/3 英寸、1/4 英寸、1/5 英寸等规格。

（2）镜头的分辨率

描述镜头成像质量的内在指标是镜头的光学传递函数与畸变，但对用户而言，需要了解的仅仅是镜头的空间分辨率，以每毫米能够分辨的黑白条纹数为计量单位，计算公式为：镜头分辨率 N＝180 / 画幅格式的高度。由于摄像机 CCD 靶面大小已经标准化，如 1/2 英寸摄像机，其靶面为宽 6.4 mm×高 4.8 mm，1/3 英寸摄像机为宽 4.8 mm×高 3.6 mm。因此对于 1/2 英寸格式的 CCD 靶面，镜头的最低分辨率应为 38 对线/mm，对 1/3 英寸格式的摄像机，镜头的分辨率应大于 50 对线，摄像机的靶面越小，镜头的分辨率越高。

（3）镜头焦距与视野角度

首先根据摄像机到被监控目标的距离，选择镜头的焦距，镜头焦距 f 确定后，则由摄像机靶面决定视野。

（4）光圈或通光量

镜头的通光量以镜头的焦距和通光孔径的比值来衡量，以 F 为标记，每个镜头上均标有其最大的 F 值，通光量与 F 值的平方成反比关系，F 值越小，则光圈越大。所以应根据被监控部分的光线变化程度来选择手动光圈镜头还是自动光圈镜头。

5. 变焦镜头（zoom lens）

变焦镜头有手动伸缩镜头和自动伸缩镜头两大类。伸缩镜头由于在一个镜头内能够使镜头焦距在一定范围内变化，因此可以使被监控的目标放大或缩小，所以也常被称为变倍镜头。典型的光学放大规格有 6 倍（6.0～36 mm, F1.2）、8 倍（4.5～36 mm, F1.6）、10 倍（8.0～80 mm, F1.2）、12 倍（6.0～72 mm, F1.2）、20 倍（10～200 mm, F1.2）等档次，并以电动伸缩镜头应用最普遍。为增大放大倍数，除光学放大外还可施以电子数码放大。在电动伸缩镜头中，光圈的调整有三种，即：自动光圈、直流驱动自动光圈、电动调整光圈。其聚焦和变倍的调整，只有电动调整和预置两种，电动调整是由镜头内的马达驱动，而预置则是通过镜头内的电位计预先设置调整停止位，这样可以免除成像必须逐次调整的过程，可精确与快速定位。在球形罩一体化摄像系统中，大部分采用带预置位的伸缩镜头。另一项令用户感兴趣的则是快速聚焦功能，它由测焦系统与电动变焦反馈控制系统构成。

6. 镜头与摄像机 CCD 尺寸的关系

1/2 英寸镜头既可用于 1/2 英寸摄像机，也可用于 1/3 英寸摄像机，但视角会减少 25%左右。1/3 英寸镜头不能用于 1/2 英寸摄像机，只能用于 1/3 英寸摄像机。

7. 不同种类镜头的应用范围

（1）手动、自动光圈镜头的应用范围

手动光圈镜头是最简单的镜头，适用于光照条件相对稳定的条件下，手动光圈由数片金属薄片构成。光通量靠镜头外径上的一个环调节。旋转此圈可使光圈收小或放大。在照明条件变化大的环境中或不是用来监视某个固定目标时，应采用自动光圈镜头，比如在户外或人工照明经常开关的地方，自动光圈镜头的光圈的动作由马达驱动，马达受控于摄像机的视频信号。手动光圈镜头和自动光圈镜头又有定焦距（光圈）镜头和电动变焦距镜头之分。手动光圈镜头，可与电子快门摄像机配套，在各种光线下均可使用。自动光圈镜头可与任何 CCD 摄像机配套，在各种光线下均可使用，特别适用于被监视表面亮度变化大、范围较大的场所。为了避免引起光晕现象和烧坏靶面，一般都配自动光圈镜头。

（2）定焦距（光圈）镜头

一般与电子快门摄像机配套，适用于室内监视某个固定目标的场所。定焦距镜头一般又分为长焦距镜头、中焦距镜头和短焦距镜头。中焦距镜头是焦距与成像尺寸相近的镜头。焦距小于成像尺寸的称为短焦距镜头，短焦距镜头又称广角镜头，该镜头的焦距通常是 28 mm 以下的镜头，短焦距镜头主要用于环境照明条件差，监视范围要求宽的场合。焦距大于成像尺寸的称为长焦距镜头，长焦距镜头又称望远镜头，这类镜头的焦距一般在 150 mm 以上，主要用于监视较远处的景物。

（3）电动变焦距镜头

可与任何 CCD 摄像机配套，在各种光线下均可使用，变焦距镜头通过遥控装置来进行光对焦、光圈开度、改变焦距大小。

8.3.4　摄像机的使用

摄像机的使用很简单，通常只要正确安装镜头、连通信号电缆，接通电源即可工作。但在实际使用中，如果不能正确地安装镜头并调整摄像机及镜头的状态，则可能达不到预期使用效果。以下简要介绍摄像机的正确使用方法。

1. 安装镜头

摄像机必须配接镜头才可使用，一般应根据应用现场的实际情况来选配合适的镜头，如定焦镜头或变焦镜头、手动光圈镜头或自动光圈镜头、标准镜头或广角镜头或长焦镜头等。另外，还应注意镜头与摄像机的接口，是 C 型接口还是 CS 型接口（这一点要切记，否则用 C 型镜头直接往 CS 接口摄像机上旋入时极有可能损坏摄像机的 CCD 芯片）。

安装镜头时，首先去掉摄像机及镜头的保护盖，然后将镜头轻轻旋入摄像机的镜头接口并使之到位。对于自动光圈镜头，还应将镜头的控制线连接到摄像机的自动光圈接口上，对于电动两可变镜头或三可变镜头，只要旋转镜头到位，则暂时不需校正其平衡状态（只有在后焦距调整完毕后才需要最后校正其平衡状态）。

2. 调整镜头光圈与对焦

关闭摄像机上电子快门及逆光补偿等开关，将摄像机对准欲监视的场景，调整镜头的光圈与对焦环，使监视器上的图像最佳。如果在光照度变化比较大的场合使用摄像机，最好配接自动光圈镜头。如果选用了手动光圈则应将摄像机的电子快门开关置于 ON，并在应用现场最为明亮（环境光照度最大）时，将镜头光圈尽可能开大并仍使图像为最佳（不能使图像过于发白而过载），此时镜头调整完毕。随后装好防护罩并上好支架即可。由于光圈较大，景深范围相对较小，对焦距时应尽可能照顾到整个监视现场的清晰度。当现场照度降低时，电子快门将自动调整为慢速，配合较大的光圈，仍可使图像满意。

在以上调整过程中，若不注意在光线明亮时将镜头的光圈尽可能开大，而是关得比较小，则摄像机的电子快门会自动调在低速上，因此仍可以在监视器上形成较好的图像；但当光线变暗时，由于镜头的光圈比较小，电子快门也已经处于最慢（1/50 s）状态，成像就可能昏暗、不清楚。

3. 后焦距的调整

后焦距也称背焦距，指的是当安装上标准镜头（标准 C/CS 接口镜头）时，能使被摄景物的成像恰好成在 CCD 图像传感器的靶面上，一般摄像机在出厂时，对后焦距都作了适当的调整，因此，在配接定焦镜头的应用场合，一般都不需要调整摄像机的后焦距。

在有些应用场合，可能出现当镜头对焦环调整到极限位置时仍不能使图像清晰，此时首先必须确认镜头的接口是否正确。如果确认无误，就需要对摄像机的后焦距进行调整。根据经验，在绝大多数摄像机配接电动变焦镜头的应用场合，往往都需要对摄像机的后焦距进行调整。后焦距调整的步骤如下：

- 将镜头正确安装到摄像机上。
- 将镜头光圈尽可能开到最大（目的是缩小景深范围，以准确找到成像焦点）。
- 通过变焦距调整（Zoom In）将镜头推至望远（Tele）状态，拍摄 10 m 以外的一个物体的特写，再通过调整聚焦（Focus）将特写图像调清晰。
- 进行与上一步相反的变焦距调整（Zoom Out）将镜头拉回至广角（Wide）状态，此时画面变为包含上述特写物体的全景图像，但此时不能再作聚焦调整（注意：如果此时的图像变模糊也不能调整聚焦），而是准备下一步的后焦距调整。
- 将摄像机前端用于固定后焦距调节环的内六角螺钉旋松，并旋转后焦距调节环（对没有后焦距调节环的摄像机则直接旋转镜头而带动其内置的后焦环），直至画面最清晰为止，然后暂时旋紧内六角螺钉。
- 重新推镜头到望远状态，看看刚才拍摄的特写物体是否仍然清晰，如不清晰再重复上述第一、二、三步骤。

➢ 通常只需一两个回合就可完成后焦距调整了。
➢ 旋紧内六角螺钉，将光圈调整到适当的位置。

8.3.5　云台与防护罩

1. 云台

云台是承载摄像机进行水平和垂直两个方向转动的装置。云台内装有两个电动机。这两个电动机一个负责水平方向的转动，另一个负责垂直方向的转动。水平转动的角度一般为350°，垂直转动则有±45°、±35°、±75°等。水平及垂直转动的角度大小可通过限位开关进行调整。云台可简单可分为：室内用云台，承重小，没有防雨装置；室外用云台，承重大，有防雨装置。有些高档的室外云台除有防雨装置外，还有防冻加温装置。

在选用云台时除了区分室内用云台及室外用云台之外，还应注意以下几个方面。

（1）承重

为适应不同摄像机及防护罩的安装，云台的承重应是不同的。应根据选用的摄像机及防护罩的总重量来选用合适承重的云台。室内用云台的承重量较小，云台的体积和自重也较小。室外用云台因为肯定要在它的上面安装带有防护罩（往往还是全天候防护罩）的摄像机，所以承重量都较大，它的体积和自重也较大。

目前出厂的室内用云台承重量为 1.5～7 kg，室外用云台承重量为 7～50 kg。还有些云台是微型云台，比如与摄像机一起安装在半球型防护罩内或全天候防护罩内的云台。

（2）控制方式

一般的云台均属于有线控制的电动云台。控制线的输入端有 5 个，其中 1 个为电源的公共端，另外 4 个分为上、下、左、右控制端。如果将电源的一端接在公共端上，电源的另一端接在“上”时，则云台带动摄像机头向上转，其余类推。

还有的云台内装继电器等控制电路，这样的云台往往有 6 个控制输入端。1 个是电源的公共端，另 4 个是上、下、左、右端，还有 1 个则是自动转动端。当电源的一端接在公共端，电源另一端接在“自动”端时，云台将带动摄像机头按一定的转动速度进行上、下、左、右的自动转动。

在电源供电电压方面，目前常见的有交流 24 V 和 220 V 两种。云台的耗电功率，一般是承重量小的功耗小，承重量大的功耗大。

在选用云台时，最好选用在云台固定不动的位置上安装有控制输入端及视频输入、输出端接口的云台，并且在固定部位与转动部位之间（即与摄像机之间）有用软螺旋线形成的摄像机及镜头的控制输入线和视频输出线的连线。这样的云台安装使用后不会因长期使用导致转动部分的连线损坏，特别是室外用的云台应更注意。

2. 防护罩

防护罩是使摄像机在有灰尘、雨水、高低温等情况下正常使用的防护装置。防护罩一般分为两类。一类是室内用防护罩，这种防护罩结构简单，价格便宜。其主要功能是防止摄像机落尘并有一定的安全防护作用，如防盗、防破坏等。室外防护罩一般为全天候防护罩，即无论刮风、下雨、下雪、高温、低温等恶劣情况，都能使安装在防护罩内的摄像机正常工作。因而这种防护罩具有降温、加温、防雨、防雪等功能。同时，为了在雨雪天气仍能使摄像机正常摄取图像，一般在全天候防护罩的玻璃窗前安装可控制的雨刷。

目前较好的全天候防护罩是采用半导体器件加温和降温的防护罩。这种防护罩内装有半导体元件，即可自动加温，也可自动降温，并且功耗较小。

8.3.6 解码器

在具体的闭路电视监控系统工程中，解码器属于前端设备，它一般安装在配有云台及电动镜头的摄像机附近，有多芯控制电缆直接与云台及电动镜头相连，另有通信线（通常为两芯护套线或两芯屏蔽线）与监控室内的系统主机相连。

解码器不能单独使用，而必须与矩阵控制系统配合使用。

同一系统中可能有多台解码器，所以每个解码器上都有一个拨码开关，它决定了该解码器在该系统中的编号（即 ID 号），在使用解码器时首先必须对拨码开关进行设置。在设置时，必须跟系统中的摄像机编号一致。例如，当摄像机的信号连接到系列主机第一视频输入口，即 CAM1 时，相对应的解码器的编号应设为 1。

解码器具有自检功能，即不需远端主机的控制，直接在解码器上操作拨码开关，通过测试云台及电动镜头的工作是否正常来判断连线是否正确，同时镜头电压可在 6 V、8 V、10 V、12 V 之间进行选择，以适应不同的镜头电源。

解码器在通信正确时，通信指示灯闪亮，因此很容易判断此解码器与系统主机连线是否正确。解码器的原理框如图 8.35 所示。

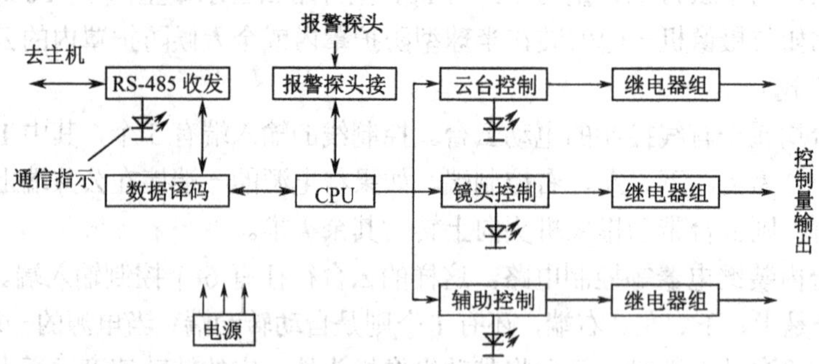

图 8.35 解码器的原理框图

解码器还具有回传数据信号的功能，因而在实际应用中可以将各类报警探头等前端设备直接接于监控现场的解码器上。报警探头发出的报警信号可在前端解码器内编码后经由 RS-485 通信总线回传到中心控制端的系统主机，这样在实际工程施工中即可省去从前端监控现场到中心控制端的报警连线，从而大大减小施工难度，也减少了工程线缆的用量及成本。

8.3.7 云台镜头控制器

在不配系统主机的小型电视监控系统中，如果前端摄像机配有云台及电动镜头，或者在室外应用中配有带雨刷的室外防护罩，或者系统还要求控制监视现场的照明灯等辅助设备，就必须配有操纵云台、电动镜头动作及辅助设备开关启闭的控制器，如图 8.36 所示。这种控制器一般受面板按键的控制，输出交流电压（对云台）或直流电压（对电动镜头）到云台或电动镜头的控制电压输入端，使云台或电动镜头作相应动作。在某些应用场合，系统中可能只用了水平或全方位云台，因而控制器仅需对云台进行控制，而在其他应用场合，系统中可能同时用到了云台及电动镜头，或者还用到了某些辅助设备，因而控制器既要对云台进行控制，也要对电动镜头进行控制，还需要对辅助设备进行控制。

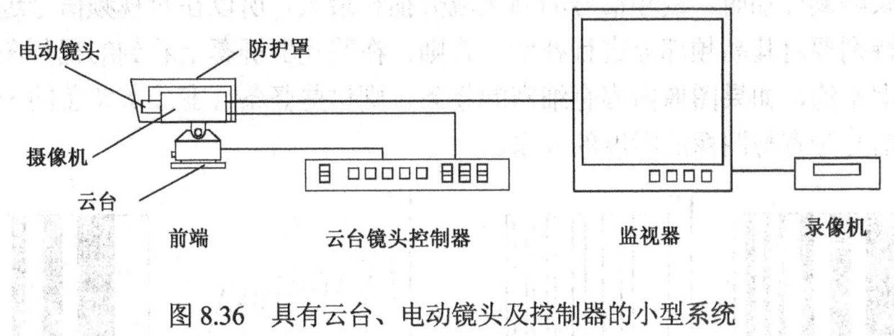

图 8.36 具有云台、电动镜头及控制器的小型系统

云台控制器按控制路数可分为单路控制器和多路控制器两种，图 8.37 为单路水平云台控制器原理图。

在图中，SB_1 为自锁按钮开关，用于云台自动扫描或手动控制扫描的切换，SB_2、SB_3 为非自动锁按钮开关，交流电压的一端直接接到控制器的输出端口 2（公共端）。当 SB_1 处于常态（未被按下）时，继电器 K 不吸合，交流电压的另一端（称为扫描端或自动端）通过继电器 K 的常闭点加到 SB_2、SB_3 的一端，此时，按下 SB_2 或 SB_3 的按钮，便可将这一交流电压输出到控制器的输出端口 3 或 4，使水平云台作向左或向右方向的旋转。

当自动扫描按钮 SB_1 被按下时，继电器 K 吸合工作，交流电压的扫描端通过继电器 K 的吸合触点加到控制器的输出端口 1，使水平云台作自动扫描运动。此时，SB_2 或 SB_5 按钮的通路被继电器 K 切断，不再起作用。图 8.38 为单路全方位云台控制器原理图。

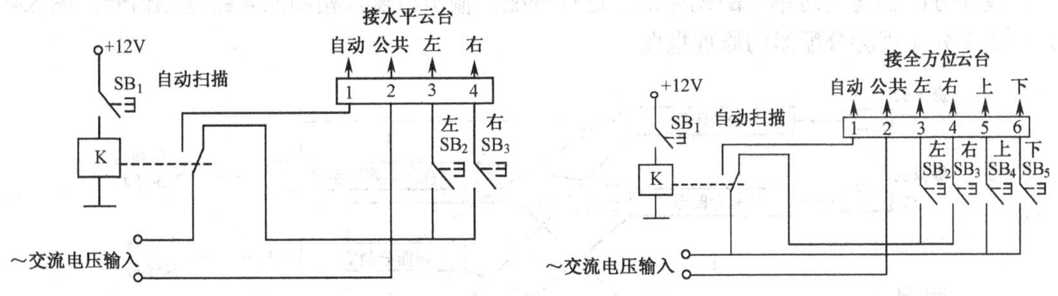

图 8.37 单路水平云台控制器原理图　　　图 8.38 单路全方位云台控制器原理图

SB4、SB5 两个控制按钮，它们不经过继电器而直接与交流电压输入端相连，因此，无论是在自动方式还是手动方式下（即无论 SB1 是否按下），按下 SB4 或 SB5 按钮即可使云台在垂直方向上作向上或向下的转动。

8.3.8 视频放大器

视频信号经同轴电缆作长距离传输后会造成一定的衰减，特别是高频部分衰减尤为严重。一般用 SYV-75-5 的同轴电缆传输视频信号的最远距离为 400 m 左右，用 SYV-75-3 电缆为 300 m 左右。虽然超过这一距离后（如 400 m）仍可看到较为稳定的图像，但图像的边缘部分已变得模糊。因此，当进行长距离视频信号传输时，必须经过中间放大。

视频放大器与普通放大器的区别主要是带宽不同，理论上的视频信号下限频率为 0 Hz，标称上限频率高达 6 MHz。实际视频放大器带宽一般都为 100～10 000 000 Hz，且要求通带平坦。SP6111 放大器的带宽达 20 MHz，增益为 20 dB 左右，可用于克服同轴电缆在远距离传输时对视频信号所造成的衰减。

由于在长距离传输时，视频信号的高频成分损耗最大，所以在对视频信号进行均匀放大的同时，还特别要对其高频部分进行补偿。否则，在监视器屏幕上看到的视频图像的轮廓部分将变得模糊不清，如果图像内容有细密的竖条，则这些竖条会变成灰蒙蒙的一片。图 8.39 表示了视频信号带宽与图像清晰度的关系。

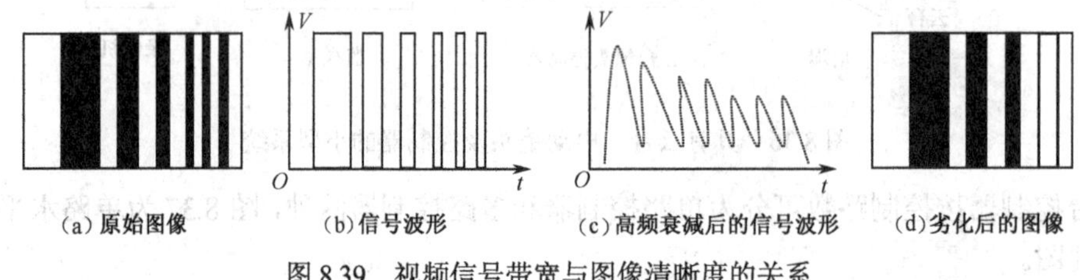

图 8.39　视频信号带宽与图像清晰度的关系

8.3.9　视频分配器

视频分配器可以将一路视频信号均匀分配为多路视频信号，以供给多台监视器或录像机等后续视频设备同时使用。经分配器输出的每一路视频信号仍保证与输入的信号格式相同，即 6 MHz 视频带宽、1 V（峰-峰值）电压、75 Ω输出阻抗，其中信号电压 0.7 V、同步头电压 0.3 V。它不能以简单的并联方式来分配，因为简单的并联会改变节点处的特性阻抗，但信号仍会衰减 6 dB。

视频分配器是指对单一的视频信号进行分配，输出与输入相同的 4 路视频信号。图 8.40 为单路 1 分 4 视频分配器的原理框图。

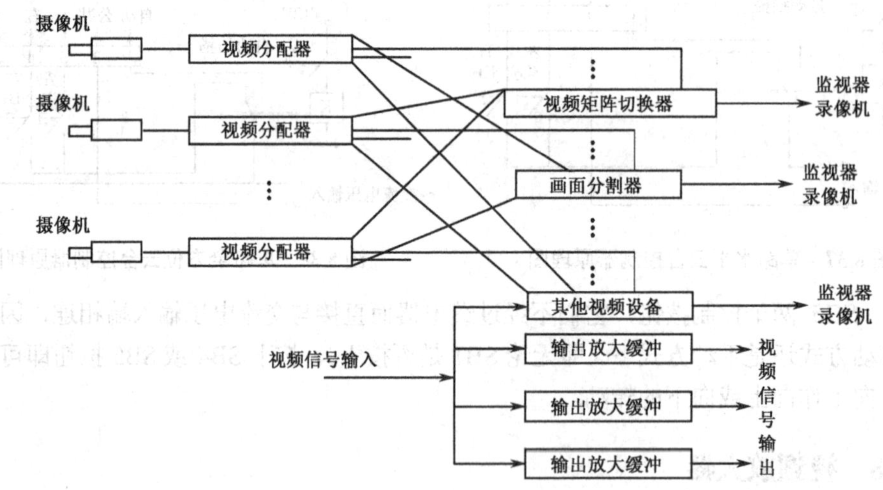

图 8.40　单路 1 分 4 视频分配器原理框图

由图可见，输入的视频信号经 4 个缓冲器的参数是一致的，因此可以保证各个输出端口的视频信号彼此独立且信号格式完全一致。

8.3.10　报警接口箱

报警接口箱接入报警探头，并将报警信号通过 RS-485 通信线回传给系统主机。当主机扫描到报警探头发生了报警时，联动该现场图像的切换，显示在监视器上，同时将报警信号送到其他外设。原理框图如图 8.41 所示。

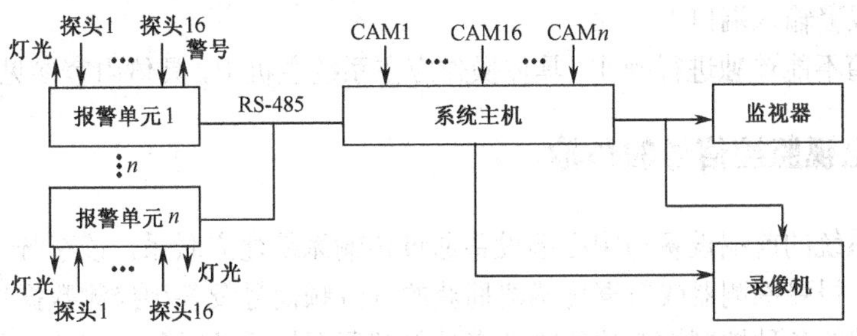

图 8.41 报警接口箱原理框图

报警处理中心时时刻刻地监控每一路报警探头送来的报警信号，并把报警信号与预先设定的基准值进行比较，以判别报警探头是否触发了报警，如有了报警信号，报警处理中心把报警信息通过 RS-485 通信线传送给系统主机，由系统主机完成报警场面的调看，并控制外部设备，如录像机的录像、灯光打开、响警号等。

1. 报警探头与摄像机的对应关系

在有的 CCTV 系统主机中，报警输入口探头与摄像机出入口是一一对应的，即第一路报警探头对应第一号摄像机，第二路报警探头对应第二号摄像机，依次类推。而系统主机可以通过菜单设置，将多个探头与多个摄像机建立对应关系。例如，某房间有一个摄像机，同时有红外线探头、门磁开关及紧急按钮等 3 个不同类型的报警装置，将这些报警装置与该摄像机建立对应关系后，无论是哪一个报警装置发生报警，都会使系统主机将报警现场的该摄像机画面切换到主监视器上以便于观看，或进行录像，如图 8.42 所示。

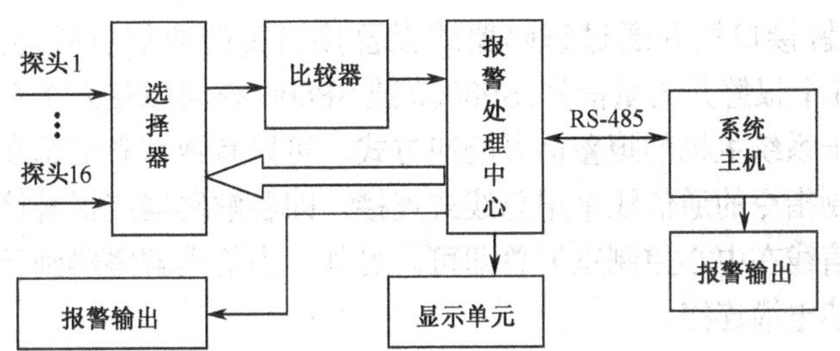

图 8.42 设置不同的报警单元

2. 报警探头与报警接口箱的连接

报警接口箱在实际的应用当中，必须与相应的系统主机配套使用，不能单独使用。布防、撤防都在系统主机中进行。报警接口箱与系统主机之间的连接是通过 RS-485 通信线。报警接口箱与探头的连接，报警探头输出一般是开关量，连接如图 8.43 所示。

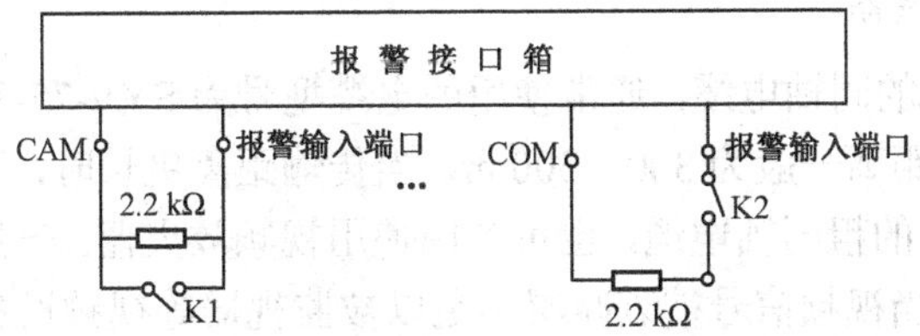

图 8.43 报警接口箱与探头的连接

如果报警探头平时是常开的如 K1，接线时应该把 2.2 kΩ电阻和探头线并接在报警输入端口上，相反，如果报警探头平时是常闭的 K2，接线时，应该把 2.2 kΩ电阻与报警探头线串联起来，接入报警输入端口上。

报警接口箱不能单独进行操作，具体操作应在系统主机中，具体内容参见相应主机说明。

8.3.11　电视监控信号的传输

电视监控系统的前端设备与中心端设备通过传输系统建立联系，该系统一方面将前端摄像机、监听头、报警探测器或数据传感器捕获的视音频信号及各种控测数据传往中心端；另一方面将中心端的各种控制指令传往前端多功能解码器等受控对象。因此，传输系统应该是双方向的。在大多数的情况下，传输系统都是通过不同的单方向传输介质来实现的，例如，用同轴电缆传输按多工（Multiplexing）方式处理的视音频及控制信号。最新的传输概念则是借用已有的通信传输线路或借助计算机网络来传输电视监控信号，在这种情况下，往往要用到专用的信号格式转换、传输或接入设备。

1. 直接电缆传输

直接电缆传输是最基本的传输方式。在局域闭路电视监控系统中，由前端设备到中心控制室的距离通常都是在 1 km 以内，从前端设备到中心控制室之间一般通过电缆直接连接。其中由摄像机输出的视频信号采用同轴电缆连接，由监听头输出的音频信号采用 2 芯屏蔽线连接，由于报警探测器输出的是开路或短路的开关量信号，可通过普通（非屏蔽）2 芯线连接。而由中心控制主机发出的控制指令则通过 2 芯屏蔽双绞线与前端解码器连接。图 8.44 表示从前端到中心端所采用的基本连接方式。其中视、音频信号电缆为一对一连接，报警传感或其他数据传输一般采用一对一连接进入系统主机；有些系统的报警传感器也可以一对一地连接到前端解码器或报警接口箱并通过解码器或报警接口箱的通信总线连接到系统主机（如 SP8092 可以接入 16 个报警开关量信号，SP8060 或 SP8060O 可以接入 1 个报警开关量信号），这种连接方式取决于系统主机的报警信号响应方式，可以有效节省汇总在中心控制室的线缆的数量。而传输控制指令的通信线采用总线式连接，即各解码器或报警接口箱就近接入通信总线，只需一根通信线在中心控制室汇总即可。另外，由前端解码器到云台及电动镜头之间还需采用较短的多芯电缆连接。

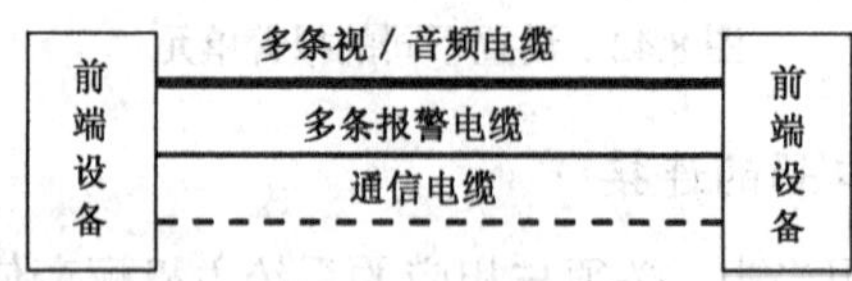

图 8.44　从前端到中心端所需的各种电缆

2. 视频电缆及连接器

视频电缆选用 75 Ω的同轴电缆，通常使用的电缆型号为 SYV-75-3 和 SYV-75-5。它们对视频信号的无中继传输距离一般为 300～500 m，当传输距离更长时，可相应选用 SYV-75-7、SYV-75-9 或 SYV-75-12 的粗同轴电缆，也可考虑使用视频放大器。一般来说，传输距离越长则信号的衰减越大，而当视频信号被衰减得不足以被监视器等视频设备捕捉到时，图像便不能稳定地显示了。

视频信号实际所能传输的距离与同轴电缆的质量及所用的摄像机及监视器有关。当摄像机输出电阻、同轴电缆特性阻抗、监视器输入电阻这 3 个量不能完全匹配时，就会在同轴电缆中造成回波反射（驻波反射），因而长距离传输时会使图像出现重影及波纹，甚至使图像跳动（因同步头被衰减或回波反射都可能使图像产生跳动）。因此，在实际工程中，尽可能一根电缆一贯到底，中间不留接头，因为中间接头很容易改变接点处的特性阻抗，还会引入插入损耗。以某一电视监控系统的布线为例，其仓库周界边线长应达 400 m，有几个远端摄像机到主控室的距离达到了 800～1100 m 的范围（因防火因素，线缆不能从仓库中心穿过，只能沿围墙布设），本工程事先定制了 SYV-75-7 和 SYV-75-9 两种超长电缆（配上线滚轴），实际施工时是开着汽车沿周界进行布线的（同时以总线方式布设了通信控制电缆及电源线），每一根都直接引到了主控室，没有使用视频放大器，也得到了较好的图像质量。

选用粗同轴电缆并配用视频放大器虽然可能有效延长视频信号的传输距离。但是当传输距离远远超过 1 km 时，单纯地靠增加视频放大器的数量便不那么奏效了。这是因为随着距离的增加及放大器数量的增多，视频信号经多次放大后，其叠加的噪声也同样经过了多次放大，而噪声叠加的结果使得噪声电平与视频信号电平几乎处在同一个数量级上，此时在监视器屏幕上看到的视频图像可能是在一片杂乱的背景噪声（噪点）中，甚至被背景噪声（噪点）所淹没。在这种情况下，只好采用光纤传输或微波传输。

视频电缆与设备的连接通常为 BNC 连接器（俗称 Q9 接头及座），个别设备也有选用 RCA 连接器（即莲花插头及座），还有些系统选用射频传输常用的 F 头（有螺纹可旋紧）。当接头与座的规格不一致时，可以用转换器进行转换，如 BNC→RCA 转换器或 RCA→BNC 转换器。顺便指出，在大中型电子配件市场上，无论是不同规格的转换还是“公”、“母”头的转换，几乎所有形式的转换器都可以找到。

3. 音频、通信及控制电缆

音频、通信及控制电缆都是非同轴电缆，其中音频及通信电缆为 2 芯线而控制电缆为 10 芯线。显然，它们传输的信号内容不同，但电缆的类型却可以是相同的。特别是：音频及通信电缆通常可选为同样的 2 芯屏蔽电缆。在非干扰环境下，也可选为非屏蔽双绞线，如在综合布线中常用的 5 类双绞线（4 对 8 芯）。

（1）音频电缆及连接器

音频电缆通常选用 2 芯屏蔽线，虽然普通 2 芯线也可以传输音频，但长距离传输时易引入干扰噪声。在一般应用场合下，屏蔽层仅用于防止干扰，并于中心控制室内的系统主机处单端接地，但在某些应用场合，也可用于信号传输，如用于立体声传输时的公共地线（2 芯线分别对应于立体声的两个声道）。常用的音频电缆有 RVVP-2/0.3 或 RVVP-2/0.5。

很多工程单位在承接诸如超市或宾馆、写字楼等电视监控工程项目的同时可能还会兼做公共广播（背景音乐）工程，也需要布设音频电缆。但公共广播系统的声音传输方式采用的是高压（120 V）定压方式传输，其音频电缆采用总线式布线，因此这与监控系统中用于将监听头的音频信号传到中控室的点对点式布线方式截然不同。由于采用了高压小电源传输，因此采用非屏蔽的 2 芯电缆即可，如 RVV-2/0.5 等。

音频电缆与设备的连接通常为 RCA 连接器，专业音频设备通常采用卡侬连接器，个别设备也有选用普通 6.5 mm 或 3.5 mm 的杰克插头 / 座的。公共广播系统的音频电缆则一般不需要专门的连接器，而是直接将电缆连接到音箱或功放设备的接线柱上。

（2）通信电缆

通信电缆指的是接于系统主机与解码器之间的 2 芯电缆，可以选用普通的 2 芯护套线。一般来说，带有屏蔽层的对绞两芯线抗干扰性能要好些，更适合于强干扰环境下的远距离传输。可选用的通信线如 RVVP-2/0.15 或 RVVP-2/0.3 等。

选择通信电缆的基本原则是距离越长，线径越粗。例如，RS-485 通信规定的基本通信距离是 1200 m，但在实际工程中选用 RVV-2/1.5 的护套线，可以将通信扩展到 2 000 m 以上。当通信线过长时，需使用 RS-485 通信中继器。将控制信号放大整形。否则，长距离通信控制指令便不能被解码器稳定地接收或根本不能接收。

（3）控制电缆

控制电缆通常指的是用于控制云台及电动三可变镜头的多芯电缆，它一端连接于控制器或解码器的云台、电动镜头控制接线端，另一端则直接接到云台、电动镜头的相应端子上。一般距离很短，基本上不存在干扰问题，因此不需要使用屏蔽线。常用的控制电缆大多采用 6 芯电缆或 10 芯电缆，如 RVV-6/0.2、RVV-10/0.12 等。其中 6 芯电缆分别接于云台的上、下、左、右、自动、公共 6 个接线端。10 芯电缆除了接云台的 6 个接线端外，还包括电动镜头的变倍、聚焦、光圈、公共 4 个接线端。

在电视监控系统中，从摄像机到解码器的空间距离比较短（通常都在几米范围内），因此从解码器到云台及电动镜头之间的控制电缆一般不作特别要求；而由控制器到云台及电动镜头的距离少则几十米，多则几百米，在这样的监控系统中，对控制电缆就需有一定的要求，即线径要粗，如选用 RVV-10/0.5 或 RVV-10/0.75 等。

（4）电源线

电视监控系统中的电源线一般都是单独布设，在监控室安置总开关，以对整个监控系统直接控制。一般情况下，电源线是按交流 220 V 布线，在摄像机端再经适配器转换成直流 12 V，这样做的好处是可以采用总线式布线且不需很粗的线，当然在防火安全方面要符合规范（穿钢管或阻燃 PVC 管），并与信号线间隔一定距离。

有些小系统也可采用 12 V 直接供电的方式，即在监控室内用一个大功率的直流稳压电源对整个系统供电。在这种情况下，电源线就需要选用线径较粗的线，且距离不能太长，否则系统不能正常工作。

8.3.12　系统主机 / 矩阵切换

系统主机是大中型电视监控系统的核心设备，它通常是将系统控制单元与视频矩阵切换器集成为一体，简称系统主机，系统主机的主要任务是实现多路视 / 音频信号的选择切换（输出到指定的监视器或录像机）并在视频信号上叠加时间、日期、视频输入号及标题、监视状态等重要信息在监视器上显示，并通过通信线对指定地址的前端设备（云台、电动镜头、雨刷、照明灯或摄像机电源等）进行各种控制。

系统运行时，系统主机中微处理器通过扫描通信端口检查是否有从控制面板、主控键盘、副控键盘、报警接口箱、多媒体传来的控制指令，还会扫描主机本身报警接口板是否有报警输出。当控制面板或控制键盘上有键被按下时，微处理器可正确判断该按键的功能含义，并向相应控制电路发出控制指令信号。例如，向视频矩阵切换器中的多路模拟开关芯片发出 8-4-2-1 选通码使其选通指定通道摄像机的视频信号输入，同时在该路视频信号上叠加字符，然后将该路输入信号在指定的输出口输出、显示。如系统主机同时含有内置（或外挂）音频矩阵切换器，则同样的控制码还可将选定摄像机外所对应的监听头的声音信号一并选定，并送到与上述视频输出通道编号相同的音频矩阵输出端口，使视频信号与音频信号同步切换。如果控制键盘发出的是对于前端设备的控制指令（含有地址码信息），则该指令经编码后通过双绞线传送到远端指定地址的解码器。解码器经过通信接口芯片收到系统主机传来的控制指令后对其进行解码，解出主控端的命令，使解码器内的相应继电器吸合，输出相应的控制信号（电压量或开关量）至指定的外接设备，使外接设备作出与主控端指令相符合的动作。这些受控的外接设备包括云台、电动三可变镜头、室外防护罩的雨刷器及除霜器、摄像机的电源、红外灯或其他可控制设备。

报警接口箱、多媒体将报警信号控制指令通过 RS-485 通信线回传到系统主机，因此系统主机在扫描通信端口时不仅要判断是否有分控键盘的控制指令，还要判断是否有报警接口箱送来的报警信息，如有则联动该现场图像的切换，并把报警信息传送给多媒体。

控制键盘是集成监控系统中必不可少的设备，对于摄像机画面的选择切换、对于云台及电动镜头的全方位控制、对于室外防护罩的雨刷及辅助照明灯的控制等必须通过对控制键盘的操作来实现。

在控制键盘上一般有很多数字键及功能键，其中数字键用于选择摄像机输入及监视器输出，功能键则用于对选定的前端设备进行各种控制操作，面板键盘、主控键盘允许对系统进行编程设置。在控制键盘上通常还设有 LED 显示屏或液晶显示屏，用于显示控制指令或系统内各监视点的工作状态。

一个系统只有一个主控键盘，但可以有若干分控键盘，其中分控键盘往往是放置于各主管领导的办公室内，用于对整个电视监控系统进行远端控制操作。

8.3.13　典型的电视监控系统

典型的电视监控系统主要由前端设备和后端设备这两大部分组成，其中后端设备可进一步分为中心控制设备和分控制设备。前、后端设备有多种构成方式，它们之间的联系（也可称做传输系统）可通过电缆、光纤或微波等多种方式来实现。如图 8.45 所示，电视监控系统由摄像机部分（有时还有麦克）、传输部分、控制部分以及显示和记录部分四大块组成。在每一部分中，又包含更加具体的设备或部件。

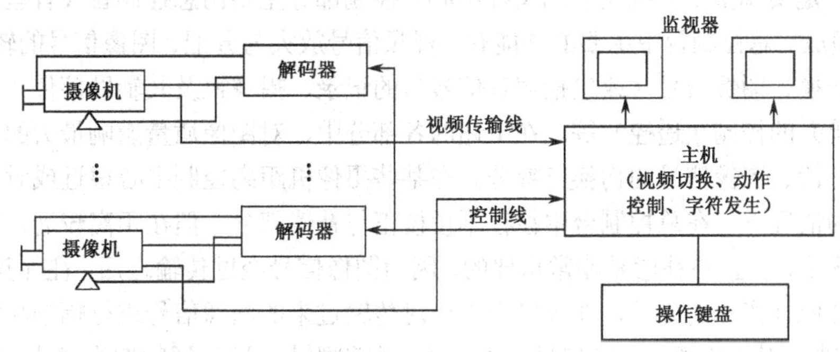

图 8.45　电视监控系统的基本组成

1. 摄像部分

摄像部分是电视监控系统的前沿部分，是整个系统的“眼睛”。它布置在被监视场所的某一位置上，使其视场角能覆盖整个被监视的各个部位。当被监视场所面积较大时，为了节省摄像机所用的数量、简化传输系统及控制与显示系统，在摄像机上加装电动的（可遥控的）可变焦距（变倍）镜头，使摄像机所能观察的距离更远、更清楚；有时还把摄像机安装在电动云台上，通过控制台的控制，可以使云台带动摄像机进行水平和垂直方向的转动，从而使摄像机能覆盖的角度、面积更大。摄像机将监视的内容变为图像信号，传送到控制中心的监视器上。摄像部分是系统的最前端，并且被监视场所的情况是由它变成图像信号传送到控制中心的监视器上。从整个系统来讲，摄像部分是系统的原始信号源，摄像部分的好坏以及它产生的图像信号的质量将影响整个系统的质量。从系统噪声计算理论的角度来讲，影响系统噪声的最大因素是系统中的第一级的输出（在这里即为摄像机的图像信号输出）信号信噪比的数值。所以，认真选择和处理摄像部分是至关重要的。除了上述的有关讨论之外，对于摄像部分来说，在某些情况下，特别是在室外应用的情况下，为了防尘、防雨、抗高低温、抗腐蚀等，对摄像机及其镜头还应加装专门的防护罩，甚至对云台也要有相应的防护措施。

2. 传输部分

传输部分就是系统的图像信号通路。一般来说，传输部分单指传输图像信号。但是，由于某些系统中除图像外，还要传输声音信号，同时，由于需要有控制中心通过控制台对摄像机、镜头、云台、防护罩等进行控制，因而在传输系统中还包含控制信号的传输，所以这里所讲的传输部分，通常是指所有要传输的信号形成的传输系统的总和。

如前所述，传输部分主要传输的内容是图像信号。因此重点研究图像信号的传输方式及传输中的有关问题。对图像信号的传输，重点要求是在图像信号经过传输系统后，不产生明显的噪声、失真（色度信号与亮度信号均不产生明显的失真），保证原始图像信号（从摄像机输出的图像信号）的清晰度和灰度等级没有明显下降等。这就要求传输系统在衰减、引入噪声、幅频特性和相频特性等方面有良好的性能。

在传输方式上，目前电视监控系统大多采用视频基带传输方式。如果在摄像机距离控制中心较远的情况下，也采用射频传输方式或光纤传输方式。对以上这些不同的传输方式，所使用的传输部件及传输线路都有较大的不同。

3. 控制部分

控制部分是实现整个系统功能的指挥中心。控制部分主要由总控制台（有些系统还设有副控制台）组成。总控制台中主要的功能有：视频信号放大与分配、图像信号的较正与补偿、图像信号的切换、图像信号（或包括声音信号）的记录、摄像机及其辅助部件（如镜头、云台、防护罩等）的控制（遥控）等。在上述的各部分中，对图像质量影响最大的是放大与分配、校正与补偿、图像信号的切换三部分。在某些摄像机距离控制中心很近或对整个系统指标要求不高的情况下，在总控制台中往往不设校正与补偿部分。但在距离较远，或传输方式有要求的情况下，校正与补偿是非常重要的。因为图像信号经过传输之后，往往其幅频特性、相频特性无法保证指标的要求，在控制台上要对传输过来的图像信号进行幅频和相频的校正与补偿。 经过校正与补偿的图像信号，再经过分配和放大，进入视频切换部分，然后送到监视器上。总控制台的另一个重要功能是能对摄像机、镜头、云台、防护罩等进行遥控，以完成对被监视的场所全面、详细的监视或跟踪监视。总控制台上设有录像机，可以随时把发生情况的被监视场所的图像记录下来，以便事后备查。目前，有些控制台上设有一台或两台“长延时录像机”或硬盘录像机，长延时录像机可用一盘 60 min 带长的录像带记录长达几天时间的图像信号，这样就可以对某些非常重要的被监视场所的图像连续记录，而不必使用大量的录像带；硬盘录像机则可将图像信号转换为数据信号后存入硬盘。有的总控制台上设有“多画面分割器”，如 4 画面、9 画面、16 画面等。也就是说，通过这个设备，可以在一台监视器上同时显示出 4 个、9 个、16 个摄像机送来的各个被监视场所的画面，并用硬盘录像机或长延时录像机进行记录。上述这些功能的设置，要根据系统的要求而定，并不是每个系统都采用。

目前生产的总控制台，在控制功能上，控制摄像机的台数上往往都做成积木式的。可以根据要求进行组合。另外，在总控制台上还设有时间及地址的字符发生器，通过这个装置可以把年、月、日、时、分、秒都显示出来，并把被监视场所的地址、名称显示出来。在录像机上可以记录，这样对以后的备查提供了方便。

总控制台对摄像机及其辅助设备（如镜头、云台、防护罩等）的控制一般采用总线方式，把控制信号送给各摄像机附近的“终端解码箱”，在终端解码箱上将总控制台送来的编码控制信号解出，成为控制动作的命令信号，再去控制摄像机及其辅助设备的各种动作（如镜头的变倍、云台的转动等）。在某些摄像机距离控制中心很近的情况下，为节省开支，也可采用由控制台直接送出控制动作的命令信号——即“开”、“关”信号。总之，根据系统构成的情况及要求，可以综合考虑，以完成对总控制台的设计要求或订购要求。

4. 显示部分

显示部分一般由几台或多台监视器（或带视频输入的普通电视机）组成。它的功能是将传送过来的图像一一显示出来。在电视监视系统中，特别是在由多台摄像机组成的电视监控系统中，一般都不是一台监视器对应一台摄像机进行显示，而是几台摄像机的图像信号共用一台监视器轮流切换显示。这样做一是可以节省设备，减少空间的占用；二是没有必要一一对应显示。因为被监视场所的情况不可能同时发生意外情况，所以平时只要隔一定的时间（比如几秒、十几秒或几十秒）显示一下即可。当某个被监视的场所发生异常情况时，可以通过切换器将这一路信号切换到某一台监视器上一直显示，并通过控制台对其遥控跟踪记录。在系统配置时，通常都采用 4∶1、8∶1、甚至 16∶1 的摄像机对监视器的比例数设置监视器的数量。目前，常用的摄像机对监视器的比例数为 4∶1，即 4 台摄像机对应 1 台监视器轮流显示，当摄像机的台数很多时，再采用 8∶1 或 16∶1 的设置方案。另外，由于“画面分割器”的应用，在有些摄像机台数很多的系统中，用画面分割器把几台摄像机送来的图像信号同时显示在一台监视器上，也就是在一台较大屏幕的监视器上，把屏幕分成几个面积相等的小画面，每个画面显示一个摄像机送来的画面。这样可以大大节省监视器，并且操作人员观看起来也比较方便。但是，这种方案不宜在一台监视器上同时显示太多的分割画面，否则会使某些细节难以看清楚，影响监控的效果。

为了节省开支，对于非特殊要求的电视监控系统，监视器可采用有视频输入端子的普通电视机，而不必采用造价较高的专用监视器。监视器（或电视机）的屏幕尺寸宜采用 14 英寸至 18 英寸之间的，如果采用了“画面分割器”，可选用较大屏幕的监视器。

放置监视器的位置应适合操作者观看的距离、角度和高度。一般是在总控制台的后方，设置专用的监视架子，把监视器摆放在架子上。

监视器的选择，应满足系统总的功能和总的技术指标的要求，特别是应满足长时间连续工作的要求。

8.3.14　中小型电视监控系统

通常的电视监控系统规模都不大，功能也相对简单，但其适用的范围非常广。所监视的对象也不仅仅限于想到的人、商品、货物或车辆，有些应用系统还涉及对天然气罐等的监视，另有些应用系统则需要对工厂的烟囱及排污管道进行监视。电视监控系统可以自成体系，也可以与防盗报警系统或出入口控制系统组合，构成综合保安监控系统。一般来说，典型中小型电视监控系统的摄像监视点数不超过 32 点，造价大都在几万～几十万元之间。

1. 简单的定点监控系统

最简单的定点监控系统就是在监视现场安置定点摄像机（摄像机配接定焦镜头），通过同轴电缆将视频信号传输到监控室内的监视器。例如，在小型工厂的大门口安置一台摄像机，并通过同轴电缆将视频信号传送到厂办公室内的监视器（或电视机）上，管理人员就可以看到哪些人上班迟到或早退，离厂时是否携带了厂内的物品等。若是再配置一台录像机，还可以把监视的画面记录下来，供日后检索查证。

这种简单的定点监控系统适用于多种应用场合。当摄像机的数量较多时，可通过多路切换器、画面分割器或系统主机进行监视。以某著名外企总部为例，该总部曾多次丢失高档笔记本电脑，后来在其各楼层的所有 12 个出口处都安装了定点摄像机，并配备了 3 台 4 画面分割器和 24 小时实时录像机，有效地杜绝了上述失盗现象。

某招待所也是采用了这种简单的定点监控系统。在 1～6 层客房通道的两端各安装一台定点黑白摄像机，及大门口、门厅、后门、停车场等 4 个监视点共计 16 台摄像机，再配置一台 16 画面分割器、一台 29 英寸大屏幕彩电和一台 24 小时录像机便构成了完整的监控系统。

当监视的点数增加时会使系统规模变大，但如果没有其他附加设备及要求，这类监控系统仍可属于简单的定点系统。以某超市的闭路电视监控系统为例，由于该超市的营业面积较大（上下两层总计约 16 000 m^2），货架较多，总共安装了 48 台定点黑白摄像机。这 48 台摄像机的信号被分成了 3 组，分别接到了对应的 16 画面分割器、17 英寸黑白监视器和 24 小时录像机上（该超市的实际工程中另外增加了防盗报警系统和公共广播 / 背景音乐系统，图中从略）。图 8.46 是该超市电视监控系统的构成。

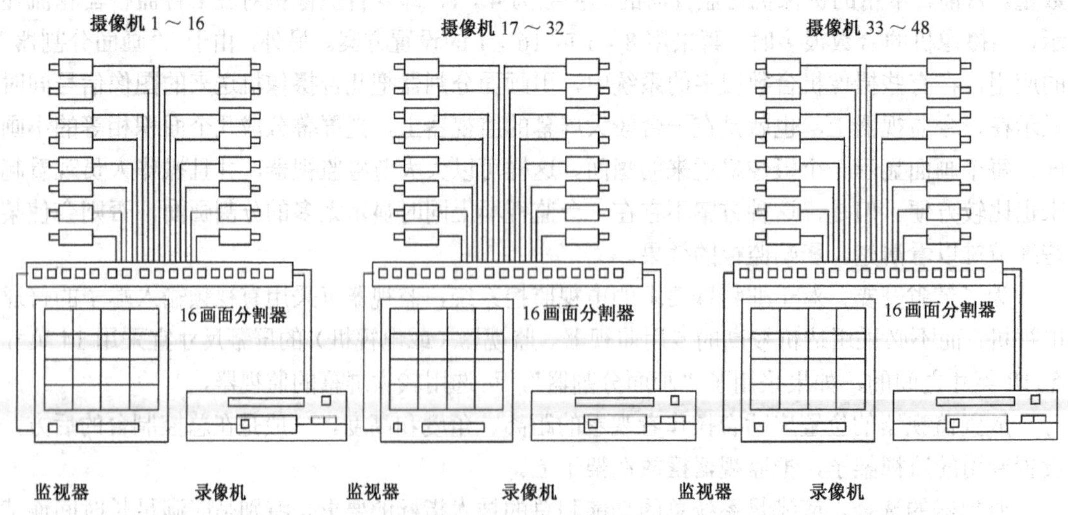

图 8.46　某超市电视监控系统的构成

2. 简单的全方位监控系统

全方位监控系统是将前述定点监控系统中的定焦镜头换成电动变焦镜头，并增加可上下左右运动的全方位云台（云台内部有两个电动机），使每个监视点的摄像机可以进行上下左右的扫视，其所配镜头的焦距也可在一定范围内变化（监视场景可拉远或推进）。很显然，云台及电动镜头的动作需要由控制器或与系统主机配合的解码器来控制。

最简单的全方位监控系统与最简单的定点监控系统相比，在前端增加了一个全方位云台及电动变焦镜头，在控制室增加了一台控制器，如 SP3801，另外从前端到控制室还需多布设一条多芯（10 芯或 12 芯）控制电缆。以某小型制衣厂的监控系统为例，在其制衣车间安装了两台全方位摄像机，在厂长办公室内配置了一台普通电视机、一台切换器和两台控制器，当厂长需要了解车间情况时，只需通过切换器选定某一台摄像机的画面，并通过操作控制器使摄像机对整个监控现场进行扫视，也可以对某个局部进行定点监视。

在实际应用中，并不一定使每一个监视点都按全方位来配置，通常仅是在整个监控系统中的某几个特殊的监视点才配备全方位设备。例如，在前述的某招待所的定点监控系统中，也可考虑将监视停车场情况的定点摄像机改为全方位摄像机（更换电动变焦镜头并增加全方位云台），再在控制室内增加一台控制器，这样就可以把对停车场的监视范围扩大了，既可以对整个停车场进行扫视，也可以对某个局部进行监视。特别是当推进镜头时，还可以看清车牌号码。图 8.47 为在定点监控系统中增加一个全方位监视点的系统结构。

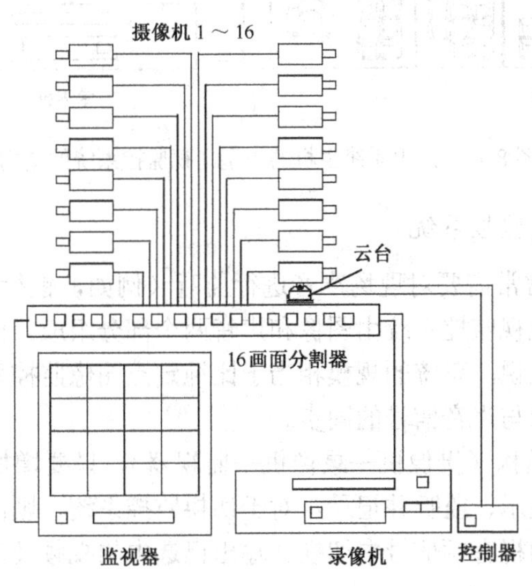

图 8.47　在定点监控系统中增加一个全方位监视点的系统结构

3. 低成本全方位监控系统

在本系统中，用分控键盘 SP8050 替代云台镜头控制器，这样系统的连接线就显得比较简单。SP8050 还能遥控控制切换器（SP2000 系列）及画面分割器。切换器还有报警功能，当有报警时，能自动地把报警的现场摄像机切换出来，并记录。在成本方面，要低于使用系统主机 / 矩阵切换器的系统。

4. 具有小型主机的监控系统

多大的系统才需配用系统主机并没有严格的限制。一般来说，当监控系统中的全方位摄像机数量达到三四台以上时，就可考虑使用小型系统主机。虽然用多台单路控制器或一台多路（如 4 路或 6 路）控制器也可以实现全方位摄像机的控制，但这样所需的控制线缆数量较多（每一路至少要一根 10 芯电缆），而且线缆的长度将过长（长线电阻造成的电压降可能会导致云台及电动镜头动作迟缓甚至不动作），整个系统也会显得零乱。

一般来说，使用系统主机会增加整个监控系统的造价，这是因为系统主机的造价要比普通切换器高，而与之配套的前端解码器的价格也比普通单路控制器高。但从布线考虑，各解码器与系统主机之间是采用总线方式连接的，因此系统中线缆的数量不多（只需要一根 2 芯通信电缆）。另外，集成式系统主机大都有报警探测器接口，可以方便地将防盗报警系统与电视监控系统整合于一体。当有探测器报警时，该主机还可自动地将主监视器画面切换到发生警情现场摄像机所拍摄的画面。图 8.48 为采用系统主机的小型电视监控系统的结构。

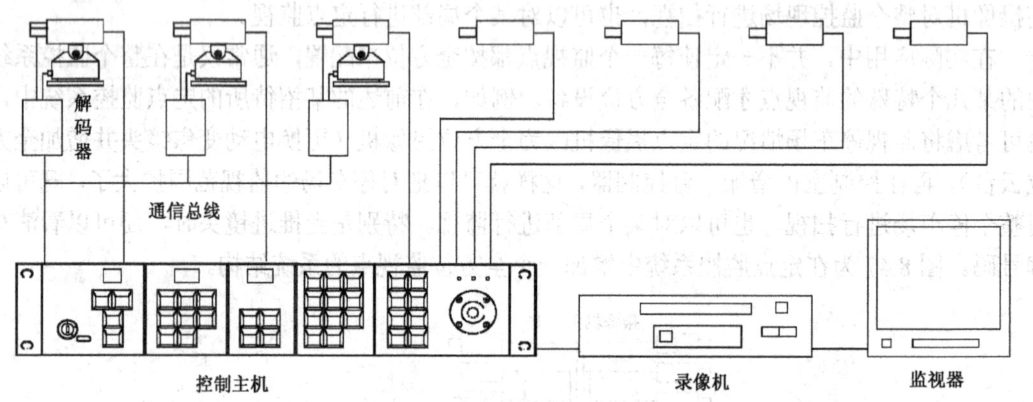

图 8.48　采用系统主机的小型电视监控系统的结构

5. 具有声音监听的监控系统

电视监控系统中还常常需要对现场声音进行监听（例如，银行柜员制监控系统），因此从系统结构上看，整个电视监控系统由图像和声音两个部分组成。由于增加了声音信号的采集及传输，从某种意义上说，系统的规模相当于比纯定点图像监控系统增加了一倍，而且在传输过程中还应保证图像与声音信号的同步。

对于简单的一对一结构（摄像机—录像机—监视器），只要增加监听头及音频传输线，即可将视音频信号一同显示、监听并记录。对于切换监控系统，则需要配置视音频同步切换器，它可以从多路输入的视音频信号中切换并输出已选中的视频及对应的音频信号。

8.3.15　大中型电视监控系统

大中型电视监控系统的监视点数增多，除了包含大量的全方位监视点外，还常常与防盗报警系统集成为一体。由于汇集在中心控制室的视音频信号多，往往需要多种视音频设备进行组合，很多系统还需要多个分控制中心（或分控点），因此系统相对庞大。

1. 大中型电视监控系统含义

“大中型”可有两层含义：一是指系统的规模大，如前端摄像机的数量及中心控制端设备的数量都很多，中心控制室的场面也很庞大，往往还要有一面庞大的监视器墙，能同时显示出大小不等的十几个甚至几十个实时监控现场的画面。另外还在很多相关部门设有分控系统，有时还会与防盗报警系统或门禁刷卡系统联动；二是系统的复杂程度高，作业难度大，传输条件恶劣，使得十几个点的监控系统比普通超市或写字楼中的几十个甚至上百个点的监控系统的施工与调试还难。

2. 多主机多级电视监控系统

常规的电视监控系统一般只有一台主机，即使是大中型系统，也不外乎是增加摄像机的数量和增加分控系统的数量。但是对某些特殊应用的场合，这种单台主机加若干台分控器的实现方法是不能满足用户需要的。以某大型工厂的监控系统为例，用户要求在其每一个相对独立的厂区都安装一套闭路电视监控系统，各厂区内有独立的监控室，管理人员可以对本系统进行任意操作控制。而整个工厂还要建立一个大型监控系统，将各厂区的子系统组合在一起，并设立大型电视监控中心，在该中心可以任意调看厂区中某一个摄像机的图像，并对该摄像机的云台及电动变焦镜头进行控制。这就提出了由各厂区的多台主机共同组成大型电视监控系统的要求。

由于各主机的内部结构和工作原理是一样的，因此，相对于普通的矩阵主机来说，这种多主机系统的各个主机都增加了地址标识码，可以被上一级主机选调，各摄像机的图像则经过二级或三级切换被选调到主中心控制室的监视器上。

8.3.16　监控系统常见的故障现象及其解决方法

在一个监控系统进入调试阶段、试运行阶段以及交付使用后，都有可能出现这样或那样的故障现象，这些故障现象或是不能正常运行，或是系统达不到设计要求的技术指标；或是整体性能和质量不理想，出现所谓的一些“软毛病”。这些问题对于一个监控工程项目来说，特别是对于一个复杂的、大型的监控工程来说，是在所难免的。出现问题后，设法解决这些问题，是工程技术人员的义务和责任。

在一个监控系统中，问题的出现多发生在调试和试运行阶段。已经过试运行并验收交付使用的系统，一般来说，短时期内不应该出现问题。即使投入使用的系统出现了问题，往往也是发生在设备质量或施工质量（特别是传输部分的施工质量）方面。下面就一些较为常见的故障，提供给读者作为参考。

1. 由设备和部件引起或反映出的故障及解决方法

在设备（或部件）安装之前均应按要求进行调试、通电实验等工作，以确保要安装设备的完好。尽管如此，由于安装过程中的某些原因，造成设备（或部件）出现问题也是常见的。

（1）电源的不正确引发的设备故障

电源不正确大致有如下几种可能：供电线路或供电电压不正确、功率不够（或某一路供电线路的线径不够，降压过大等）、供电系统的传输线路出现短路、断路、瞬间过压等。特别是因供电错误或瞬间过压导致设备损坏的情况时有发生。

（2）线路不正确引发的设备故障

由于某些线路，特别是与设备相接的线路处理不好，产生断路、短路、线间绝缘不良、误接线等而导致设备（或部件）损坏、性能下降或设备本身并未因此损坏，但反映出的现象是出在设备或部件身上。

由于某些设备（如带三可变镜头的摄像机及云台）的连线有很多条，如果处理不好，就会出现上述问题。特别是某些接插件的质量不良，连线的工艺不好，更是出现问题的常见原因。在这种情况下，应根据故障现象冷静地进行分析，判断在若干条线路上是由于哪些线路的连接有问题才产生此故障现象，缩小了出现问题的范围。比如，一台带三可变镜头的摄像机图像信号是正常的，但镜头无法控制，就不必再检查视频输出线，而只要检查镜头控制线就行了。另外，接插件方面，特别是 BNC 型接头，对焊接工艺、视频线的连接安装工艺要求都非常高，如处理不当，即使调试和试运行阶段没有出现问题，但运行一段后可能会出现问题。特别值得指出的是，带云台的摄像机由于全方位的运动，时间长了，导致连线的脱落、挣断等常见的故障。因此，要特别注意这种情况的设备与各种线路的连接应符合长时间运转的要求。

（3）设备或部件本身的质量问题

一般来说，经过认真选择的已商品化的设备或部件是不应该出现质量问题的。即使出现问题，也往往发生在系统已交付使用并运行了相当长时间之后。

除了上面所说的产品自身质量问题外，最常见的是由于对设备调整不当产生的问题。比如摄像机后焦距的调整是个要求非常细致的精确工作。如不认真调整，就会出现聚焦不好或在三可变镜头的各种操作时发生散焦等问题。另外，摄像机上一些开关和调整旋钮的位置是否正确、是否符合系统的技术要求、解码器编码开关或其他可调部位设置的正确与否都会直接影响设备本身的正常使用或整个系统的正常性能。

（4）设备间参数不匹配引发的故障

这方面的问题，大致会发生在以下几个方面：

- 阻抗不匹配，如视频接在一个阻抗为高阻的监视器上，就会出现图像很亮、字符抖动或字符时有时无的现象。
- 通信接口或通信方式不对。这种情况往往发生在控制主机与解码器或控制键盘等有通信控制关系的设备之间。这多半是由于选用的控制主机与解码器或控制键盘等不是一个厂家的产品所造成的。一般来说，不同的厂家所采用的通信方式或传输的控制码是不同的。所以，主机、解码器、控制键盘等应选用同一厂家的产品。
- 驱动能力不够或超出规定的设备连接数量。比如，控制主机所对应的主控键盘和副控键的数量是有规定的，超过规定数量后将导致系统工作不正常。解码器云台工作电源功率比实际云台低，就驱动不了云台。

2. 传输系统出现故障的分析与解决方法

电视监控的传输系统，常用的还是以视频传输为主。限于篇幅，下面仅就视频传输方式下出现的故障现象进行分析并提出一些解决方法。

（1）监视器的画面上出现了一条黑杠或白杠，并且向上或向下慢慢滚动

这种现象多半是由系统产生了地环路而引入了 50 周的工频干扰所造成的。

有时由于摄像机或控制主机（矩阵切换器）的电源性能不良（或局部损坏）也会出现这种故障现象（有时也会出现二条黑杠或白杠），因此，在分析这类故障现象时，要分清产生故障的两种不同原因。

要分清是电源的问题还是地环路的问题，一种简易的方法是，在控制主机上，就近只接入一台电源没有问题的摄像机输出信号，如果在监视器上没有出现上述的干扰现象，则说明控制主机无问题。接下来可用一台便携式监视器就近接在前端摄像机的视频输出端，并一台一台摄像机逐个查看，以便查找有否因电源出现问题而造成干扰的摄像机。如有，则进行处理。如无，则干扰是由地环路等其他原因造成的。

（2）监视器上出现木纹状的干扰

这种干扰的出现，轻微时不会淹没正常图像，而严重时图像就无法观看。这种故障现象产生的原因较多也较复杂，大致有如下几种原因。

第一，视频传输线的质量不好，特别是屏蔽性能差（屏蔽网不是质量很好的铜线网，或屏蔽网过稀而起不到屏蔽作用）。与此同时，这类视频线的线电阻过大，因而造成信号产生较大衰减也是加重故障的原因。此外，这类视频线的特性阻抗不是 75 Ω，以及分布参数超出规定也是产生故障的原因之一。

这种故障原因，既难判断，又因判断后由于已施工完毕（布线已完毕），故难以用换线等办法解决。因此，选用符合标准和要求的视频电缆是必须事先保证的。决不能因考虑省钱而购买质量差的视频电缆线，否则后患无穷。

由于上述的干扰现象不一定就是视频线不良而产生的故障，所以判断时要准确和慎重。只有当排除了其他可能后，才能从视频线不良的角度去考虑。判断的方法是，在排除其他可能造成这种故障的原因之后，如有条件，把剩余的这种视频电缆（如无剩余，则只好在系统中截取一段这样的电缆）送到检验部门去检测。如果检测结果不合格，则可确定是电缆质量问题。如果是电缆质量问题，最好的办法当然是把所有的这种电缆全部换掉，换成符合要求的电缆，这是彻底解决问题的最好办法。

在干扰不十分严重的情况下，可以试着采取通过净化电源，在线连接的 UPS 向整个系统供电的方式，往往能减轻或基本消除干扰。但这种方法有时会因系统周围空间信号情况的不同而效果不明显或有时管用、有时不管用。

第二，由于供电系统的电源不“洁净”而引起。这里所指的电源不“洁净”，是指在正常的电源（50 周的正弦波）上叠加干扰信号。而这种电源上的干扰信号，多来自本电网中使用可控硅的设备。特别是大电流、高电压的可控硅设备，对电网的污染非常严重，这就导致了同一电网中的电源不“洁净”。比如本电网中有大功率可控硅调频调速装置、可控硅整流装置、可控硅交直流变换装置等，都会对电源产生污染。

这种情况的解决方法比较简单，只要对整个系统采用净化电源或在线 UPS 供电就基本上可以得到解决。

第三，系统附近有很强的干扰源。这可以通过调查和了解而加以判断。如果属于这种原因，解决的办法是加强摄像机的屏蔽，以及对视频电缆线的管道进行接地处理等。

（3）由于视频电缆线的芯线与屏蔽网短路、断路造成的故障

这种故障的表现形式是在监视器上产生较深、较乱的大面积网纹干扰，使图像全部被破坏，不能形成图像和同步信号。这种情况多出现在 BNC 接头或其他类型的视频接头上。只要认真逐个检查这些接头，就可以解决问题。

这类故障现象还有一点是容易判断的，即这种故障现象出现时，往往不会是整个系统的各路信号均出问题，而仅仅出现在那些接头不好的路数上。

（4）由于传输线的特性阻抗不匹配引起的故障现象

这种现象的表现形式是在监视器的画面上产生若干条间距相等的竖条干扰，干扰信号的频率基本上是行频的整数倍。这是由于视频传输线的特性阻抗不是 75 Ω 而导致阻抗失配造成的。如果用示波器观看被干扰图像的波形时，会发现在行同步头的后肩上，叠加有幅度较高的行频谐波振荡波形，干扰就是由此引起的。通过对波形的分析和对视频电缆的定量测量，还会发现这种阻抗不符合要求的视频电缆线，其分布参数也是不符合要求的，实际上这也是

阻抗失配的原因之一。因此，也可以说，产生这种干扰现象是由视频电缆的特性阻抗和分布参数都不符合要求综合引起的。这种问题的解决一般靠“始端串接电阻”或“终端并接电阻”的方法去解决。这里值得注意的是，在视频传输距离很短时（一般为 150 m 以内），使用上述阻抗失配和分布参数过大的视频电缆不一定会出现上述的干扰现象。因此，在一个传输距离远近相差很大的系统中，分析这种故障现象时不要受到短距离无干扰的迷惑。

解决上述问题的根本办法是在选购视频电缆时，一定要保证质量，必要时应对电缆进行抽样检测。

（5）由于传输线引入的空间辐射干扰

这种干扰现象的产生，多半是因为在传输系统、系统前端或中心控制室附近有较强的、频率较高的空间辐射源。这种情况的解决办法一个是在系统建立时，应对周边环境有所了解，尽量设法避开或远离辐射源；另一个办法是当无法避开辐射源时，对前端及中心设备加强屏蔽，对传输线的管路采用钢管并良好接地。

3. 其他故障现象

（1）云台故障

一个云台在使用后不久就运转不灵或根本不能转动，是云台常见的故障。这种情况的出现除去产品质量的因素外，主要是由以下各种原因造成的。

只允许将摄像机正装（即摄像机装在云台转台的上部）的云台，在使用时采用了吊装的方式（即将摄像机装在云台转台的下方）。在这种情况下，吊装方式导致了云台运转负荷加大，故使用不久就会导致云台的传动机构损坏，甚至烧毁电机。

摄像机及其防护罩等总重量超过云台的承重。特别是室外使用的云台，往往防护罩的重量过大，常会出现云台转不动（特别是垂直方向转不动）的问题。

室外云台因环境温度过高、过低、防水、防冻措施不良而出现故障甚至损坏。

（2）距离过远时，操作键盘无法通过解码器对摄像机（包括镜头）和云台进行遥控

这主要是因为距离过远时，控制信号衰减太大，解码器接收到的控制信号太弱引起的。这时应该在一定的距离上加装中继盒以放大整形控制信号。

（3）监视器的图像对比度太小，图像淡

这种现象如不是控制主机及监视器本身的问题，就是传输距离过远或视频传输线衰减太大。在这种情况下，应加入线路放大和补偿的装置。

（4）图像清晰度不高、细节部分丢失、严重时会出现彩色信号丢失或色饱和度过小

这是由于图像信号的高频端损失过大，导致 3 MHz 以上频率的信号基本丢失造成的。这种情况或因传输距离过远，而中间又无放大补偿装置；或因视频传输电缆分布电容过大；或因传输环节中在传输线的芯线与屏蔽线间出现了集中分布的等效电容造成的。

（5）色调失真

这是在远距离的视频基带传输方式下容易出现的故障现象。主要是由传输线引起的信号高频段相移过大而造成的。这种情况应加相位补偿器。

（6）操作键盘失灵

这种现象在检查连线无问题时，基本上可确定为操作键盘“死机”造成的。键盘的操作说明上，一般都有解决“死机”的方法，例如“整机复位”等方式。如无法解决，就可能是键盘本身损坏了。

（7）主机对图像的切换不干净

这种故障现象的表现为在选切后的画面上，叠加有其他画面的干扰，或有其他图像的行同步信号干扰。这是因为主机矩阵切换开关质量差，达不到图像之间隔离度要求所造成的。

如果采用的是射频传输系统，也可能是系统的交扰调制和相互调制过大而造成的。

（8）通信不良故障

这种故障表现为受控的云台或电动镜头有时可正常动作，有时则不能（或延时）动作，或是动作之后停不住，主要原因是通信线路有问题。在确认接线无误、线路无误的情况下，检查解码器上 RS-485 通信终端匹配电阻（120 Ω）。如果通信线路有很多支路，可以断开各支路来判断通信故障的大概范围。

8.4　出入口控制系统

8.4.1　出入口控制系统概述

出入口控制系统顾名思义就是对出入口通道进行管制的系统，也称门禁控制系统，它是在传统的门锁基础上发展而来的。传统的机械门锁仅仅是单纯的机械装置，无论结构设计多么合理，材料多么坚固，总能通过各种手段把它打开。在人流量较大的通道（像办公室、酒店客房），钥匙的管理很麻烦，钥匙丢失或人员更换都要把锁和钥匙一起更换。为了解决这些问题，就出现了电子磁卡锁和电子密码锁，这两种锁的出现从一定程度上提高了人们对出入口通道的管理程度，使通道管理进入了电子时代，但随着这两种电子锁的不断应用，它们本身的缺陷就逐渐暴露，磁卡锁的问题是信息容易复制，卡片与读卡机之间磨损大，故障率高，安全系数低。密码锁的问题是密码容易泄露，又无从查起，安全系数很低。同时这个时期的产品由于大多采用读卡部分（密码输入）与控制部分合在一起安装在门外，很容易被人在室外打开锁。这个时期的门禁系统还停留在早期不成熟阶段，因此当时的门禁系统通常被人称为电子锁，应用也不广泛。

最近几年随着感应卡技术、生物识别技术的发展，使门禁系统得到了迅速的发展，进入了成熟期，出现了感应卡式门禁系统、指纹门禁系统、虹膜门禁系统、面部识别门禁系统、乱序键盘门禁系统等各种技术的系统，它们在安全性、方便性、易管理性等方面都各有特长，门禁系统的应用领域也越来越广。

8.4.2　常见身份识别的种类和原理

1. 密码键盘识别

通过检验输入密码是否正确来识别进出权限。这类产品又分两类：一类是普通型，一类是乱序键盘型（键盘上的数字不固定，不定期自动变化）。

（1）普通型

优点：操作方便，无须携带卡片；成本低。

缺点：同时只能容纳三组密码，容易泄露，安全性很差；无进出记录；只能单向控制。

（2）乱序键盘型（键盘上的数字不固定，不定期自动变化）

优点：操作方便，无须携带卡片，安全系数稍高。

缺点：密码容易泄露，安全性还是不高；无进出记录；只能单向控制；成本高。

2. 射频卡识别

卡片和设备无接触，开门方便安全；寿命长，理论数据至少十年；安全性高，可连微机，有开门记录；可以实现双向控制；卡片很难被复制。

3. 生物识别

通过检验人员生物特征等方式来识别进出，有指纹型、虹膜型、面部识别型。

优点：从识别角度来说安全性极好，无须携带卡片。

缺点：成本很高；识别率不高，对环境要求高，对使用者要求高（比如指纹不能划伤，眼不能红肿出血，脸上不能有伤或胡子不能太多或太少）；使用不方便（比如虹膜型和面部识别型，安装高度位置一定时，使用者的身高各不相同也不能识别）。

8.4.3　非接触 IC 卡

用于门禁系统的身份识别卡，最早是条码卡和磁卡。条码卡、磁卡由于其结构简单，存储容量小，安全保密性差，读写设备复杂且维护费用高，逐渐被取代。

取代条码卡和磁卡的是接触式 IC 卡。接触式 IC 卡与条码卡、磁卡相比，更加安全可靠，除了存储容量大，还可一卡多用，同时可靠性比条码卡、磁卡高，寿命长；读写机构比条码卡、磁卡读写机构简单可靠，造价便宜，维护方便，容易推广。正由于以上优点，使得接触式 IC 卡市场遍布世界各地，风靡一时。非接触式 IC 卡的出现使接触式 IC 卡面临强劲挑战。

非接触 IC 卡，又名感应卡，诞生于 20 世纪 90 年代初，由于存在着条码卡、磁卡和接触式 IC 卡不可比拟的优点，一问世，便立刻引起了广泛的关注，并以惊人的速度得到推广应用。

非接触式 IC 卡由 IC 芯片和感应天线组成，并完全密封在一个标准 PVC 卡片中，无外露部分。非接触式 IC 卡的读写过程，通常由非接触型 IC 卡与读写器之间通过无线电波来完成读写操作。

非接触式 IC 卡与传统的接触式 IC 卡相比，它在继承了接触式 IC 卡优点的同时，如大容量、高安全性等，又克服了接触式所无法避免的缺点，如读写故障率高，由于触点外露而导致的污染、损伤、磨损、静电以及插卡、不便的读写过程等。非接触式 IC 卡完全密封的形式及无接触的工作方式，使之不受外界不良因素的影响，从而使用寿命完全接近 IC 芯片的自然寿命，因而卡本身的使用频率和期限以及操作的便利性都大大地高于接触式 IC 卡。非接触式 IC 卡不仅代表着卡技术发展多年的结晶，也是象征着卡的应用又提高到一个新的阶段。同时，非接触 IC 卡国际标准 ISO14443 的诞生，将使之兼容接触式 IC 卡，从而为非接触 IC 卡带来了无穷无尽的潜力。

另外，在非接触式 IC 卡基础上发展起来的 ID 卡也日益受到关注，并随着技术的成熟而得到广泛的应用。

8.4.4　电控锁的种类和使用

电控锁是门禁系统中锁门的执行部件。用户应根据门的材料、出门要求等需求选取不同的锁具。门禁系统的电控锁主要有以下几种类型。

1. 电磁锁

电磁锁断电后是开门的，符合消防要求，并配备多种安装架以供顾客使用。这种锁具适于单向的木门、玻璃门、防火门、对开的电动门。

2. 阳极锁

阳极锁是断电开门型，符合消防要求，它安装在门框上部。与电磁锁不同的是阳极锁适用于双向的木门、玻璃门、防火门，而且它本身带有门磁检测器，可随时检测门的状态。

3. 阴极锁

一般的阴极锁为通电开门型，适用于单向木门。安装阴极锁一定要配备 UPS 电源，因为停电时阴极锁是锁门的。

另外，电控锁还可以分为断电开门（Fail -Safe）与断电闭门（Fail-Secure）两种。

4. 断电关门（送电开门，Fail-Secure）

正常闭门情形下，锁体并未通电，而呈现“锁门”状态，经由外接的控制系统（如刷卡机、读卡机）对锁进行通电时，通过内部的机械动作，而完成“开门”过程，如阴极锁。

断电关门（锁）适用于金库等一些财产保险性较高的门禁场合。可以用电子机械锁和阴极锁一起搭配锁心使用，一旦人员有危险时，还可以使用旋扭或钥匙开门。

5. 断电开门（送电关门，Fail -Safe）

正常闭门情形下，锁体持续通电，而呈现“锁门”状态，经由外接的控制系统（如刷卡机、读卡机）对锁进行断电操作时，通过内部的机械动作，而完成“开门”过程，如磁力锁。

断电开门（锁）符合消防要求，大多火灾发生的原因都是电线走火，火灾现场的热度可以使金属门锁的机件融化而无法开门逃生。断电开门（锁）的好处是，一旦电线走火而引发停电时，断电开门（锁）自动开启，里面的人可以轻易地开门逃生。

8.4.5 独立型门禁系统

在需要进行出入控制的门上设置独立的门禁系统，实现出入口的控制。

1. 系统组成

- 单门控制器；
- 读卡器（根据所使用的卡片，选择正确的读卡器型号，如 EM 卡片选择 EM 读卡器，Mifare 卡片选择 Mifare 读卡器）；
- 卡片；
- 电控锁；
- 门禁专用电源；
- 出门按钮。

2. 特点

- 较之门禁一体机，安全性高。读卡器安装在门外，单门控制器安装在门内。
- 通过单门控制器就可以完成发卡、删除卡等操作，简单实用。
- 根据需要，可以外接一个韦根读卡器，用于刷卡开门。
- 适合安装在需独立设置门禁控制的场合，如大厦内的办公室、设备间等。

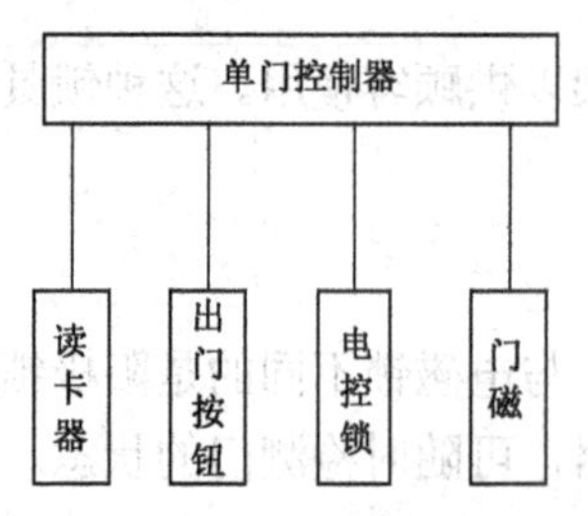

图 8.49 分体独立型门禁系统

3. 系统原理

系统示意图如图 8.49 所示。

8.4.6 小型连网门禁系统

在需要对特定区域的多个出入口进行实时门禁控制与管理，而且出入口（门）数量不太多、空间分布相对集中的情况下，应采用小型连网门禁系统。

1. 系统组成

- 控制器，可以是门禁一体机、单门控制器、二门控制器或四门控制器；
- 读卡器；
- 管理计算机；
- 门禁管理软件；
- 485 转换器；
- 卡片；
- 电控锁；
- 门禁专用电源；
- 出门按钮。

2. 特点

- 控制器与电脑连网，便于实时监控各个门区的人员进出情况，即时掌握报警事件。
- 模块化操作，便于进行系统设定、卡片人员管理、进出资料打印以及出勤管理。
- 快速进行流程控制设定和自动 DI/DO 设定，使得门禁系统真正成为高度智能化管理系统。
- 适合安装在安全性要求高，尤其是需要对各个控制门区人员进出进行实时监控的场合。

8.4.7 大型连网门禁系统

在需要对分布在某一区域的多个出入口进行实时门禁控制与管理，而且出入口（门）数量比较多、空间分布相对分散的情况下（大型建筑内所有重要出入口），应采用大型连网门禁系统。

1. 系统组成

- 控制器，可以是门禁一体机、单门控制器、二门控制器或四门控制器；
- 读卡器；
- 门禁管理软件；
- 管理计算机；
- 485 转换器；
- 卡片（EM 卡片或 Mifare 卡片，EM 卡片有厚、薄卡之分，Mifare 卡片只有薄卡）；
- 电控锁；
- 门禁专用电源；

- 出门按钮。

2. 特点

- 采用多阶层连接方式，可连接几千台控制器，可控制上万门控制器与电脑连网，便于实时监控各个门区的人员进出情况，即时掌握报警事件。
- 模块化操作，便于进行系统设定、卡片人员管理、进出资料打印以及出勤管理。
- 快速进行流程控制设定和自动 DI/DO 设定，使得门禁系统真正成为高度智能化管理系统。
- 适合安装在安全性要求高，尤其是需要对各个控制门区人员进出进行全面实时监控的场合。

8.4.8　局域网连网门禁系统

在需要对分布在某一大区域的多个出入口进行实时门禁控制与管理，而且出入口（门）数量很多、空间分布特别分散的情况下（大型厂区内所有重要出入口），应采用大型连网门禁系统。

1. 系统组成

- 控制器，可以是门禁一体机、单门控制器、二门控制器或四门控制器；
- 读卡器；
- 管理计算机与工作站；
- 门禁管理软件；
- TCP/IP 转换器；
- 卡片（EM 卡片或 Mifare 卡片，EM 卡片有厚、薄卡之分，Mifare 卡片只有薄卡）；
- 电控锁；
- 门禁专用电源；
- 出门按钮；
- 屏蔽双绞线（用于 485 总线通信）；
- 串口虚拟程序。

2. 特点

- 通过 TCP/IP 转换器，将各个区域的门禁系统连接到局域网远程控制，实时监控各个门区的人员进出情况，及时掌握报警事件。
- 模块化操作，便于进行系统设定、卡片人员管理、进出资料打印以及出勤管理。
- 快速进行流程控制设定和自动 DI/DO 设定，使得门禁系统真正成为高度智能化管理系统。
- 适合安装在出入口分布广、安全性要求高，尤其是需要对各个控制门区人员进出进行全面实时监控的场合。

8.5　楼宇对讲系统

住宅小区楼宇对讲系统有可视型与非可视型两种基本形式。对讲系统把楼宇的入口、住户及小区物业管理部门三方面的通信包含在同一网络中，成为防止非法侵入住宅的重要防线，有效地保护了住户的人身和财产安全。

楼宇对讲系统是采用计算机技术、通信技术、CCD 摄像及视频显像技术而设计的一种访客识别的智能信息管理系统。

楼门平时总处于闭锁状态，避免非本楼人员未经允许进入楼内。本楼内的住户可以用钥匙或密码开门、自由出入。当有客人来访时，需在楼门外的对讲主机键盘上按出被访住户的房间号，呼叫被访住户的对讲分机，接通后与被访住户的主人进行双向通话或可视通话。通过对话或图像确认来访者的身份后，住户主人允许来访者进入，就用对讲分机上的开锁按键打开大楼入口门上的电控门锁，来访客人便可进入楼内。

住宅小区的物业管理部门通过小区对讲管理主机，对小区内各住宅楼宇对讲系统的工作情况进行监视。如有住宅楼入口门被非法打开或对讲系统出现故障，小区对讲管理主机会发出报警信号和显示出报警的内容及地点。

小区楼宇对讲系统的主要设备有对讲管理主机、门口主机、用户主机、电控门锁、多路保护器、电源等相关设备。对讲管理主机设置在住宅小区物业管理部门的安全保卫值班室内，门口主机设置安装在各住户大门内附近的墙上或门上。

按系统组成和工作原理，对讲系统可划分为别墅型对讲系统、非可视对讲系统、可视对讲系统。三种方式是从简单到复杂、由分散到整体逐步发展的。小区连网型系统是现代化住宅小区管理的一种标志，是可视或非可视对讲系统的高级形式。

1. 别墅型对讲系统

别墅型对讲系统是以别墅为单位的独立对讲系统。别墅型对讲系统具备可视对讲或非可视对讲、遥控开锁、主动监控，使家中的电话（与市话连接）、电视可与单元型可视对讲主机组成单元系统等功能，室内机分台式和壁挂式两种。图 8.50 为别墅型对讲系统的基本组成原理图。

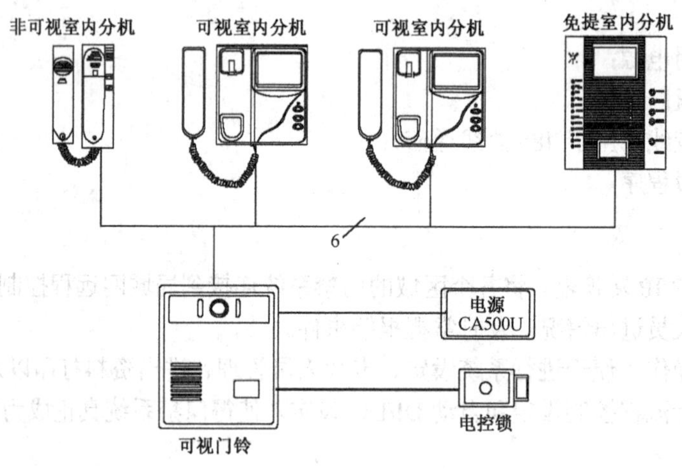

图 8.50　别墅型对讲系统图

2. 非可视楼宇对讲系统

非可视对讲系统主机主要是直按式主机或者数码拨号主机。直按式容量较小，有 14、15、18、21、27 户型等，适用于多层住宅楼，特点是一按就应，操作简便。拨号式容量较大，多为 256 户到 891 户不等，适用于高层住宅楼，特点是界面豪华，操作方式同拨号电话一样。

这种系统大多采用总线式布线，解码方式有楼层机解码或室内机解码两种方式，室内机一般与单户型室内机兼容，可实现对讲、遥控开锁等功能，并可与管理中心连网。图 8.51 为非可视楼宇对讲系统图。

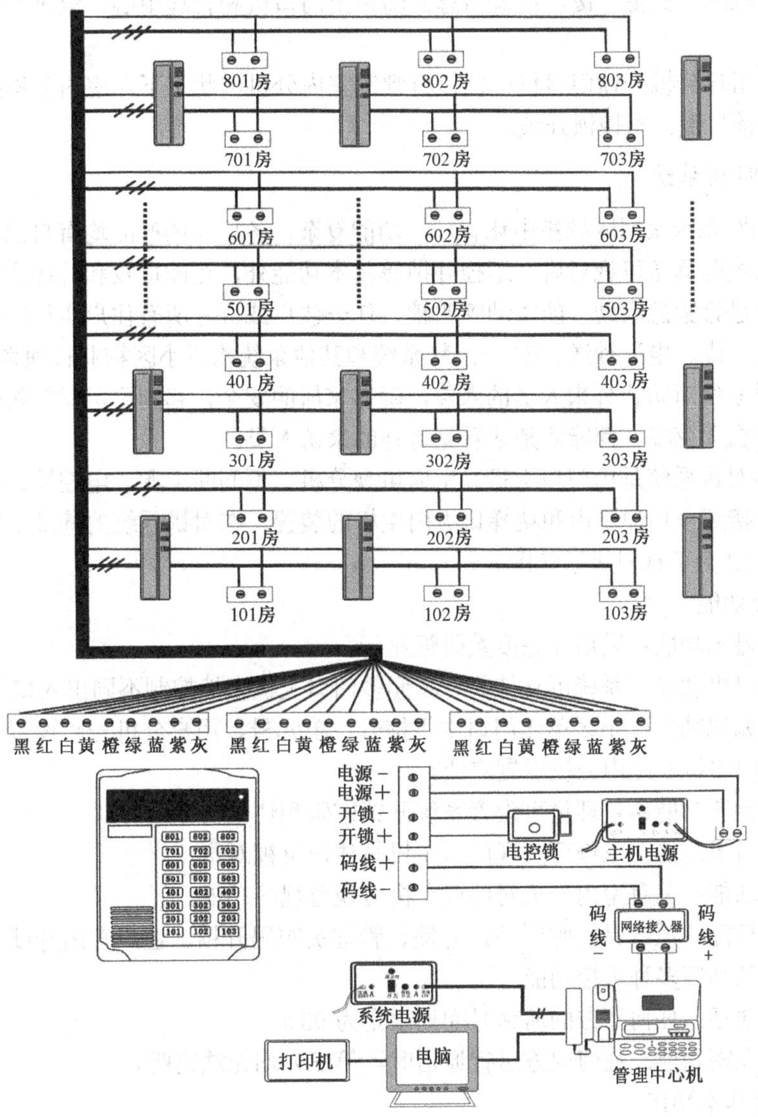

图 8.51　非可视对讲系统图

（1）基本功能

➢ 呼叫与中止功能：门口主机在呼叫室内分机过程中，按任意键将停止呼叫，门口主机再次进入待机状态。
➢ 报警功能：室内分机具有向管理中心机发送报警信息的功能。
➢ 锁控功能：主机具有呼叫住户开锁的功能。

（2）系统基本操作

➢ 门口机呼叫室内分机：在门口机键盘上按相应的室内分机号码，进入呼叫等待，住户室内分机响铃，同时门口主机响起振铃，分机用户提话筒可进行通话，通话期间可按开锁键开锁并通话结束，通话结束后，可挂机结束。通话超过 120 s 后，系统自动挂断。

- ➢ 室内分机紧急报警：系统处于摘机工作状态，住户遇紧急情况时，住户只需按动室内分机的“报警”键，报警信息立即传至门口机和管理中心，值班人员可根据情况处理。
- ➢ 室内用户分机开锁门口机：门口机呼叫室内分机的状态下，室内分机摘机后，按下“开锁”键，电控锁开锁。

3. 可视对讲系统

可视型连网系统采用区域集中化管理，功能复杂，各厂家的产品均有自己的特色。有的可视型连网系统除具备可视对讲、遥控开锁等基本功能外，还能接收和传送住户的各种探测器报警信息并进行紧急求助，能主动呼叫辖区任一住户或群呼所有住户实行广播功能，有的还与三表（水、煤、电）抄送、IC 卡门禁系统和其他系统构成小区物业管理系统。

可视对讲系统对防止外来人员的入侵，确保家居的安全，起到了可靠的防范作用。可视对讲系统不管白天夜晚，都能清楚地看见室外的来访人员。

可视楼宇对讲系统是由门口主机、室内可视分机、不间断电源、电控锁、闭门器等基本部件构成的连接每个住户室内和楼梯口大门主机的装置，在对讲系统的基础上增加了影像传输功能。图 8.52 为可视对讲系统图。

（1）系统功能

- ➢ 主机显示功能：采用高亮度数码管显示。
- ➢ 多门口机功能：系统可支持同一单元多门口主机直接控制不同出入口。
- ➢ 弹性编码功能：小区单元门口主机栋号、单元号、用户分机号码设置全弹性，由单元门口主机及室内分机设置完成。
- ➢ 密码设置功能：管理员可设置系统开锁密码和住户开锁密码。
- ➢ 可视对讲功能：系统可实现门口主机与住户可视对讲。
- ➢ 监视功能：具有室内分机对门口主机可视监视的功能。
- ➢ 锁控功能：系统具有呼叫住户开锁、管理员密码开锁、住户密码开锁和分机监视门口机开锁等多种锁控功能。
- ➢ 限时通话：任何双方的通话时间均限定为 90 s。
- ➢ 严格保密功能：任何双方进行通话时，第三方均无法窃听。

（2）系统基本操作

可视对讲系统除增加了影像传输功能之外，其他功能与非可视对讲系统功能类似，这里不再赘述。

业主可按要求进行不同的系统配置，可在一幢大楼中选用一种对讲系统，也可采取可视系统与非可视系统混用的系统等。

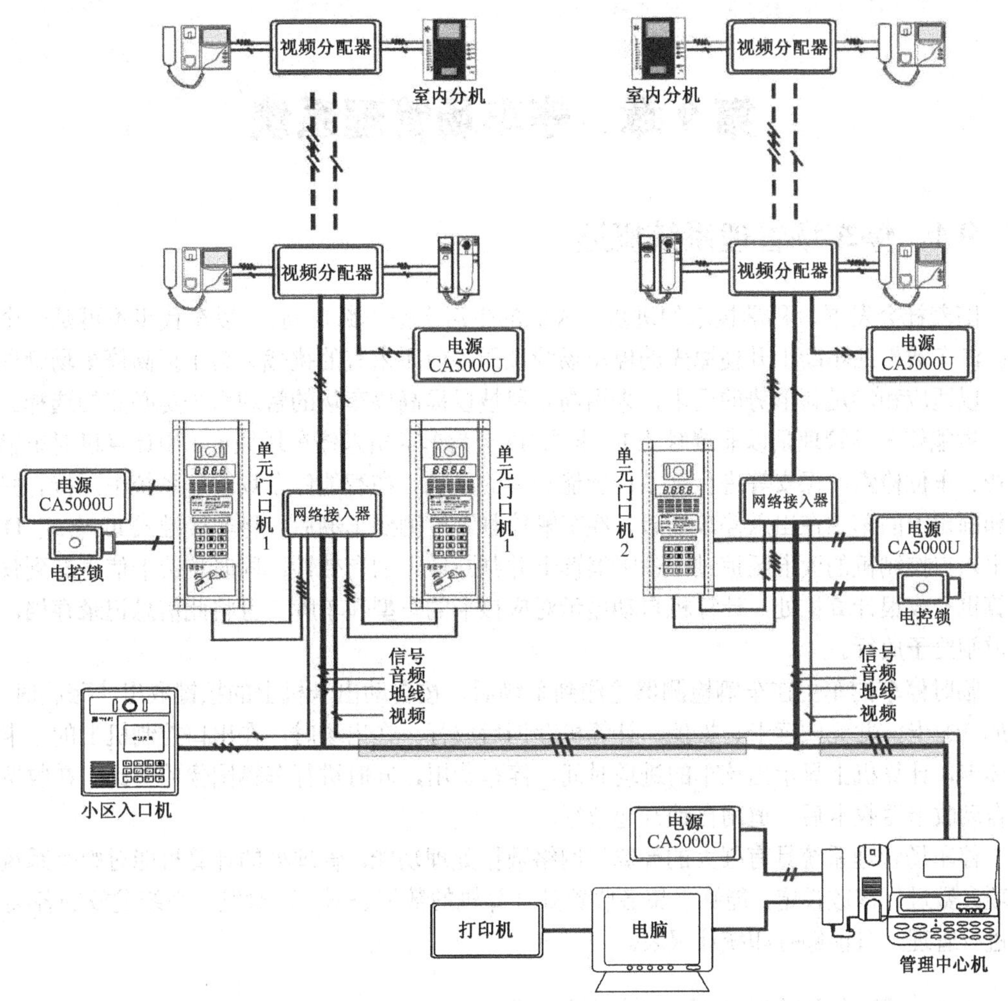

图 8.52　可视对讲系统图

第 9 章　停车场管理系统

9.1　停车场管理系统概述

随着社会发展、科学技术的进步，人们的生活水平不断提高， 以车代步不再是一个梦想。汽车数量的不断上升使原先的停车场管理面临前所未有的挑战。为了提高停车场管理水平，以适应和满足新形势的要求，采用高新科技以提高停车场的管理水平是必然的选择。

智能停车场管理是以非接触式 IC 卡或 ID 卡为车辆出入停车场凭证、用计算机对车辆的收费、车位检索、保安等进行全方位智能管理的系统。在智能停车场管理系统中，持有月租卡和固定卡的车主在出入停车场时，经车辆检测器检测到车辆后，将非接触式 IC 卡或 ID 卡在出入口控制机的读卡区掠过，读卡器读卡并判断该卡的有效性，同时将读卡信息送到管理计算机和收银计算机处，计算机自动显示对应该卡的车型和车牌，且将此信息记录存档，开启道闸给予放行。

临时停车的车主在车辆检测器检测到车辆后，按自动出卡机上的按键取出一张临时 IC 卡或 ID 卡，并完成读卡、摄像，计算机存档后放行。在出场时，在出口控制机上的读卡器处读卡，计算机上显示出该车的进场时间、停车费用，同时进行车辆图像的对比，在收费确认自动收卡器收卡后，道闸自动升起放行。

停车场管理系统具有强大的计算机网络数据处理功能，管理处的计算机能对整个系统的各项参数进行修改设定，能够采集各收银处计算机的数据资料，可对发卡系统发放的各类 IC 卡进行管理，且能够打印统计报表。

9.2　停车场管理系统基本组成

基本的停车场管理系统有入口系统、出口系统和管理系统。基本系统构成如图 9.1 所示。

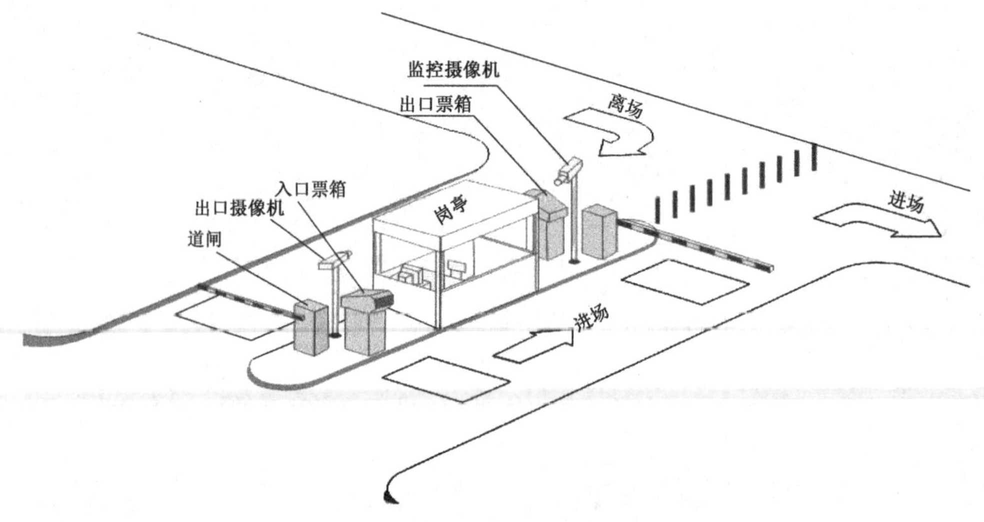

图 9.1　停车场管理系统基本构成

9.2.1 停车场入口系统

入口系统主要由入口票箱（内含感应式 IC 卡读卡器、出卡机、车辆感应器、入口控制板、对讲分机）、自动路闸、车辆检测线圈、彩色摄像机组成。

临时车进入停车场时，设在车道下的车辆检测线圈检测到车辆，入口处的票箱显示屏用灯光提示司机按键取卡，待显示屏显示后，司机按键，票箱内发卡器即发送一张 IC 卡，经输卡机芯传送至入口票箱出卡口，并完成读卡过程。同时启动入口摄像机，摄录一幅该车辆图像，并依据相应卡号，存入收费管理处的计算机硬盘中。

司机取卡后，自动路闸起栏放行车辆，车辆通过车辆检测线圈后自动放下栏杆。

月租卡车辆进入停车场时，设在车道下的车辆检测线圈检测到车辆，司机把月租卡在入口票箱感应区 15 cm 距离内掠过，入口票箱内 IC 卡读写器读取该卡的特征和有关信息，判断其有效性，同时启动入口摄像机，摄录一幅该车辆图像，并依据相应卡号，存入收费管理处的计算机硬盘中。

若有效，自动路闸起栏放行车辆，车辆通过车辆检测线圈后自动放下栏杆；

若无效，则灯光报警，不允许入场。

当场内车位满时，入口满位显示屏则显示“满位”，并自动关闭入口处读卡系统，不再发卡或读卡。

9.2.2 停车场出口系统

出口部分主要由出口票箱（内含感应式 IC 卡读卡器、车辆感应器、出口控制板、对讲分机）、自动路闸、车辆检测线圈、彩色摄像机组成。

临时车驶出停车场时，在出口处，司机将非接触式 IC 卡交给收费员，收费员在收费所用的感应读卡器附近晃一下，同时启动出口摄像机，摄录一幅该车辆图像，并依据相应卡号，存入收费管理处的计算机硬盘中，电脑根据 IC 卡记录信息自动调出入口图像进行人工对比，并自动计算出应交费，并通过收费显示牌显示，提示司机交费。

收费员收费及图像对比确认无误后，按确认键，电动栏杆升起。车辆通过埋在车道下的车辆检测线圈后，电动栏杆自动落下，同时收费电脑将该车信息记录到交费数据库内。

月租卡车辆驶出停车场时，设在车道下的车辆检测线圈检测到车辆，司机把月租卡在出口票箱感应器 15 cm 距离内掠过，出口票箱内 IC 卡读卡器读取该卡的特征和有关 IC 卡信息，判别其有效性。同时启动出口摄像机，摄录一幅该车辆图像，并依据相应卡号，存入收费管理处的计算机硬盘中，收费处计算机自动调出入口图像进行人工对比。

若收费员确认无误并且月卡有效，自动路闸起栏放行车辆，车辆感应器检测车辆通过后，栏杆自动落下；若无效，则报警，不允许放行。

9.2.3 管理系统

收费管理处内设备由收费管理电脑（内配图像捕捉卡）、IC 卡台式读写器、报表打印机、对讲主机系统、收费显示屏组成。

收费管理电脑除负责与出入口票箱读卡器、发卡器通信外，还负责对报表打印机和收费显示屏发出相应的控制信号，同时完成同一卡号入口车辆图像与出场车辆车牌的对比、车场数据采集下载、读取 IC 卡信息、查询打印报表、统计分析、系统维护和月租卡发售功能。

9.3 停车场管理系统工作流程

9.3.1 车辆进入流程

车辆进入停车场流程如图 9.2 所示。

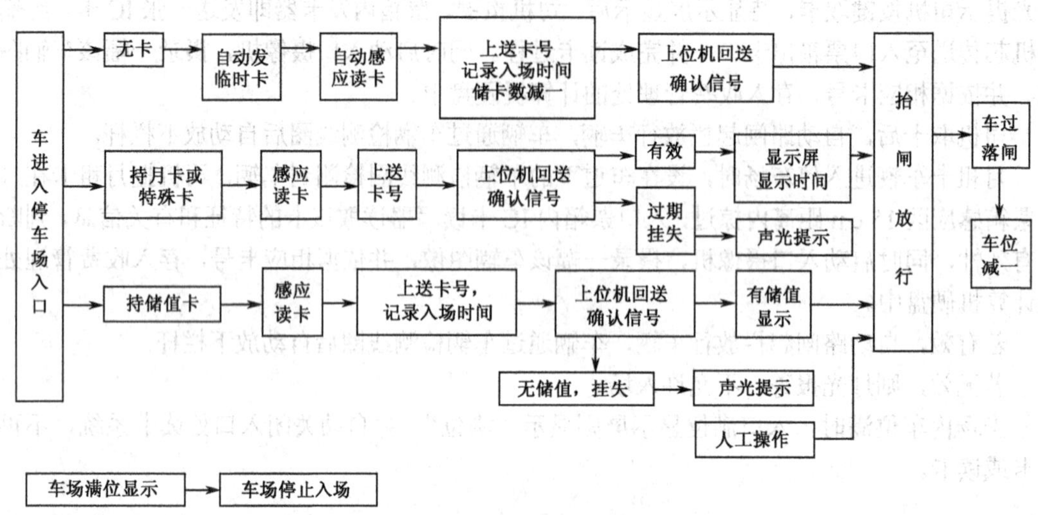

图 9.2 车辆进入流程

9.3.2 车辆离开流程

车辆离开停车场流程如图 9.3 所示。

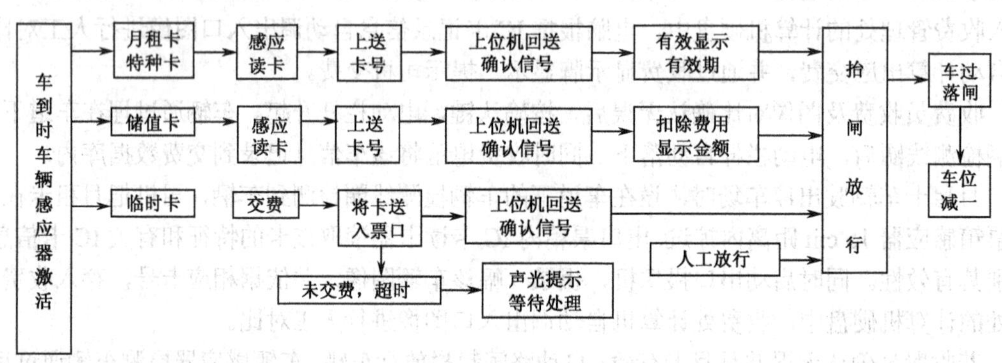

图 9.3 车辆离开流程

9.4 停车场管理系统主要设备

9.4.1 挡车器

1. 挡车器的控制操作

挡车器有时候称为道闸，是停车场的关键设备，一般控制的方式有 3 个途径：

- 值班员通过设置在值班室的“升”、“降”、“停”按钮操作。
- 值班员通过遥控器操作实现控制。
- 通过控制器实现刷卡认证通过后，自动控制挡车器的升降。

2. 挡车器的机械特性

由于要长期的频繁动作，挡车器的机械特性显得特别重要。一般挡车器采用精密的四连杆机构使闸杆作缓启、渐停、无冲击的快速平稳动作，并使闸杆只能在限定的 90° 范围内运行，另外采用精密的全自动跟踪平衡机构使任意位置静态力距为零，从而最大限度地减小驱动功率和延长机体寿命，箱体采用防水结构及抗老化的室外型喷塑处理，保证坚固耐用，外壳不容易退色。

3. 挡车器的主要功能

- 手动按钮可作“升闸”、“降闸”及“停止”操作；
- 无线遥控可作“升闸”、“降闸”及“停止”或对手动按钮的“加锁”操作；
- 停电自动解锁、停电后可手动抬杆；
- 具有便于维护与调试的“自检模式”；
- 可选配路闸及通道两对红绿灯；
- 可选配光隔离长线驱动器，到电脑 RS232-C 串行通信接口，具备丰富的底层控制及状态返回指令；
- 可通过电脑对电闸作最完备的控制。

4. 挡车器的电气特性

- 采用磁感应霍尔器件进行行程控制，非接触工作，永无磨损偏移；采用光电耦合、无触点、过零导通技术，主控板无火花干扰，高可靠工作。
- 采用升降超时与电机过热保护，防止电闸非正常损坏。
- 采用双重机械行程开关，进行切电总保护。
- 光隔离串行通信接口，隔离电压大于 1500 V，确保上位机安全，实现抗汽车电火花等强电磁干扰的高可靠通信。

9.4.2　车辆检测器和地感线圈

为了能够自动探测到车辆的位置和到达情况，需要在路面下安装（埋）地感线圈感应正上方的车辆。当汽车经过地感线圈的上方时，地感线圈产生感应电流传送给车辆检测器，车辆检测器输出控制信号给挡车器或主控制器。

一般情况下，在停车场入口设置两套车辆检测器和地感线圈。在入口票箱旁边设置一套检测器，当检测到车辆驶入信号收到出卡按钮被按动信号时，票箱内置吐卡机自动发卡。另外在入口处挡车器闸杆的正下方设置一个地感线圈，直接和挡车器的控制机构连锁，防止在闸杆下有车辆时，由于各种意外造成的闸杆下落，将车辆砸伤。

在出口处的闸杆下，设置一个防砸车的地感线圈便可以了。

地感线圈的施工要求比较严格，具体要求如下。

1. 线圈电缆及接头处理

线圈电缆最好采用多股铜芯线，导线线径不小于 1.5 mm^2。最好采用双层防水线。

2. 线圈形状及匝数要求

探测线圈形状应该是矩形。两条长边与车辆运动方向垂直，边宽推荐为 1.2～1.8 m。边长取决于道路的宽度，通常两端比道路间距窄 1～1.8 m。

线圈周长在 6 m 以内，要绕 4 匝；周长如果在 10 m 以内，需要绕 3 匝；周长如果超过 10 m，需要绕两匝。为便于安装，把相邻的线圈交替绕 3 匝和 4 匝。

3. 线圈安装要领

线圈埋设首先要用切割机在路面上切出槽，在 4 个角上进行 45° 倒角，防止尖角破坏线圈电缆。切槽宽度一般为 7～8 mm，深度 13～15 mm。槽底要平整，防止刮破线圈。同时还要为线圈引线切割出一条通到电动道闸的导入槽。

埋设电缆时，要留出足够的长度以便连接到电动道闸车辆感应器，又能保证中间没有接头。绕好线圈后，将电缆通过引出线槽引出。线圈总长度应在 18～20 m 之间，地感线圈应用横截面大于等于 0.25 mm^2 的耐高温绝缘线，在放入线圈时注意不要破坏绝缘层，以免造成漏电或短路。引出线要双绞在一起并行接入地感线圈两个 LOOP 端，长度不能超过 4 m，每米中双绞数不能少于 20 个。具体如图 9.4 所示。

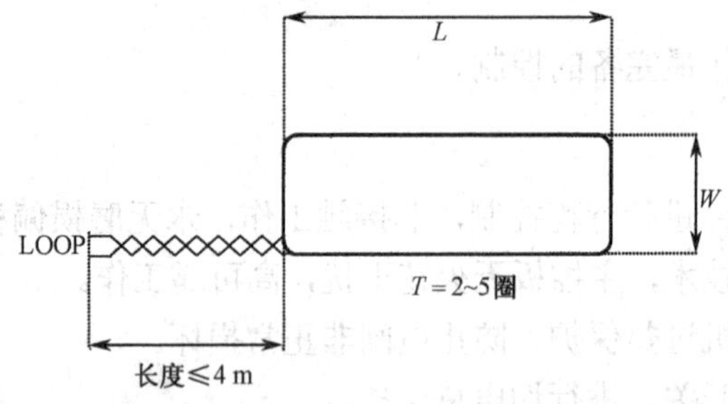

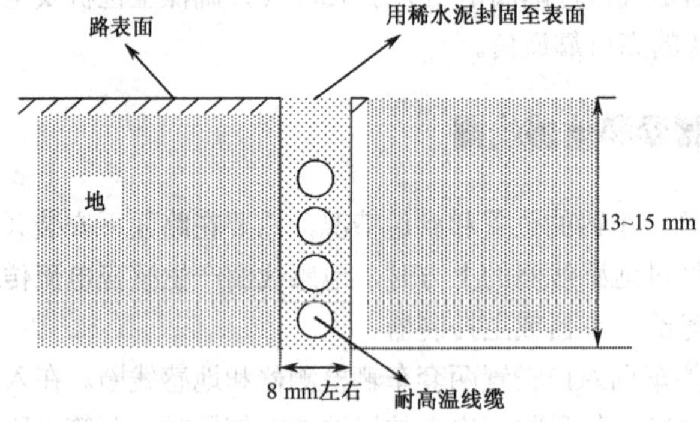

图 9.4　地感线圈安装图

有的厂家将车辆检测器称做地感控制器，表 9.1 是一个典型的地感控制器的参数特性，可以看出车辆检测器感应到车辆后，给出两个继电器节点控制信号，可以很方便地和其他设备联动。

表 9.1　车辆检测器特性参数

接线端子说明		
接　线　端		说　　明
LOOP		地感线圈的两个端子
GND / +12V		POWER－ / POWER＋
4A＋ / 4A－		485 通信口
A	NC	A 继电器常闭触点
	NO	A 继电器常开触点
	COM	A 继电器公共端
B	NC	B 继电器常闭触点
	NO	B 继电器常开触点
	COM	B 继电器公共端

指示灯定义			
红灯	绿灯	说明	次数
闪烁	闪烁	系统自检，LOOP 初始化	3
	常亮	正常	
亮	常亮	检测到车辆	
	闪烁	检测不到地感线圈	一直闪烁

灵敏度定义							
功能开关				灵敏度调节			
DIP1	DIP2	DIP3	说明	DIP4	DIP5	DIP6	说明
ON			A 继电器延时 3 s 断开	OFF	OFF	OFF	1 挡
	ON		B 继电器输出 320 ms	OFF	OFF	ON	2 挡
		ON	B 继电器在出车时输出 320 ms	OFF	ON	OFF	3 挡
				OFF	ON	ON	4 挡
		OFF	B 继电器在进车时输出 320 ms	ON	OFF	OFF	5 挡
				ON	OFF	ON	6 挡

线圈长度和线圈圈数			
型号	长度（m）	宽度（m）	圈数
大型	4.00	1.0	2
中型	2.00	1.0	3
小型	1.50	0.5	5
备注：	线圈长度范围最好为：18～20 m 线圈圈数要根据要埋线圈的大小适当调整，线圈越小，圈数应适当地加多；线圈越大，圈数应适当减少		

电器指标		
工作电压		DC 12V　±10%
工作电流	待机工作电流	<40 mA
	检测到车电流	<100 mA

9.4.3　读卡器

停车场的读卡器根据所用的卡片感应距离的不同，分为短距离、中长距离和远距离读卡器。

短距离读卡器一般采用通用的 ID 卡或者 IC 卡，通用性好，一般感应距离为 5～10 cm，对于中长距离的感应读卡器，采用加大读卡器的感应天线和发射功率，卡片采用常规的 ID 卡和 IC 卡，距离可以达到 1m 左右，但这种读卡器的价格比较高。如果还需要更远距离的读卡器，一般卡片必须采用电池供电，即采用有源卡。

下面列出三种常用停车场读卡器的参数以便参考。

1. 短距离读卡器

➢ 传输频率：125 kHz。
➢ 感应距离：10～15 cm；感应卡：标准感应卡。
➢ 读卡所需时间：0.1 s。
➢ 操作温度：–35℃～70℃。
➢ 工作电源：DC5～15 V。

2. 中长距离读卡器

➢ 传输频率：915 MHz。
➢ 感应距离：300～500 cm；感应卡：专用卡，兼容 AWID 等系列感应卡。
➢ 读卡所需时间：0.1 s。
➢ 操作温度：–35℃～70℃。
➢ 工作电源：DC5～15 V/3 A。

3. 远距离读卡器

➢ 传输频率：433.92 MHz。
➢ 感应距离：500～1000cm；感应卡：专用卡。
➢ 读卡所需时间：0.1 s。
➢ 操作温度：–35℃～70℃。
➢ 工作电源：DC12 V/500 mA。

9.4.4 彩色摄像机

车辆进入停车场时，自动启动彩色摄像机，记录车辆外形、色彩、车牌号等信息，存入计算机，供识别之用。同时配备相应的辅助设备，如照明灯等。

9.4.5 管理计算机

管理计算机配备相应的停车场管理软件，实现日常运营管理，如计时、计费管理，收费显示，车位统计，图像存储、显示、对比等运营管理，设备运行状态监控显示等；系统信息管理，如报表统计、存储、打印，财务管理，费率调整，年卡、月卡发放管理，系统操作权限管理等。系统具有通信接口，通过网络与其他系统通信和联动。

9.5 停车场管理系统设计实例

下面给出两个实际停车场系统管理系统设备配置清单，供参考。

1. 标准停车场的配置

具体如表 9.2 所示。

表9.2 标准停车场配置

序号	设备名称	设备型号	数量	单位	备　注
A	入口设备				
1	智能挡车器	CA5800Z-IT	1	台	
2	感应线圈	CA5800XQ	1	套	耐高温
3	车辆检测器	CA5800JCQ	1	台	
4	票箱	CA5800PX1	1	台	
5	读卡器	CA5800DKQ1	1	台	短距离读卡器（5～15 cm）
B	出口设备				
1	智能挡车器	CA5800Z-IT	1	台	
2	感应线圈	CA5800XQ	1	套	耐高温
3	车辆检测器	CA5800JCQ	1	台	
4	票箱	CA5800PX1	1	台	
5	读卡器	CA5800DKQ1	1	台	短距离读卡器（5～15 cm）
C	管理处设备				
1	通信转换器	CA5800TX	1	台	光电隔离防雷击
2	主控制器	CA5800ZKQ	1	台	
3	台式读卡器	CA5800DKQ9	1	台	
4	ID卡	EM	100	张	普通ID卡
5	管理软件	CA5800PC1	1	台	
6	出入口电源	CA5800DY	2	台	3A/DC24V/DC12V
7	不间断电源	UPS	1	台	UPS不间断电源1000W
8	台式计算机	PIV2.0GB/256MB/80GB	1	台	

2. 图像型短距离ID卡停车场的配置

具体如表9.3所示。

表9.3 图像型停车场配置

序号	设备名称	设备型号	数量	单位	备　注
A	入口设备				
1	智能挡车器	CA5800Z-IT	1	台	
2	感应线圈	CA5800XQ	2	套	每个入口2个
3	车辆检测器	CA5800JCQ	2	台	每个入口2个
4	票箱	CA5800PX1	1	台	
5	显示屏	CA580XSP	1	台	
6	语音系统	CA5800YY	1	台	
7	彩色摄像机	CA5800SXJ1	1	台	含防护罩、支架、立杆
8	自动光圈镜头	6mm	1	套	自动光圈
9	读卡器	CA5800DKQ1	1	台	短距离读卡器（5～15 cm）
10	自动吐卡机	CA5800TKJ	1	台	只有入口处有
11	对讲主机	CA5800DJJ	1	台	只有入口处有
B	出口设备				
1	智能挡车器	CA5800Z-IT	1	台	
2	感应线圈	CA5800XQ	1	套	每个出口1个
3	车辆检测器	CA5800JCQ	1	台	每个出口1个

续表

序号	设备名称	设备型号	数量	单位	备　注
4	票箱	CA5800PX1	1	台	
5	显示屏	CA580XSP	1	台	
6	语音系统	CA5800YY	1	台	
7	彩色摄像机	CA5800SXJ1	1	台	含防护罩、支架、立杆
8	自动光圈镜头	6mm	1	套	
9	读卡器	CA5800DKQ1	1	台	短距离读卡器
C	管理处设备				
1	通信转换器	CA5800TX	1	台	光电隔离防雷击
2	主控制器	CA5800ZKQ	1	台	
3	视频捕捉卡	CA5800SPK	1	台	
4	台式读卡器	CA5800DKQ9	1	台	
5	ID 卡	EM	100	张	普通 ID 卡
6	图像管理软件	CA5800PC2	1	台	带图像对比
7	出入口电源	CA5800DY	2	台	3A/DC24V/DC12V
8	不间断电源	UPS	1	台	UPS 不间断电源
9	台式计算机	PIV2.0GB/256MB/80GB	1	台	

第 10 章　大型实体保卫系统技术案例分析

本章通过一个重要设施实体保卫系统的案例分析，讨论大型安保系统的设计原则与设计方法。

10.1　保卫系统设计依据

- 《xxx 实体保卫系统设计技术规格书》；
- 《工业电视系统工程设计规范》（GBJ50198—94）；
- 《工业企业通信接地设计规范》（GBJ79—85）；
- 《民用建筑电器设计规范》（JGJ/T16—92）；
- 《中国电器装置安装工程施工及验收规范》（GBJ232—90—92）；
- 《超声和被动红外入侵探测器》（GB10408 7—1996）；
- 《IEEE 电气及电子工程师学会-民用建筑闭路监控电视系统工程技术规范》；
- 《CCTV　RECOMMENDATION 472-3　电视系统视频指标》。

10.2　系统设计简介

1. 设计基本原则

根据基准威胁的分析，实体保卫系统设计目的在于防破坏、防盗窃、防非法转移重要材料，预防和制止上述敌对分子或团伙的各类入侵、威胁、破坏、犯罪活动，为设施的安全运行提供安全可靠的保卫环境。

根据业主招标书要求和国家有关部门对安保系统的设计规范，以及设施的实际情况，实体保卫系统的技防设计包括各种探测、监视、出入口控制、通信、电气、各种接口以及总系统的集成管理系统的设计。

安保集成系统通过计算机网络，将传统的监视系统、防盗报警系统、出入口控制系统等各自独立的系统集成为有机的整体。各系统既能各自独立工作，又能在服务器统一调度下协同工作。它的技术特征是：该系统运用先进的计算机多媒体手段，串行通信技术和数据库技术，将系统组织成完整的管理员操作界面，对纳入集成系统的所有子系统进行统一的监测和控制，使系统信息得到高效、合理的分配和共享，同时最大限度地降低系统运行成本。

2. 人防

完整意义上的实体保卫系统应包括人防和技防两大部分。

技防手段无论多严密，只要是可以设置的，都可以用一定的方法破坏掉，还没有一种方法是真正牢不可破的。因此方案要考虑系统合理的性价比，技防系统能否有效、迅速的报警并延迟入侵者，给人防响应提供必要的反应时间，是系统好坏的关键。技防与人防都是设施保卫体系的重要组成部分。迅速、有效的人防响应同样具有很重要的作用。只有将技防与人防有机地结合，构成有效的保卫体系，才能充分发挥各自的功能，提高设施的整体安全水平。

技防设施的高效工作，有助于提高人防队伍对突发事件的响应速度，充分、有效地发挥保卫队伍的保卫能力。

人防由武警部队、设施保卫部门构成，由武警部队和保卫部门值勤、巡逻，执行安全保卫。为了保证迅速、有效地响应自动报警及其他异常情况，人防人员应训练有素及保持良好的警戒状态，并配备相应装备，如警车、摩托车等交通工具、防卫器械及对讲机等便捷有效的通信工具，以保证保卫人员警情响应速度、防卫能力和指挥、协调能力。在适当位置设有确定的应急集合点（根据应急警情需要、营房设施、人员装备等情况合理选定），在地域、位置上保证队伍的迅速集结、快速到位。关于人防的其他方面，本方案不作进一步论述。

10.3　保安区域的划分

设施的整个辖区根据安全保卫的级别分为 4 个保安区域。

1. 警戒区

该区域包括：厂前区、部分仓库区等，该区域内无保安设施，周界以单层铁丝网与外界隔离。这个区域内没有保安措施。

2. 控制区

该区域由单层铁丝网形成一个封闭的区域，铁丝网高度 2.5 m，若进入该区域，必须通过设在出入检查站旁的厂区主出入口。

3. 保护区

位于控制区之内，此区域由双层围栏围成，围栏高度≥2.5 m，正常情况下，进出本区域应通过警卫楼旁的出入口。

4. 要害区

位于保护区范围之内，本区的设施、设备以及材料均应严防破坏，否则将严重危及设施安全。进入要害区的人员和车辆，应受到严格限制及控制。

10.4　保安系统特点

本系统为电脑智能化操作平台，可靠性高，功能强大，各工作站使用 Windows 操作系统，人机界面、提示和帮助都采用中文显示，用户界面友好，操作简便，符合中国用户的习惯和要求。

各子系统可以独立工作，整套系统也可以相互连动。保安探测系统探测到非法入侵时，系统自动联动摄像机、监视器、录像机等视频设备，自动录制现场图像以取证；同时主控室显示屏会有相应信息条产生，并发出报警声，提醒值班人员注意。

整个系统可以在同一套电子地图上同时显示报警点、门禁点和视频监控点，以不同颜色显示不同的系统状态，如布防、撤防、报警，摄像机开 / 关，在电子地图上设定预置位快捷图标等。同时还提供模拟显示盘。

10.5　各系统的主要功能

1. 设施辖区各分区出入口控制系统

- 出入检查；
- 门的控制；
- 出入记录存储；
- CCTV 监视和内部通信；
- CCTV 摄像机的选择和控制；
- 监视器的控制；
- 内部通信控制；
- 门禁系统的管理软件包。

2. 保安探测与监视系统

- 入侵探测；
- 报警确认；
- 对入侵探测器进行周期巡检；
- CCTV 监视；
- 控制、选择 CCTV 摄像机；
- 控制显示器；
- 照明控制；
- 系统管理软件包。

3. 保安管理与操作系统

- 实现整个安保系统的集成管理；
- 子系统设备的联动控制；
- 系统信息管理；
- 设施出现警情时的指挥与协调。

10.6　子系统功能设计

10.6.1　出入口控制系统

出入口控制系统包括厂区内各区域的人员、车辆出入口控制、制卡系统。整个系统由三角叉门、各类旋转门、电动门、挡车器、电动液压路障机、金属探测器（门）、X 光物品检测设备及一些辅助设施组成。

系统主要完成厂区内各区域的人员、车辆出入口控制功能。同时，可以与多种报警设备连接，实现实时报警功能。根据本工程的特点，出入口控制系统具有出入控制、时间管理、事件记录与管理等多种管理功能，高度智能化，灵活性强，易于操作，使用户一卡在手便可方便地出入被授权的厂区所有区域。

10.6.1.1　出入口系统功能

1. 设施控制

对不同区域的不同出入口设施进行操作和逻辑控制。出入口设施为各类门及相应附件。

2. 出入控制

根据出入卡的编码及密码，按预先设定的逻辑验证权限和顺序，对出入口进行控制。

3. 各种实时信息、状态及报警信号的获取

- 报警时，监视器上发出自动声光报警信号。
- 每个就地读卡器的每次读卡信息。
- 各个出入口设施的动态信息。
- 系统设备通信报警信号、各种非法侵入或操作报警信号，如：门开启时间过长，控制器箱体或读卡器被破坏，受胁迫的持卡人员通过输入特殊密码或功能键向保安控制中心报警。

4. 数据库管理

读卡信息及出入口设施的状态信息和报警信息记录在事件记录文档中。数据库存有所有持卡人的文字和图像信息，可随时调用。允许对出入口控制方式作更改，并可扩充制作新卡。

5. 路径管理

制定人员的通行路径，并可由授权人进行更改。
提供通行路径的管理方法，并提供应急情况下的通行路径。

6. 人员管理

包括长期工作人员、临时工作人员、驾驶人员、参观人员、陪同人员、黑名单上的人。

7. 时间管理

时间包括节假日、人员作息时间、区域开放时间、特殊运行时间。

8. 操作的记录和跟踪

9. CCTV 联控

10. 系统维护，自诊断

11. 持卡人行动路线核查

12. 区域内人员统计

13. 分类人员数据管理（如员工、承包商、来访者）

14. 各种门的各种通行模式的管理

15. 通行权限的设定

16. 出入口通行权限的验证

17. 各类报表的生成

18. 制卡系统

制卡系统完成给不同人员制作和更换出入卡的任务。通过制卡系统的编辑软件，可以在

卡片上打印出人员的照片、姓名、工作代码、职务等相关资料，还可以打印出使用单位的名称和徽章等内容，以便于管理。制卡工作站不仅要对彩色摄像机传来的图像信号进行处理，还要完成卡片的编辑任务，并且将编辑好的卡片内容传送至卡证打印机输出，最后还要将所有的制卡信息传送给集成安保管理系统和出入口系统工作站。

19. 出入口管理

出入口管理包括对人员和车辆的控制，人员进出所有区域均应双向刷卡，同时刷卡级别应逐级严格、等级增高。

20. 防重入、防反传和防尾随的功能

21. 人员、出入口设施、区域和时间的权限管理

22. 出入口设施的手动控制

10.6.1.2 各种受控门工作流程

各种受控门的工作流程如表 10.1 所示。

表 10.1 各种受控门的工作流程

	进　入	退　出
三角叉门	a.检查出入指示灯状态 b.刷卡，当允许通过时，门锁打开 c.通过三角叉门 d.门锁重新锁住	a.检查出入指示灯状态 b.刷卡，当允许通过时，门锁打开 c.通过三角叉门 d.门锁重新锁住
旋转栅门	a.检查出入指示灯状态 b.在输入四位数的密码正确后，刷卡 c.允许通过时，通行指示灯被点亮 d.通过旋转栅门	a.检查出入指示灯状态 b.刷卡 c.允许通过时，通行指示灯被点亮 d.通过旋转栅门
人员气闸门	a.检查出入指示灯状态 b.按开门按钮，打开第一道门，进入后第一道门关闭 c.在输入四位数的密码正确后，刷卡 d.允许通过时，第二道门打开 e.通过人员气闸门 f.门锁重新锁住	a.检查出入指示灯状态 b.刷卡正确后，进入第一道门后，第一道门关闭 c.打开第二道门 d.通过人员气闸门 e.门锁重新锁住
电磁锁门	a.刷卡 b.电磁锁打开，并且在已设定的时间长度内保持 c.通过电磁锁门 d.门复位后，门重新锁住。时间超长，门未复位，则报警	a.按开门按钮 b.电磁锁打开，并且在已设定的时间长度内保持 c.通过电磁锁门 d. 门复位后，门重新锁住。时间超长，门未复位，则报警

10.6.1.3 各出入口控制管理

进出设施的工作人员及车辆，可分为长期工作人员、临时工作人员和驾车进出的驾驶员三类，可根据其身份及工作性质，由保安控制中心管理工作站发给出入卡。持卡人根据授权等级进出各个区域中的任一区域或部分区域。根据出入卡的编码及密码，按预先设定的逻辑

验证权限和顺序，对出入口进行控制；对有关的出入口设施发出开启或关闭指令，并提示使用者得知这些信息；对出入人员的特征（姓名、性别、工作单位、照片等）进行核对，当人员由较低保安等级区域进入较高保安等级区域时进行核查。

1. 进入控制区

进入控制区的人员通行设施为三角叉门，车辆通行设施为挡车器，为了保证系统的安全性，在厂区内侧设置电动液压装置，增强车辆通行设施防闯入能力。我们假定整个控制区围栏的其他出入口在没有监视的情况下均是关闭的，也就是说这些位置都安装了机械门。需注意，如果人员未经允许非法进入控制区，那么出入口控制系统将不允许他进入更高等级的区域。

2. 进入保护区

进入保护区的人员通行设施为双旋转栅门，车辆通行设施为挡车器，无论是进入保护区还是离开保护区都必须在刷卡正确后才被允许通过。

3. 进入要害区

进入要害区的人员通行设施为旋转栅门和人员气闸门。所有进入要害区的人员必须在刷卡及输入密码均正确的情况下才可以通过，而只要刷卡正确就可以离开要害区。

10.6.1.4 出入口控制原理图

出入口控制原理图如图 10.1 所示。

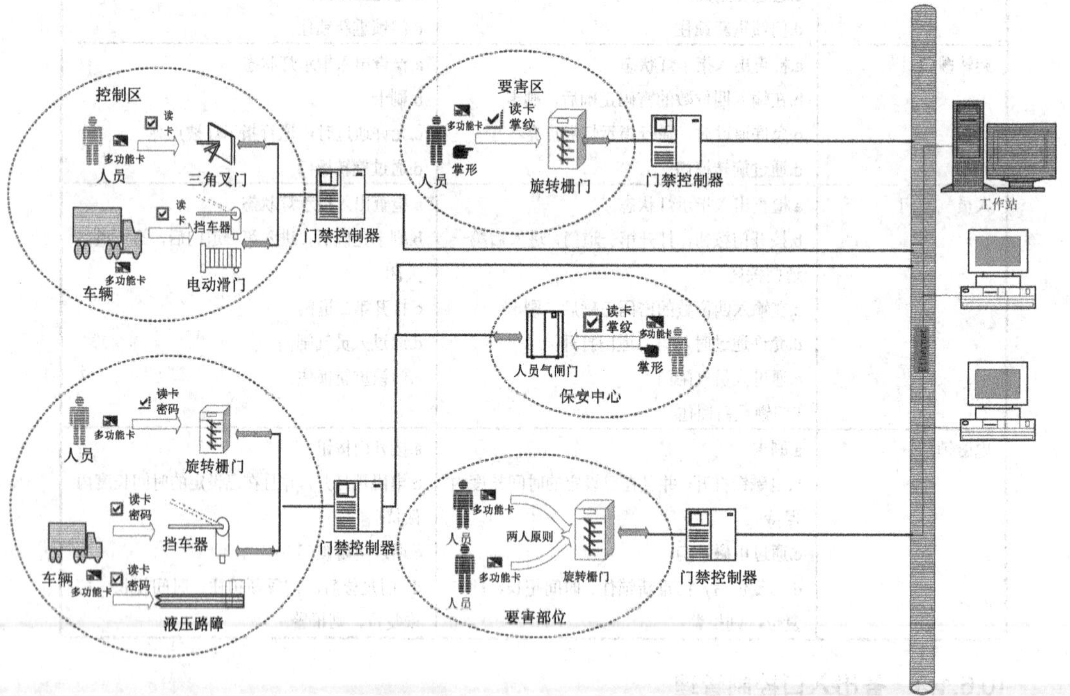

图 10.1　出入口控制原理图

10.6.2　CCTV 监视系统

10.6.2.1　CCTV 监控系统组成

实体保卫系统的 CCTV 监控系统是由矩阵控制柜、控制盘、监视器、长时间录像机、摄像机、光端发射机、光端接收机以及传送光缆组成的。其传送过程如下：摄像机将视频信号通过同轴电缆线输入到光端发射机，由光端发射机将电信号转换为光信号，通过光纤送入保安控制中心，接入光端接收机，由光端接收机将光信号还原为视频信号接入矩阵控制器。由矩阵控制器将视频信号通过同轴电缆送入监视器，或长时间录像机进行录像。控制盘由 40 个按键和一个遥控杆组成，通过按键设置，我们可以定义某个摄像机的内容在某个监视器上显示，遥控杆可以控制摄像机的云台，使摄像机能够水平或垂直旋转，通过按键“《”和“O”、“∞”来控制镜头的伸缩，以便根据现场需要调整焦距的大小，能够更清晰地跟踪观察现场。

10.6.2.2　CCTV 系统工程设计要点

1. 摄像机的选用

在周界地带采用定焦黑白摄像机，在门房、关卡位置采用定焦彩色摄像机。

镜头的选用：根据 IEEE 标准 692 规定，0.3 m 的被观察的物体在监视器里的显像水平不少于屏幕的 1%宽，那么整个屏幕观察的场景为 0.3×100=30（m）宽，依据公式：

$$F=wD/W$$

式中，F 为镜头焦距，w 为图像宽度（被摄物体在 CCD 靶面上成像高度），D 为被摄物体至镜头的距离，W 为被摄物体的高度。

CCD 靶面规格尺寸如表 10.2 所示。

表 10.2　CCD 靶面规格尺寸　（单位：mm）

规格	1 / 3 英寸	1 / 2 英寸	2 / 3 英寸	1 英寸
w	4.8	6.4	8.8	12.7
h	3.6	4.8	6.6	9.6

在周界地带若选用 1/3 英寸的 CCD 摄像机，观察 75 m 远距离 30 m 高的场景，则 w=4.8mm，D=75 m，W=30 m，那么镜头焦距为：

$$F=wD/W=4.8\times75/30=12\ \text{mm}$$

即应选用焦距为 12 mm 的镜头。

观察场景高度为：$H=h/w\times W=3.6/4.8\times30=22.5$ m

盲区：一般摄像机在靠近镜头附近有一定的盲区，根据每个摄像机的安装方式不同，也会造成一定范围的盲区。当探测距离为 75 m，安装高度为 3 m 时，其盲区最大为靠近镜头 5 m 处。摄像机盲区的计算如图 10.2 所示。

摄像机的设置原则：因为摄像机存在盲区，所以摄像机的放置采用相互覆盖盲区的方式，即一个摄像机的盲区应在其他摄像机的正常监控范围之内。

2. 摄像机的分布

为便于门卫监控，在每个出入口各设 5 台带云台变焦距的摄像机；在周界地带设定焦黑白摄像机，安装在周界围栏内侧，安装高度为 3 m；在其他重要门口以及室内地区设彩色定焦摄像机。

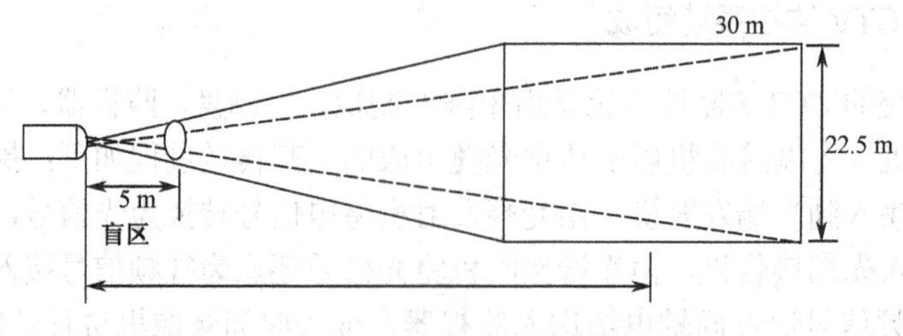

图 10.2　周界摄像机盲区的计算

3. 控制主机

采用的 96 输入/24 输出的矩阵控制箱是由 6 块视频输入模块（每个视频输入模块可有 16 路视频输入）、6 块视频混合模块、3 块视频输出模块（每个视频输出模块可有 8 路视频输出）以及报警联动接口组成的，当视频信号容量增大时，矩阵控制箱可通过增加模块板很方便地实现增容扩展。

4. 视频传输

由于视频信号在同轴电缆中传送距离近（200 m），当长距离传送视频信号时，信号衰减很大，因此采用光纤进行传输，其传输最大距离可达 2000 m，另外，光纤传输可防止雷击对设备的破坏。

5. 联动控制功能

可通过控制键盘对矩阵控制器的编程实现监控系统、防盗探测系统、照明系统以及防火系统的联动。

6. CCTV 电源

CCTV 采用集中供电的方式，由于摄像机的功耗较低，所以，若传输距离小于 2000 m 时，在电源传输线上的损耗可忽略不计。

10.6.3　周界保安探测系统

1. 系统概述

该系统主要能在有入侵者时起到报警的作用，并用围栏来阻止入侵者或延迟入侵的时间，这种延迟是必需的，它能保证有足够的时间来阻止入侵，它也可联动其他设备来完善这些功能，如通过联动 CCTV 系统来监视入侵者和确认报警等。

在原理上，周界保安探测系统是在入侵者离其目的很远的距离时，阻止其破坏保卫体。在这种情况发生时，必须满足以下两个条件：

- 在真有入侵情况下，能够自动给出报警信号；
- 有一个极短的响应时间，在保护区中，这个时间甚至比阻止的时间更重要。

解决的方案是能把不同的几种监测步骤较好地结合起来。主要措施有以下几种。

（1）围栏探测

像先前所提及的，具有较大高度的外层围栏在警戒区中是首要的组成部分，它能使入侵者通过攀越侵入该区变得更加困难。即使使用了工具，也不可能在极短的时间内，在不被人注意的情况下通过围栏。在外层围栏以内的第二道防御系统是具有极小误报率的感应探测报警围栏。

（2）控制区域划分

有入侵者时，更为重要的是警卫能够及时、准确地注意到警报响应的区域。所以，是否能统一地划分整个围栏的报警区成为一个关键。在方案中，每一个报警区的长度大约100 m。但是在出入口，由于没有围栏探测，有可能会从此处入侵，在此设置红外线探测区，防止在未获准通过时有人入侵。警戒区中，在围栏拐角处，是微波探测器的盲区，设置多普勒探测区。

（3）报警信号分类

应给予一个明确的报警信号（与其他报警信号有明显区别），能够及时、准确地提醒警卫人员采取行动，以应对保护区受到侵入的警情。

2. 探测器种类

（1）微波探测系统

微波探测系统由两部分组成：一个发射装置，一个接收装置。发射与接收相距一定的距离对面安装，该装置工作时可以形成一个微波防护区（可以调节），当微波防护区被入侵者干扰时，将产生一个报警信号经分配盒传送到报警控制中心，该探测系统提供标准的干触点，非常容易与各种报警控制主机相接，具有防雷电、防破坏等功能。

（2）微波多普勒探测系统

用微波多普勒探测系统将微波、红外探测器的死角封闭，以保证周界安保探测在空间上不存在漏洞。

（3）多重红外对射探测系统

多重红外对射探测系统是一种专为户外设计的多重红外对射探测器，采用950 nm光源，5种调整频率足以保证柱体周围不产生盲区，单射束直径达70 mm，具有防雷电、防破坏的功能。为了保证系统可靠，安装时其最低一束红外射线距地面不应小于20.5 cm，相邻射线间不应小于26 cm。

（4）张力铁丝周界防越探测系统

张力铁丝周界防越探测系统是一种结合物理张力铁丝（可选择刺网或光丝）和探测系统集成的网络，它提供了有效、连续的周界保护。可适应于各种条件、地形、气候的地区。

张力铁丝周界防越探测系统被设计为力学感应方式，周界由按一定张力平行拉紧的铁丝及立柱网组成，并安装一垂直采集信号铁丝与晶体固化探测器连接，探测器用信号导线与系统的控制中心连接。当有入侵事件发生时，其作用力使保持的平衡被破坏，并会有一定位移变化信号传给探测器，无论攀爬、切断、拉起均可引发报警并经探测器通知系统控制中心。该系统的误报率极低，甚至在恶劣的气候条件下，系统每1000 m每三个月误报不超过一次。为了避免小动物等引起的误报，设置作用力下限为15 kg。

（5）视频探测器

保安周界子系统的视频探测器用于要害区消防楼梯处，以防止入侵者从此入侵。使用视频动态摄像机监视系统，即这些地方的摄像机画面通常是静止的，主控系统通过动态视频检测功能检测到画面产生变化时（探测区域大小可设定），立即发出报警，同时联动控制室的监视器自动切换到该画面，以便安保人员及时处理。保安周界子系统的视频探测器接入 CCTV 系统的视频动态探测与跟踪系统。

10.6.4　保安通信系统

保安通信系统按照设计要求，为实体保卫系统提供快捷、畅通和可靠的通信服务。

保安通信系统集成了有线电话系统、保安对讲电话系统和无线电话系统。三个子系统构成的保安通信系统，确保安保控制中心与各出入口、重要厂房、消防值班室、应急控制点、巡逻警卫、岗哨、主控制室及武警部队之间畅通可靠的通信联系；保安控制中心与分管保卫工作的领导、主控室、消防指挥中心、应急指挥中心、地方公安机关、邻近地区消防队保持通信联系，确保快速响应时，通信的快捷、畅通和可靠。在突发事件时，进行统一、协调的指挥。

有线电话系统提供了包括控制室、出入口、值班室、警卫岗楼在内的所有设施区内部工作人员的语音通信，全面覆盖厂区。

无线电话系统利用手持机、车载台和固定台等设备，通过基站的大面积覆盖厂区，提供最方便的通信联系。

保安对讲电话系统是在各个出入口、警卫室、控制室等实体保卫的主要位置设置对讲设备，提供最快捷的通信方式。

10.6.5　保安集中管理与操作系统

集中管理与操作系统是集散型的计算机控制系统。设备由位于应急保安楼、出入检查站、警卫楼的几个保安控制台组成。通过保安人员的操作，可实现对整个管辖区域的保安管理。保安集中管理与操作系统采用 LMSmodular　（Local Monitoring Station）　现场监控管理软件，提供工程配置工具和监控管理软件，当计算机系统启动时，自动启动管理监控软件。

系统内置门禁控制系统软件包，现场监控管理软件可以实现对门禁控制系统的事件记录和报告，可以进行密码安全登录、门报警等功能。系统还包括报警系统、周界和各出入口的报警信号以总线方式传送到报警主机。另外，系统可以对 CCTV 系统的摄像机进行控制。

整个系统的网络结构分三个层次，即管理层、通信层及各个子系统。

管理主机和图形工作站负责整个系统的监控和管理，当管理主机发生故障时，热备份机自动启动接替管理主机的任务。

网关（GateWay）负责各个子系统的数据集中和交换，以及控制逻辑的解释和执行。报警的交互式联动的解释在 GateWay 这一级，保证了事件报警联动的快速反应和可靠执行。

安防系统管理采用用户账户登录操作管理，实行分级的操作权限，可以保证管理人员的合法操作，杜绝人为的非法登录、错误操作而引起的系统故障。

管理主机采用双机热切换的模式，系统采用两台计算机进行系统管理，即在一台计算机出现故障的情况下，热备份计算机自动启动工作，可以保证系统的不间断运行。

GateWay 的双备份，当其中一个网关发生故障时，系统自动切换，启动备份网关，保证系统的正常运行。

第 11 章　楼宇自动化系统集成

11.1　楼宇自动化系统集成概述

系统集成是指将各自分散的、相互独立的系统，有机地集中于一个统一的环境之中，运行于同一个操作平台之下，高效率的完成规定的任务。集成后的系统不是原来各个系统的简单叠加，而是各系统的有机综合，使系统的运行机制与结构、系统服务与管理等功能产生质的提高与飞跃。

楼宇自动化系统集成可简单定义为：将建筑内不同功能的自动化子系统在物理上、逻辑上和功能上连接在一起，以实现信息综合、资源共享，使楼宇自动化系统的功能与性能在各个独立子系统的基础上产生质的提高。

11.1.1　楼宇自动化系统集成的目的

1. 有利于楼宇自动化系统自身设备的集中管理

在楼宇自动化系统中一般都有建筑设备自动化系统、消防报警系统、安全防范系统及其他子系统。如果不进行系统集成，各子系统都要设置自己的控制室，每个控制室都有值班人员，造成值班人员重复、管理效率低下、人力和物力的大量浪费。系统集成可以把建筑物内各个子系统的操作集成于同一计算机系统中，用统一的监控和管理的界面环境，在同一监控室内进行监视和控制操作，减少管理人员的人数，提高管理效率，降低人员培训的费用，加强对事件的综合控制能力，使物业管理现代化。

2. 实现信息资源共享

集成管理系统提供了一个开放的平台采集、传输、管理各子系统的数据，建立统一开放的数据库，使信息系统能够根据功能需要自由地选择、处理、使用所需要的数据，以提高信息利用率、发挥增值服务的功能。

3. 有利于系统功能的发挥和增强全局事件处理能力

楼宇自动化系统不是各种产品和子系统的简单堆集，而是将各个子系统集成为一个具有高效服务、便于管理和使用的应用系统。

通过系统集成实现楼宇自动化整体的联动控制功能，提高系统的整体运行效率和对全局事件的控制能力，充分发挥综合应用的优势。

例如，当火灾报警发生时，除了消防系统需要对发生地点进行自动灭火外，火灾探测器向主机发出报警信息，并通过集成系统进行相关系统和设备的联动控制。如消防水泵、压风机、补风机、排烟机启动；空调机组关闭，电梯归位，消防紧急广播，电力系统控制，门禁通道紧急控制等，以保障人身及设备安全、提高消防灭火效率、减少火灾损失。

当安防系统或门禁系统发现非法入侵时，除了及时发出报警信息外，可以通过门禁通道电梯控制、紧急广播、110 报警、启动 CCTV 监视与录像等联动控制，减少损失和提高事后追查效率。

4. 优化楼宇自动化系统运行

楼宇自动化系统由多个子系统组成，通过楼宇自动化系统的集成平台，可以在各子系统功能的基础上，实现整个系统间的联动控制与综合调度，实现系统运行的全面优化。

5. 提高楼宇自动化系统可靠性

集成系统对系统设备状态和运行信息的实时监测和快速采集、处理，以及对系统与设备可能出现故障的预测能力，能够事先预测故障的发生而采取措施以减少损失，或缩短故障发现时间；另一方面，在集成系统辅助维护与管理功能的支持下，系统故障的原因确认和修复时间也会大幅缩短，这些都会使楼宇自动化系统的可靠性提高。

6. 降低运行成本

通过减少上岗人员数量、缩短培训时间、降低专业化要求，减少人力费用支出；通过及时、有效利用现场设备检测信息及其他信息资源，减少设备故障、降低维护费用；通过联动控制与综合调度，实现系统运行的全面优化，以降低系统能耗。以上三个方面费用的降低，从整体上降低系统运营成本。

统计资料表明，通过系统集成可以节约人员 20%～30%，节省维护费 10%～30%，提高工作效率 20%～30%，节约培训费 20%～30%。

11.1.2　楼宇自动化系统集成设计原则与目标

1. 楼宇自动化集成系统设计原则

（1）实用性原则

由于建筑的地域、用途与功能不一样，楼宇自动化系统的总体结构和功能需求有所不同。在集成系统设计时，应根据具体情况，按照建筑的特点和实际需要，制定实用、可行的系统集成方案。

（2）可实施性原则

由于多种（资金、市场、技术等）因素的影响，大型建筑项目的工程有可能分阶段实施，这一点在进行楼宇自动化系统集成设计时应予以充分考虑。优秀的系统集成设计，最终的集成系统功能并不会由于工程的分段建设而受到影响；同时还应兼顾系统未来的扩容和功能的提升需要。

（3）开放性原则

开放性原则在系统集成的过程中主要解决不同系统和产品间接口与协议的“标准化”，以使它们之间实现“互操作性”。这是当今各种产品和技术的发展趋势。系统开放性的特征表现为：系统灵活性好且具有可扩展性、系统兼容性，应用软件可移植性强、系统技术生命周期长且系统可维护性好。

（4）经济性原则

经济性是衡量楼宇自动化集成系统优劣的重要标志之一。这就要求系统设计者从系统目标和用户需求实际出发，进行前期建设投入与后期管理投入的综合评价，尽可能使楼宇自动化集成的建设费用和管理费用经济合理。后期的管理费用有四大项：能耗费、管理人员费、设备维修保养费和设备更新与系统升级换代费用。

（5）信息与资源共享原则

集成系统可实现整个楼宇自动化系统物理的硬件设备和逻辑上的软件资源的共享，利用最低限度的设备和资源来最大限度地满足用户对功能的要求。

（6）运行优化原则

通过系统集成，能够在子系统功能的基础上，方便地实现整个系统的联动与综合调度，优化系统运行。

（7）方便管理与便于决策原则

由于信息共享，楼宇自动化集成系统可以做到在一个中央监控室内对建筑内的保安、消防、各类机电设备、照明、电梯等各个子系统进行监视与控制，从而实现集中管理。这样不仅能发挥信息综合利用的作用，还能优化信息结构，提高信息使用效率。由于系统信息集中、功能集中，企业决策者便于把握全局，从而能够及时作出正确的判断和决策。

（8）先进性原则

采用与技术发展潮流相吻合的产品，使系统保持相对的先进性，以保证前期工程与后期工程的可衔接性和系统建设投资的保值。

（9）可靠性原则

必须采取多种措施保证设计出的系统具有高可靠性和高容错性，系统应能够不间断运行，对突发事件迅速响应，有足够的延时处理突发性事件。

（10）服务质量原则

通过楼宇自动化集成系统，便于实施全局事务处理，使物业管理更趋现代化。集成系统的集中监控管理，可以提高服务的响应时间，特别是对于那些突发性事务，可以进行迅速的响应和综合周密的全面考虑，提高事务处理质量。

2. 楼宇自动化集成系统的设计目标

- 能够提供高度共享的信息资源；
- 确保提高工作效率和舒适的工作、生活环境；
- 高效节能，节约管理费用，减少物业管理人员；
- 系统具有随环境变化的可适应性；
- 系统设备安全，可靠，便于管理维护；
- 投资合理，经济与社会效益高。

3. 楼宇自动化集成系统的服务功能

（1）安全性服务

以防盗、门禁、消防为核心的安全服务系统，运行正常、反应快速。

（2）舒适性服务

具备良好的空调系统、通风系统、水 / 电 / 气 / 热供应系统、闭路电视系统和多媒体背景音响系统。

（3）可用性服务

包括共享设备、信息、系统和服务设施等方便用户的使用。

11.2　楼宇自动化系统集成模式与集成系统集成设计

11.2.1　楼宇自动化系统集成模式

楼宇自动化系统的集成设计是设计人员根据用户需求技术规格书，结合实际的技术条件、设备条件、经济条件及社会条件，确定系统的实施方案。主要任务是在各种技术手段和实施方法中权衡利弊，进行精心设计，尽可能提高系统的可靠性、实用性和可扩充性等。楼宇自动化系统集成的设计思路为：

集成系统→子系统→设备。

楼宇自动化系统的集成从建筑的角度来说是弱电系统的综合集成。在进行系统集成总体设计时，应以智能建筑的中央监控管理系统为核心，系统集成就是围绕各个子系统与核心的关系而展开，并在此基础上作进一步的接口、协议和界面等细节设计。

目前楼宇自动化的系统集成主要模式有下面几种。

1. 网络互连模式

（1）专用网关互连模式

在系统集成时，采用由直接设备供应商（如楼宇自控设备供应商）与第三方互连设备供应商（如消防、保安、冷水机组）联合生产的、针对各种设备的专用网关，实现与第三方设备互连和信息共享。由于技术与产品成熟，可靠性很高，费用较低，但第三方设备选择范围仍受到限制。

（2）计算机网络互连模式

以这种模式进行系统集成时，系统使用通信网关实现和各子系统的通信连接，采集各类机电设备的实时参数，然后通过实时对象服务程序把它们转变为一致的数据格式向网络上发布，通过网关可以适应不同类型的接口和数据格式，也不会发生数据传输瓶颈。

2. 采用开放式标准实现互连模式

采用开放式标准生产的开放式系统是实现设备及子系统之间无缝连接的最好办法，也是实现楼宇自动化系统集成模式之一。

所谓开放式系统即系统所有设备均以公开的工业标准技术制造，符合公开的工业标准与通信协议。可以实现不同厂商生产的设备与系统之间的无缝连接。这种集成模式具有以下三个特点：

- 所有厂商共同遵守标准的系统技术规范；
- 由不同厂家生产的同样功能的部件，可以相互兼容、互相替换；
- 符合标准的设备、系统之间可以直接互连。

目前，在智能建筑领域有两种开放式标准影响比较大，它们是 LonMark 标准和 BACnet 标准。

LonMark 标准是在实时控制域中的一个开放式标准，是控制现场传感器与执行器之间实现互操作的网络标准，适合智能型大楼中 HVAC、电力供应、照明系统、消防系统、保安系统之间进行通信和互操作。

BACnet 标准是为计算机控制的暖通空调和制冷系统及其他楼宇系统规定的协议，使遵守协议标准的不同厂家的产品可以在同一系统内协调工作。

BACnet 有比 LonMark 更为强大的大数据量通信和运行高级复杂算法的能力，有更强大的过程处理、组织处理的能力，适用于大型智能建筑。在大型智能建筑系统中可能会有多个不同（不同厂家）的系统存在，如果希望在一个用户界面进行整个系统的操作，BACnet 是最经济、最理想的选择。

在实时控制方面，尤其在设备级可以采用 LonMark 标准，而在信息管理域方面、在上层网之间互连适于采用 BACnet 标准。

3. 基于楼宇自动化 DCS 的集成模式（BMS，Building Management System）

BMS 集成模式是面向建筑物内所有设备的管理和监控集成。这种集成方法实现相对简单、实用，造价较低，是工程中常用的一种集成方式。

BMS 实现 DCS 与火灾报警及消防联动控制系统、公共安全防范系统之间的集成。这种集成一般均基于“DCS 的管理自动化系统模式”，即以 DCS 为基础平台，增加相应的通信协议转换模块和控制管理模块实现楼宇自动化系统集成。各类子系统均以 DCS 为核心，在 DCS 的中央监控计算机上运行，满足基本功能，实现起来相对简单，造价较低，可以很好地实现联动控制功能。

BMS 系统采用开放式网关结构，网关接口是决定 BMS 系统集成的关键。在通信软件接口方式上充分利用现已成熟应用的接口，对于不具备现有接口方式的子系统，将根据实际情况进行软件二次开发。

BMS 系统要兼容多种开发协议。在现场总线网上，可以与 LonTalk、LAN 等协议兼容。在控制网上，BMS 要支持 BACnet、Modbus、CAN 等楼宇标准通信协议，保证与楼宇其他系统的互连性。

通过 DCS 的管理系统将建筑设备监控系统、综合保安监控系统、消防报警及联动系统等和建筑密切相关且实时监控数据系统集成一体，并实现它们之间的事件关联，提供数据库软件接口，以利于物业管理 MIS 系统和其他 MIS 系统通过数据库访问并读取有关数据及实现相关控制。

4. 基于子系统平等方式的系统集成模式

基于子系统平等方式进行系统集成是一种更为先进的解决方案。这种系统集成方式的核心思想是建立系统集成管理网络，将各子系统视为下层现场控制网，并以平等方式集成。系统集成管理网络运行集成系统（实时）数据库。各子系统的实时数据，通过开放的工业标准接口（如 OPC 接口）转换成统一格式存储在系统集成数据库中。系统集成管理网络通过 BMS 系统核心调度程序对各子系统实现统一管理、监控及信息交换。

基于子系统平等方式的系统集成模式，采用符合工业标准的软、硬件技术，接口标准、规范，系统结构易于扩展，可真正实现“对集成的各子系统实行统一的管理和监控”、“实现各智能化系统之间信息交换”的设计要求。此外，由于采用基于子系统平等方式的系统集成模式，系统通用性强、应用范围广，可适用于各种不同设备制造商子系统的集成，有利于降低系统集成成本，加快项目进度。

11.2.2　楼宇自动化系统集成设计

11.2.2.1　系统集成设计步骤

系统集成设计的过程就是根据用户提出的需求优选各种先进的技术和设备，并使之组成为一个完整系统解决方案的过程，最终为用户提供一个完整的、一体化的集成系统。系统集成设计过程可按以下步骤进行。

1. 确认集成系统设计的需求

根据业主对建筑的初步需求，结合建筑的功能用途以及其建设和投资规模，为业主提供一个主要体现功能性的初步设计方案，同时结合初步设计方案向业主介绍方案的功能组成、投资与效益之间的关系，以引导业主进一步确定实际需求。上述过程经过多次反复确认，最终形成业主在楼宇自动化方面明确的基本功能需求。

2. 系统组成结构的设计

按照业主明确的需求，即可进行系统组成结构的设计。根据业主需求中不同的功能，确定相应的子系统，同时根据不同子系统的实际情况和资金情况，决定系统集成方式是分层次进行集成，还是整体直接进行系统集成；是分阶段进行系统集成，还是一次性实施集成。

3. 集成系统的深化设计

该设计步骤是系统集成设计中的重点。系统组成结构确定以后，即可着手各子系统的功能深化设计，同时汇总各子系统对外的接口，分析各个接口的通信和协议要求，以确定各子系统互连的方式，具体进行系统集成的深化设计。在系统集成深化设计的同时，应考虑到系统的投资。系统功能越完善，投资的费用就会越高，因此，系统功能的需求应该是合理的，并符合实际需要，量力而行。

4. 集成系统现场监控点和信息点的设置

进行集成系统的深化设计以后，各子系统的功能要求均已具体明确化，根据这些功能要求即可确定这些子系统监控点和信息点在建筑平面图上的设计位置和数量，以及确定楼层信息点的分布和数量。

5. 集成系统设备清单的编制

根据集成系统中各子系统的监控点与信息点的配置和数量，可具体统计出相应硬件设备的数量。同时根据每一个监控点的功能要求，来确定硬件设备的传感器或执行器的精度，可进一步确定产品的型号。从而可编制出集成系统的设备清单，以供集成系统的工程预算。

11.2.2.2 系统设计举例

建筑物不同，对楼宇自动化系统需求会不同，因而楼宇自动化系统集成所采用的技术和方式方法也不同。下面列举两个不同类型的系统集成实例。

【例 1】 在某幢建筑中，楼宇自动化系统的子系统有消防报警系统、监控报警系统和楼宇设备自控系统、电梯系统、门禁及一卡通系统、停车系统等。业主不但需要对这些系统进行集成管理、监视和联动，还需要提供物业管理服务。当建筑内发生任何报警时，物业管理部门领导在办公室或在家里，都能及时知道报警性质，系统自动及时地通知公安、消防以及设备维修组等有关部门。一般采用如图 11.1 所示基于楼宇自动化 DCS 的集成模式（BMS）的子系统集成的方式，开发、配置相应的软、硬件就可以实现满足楼宇自动化系统集成所要求的功能。

【例 2】 某大型会展中心楼宇自动化系统集成。

1. 楼宇设备自动化系统集成设计范围

在本次（建设工期第一阶段）楼宇设备自动化系统的设计中，会展中心楼宇设备自动化系统的控制和管理内容包括：

- 冷水机组及辅助设备群控系统；

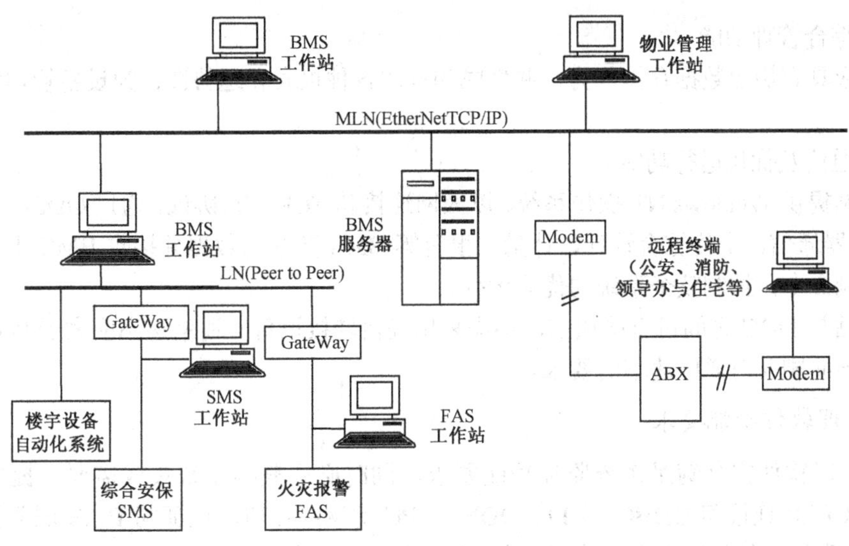

图 11.1　楼宇自动化 BMS 集成管理系统结构图

➢ 热水锅炉及生活热水系统；
➢ 空调通风系统；
➢ 给排水系统；
➢ 变配电系统；
➢ 电梯系统。

其中，冷水机组及辅助设备群控系统由冷机供应商提供，实现冷冻水二次循环泵之前所有设备的监控，并通过 RS-485 接口及 Trane BACnet 通信协议与 DCS 通信，本方案只对冷冻水二次循环泵进行监控。

变配电系统、给排水系统、电梯系统均配备相应的监控子系统，完成各自系统设备的控制，设备自动化系统提供相应的通信接口设备，实现对这些系统与设备的全面监控。

本阶段楼宇设备自动化系统只实现主楼部分和辅楼（7、8、9 段）部分楼宇设备的自动控制，所涉及的所有被控设备为主楼及辅楼（7、8、9 段）部分楼宇设备。中央站及控制网络应有足够的扩容能力，充分满足将来将其余设备纳入设备自动化系统时的扩容需要。

2. 中央站功能要求

（1）监视功能

以全中文图形化界面监视整个设备自动化系统的运行状态，包括现场图片、工艺流程、实时曲线、监控点表、设备平面布置图，以形象直观的方式实时动画显示设备运行情况。系统要求提供丰富的图库和方便的图形生成工具。画面转换操作不超过两键，画面全部数据刷新不超过 2 s。

（2）控制功能

能对现场设备进行手动控制，进行运行方式的设定和工艺参数的修改，且提供操作权限管理，保证系统的安全。

（3）报警功能

当设备自动化系统出现故障或监测参数越限时，应产生明显的视觉和听觉报警信号，并有报警优先级管理功能，包括报警查看、确认、记录、打印。

（4）综合管理功能

系统应具有历史数据存储能力，并生成和打印各种报表和趋势图，为设备管理和维护提供依据。

（5）通信及优化运行功能

中央站提供 Windows NT 操作系统、以太网连接和 TCP / IP 协议，通过 ODBC 等方式同 BMS 服务器通信，上传综合管理、计量、报警等 BMS 要求的数据并接收 BMS 下发的联动及协调控制命令，控制整个系统的优化运行。

中央站与 DDC 之间可直接通信，不需采用任何转接设备。通信速率应大于 9600 bps，并应满足画面刷新对通信速率的要求。

3. 管理软件功能要求

- 管理软件完全满足系统监控功能要求，同时必须兼顾系统集成需要，提供以太网 TCP/IP 连接和 ODBC、API、DDE、OPC 等网络接口，保证同 BMS 服务器和其他分系统进行数据交换和共享，实现连锁控制和优化运行。
- 提供用户查询和处理现场设备的信息，并提供报警及记录功能。
- 系统软件必须是一个多任务、多用户实时软件。
- 具有数据记录功能，能把数据记录以多种图形等方式显示，便于管理员了解运行情况和合理利用资源。
- 具有动态图形编辑功能，以动态图形方式监控各点的当前值和状态，并能同时显示多个图形。
- 使用标准的菜单系统和工具栏。
- 根据不同操作者的输入密码配置不同的用户界面。
- 通信符合 OSI 七层标准。
- 多级密码系统。
- 时间表和日历表可设定。
- 实现报警管理，报警动作可触发多媒体等功能。
- 图形界面允许用户通过动态图形操作系统，操作受密码控制。
- 图形显示会根据输入量的变化随时更新。

4. 楼宇设备自动化系统集成解决方案

按照国家技术规范和招标书的要求，楼宇设备自动化系统选型以产品质量、性能、可集成性及价格为第一原则，同时兼顾系统产品完整性、与其他系统兼容性、系统可升级等因素，选择 SIEMENS S600 APOGEE 系统作为会展中心的楼宇设备自动化系统，实现对主楼所有机电设备的自动控制。

- 以 SIEMENS S600 APOGEE 系统作为楼宇自动化系统 BMS 集成平台。空调与通风系统、空调水二次循环泵、热交换系统等，直接由 S600 APOGEE 系统进行控制。
- 冷水机组、给排水、变配电、电梯、锅炉等均自配自动控制系统，所有自动控制系统均满足 BACnet 标准。通过专用网关（GateWay）作为第三方系统纳入 DCS（S600 APOGEE）系统实现 BMS 集成。
- 建筑集成管理系统（IBMS，Integrated Building Management System）实现智能建筑整体智能化系统的集成管理，全面监控与管理经过集成后的建筑智能化系统。集成后的 BMS 系统作为 IBMS 的子系统，进入 IBMS 集成系统。

➢ 在 IBMS 系统集成结构中，火灾自动报警系统（FAS，Fire Alarm System）、安全防范自动化系统（SAS，Security Automation System）均作为与 BMS 平级子系统进入 IBMS 集成系统，而不是进入以 DCS 为基础的 BMS，这是该 IBMS 系统集成的一个特点。

➢ 楼宇自动化系统的集成只做到 BMS 这一级，更高一级的集成则通过 IBMS 的集成来实现。

BMS 与 IBMS 系统集成结构示意图如图 11.2 所示。

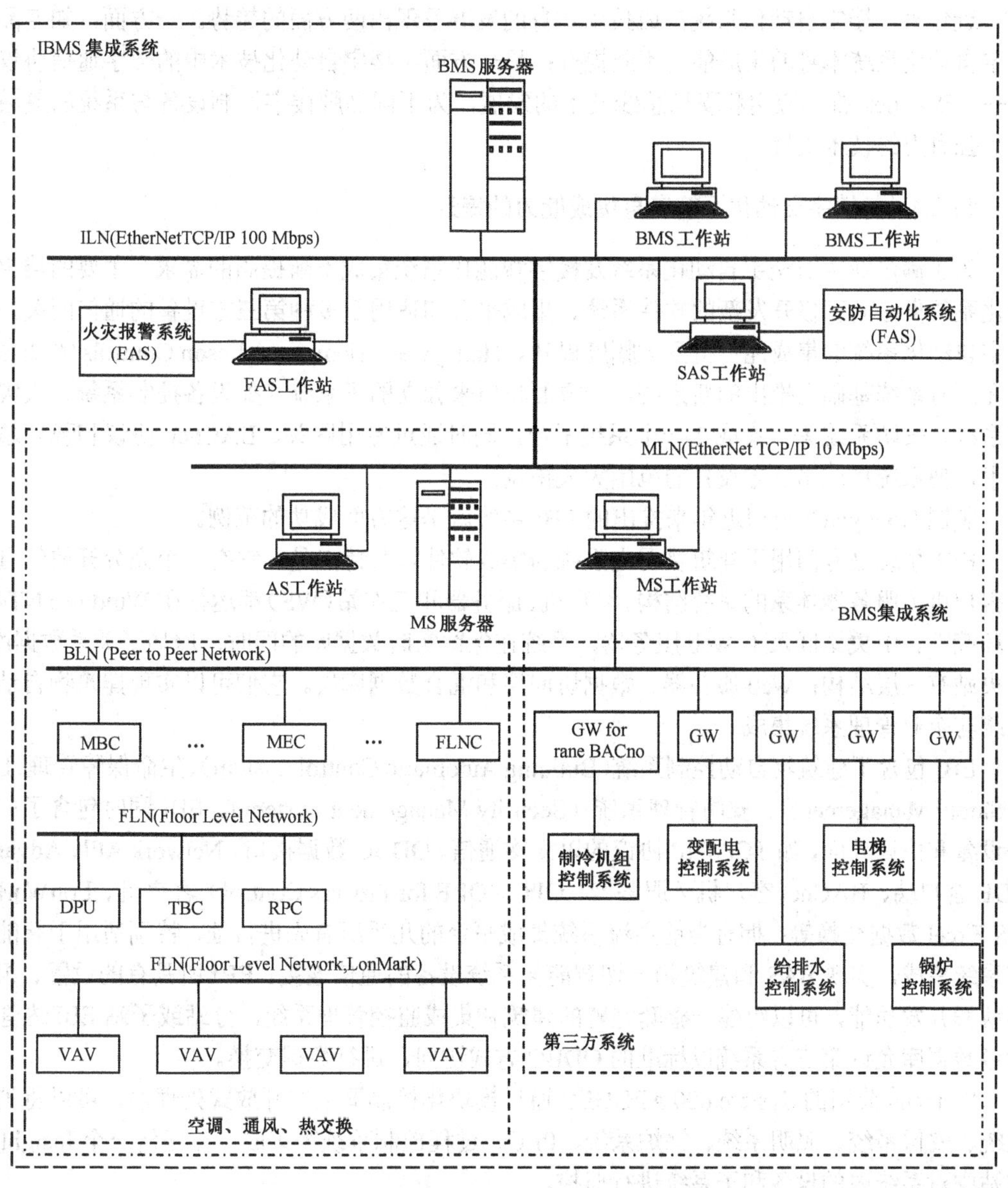

图 11.2　基于 DCS（SYSTEM APOGEE 600）楼宇自动化 BMS 系统集成及 IBMS 系统集成结构示意图

11.3 建筑智能化系统集成技术发展展望

建筑智能化系统集成已经成为智能建筑的主流技术，建筑智能化系统集成技术的发展对智能建筑的发展至关重要。作为智能建筑最重要的组成部分和最大的子系统——楼宇自动化系统集成技术的发展对建筑智能化系统集成技术的发展有重要影响，同时，智能建筑集成技术的发展也会影响楼宇自动化系统集成技术的发展方向。

11.3.1 楼宇自动化系统集成技术发展展望

近年来，楼宇自动化系统集成技术本身的发展呈现出两方面的趋势。一方面，知名品牌楼宇自动化系统本身的集成能力不断提升；另一方面，楼宇自动化技术中的数字通信协议标准——BACnet 推广应用和现场总线技术的发展，为不同品牌楼宇控制设备与系统的集成提供了强有力的技术支持。

11.3.1.1 楼宇自动化系统自身集成能力的提升

为了满足业主对楼宇自动化系统及楼宇智能化系统集成不断提高的需求，主要的楼宇自动化系统供应商积极开发新的软件系统、集成平台和适用于多种第三方设备的通信网关，使楼宇自动化系统的集成能力得到大幅度提升。Honeywell, Siemens, Johnson Controls 等知名公司在原有系统基础上推出的新系统，一方面将原来独立的子系统（如设备控制系统、火灾报警系统、安防系统等）集成在一个系统平台，同时通过专用网关、BACnet 协议和现场总线技术，使系统集成第三方设备的范围大大拓宽。

美国 Honeywell 公司近年来推出的 EBI 系统就是这方面成功的范例。

EBI 系统是专门用于建筑物弱电系统的集成软件。其特点是，它有一个充分开放的且采用客户机 / 服务器体系的系统结构。客户机、服务器和工作站（WS）都运行在 Windows NT4.X 的环境下。中央站嵌入了 Web 服务器，系统在保留实时数据库的同时，增加了关系数据库。中央站有三层结构：Web 服务器、数据访问层和混合数据库层。它们可以实现建筑物自动化系统与企业管理系统集成。

EBI 包含了建筑物自动控制系统（Building Automatic Control System）、生命保障管理（Life & Safety Management）、安防管理系统（Security Management System）。EBI 同时包含了广泛的设备和协议界面，如 TCP / IP 协议的以太网通信、ODBC 数据接口、Network API、Advance DDE 客户端、BACnet 客户机 / 服务器、OPC（OLE for Process Control）客户机、LonWorks、MS Excel 数据交换等；拥有当前主流系统集成平台的几乎所有先进特征，特别适用于智能建筑系统集成，实现 BAS 和建筑物一切智能化系统设备的通信连接。EBI 所具有的设置、组态和编程开发功能，可以组建一整套完整的建筑物集成监控管理系统，分站或子站 EBI 内建的设备数据库允许第三方系统以标准的 ODBC 方式访问，进行数据交换。

Siemens 公司的 System 600 APOGEE 通过模块化控制器上的开放式处理器，可以将消防系统、安保系统、照明系统、锅炉系统、PLC、过程控制系统等集成，在任何一个 Insight 工作站中对系统内的设备和子系统进行监控。

11.3.1.2 通信协议统一与总线技术推广使用

由于建筑设备生产商普遍采用 BACnet 协议，为实现不同厂家设备控制系统之间的数据交换和系统集成提供便利。LonWorks 现场总线技术（局域网络）在楼宇自动化系统的应用，使各个品牌的传感器、控制器、执行器和其他监控设备共享同一个通信协议，系统网络中的任意结点之间的数据可以共享。基于统一的 BACnet 通信协议和 LonWorks 区域网络（LON Local Operation Networks）技术的楼宇自动化系统集成是其发展的必然趋势。

EBI 系统支持 BACnet 协议，在主控制器 XL500 和 XL50 下面支持 LonTalk 的 LON 总线，第二级控制器，允许任何有 LonMark 标志的产品接入 LON 总线；Siemens 的开放式通信驱动器（Open Processor Communication Drivers）支持 LON 总线，且允许 LonMark 标志的产品接入 LON 总线，显示了标准协议与现场总线技术在楼宇自动化集成中的广阔前景。

11.3.2　建筑智能化系统集成技术发展展望

通过对楼宇自动化系统（BAS）、通信自动化系统（CAS/CNS）、办公自动化系统（OAS）三大智能化子系统进行集成，将建筑智能化系统最终集成为真正意义上的智能建筑系统。建立应用于智能建筑的综合人-机系统，以达到高度共享系统内各类信息资源，在统一操作平台之下，方便调度和利用所有设备资源并对智能建筑用户提供最优服务。

一方面为了使楼自动化系统的集成有利于更高一层的智能建筑系统集成，另一方面为了更好地把握楼宇自动化系统集成技术的发展方向，应对建筑智能化系统集成技术的发展有一定的了解。下面就是从业内对建筑智能化系统集成技术发展的展望而归纳的部分观点。

11.3.2.1　以太网及 TCP / IP 协议已经构成建筑智能化系统集成的基础

智能建筑系统尽管有其特殊性，但归根结底应该是计算机网络系统集成的重要组成部分。所以在讨论智能建筑系统集成技术发展展望时，不能脱离计算机网络及其系统技术的发展与展望。

随着 Internet 的普及，TCP / IP 协议也得到了空前广泛的应用。由于 TCP / IP 协议的开放性，它可以把现行的各种局域网互连，并统一地址规则、IP 地址、域名的惟一性与高层协议标准化等。因此，目前 TCP / IP 协议已成为事实上的国际标准。

随着 Internet 技术的日益完善、普及和发展，人们以开始着手将其应用于构建企业集团内部的信息管理系统，即 Intranet（企业内网）。一般地说，Intranet 均采用统一的 TCP / IP 协议。利用 Intranet，企业对内可提供一个灵活、高效、宽松、可靠的办公环境，以便企业内部进行信息交流和共享，对外通过 Internet 进行企业的一切商务活动，及开展以下一些基于标准的服务：文件共享、信息浏览、电子邮件、远程登录、文件传输、网络管理等，进而实现企业管理的科学化和自动化。

近年来，网络通信已从 10 Mbps、100 Mbps，发展到了现在的 1000 Mbps。对于构成每一座智能建筑的 Internet，全部选择采用 TCP / IP 协议的千兆位以太网已成为可能。又由于现场总线技术的发展，进一步促使以太网从管理层、控制层向现场层延伸。随着以太网技术的发展，在建筑自动化领域中有可能出现以太网一网到底、Internet 与控制网融为一体的局面。

11.3.2.2　浏览器 / 服务器模式将成为建筑智能化系统集成的主要模式

由于个人计算机的普及和发展，使计算机网络的计算模式从以大型机为主的集中计算模式过渡到了客户机 / 服务器计算模式。由于浏览器的创立和发展，使计算机网络的计算模式开始向浏览器 / 服务器模式转变。

1. 浏览器／服务器模式

计算机网络的初始，通常采用大型计算机作为主机，众多的终端用户共享大型机的 CPU 资源和数据存储功能。这种模式称做“集中计算模式”或“分时共享模式”。这种模式的主要缺点是主机负担太重、设备昂贵，系统可靠性和可用性过分依赖于主机，系统功能扩展困难。随着个人计算机（PC）的普及和发展，客户机／服务器（C／S）计算模式逐步取代了集中计算模式。在 C／S 计算模式下，一个或多个的客户机与一个或多个的服务器相连，组成一个“分布计算机系统”。在该计算模式下，其应用可以分为前端的客户机部分和后端的服务器部分。客户端负责与用户的交互、收集用户信息，可以请求服务器完成大型计算机的应用，然后把服务器返回的结果提交给用户。如此计算模式优化了计算机网络的利用率。

由于浏览器的开发及发展，计算机网络的计算模式开始向浏览器／服务器（B／S）模式转变。人们可以把传统的 C／S 模式中的服务器分解成为一个 Web 服务器和一个或多个数据库服务器；客户端不再与服务器直接相连，而是与 Web 服务器相连，然后由服务器再与数据库服务器连接。用户的请求送到 Web 服务器，再由 Web 服务器通过 CGI（Common GateWay Interface）送到数据库服务器，Web 服务器将结果格式化为 HTML （Hyper Text Markup Language）格式反馈给用户。采用这种三层结构的 Intranet，再加上系统具有统一的 TCP／IP 技术标准，以及客户端软件简单、通过浏览器查看信息方便、系统性能价格比优越、能充分利用系统资源等特点，所以浏览器／服务器（B／S）模式发展非常迅速，倍受业界人士的重视。

由于历史的原因，目前，C／S 模式与 B／S 模式仍然处在两种模式共存的状态，由于 B／S 模式开发、应用、维护、升级简单，组成 Intranet 容易，它已成为计算机网络计算模式的首选，因此，浏览器／服务器（B／S）模式也必将成为智能建筑集成系统主要的计算模式。

2. 中间件技术与产品将成为建筑智能化系统集成的桥梁

相对传统的以大型计算器为中心的集中计算模式而言，客户机／服务器（C／S）计算模式确实具有人所共知的优点。可是在以后的发展过程中，C／S 计算模式并没有被大量的应用，其主要原因大致有以下一些方面：

- 缺乏必要和有效的开发工具。
- 应用于 C／S 计算模式的操作系统多样性。
- 复杂多变的网络环境。
- 数据分散处理带来的不一致性等。

这些问题实际上与用户的业务没有多少关系，但又必须很好地得到解决，只有这样才能清除妨碍客户机／服务器（C／S）计算模式大量推广应用的障碍。解决问题的思路是将应用软件所面临的共性问题进行提炼、抽象，在操作系统之上形成一个“可复用的部分”，该“可复用的部分”构成一个加在客户机和服务器之间的“中间件”，它可供给应用软件重复使用。中间件提供简单的、较高层次的应用程序编程接口（API，Application Programming Interface），它把下层网络技术屏蔽起来，使程序员把精力集中在应用方面，而不是在通信问题上。中间件的作用就是将应用与网络屏蔽开来。在 B／S 计算模式中，中间件专门负责管理 Web 服务器和数据库服务器之间的通信，并提供应用程序服务。

通常所说的中间件技术，最基本的有通用网关接口（CGI）和应用程序编程接口（API）两种。API 能够直接访问或调用外部程序来访问数据库，可以提供与数据库相关的超文本标记语言页面，或执行用户查询，同时将查询结果格式化成 HTML 页面，并通过 Web 服务器返回给用户浏览器。CGI 允许 Web 服务器运行外部应用程序，并通过外部程序来访问数据库资源，以产生 HTML 文档，同时返回浏览器。CGI 向用户提供了一种与数据连接的简单方法。

中间件是处于应用软件和系统软件之间的一类软件，是客户方与服务方之间的连接件，它以自身的复杂换取了用户应用的简单。中间件是基于分布式处理的软件，能够解决网络分布计算环境中多种异构数据资源的互连共享问题，实现多种应用软件的协同工作。利用中间件还可以提高应用软件系统的开发率，使系统的可伸缩性和扩展性更为理想。20 世纪 90 年代以来，中间件技术和产品逐步成熟，开始走向应用。需要特别指出的是，我国在中间件技术与产品上的起步与国外基本相同，国内市场的占有率与国外厂商基本处于同一起跑线上。与其他信息系统一样，中间件已成为智能建筑系统集成的桥梁，大大提高了智能建筑系统集成技术的发展。

3. OPC 技术及 ODBC 技术为建筑智能化系统集成开辟了新的途径

网络互连的硬件设备已实现了标准化和商品化，所以在思考系统集成时，主要面临的问题是软件集成问题，即如何通过标准的通信协议达到互操作的目的。随着智能建筑的功能需求不断增长，使建筑内各种各样的机电设备的监控系统的种类和范围不断扩大，它们可能采用不同的网络平台、不同的通信协议等。在实现建筑智能化系统集成时，为了理想地解决各异构系统之间的互连和互操作问题，可能采用的技术手段大致有以下几种：

- 采用统一通信协议，实现系统的集成；
- 采用协议转换，实现系统的集成；
- 采用 OPC 技术，实现系统的集成；
- 采用 ODBC 技术，实现系统的集成。

下面对上述四种技术分别予以说明。

（1）采用统一通信协议，实现系统的集成

建筑智能化系统属于多学科范畴，它涵盖了信息系统、自动控制和现代通信等领域。在系统通信协议方面，由于长时间没有建立统一的、国际性的标准通信协议，这种局面严重阻碍了智能建筑技术的发展及向深层次推广应用。1995 年美国暖通空调工程师协会推出了楼宇自动控制领域的第一个开放式标准通信协议——BACnet。该协议密切结合建筑工程特点，定义了 23 个对象、39 种服务、6 类数据链路结构、3 层网络架构，同年通过美国国家标准协会（ANSI，American National Standards Institute）认证，目前正进一步向 BACnet / IP 方向发展。由于 BACnet 的诞生，为智能建筑的系统集成开创了十分有利的局面。

在 BACnet 产生初期，由于它采纳了 5 种通信协议，即 EIA232-PTP、EIA485—MS / TP、LonTalk、Arcnet、Ethernet 等，造成了不同生产厂家生产的设备互连仍需通过协议转换器，尚未达成开放系统实现真正意义上的互操作。

（2）采用协议转换，实现系统的集成

具有不同协议的网络互连，可以采用协议转换器。通常协议转换器分为专用的协议转换器和标准的协议转换器。专用协议转换器是指在两种协议之间采用专用的转换器进行协议转换，如果系统要连接多个不同类型的网络，则需要多个符合协议之间转换的转换器。采用专用的协议转换器，其缺点是很明显的，由于转换器的不通用，有时很难找到同时匹配的、为网络控制和服务的转换器。另外，当协议转换器发生故障时，这种结构没有提供可靠的端到端的机制。采用标准的协议转换器，在局域网内部通信上，采用了简单的通信结构，包括物理层、链路层以及对应用层提供连接服务的会话 / 传送协议。系统采用标准的协议转换器后，接在局域网上的所有站点，只需要使用简单的会话 / 传送协议，而所有协议转换器之间的通信，只使用同样的传送层协议和 IP，就解决了互联网的匹配问题。不过，随着技术的发展和进步，协议转换器方式的应用，将逐步被 OPC 技术和 ODBC 技术所替代。

（3）采用 OPC 技术，实现系统的集成

“对象链接和嵌入（OLE，Object Linking and Embedding）”是美国微软公司提供的用于应用程序之间的数据交换及通信的协议，它允许应用程序链接到其他软件对象中。用于过程控制的 OEL，称为 OPC（OLE for Process Control），即用于过程控制的对象链接和嵌入。OPC 重点用来解决应用软件与过程控制设备之间的数据读取和写入的标准化及数据传输问题，它提供信息管理域应用软件与实时控制域进行数据传输的方法。当设备通过 OPC 互连时，图形化应用软件、趋势分析应用软件、报警应用软件等均基于 OPC 标准。在统一的 OPC 环境下，各应用程序可以直接读取现场设备的数据，不需要一个一个地编制专用的接口程序，各现场设备也可以直接与不同应用之间互连。

OPC 的重要作用在于，它使设备的软件标准化，从而使不同网络平台、不同通信协议、不同厂家的产品方便地实现互连和互操作。OPC 技术的完善和推广应用，为智能建筑系统在实时控制域和信息管理域的全面集成创造了良好的软件环境。

（4）采用 ODBC 技术，实现系统的集成

开放型数据库互连（ODBC，Open Data Base Connectivity）技术，是美国微软公司推出的一种应用程序访问数据库的标准接口技术，也是解决异种数据库之间互连的标准，该技术标准已被世界上大多数数据库厂商所接受。ODBC 适用于各种数据库，与 ODBC 兼容的应用软件，通过结构化查询语言（SQL，Structured Query Language），可查询、修改不同类型的数据库。这样，一个单独的应用程序，通过 ODBC 就可以访问许多个不同类型的数据库及不同格式的文件。因此，ODBC 向人们提供了一个开放的、从个人计算机、小型机、大型机数据库中存取数据的方法。系统开发者利用 ODBC 可开发出对于多个异种数据库进行并行访问的应用程序。现在，ODBC 已成为客户端访问服务器数据库的 API 标准。对于任何支持 ODBC 技术规范的数据库，无论其类型如何，均能进行信息交换。显然采用 ODBC 及其他开放式数据库技术实现系统集成，也是建筑智能化系统实现集成的重要方式。由于目前市场上 OPC 技术比 ODBC 技术表现得更为成熟、产品也更多，所以如果将这两种技术进行融合与补充，将会使信息系统集成技术加快发展。

对于智能建筑而言，要想使建筑智能化系统实现高度集成化，系统必须具备如下一些基本条件：即计算机网络的条件、计算机应用软件的条件、机电设备单机及子系统智能化的条件、系统集成技术的条件等。当系统具备了这些条件后，才有可能真正实现“建筑智能化系统高度集成”。近年来，由于 Internet 的发展及千兆位以太网的成功应用，使建筑智能化系统具备了计算机网络条件，由于单片机控制技术、现场总线技术的发展，使各种机电设备（或子系统）的智能化越来越高，为其参与系统集成创造了极好的条件。系统的管理层与系统的控制层之间的集成已成为大势所趋。随着 OPC 技术与 ODBC 技术的推广应用，这种集成将逐步达到所谓“无缝集成”的新高度。

第 12 章　智能小区简介

12.1　概述

随着生活水平的不断提高，人们追求一个安全、舒适、便利的居住环境，对住宅及住宅小区的建设提出了更高的要求。信息技术、计算机技术、自动化技术以及 Internet 技术等领域的产品应用于住宅及住宅小区，已成为新型住宅和小区建设的一个发展趋势。智能化（住宅）小区就是近年来在这种背景下出现并迅速崛起的一种新型住宅，它是建筑艺术、生活理念与信息技术、电子技术等现代高科技完美结合的成果。智能化住宅及智能化（住宅）小区的出现，恰好满足了人们对住宅及住宅小区高性能、智能化的要求。另一方面，智能化住宅及智能化（住宅）小区也是建筑智能化技术向住宅领域发展的必然结果。现在，智能小区已经成为智能建筑技术的重要领域。

所谓智能化（住宅）小区，是指该小区配备有智能化系统，通过高效的管理与优质的服务，为住户提供一个安全、舒适、方便、快捷和开放的智能化、信息化生活空间和居住环境。这里所说的住宅小区智能化系统，是指建筑智能化（住宅）小区需要配置的系统，它包括安全防范子系统、管理与监控子系统与通信网络子系统以及总体集成技术。智能化住宅（小区）的建设与发展，不仅是一个国家经济实力的体现，而且是一个国家科学技术水平的综合标志之一，它也成为人类社会住宅建设发展的必然趋势。

12.2　智能小区的系统组成、功能与技术要求

1999 年 1 月，建设部住宅产业化办公室提出“住宅小区智能化是利用现代 4C（即计算机、通信与网络、自控、IC 卡）技术，通过有效的传输网络，将多元信息服务与管理、物业管理与安防、住宅智能化系统集成，为住宅小区的服务与管理提供高技术的智能化手段，以期实现快捷高效的超值服务与管理，提供安全舒适的家居环境”。

1999 年 12 月建设部住宅产业化办公室制定的《全国住宅小区智能化系统示范工程建设要点与技术导则》，2000 年 7 月建设部和国家技术监督局联合发布的国家标准《智能建筑设计标准》（GB / T 50314—2000），对智能小区的系统、功能、硬件配置和软件要求等作了明确的规定。

小区智能化系统从功能上可以划分为 3 个子系统。

1. 小区安全防范子系统

小区安全防范子系统，通常包括以下若干个子系统：

- 小区出入口管理及小区周界防范报警系统；
- 闭路电视监控系统；
- 对讲防盗门禁系统；
- 住户报警呼叫系统；
- 保安巡更管理系统。

2. 小区物业管理子系统

小区物业管理中心通过小区物业管理子系统，执行对智能化住宅（小区）的日常生活的服务与管理。它一般包括以下若干个子系统：

- 多表（水、气、电）的现场计量与远程传输系统；
- 供电设备、公共照明、电梯、给排水设备的监控系统；
- 车辆出入与停车场管理系统；
- 紧急广播与背景音乐系统；
- 物业计算机管理系统。

3. 小区信息网络子系统

小区信息网络子系统主要构成小区智能化系统网络的通信平台，提供信息通道。该子系统一般包括以下几个分子系统：

- 有线电视网系统；
- 高频宽带数据网系统；
- 宽带光纤接入网系统；
- 电话网系统；
- 其他网络系统。

需要特别指出的是，上述五类网络系统在小区信息网络子系统中，有可能同时存在，也可能只需要少量几个网络系统，这就要看用户的需求和小区智能化系统自身的情况而定。小区智能化系统可能仅采用高速宽带数据网系统就能满足要求，则不需要再包括宽带光纤接入网络系统。另外，安全防范子系统一般需要单独敷设用于传输 CCTV 信号的视频网和用于传输报警信号的监控网；物业管理子系统则需要敷设多个数据传输网和主要设备监控网。

住宅小区智能化系统的总体功能框图如图 12.1 所示。

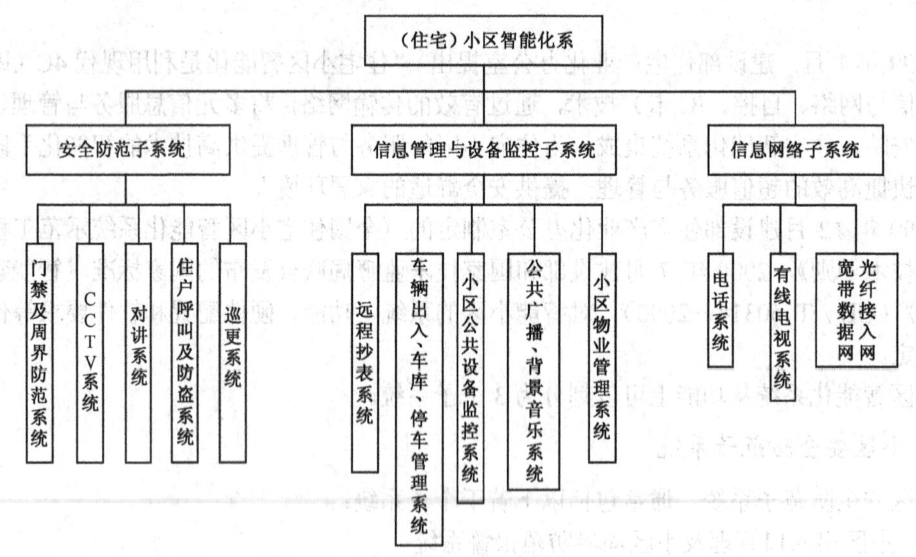

图 12.1　住宅小区智能化系统总体功能框图

4. 小区智能化系统的技术要求

“标准”和“导则”对系统的硬件和软件作出了明确的规定。

（1）系统硬件

- 小区智能化系统的硬件有信息网络、计算机、公用设施、监控装置、计量仪表和电子器材等。系统硬件应具有先进性，应避免短期内因技术陈旧造成整个系统性能不高和过早淘汰。
- 在充分考虑先进性的同时，硬件系统还应充分考虑用户对整个系统的具体需求。应选择先进、适用和成熟技术，最大限度地发挥投资效益。
- 无论是系统设备还是网络拓扑结构，都应具有良好的开放性。网络化的目的是实现资源的共享，并应提供标准接口。用户可根据需求，对系统进行拓展或升级。

（2）系统软件

系统软件包括：计算机及网络操作系统、应用软件及实时监控软件等。对软件的基本要求如下：

- 系统软件应具有很高的可靠性和安全性。
- 系统软件应操作方便，采用中文图形界面，采用多媒体技术，使系统具有处理声音及图像的能力。用户环境要适用于不同层次住户及物业公司人员。
- 系统软件应符合国家、行业标准以及国际标准，便于多次升级和支持新硬件产品。
- 系统软件应具有可扩充性。

12.3　小区安全防范子系统

12.3.1　智能小区安全防范子系统的组成

智能住宅小区的安全防范系统，可通过多项安全防范技术措施，为小区住户提供安全、舒适、便捷的生活环境。小区安全防范子系统一般由以下系统组成：

- 周界防范系统；
- CCTV 系统；
- 门禁系统；
- 巡更系统；
- 楼宇对讲系统；
- 家庭安防报警系统。

以上系统可划分为三级防范区域：

第一级防范区域的安保系统由周界防范报警系统构成，以防范翻越围墙或穿越周界进入小区的非法侵入者。

第二级防范区域的安保系统由小区电视监控系统、巡更系统以及门禁系统构成，对出入小区和主要通道的车辆、人员以及小区内可疑人员、异常事件、重要设施进行监控管理，对重要区域的出入口和重要通道进行控制。

第三级防范区域的安保系统由楼宇对讲系统和家庭安保系统构成。楼宇对讲系统将闲杂人员阻挡在居民住宅楼或住户居住区之外；当陌生人非法入侵住户或住户发生煤气泄漏、火灾、老人急病等紧急事件时，通过安装在户内的自动探测器、紧急求助按钮进行报警，管理中心及时获知信息，迅速派出保安或救护人员进行现场处理。

12.3.2　智能小区周界防范系统

一般住宅小区周界范围大、周界条件和环境复杂、建筑布局多变、安全死角多、内部结构相对松散，单靠人力防范很难实现全面而有效的防范和管理。利用周界安全防范监控报警系统对小区的周界区域实行 24 小时实时监控管理，是一种行之有效的安防措施。

1. 智能小区周界防范系统的功能

根据建立封闭式智能小区的要求，在小区周界设置探测器，探测任何试图非法进入小区的行为。一旦发生非法入侵行为，探测器可立即将非法入侵的信号传送到报警控制中心，控制中心的电子地图（或模拟地图）将显示入侵者的位置，小区保安人员迅速采取措施、及时进行处理。根据预设联动控制功能，控制器可以控制入侵区域的灯光照明、启动现场电视监控系统及其他联动控制设施，及时监视、记录发生警情的现场实况。周界防范系统的功能要求如下。

➢ 周界必须全面设防，无盲区和死角；
➢ 探测器需有很强的干扰能力，能适应不良天气环境；
➢ 防区划分应利于报警的准确定位；
➢ 报警中心具备声光报警提示；
➢ 控制中心通过显示屏或电子地图识别报警区域；
➢ 入侵区域有现场报警功能，能同时发出声光警告；
➢ 报警中心可控制前端设备报警状态的恢复；
➢ 夜间与周界照明系统联动，报警时，警情发生区域的照明系统自动开启；
➢ 与 CCTV 系统联动，警情发生区域的图像自动在监控中心监视器中弹出；
➢ 报警中心能够对报警状态、报警时间、报警区域等报警信息进行记录、存储。

周界防范报警系统一般由探测器、报警控制器、模拟显示屏（电子地图）及周界照明、声光报警器等现场设备组成。

2. 常用周界报警探测（器）系统

现在市场上常用的周界安全防范及报警产品有以下品种。

➢ 主动红外（微波、激光）探测报警系统；
➢ 泄漏电缆传感报警系统；
➢ 磁场感应传感电缆报警系统；
➢ 光纤传感报警系统；
➢ 电缆传感报警系统；
➢ 压力振动传感报警系统；
➢ 高压电网防卫报警系统；
➢ 应力式报警系统。

（1）主动红外（微波、激光）探测报警系统

主动红外探测报警系统由单独的发射机和接收机两部分组成，分别安装于需防护区域（如小区周界围墙上）的两端，发射机持续发射不可见红外光束（其波长应大于 0.76 μm），接收机不断接收此红外光束。当发射机与接收机之间的红外辐射光束被入侵者或其他不透光物体遮挡时，接收机所接收到的红外光束能量损失而产生报警。主动红外探测报警系统安装施工简便，具有一定的隐蔽性、价格适中，但受室外气候因素影响较大，误报率较高，适合

环境气候条件较好的地区使用。主动微波、激光探测报警系统工作原理与主动红外探测报警系统相同。

（2）泄漏电缆传感报警系统

泄漏电缆传感报警系统由平行埋藏的两根泄漏电缆组成，一根泄漏电缆与发射机相连，向外发射能量，另一根泄漏电缆与接收机相连，接收能量。当有人进入探测区时，耦合磁场受到干扰，使接收电缆接收到的电磁波能量发生变化，通过信号处理发出报警信号。泄漏电缆传感报警系统的隐蔽性好、可靠性高、误报率低，并可在恶劣气候条件下正常工作，但价格较高。

（3）磁场感应传感电缆报警系统

磁场感应传感电缆报警系统将传感电缆以独特的环状布线方式埋入地下，形成一电缆环网。在环形电缆网周围的一定范围内，磁力线连续，磁通量固定，磁场稳定。这个立体空间就是传感电缆的探测场，当入侵者进入此空间，会造成环形电缆网范围内磁场磁通量变化，并由此在环路中产生一微弱电流，经环路放大器的探测、放大及处理、产生报警信号。磁场感应传感报警系统的特点也是隐蔽性好、可靠性高、误报率低，可在恶劣气候条件下正常工作，但价格较高。

（4）光纤传感报警系统

将光纤埋入地表下适当位置或安装于栅栏上，当入侵者踏越或攀越光纤时，因对其施加了压力或拉力，光纤受到扭曲或机械变形而使光波在传输过程中产生微小的变化，此变化可通过报警控制器信号分析处理后，确认报警并发出报警信号。光纤传感报警系统的特点为隐蔽性好（埋地式）、性能可靠稳定、误报率低，但价格较高。

（5）振动电缆传感报警系统

振动电缆传感报警系统检测作用于传感电缆上的压力，并在传感电缆上产生一个电信号，经报警控制器对其进行信号处理后，发出报警信号。它的特点为性能较可靠稳定，误报率较低，价格较高。

（6）压力振动传感报警系统

压力振动传感报警系统检测入侵者行走、跑、跳、爬行或挖地等动作产生的机械冲击而引起的振动信号，经报警控制器对其进行信号处理后，发出报警信号。它的性能一般，易受外界因素干扰，会产生一些误报，价格适中。

（7）高压电网防卫报警系统

高压电网防卫报警系统由电网、高压发生器、报警控制器等组成，高压发生器产生高电压并连通电网，使电网上持续保持高电压，以阻止入侵者进入保护区域。当有人企图破坏电网（如剪断）或触网时，报警控制器会分析判断，发出不同的报警信号。它的特点是有较强的主动防卫和威慑功能，而且有完善的报警功能。但由于涉及人身安全问题，使用时须经公安部门严格审批，使它的应用范围受到很大的限制。

（8）应力开关报警系统

应力开关报警系统利用磁感应的简单原理，采用直径为1.0～1.5 mm的张力钢丝与应力传感器相连，围绕防范区域的周界。由于张力钢丝被力拉紧，当有人攀爬（拉力增大）或被剪断（拉力减小）时，应力传感器内部的电磁开关产生动作，发出报警信号。它的可靠性高，误报率低，通用性强，安装简单方便，应用范围广（围墙上、山地上、平地上、住宅阳台、窗户处等），而且价格便宜。

由于周界安全防范及报警系统的种类及品种较多，上述仅简单介绍了现在市场上常出现的一些产品。每种探测器都有一定的工作特性、适用范围、使用条件和局限性。在系统设计时，可根据具体的系统需要和现场条件合理选用。

3. 报警控制器

周界防范系统的报警控制器一般接收无源的开关量报警信号，也可输出联动控制信号去控制现场设备、驱动电视监控系统实时记录报警现场的视频图像。

控制器的报警输入口地址赋予每个探测器惟一地址，以确认报警信号的实际位置。

12.3.3 智能小区闭路电视监控系统

闭路电视监控（CCTV）系统是小区安全防范子系统的主要组成部分。智能小区的闭路电视监控系统在小区主要通道、重要公共建筑、重要设施及周界设置前端摄像机，将图像传送到管理中心。中心对整个小区进行实时监控记录及时了解小区的动态。

1. 功能要求

- 对小区主要出入口、主干道、周界围墙或栅栏、停车场出入口、重要设施及其他重要区域进行监视。
- 中心监视系统应采用多媒体技术，通过计算机控制、管理及进行图像记录。
- CCTV 系统摄像机应与报警系统联动控制，实现报警自动切换和自动录像。当有警情发生时，监控中心的监视器立即切换到与报警区域相关的摄像机，并进行录像。
- 视频失落及设备故障报警。图像自动 / 手动切换、镜头云台遥控。
- 报警信息的存储管理、显示、查询、打印等。

2. 智能小区 CCTV 系统的特点

相对于一般智能建筑的 CCTV 系统，智能小区 CCTV 系统具有以下一些特点。

（1）系统分布广

一般小区的面积大，周界长。智能小区 CCTV 系统要在小区周界、主要通道、会所、出入口、重要设施等位置设置摄像机。因此，小区 CCTV 系统的摄像机数量多、分布范围广、信号传输距离比较远。

（2）设备运行环境差

小区 CCTV 系统的摄像机中，有相当一部分在室外安装。由于室外温度变化大，还有雨、雪、霜冻等恶劣天气，这些室外摄像机的运行环境差。

（3）系统联动功能要求高

小区 CCTV 系统及摄像机一般都要求与报警系统、周界系统、门禁系统等实现联动控制，系统联动控制功能要求高。

3. 智能小区 CCTV 系统设计中应注意的问题

由于智能小区 CCTV 系统的特点，在系统设计时要注意以下几方面的问题。

（1）设备选型

对于室外摄像机，要配置室外防护罩、室外云台、外解码器以及加热、除霜、雨刷等辅助装置；对监视范围较大的摄像机（如周界摄像机），应选用合适的可变镜头等。

（2）信号传输

由于摄像机数量多、分布广、信号传输距离远，应采取中继放大、光纤、射频等有效的传输方式，以保证信号的传输质量和可靠性。

（3）安全措施

由于室外摄像机及相关设备的存在，在多雷地区应采取一定的防雷措施，以保证设备和系统的安全与正常工作。

其他方面的问题可参考第 8 章有关 CCTV 部分的内容。

12.3.4　智能小区门禁控制管理系统

门禁控制管理系统是对电梯通道、消防通道以及重要出入口进行监视和控制的系统。

1. 工作原理

按照不同的监控要求，门禁控制管理系统主要有两种方式。

第一种，在需要监视和控制的出入口，安装门磁开关，用以监视门的开／关状态。安装电动门锁，控制中心除了可以监视这些门的状态以外，还可以直接控制这些门的开启和关闭，也可以利用时间程序控制门的开／关。设某一时间区间（上班时间 9:00a.m—18:00p.m），门处于开启的状态，当下班时间以后，门处于闭锁状态，也可以利用事件启动程序命令，如当发生火警时，立即自动开启相应楼层的紧急出口。

第二种，在需要监视和控制的出入口，除了安装门磁开关、电控锁，还要安装控制器，控制器可通过密码、指纹、掌纹和卡数据信号或密码加卡数据信号等方式控制电控锁的开／关。卡数据信号可通过读卡器读取。密码方式由于不易记忆，容易忘记，尤其是老人，所以在智能小区中用得较少。指纹、掌纹方式对系统性能要求较高，设备造价较高，也很少在小区中使用。智能卡不易被复制和伪造，具有高度安全性。同时智能卡读卡机具有多种智能报警功能，例如：非法使用读卡机，读卡机被破坏，读卡机被打开，电动门锁损坏，控制门开启超时，数据通信中断等情况发生，都会报警。所以智能卡控制的门禁系统广泛应用在智能小区中。

智能卡控制的门禁系统一般由管理中心设备（管理主机含控制软件、主控模块、协议转换器、主控模块等）和前端设备（含门禁读卡模块、进／出门读卡器、电控锁、门磁及出门按钮）两大部分组成。

系统根据门禁工作站设定的门禁管理模式和相关软件，通过现场设备，进行管理。读卡器直接连在现场控制模块上，用来读取卡信息。当持卡人刷卡后，读卡器就会向现场控制器（门禁读卡模块）传送该智能卡数据，由现场控制器（门禁读卡模块）进行身份比较、识别，如果该卡有效，现场控制器通过输出接口输出门锁打开信号，开启出入口通道。同时在门禁系统工作站上记录和显示持卡人的资料，如持卡人的姓名、区域、刷卡时间等。此时，该持卡人即可进入该区域。反之，该卡无效，门禁系统工作站同样会记录读卡信息并会根据设定发出其他动作如报警，提醒保安人员注意。系统采取总线控制方式，现场控制模块之间采用 RS-485 通信，与系统工作站之间采用 RS-485／RS-232 转换器，现场数据传送到多媒体计算机中。进一步的详细内容可参考第 8 章有关门禁系统部分的内容。

2. 系统功能

➢ 基于计算机监控与管理；

- 卡片使用模式；
- 出入等级控制；
- 实时监控功能；
- 电子地图功能；
- 记录存储功能；
- 时间程序管制；
- 顺序处理功能；
- 双向管制；
- 首次进入自动开启；
- 自检功能；
- 多级操作权限密码设定；
- 远程监控；
- 用户密码功能和多卡开门功能；
- 防胁迫功能；
- 联动控制功能。

市场上有多种品牌的高性能、技术成熟的门禁控制系统可供选用，设计者和用户可根据自己的需要选用。

12.3.5　小区巡更系统

智能小区巡更系统是小区安全防范系统的重要补充。通过小区内各区域及重要部位的安全巡视，可以实现不留任何死角的小区防范。巡更系统是在小区各区域内及重要部位安装巡更站点，保安巡更人员携带巡更记录器（卡、钮）按指定的路线和时间到达巡更点并进行记录，将记录信息传送到智能管理中心。管理人员可调阅、打印各保安巡更人员的工作情况，加强对保安人员的管理，实现人防和技防的结合。智能小区电子巡更系统应有如下功能。

- 实现巡更路线的设定、修改；
- 实现巡更时间的设定、修改；
- 在小区重要部位及巡更路线上安装巡更点；
- 中心可查阅、打印各巡更人员的到位时间及工作情况；
- 巡更违规记录提示。

巡更系统一般分为有线巡更和离线巡更两种。这两种系统并无太大的区别，只是有线巡更系统可以给巡更人员一种实时的保护。

1. 离线电子巡更系统

离线电子巡更系统由信息钮、巡更棒、通信座和计算机及管理软件组成。

系统先将信息钮安装在小区重要部位（需要巡检的地方），然后保安人员根据要求的时间沿指定路线巡逻，用巡更棒逐个阅读沿路的信息钮。便可记录信息钮数据、巡更员到达日期、时间、地点等相关信息。保安人员巡逻结束后，将巡更棒通过通信座与计算机连接，将巡更棒中的数据输送到计算机中，在计算机中进行统计考核。巡更棒在数据输送完毕后自动清零，以备下次再用。整个统计过程只需几分钟内完成，方便、准确。管理人员可随时查询各项报表，掌握第一手资料。也可以按月、季度、年度等方式查询，有效评估保安员的工作。

离线巡更系统无须布线，方便快捷；巡更棒体积小，便于携带；巡更棒、信息钮全不锈钢结构，耐酸、耐雨；系统投资少、安全可靠、寿命长，是智能小区首选的电子巡更系统。

2. 有线巡更系统

有线巡更系统是将读卡器或其他数据识读器安装在小区重要部位（需要巡检的地方），再用总线连接到控制中心的电脑主机上。保安人员根据要求的时间沿指定路线巡逻，用数据卡或信息钮在读卡器或其他数据识读器上识读，保安人员到达日期、时间、地点等相关信息实时传到控制中心的计算机，计算机可记录、存储所有数据。管理人员可随时查询巡更记录，掌握第一手资料。也可以按月、季度、年度等方式查询，有效评估保安员的工作。由于系统能实时读取保安人员的巡更记录，所以能对保安人员实施保护，一旦保安人员未在规定时间、规定地点出现，或是保安人员失职，或是保安人员出现意外，监控中心可采取相应的处置措施。

现在经常把巡更系统和门禁管理系统结合在一起。利用现有门禁系统的读卡器实现巡更信号的实时输入，门禁系统的门禁读卡模块实时地将巡更信号传到门禁控制中心的计算机上，通过巡更系统软件就可解读巡更数据，既能实现巡更功能又节省造价。此系统通常用在有读卡器的单元门主机的系统里。

有线巡更系统采用总线制连接方式，监控中心能实时监控巡更人员的巡更路线，并记录巡更情况。系统软件可将巡更人员、巡更点、巡逻路线和报警事件等报表打印，以供管理人员查询。系统对巡更点进行实时检测，对于漏检点及提前或未按时到达指定巡更点的事件自动产生报警。可以设定巡更路线，并可以任意更改。可以同时管理多条巡更路线上的巡更人员。

3. 巡更点设置

- 在小区重要部位设置巡更点；
- 在周界防范、闭路电视监控系统死角设置巡更点；
- 在重要设施、设备区域内设置巡更点；
- 在地下车库、地上停车场设置巡更点；
- 在主要通道、道路附近设置巡更点；
- 在安防中心附近设置巡更点。

12.3.6 楼宇对讲系统

住宅小区楼宇对讲系统是智能住宅小区最基本的防范措施。住宅小区楼宇对讲系统可分为可视与非可视两种，可视对讲系统住户能看到来访者的图像。

系统在小区的入口、住宅楼的入口、住户及小区物业管理中心（或小区安防控制中心）之间建立一个语音（图像）通信网络，有效地监控外来人员进入小区的行动，保护住户的人身和财产的安全。

小区楼宇对讲系统由对讲管理主机、大门口主机、门口主机、用户分机和电控门锁等相关设备组成。对讲管理主机设置在住宅小区物业管理中心（或小区安防控制中心），大门口主机设置在小区的入口处，门口主机设置安装在各住宅楼入口的墙上或门上。用户分机则安装在住户家中。

系统根据不同的需求有不同的配置。如可视、非可视、可视与非可视混合、单户型、单元型和连网型等。

1. 单户型

一般用在单独用户，如单体别墅。系统具有可视对讲或非可视对讲功能、遥控开锁功能。有的系统住户还能通过住户电视观看来访者图像，遥控开锁。

2. 单元型

一般用在多层或高层住宅。门口主机安装在住宅单元门口，用户机安装在住户家中。可实现可视对讲或非可视对讲、遥控开锁等功能。单元型可视或非可视对讲系统主机分直按式和拨号式两种。直按式的门口机上直接有住户的房间号，直接按房间号即可接通住户，直按式容量较小，特点是一按就通，操作简便。数字拨号式的主机上有0～9个数字键和相关的功能键。来访者通过数字、功能键实现与住户的联系。拨号式容量很大，能接几百个住户终端。这两种系统均采用总线布线方式，安装、调试简单。

3. 连网型

连网型的楼宇对讲系统是将大门口主机、门口主机、用户分机以及小区的管理主机组网，实现集中管理。住户可以主动呼叫辖区内任一住户。小区的管理主机、大门口主机也能呼叫辖区内任一住户。来访者在小区的大门口就能通过大门口主机呼叫住户，未经住户允许来访者不能进入小区。有的连网型用户分机除具备可视对讲或非可视对讲、遥控开锁等基本功能外，还接有各种安防探测器、求助按钮，能将各种安防信息及时送到管理中心。

单元门感应卡主机的感应卡门禁系统，可以在管理中心计算机上准确地记录出入感应卡人名和时间，并设定允许出入的时段。保安人员也可以利用感应卡进行巡更记录。

有关门禁系统进一步讨论可参考第8章的有关内容。

12.3.7　家庭安防系统

家庭安防系统是为了保护住户在住宅内财产安全和人身安全，而在住户室内设置的安防系统。在住宅内的门、窗及室内其他部位安装各种探测器进行监控，当监测到警情时，安装在住宅内的报警控制器将报警信号传输至智能化管理中心的接警计算机管理系统，管理计算机将准确显示警情发生的时间、住户名称、地址和所遭受的入侵方式等，提示保安人员迅速确认警情，及时赶赴现场，以确保住户人身和财产安全。另外，在住宅内发生非法侵入、病人突发疾病或其他突发事件而需要紧急救助时，住户也可通过固定式紧急求助系统或便携式报警装置向管理中心呼救报警，中心可根据情况迅速采取相应的处置行动。

1. 功能要求

（1）报警接收管理

家庭安防管理系统能够监视和记录入网用户向中心发送的各种事件，如：报警、求助事件、开关机报告、故障报告和测试报告等；通过电子地图或模拟盘，同步显示相关信息，即在防范地区的电子地图或模拟地图上实时显示发生事件的用户位置。

（2）处警功能

家庭安防管理系统能够记录报警发生的时间、地点和探头报警原因；记录处警过程并录音；向上一级处警单位转发警情。

（3）信息管理

家庭安防管理系统能够录入、修改、打印用户信息，统计查询用户信息，建立用户医疗档案；实时维护用户的撤、布防信息，测试信息；按接警、处警方法、警情性质查找统计各种警情信息，统计显示各种报警及误报原因，自动计算误报率，辅助中心管理，降低误报。

（4）住户报警控制器

住户报警控制器应适合于住宅使用，性能可靠；布、撤防方法简单；支持主要的通信格式；电池欠压后自动进行现场语音提示或向中心报告；自动向中心发送布、撤防报告。

（5）探测器

探测器应适合于住宅安装与使用，性能可靠；防范布置合理，有效；安装隐蔽性强，不影响住宅环境；同时，可在住宅安装或配置便携式医疗求助按钮及紧急安全求救按钮，与报警系统相结合，建立医疗看护求助系统及紧急安全求救系统。

2. 家庭安防系统组成

家庭安防系统由探测器、多防区报警控制器、接警中心报警控制主机、报警管理计算机及相应的通信网络组成。

（1）探测器

家庭安防系统中常用的探测器有磁控开关（门磁、窗磁）、红外线幕帘探测器、红外线-微波双技术探测器、玻璃破碎探测器、燃气泄漏探测器、烟感探测器和固定／便携手动求助按钮等。

① 磁控开关

磁控开关一般安装在大门、窗户上，也称门磁、窗磁。系统布防后，磁控开关设防（部分窗磁接在 24h 防区，从不撤防），一旦有人打开门、窗，就会报警。报警信号自动送到接警中心报警控制主机。

② 红外线幕帘探测器

红外线幕帘探测器是一种防护区窄长的探测器，一般安装在窗户和阳台门边，它适于保护窗户、阳台、门边窄长的区域，防止从窗户、阳台门入侵。而住户在客厅内活动不会触发探测器，以免误报。

③ 红外线-微波双技术探测器

红外线-微波双技术探测器一般安装于门厅、客厅、卧室中，探测器可以防范一个很大的区域，甚至可以覆盖整个房间。系统设防后，一旦有人非法闯入房间中，红外线-微波双技术探测器就会报警。对于有宠物的住户，还可用防宠物红外线-微波双技术探测器，以防止因宠物跑动引起的误报。

④ 玻璃破碎探测器

玻璃破碎探测器一般安装于靠近窗户的地方，一旦有人打破玻璃立即报警。

⑤ 燃气探测器

一般安装在厨房中，有效地防止燃气泄漏危及住户的生命，一旦燃气发生泄漏立即报警，同时通过联动设备及时切断燃气。现在家用燃气有两种，城市管道煤气和天然气，因为其物理特性不同，所以应根据不同的气体选用不同的探测器，采取不同的安装位置。

⑥ 烟感探测器

它一般安装在住户家中，如果家中一旦发生火灾就发出报警（工作原理详见本书第 7 章有关内容）。

⑦ 手动紧急求助按钮

固定式手动紧急求助按钮安装在卧室和客厅便于接触到的位置，便携式手动紧急求助按钮可随身携带或放置在任何便于接触到的位置，家中遇到紧急情况时可以通过它请求帮助。如家中有老年人或病人遇到突发情况时可及时按下手动紧急求助按钮，求助信号立刻送到小区管理中心，以便及时得到有效的救助。一旦有人非法入侵，也可及时按下手动紧急求助按钮，求助小区管理部门，及时得到有效的救助。

（2）住户报警控制器

住户报警控制器能接收多路报警信号，如上述的磁控开关（门磁、窗磁）、红外线幕帘探测器线、红外线-微波双技术探测器等送来的报警信号；在任何一路信号报警时，发出声光报警信号。

住户报警控制器能向报警中心发送报警信号。管理计算机的显示屏上立即显示相关信息，同时管理计算机存储报警信息或在管理中心的打印机上打印有关的报警信息。

控制器有不同性质的防区，如 24 h 防区，布、撤防防区，可通过编程确定防区的性质。

控制器带控制键盘和液晶显示器，可控制布防和撤防，有密码操作功能。

控制器具有布、撤防及布防延迟功能。

控制器应有可选配的电话接口。发生报警情况时，通过电话接口能自动依次向设定的电话发出报警信息。

（3）报警控制主机

报警控制主机用于接收住户家中安装的多防区报警控制器发出的报警或求助信号。报警控制主机能自动识别报警地址并自动显示在电子地图上。报警控制主机的存储器能保存报警信号的地址和时间。

（4）报警管理计算机

报警管理计算机对报警与求助信息进行显示、分类、存储、打印、查询等管理。

（5）通信网络

家庭安防系统中的家庭报警主机与接警中心报警控制主机信息交换依赖于报警通信网络。由于家庭报警主机的不同，所以组成的报警通信网络也有所区别。有的系统采用与可视、非可视对讲系统同网传输，有的采用家庭模块控制器，与其他家庭信息同网传输。如采用 Lon 总线同时传送报警信号、紧急求助、表具数据的多表远传系统，也可采用与其他家庭信息无关的报警专网传输的报警通信网络。不同的网络传输介质，可以是电话线、双绞线或光纤。由于通信网络的不同，家庭安防系统可分为以下两类。

① 与对讲系统公用网络的家庭安防系统

在与对讲系统公用网络的家庭安防系统中，家庭中的紧急求助、报警信号通过对讲系统通信总线送到报警控制中心。在该系统中安装在用户家中的对讲分机包含一个多防区的报警控制模块，家庭中的报警探测器连接在该模块上，对讲分机上增设一个布、撤防开关，完成对报警模块的布、撤防控制。报警控制模块同样可分不同的防区，对可以进行布、撤防控制的监控防区，有相应的布防延时功能。也有不受布、撤防开关控制的 24 h 防区，主要连接紧急求助按钮、燃气探测器、烟感探测器等 24 h 设防的探测器。由于报警控制模块的防区数有限，在家庭安防系统中经常把几个相邻的探测器通过串联或并联的方式连接在一个防区内，只要一个探测器报警，则该报警分区的报警信息就被送到报警中心。这里需注意两点，一是不同性质防区的探测器不能接在一个防区内，如不撤防的紧急求助按钮，不能与需要布、撤防控制的磁控开关、红外探测器处于同一个防区内，以免在不布防的情况下，无法进行紧急求助。同样，需要布、撤防控制的门磁开关或红外探测器也不能接入不能撤防的防区，否则，一开门窗就报警。二是要注意报警控制模块是采用报警探测器短路报警方式还是开路报警方式，如报警探测器短路报警，则所有的报警探测器应并联连接；如报警探测器开路报警，则所有的报警探测器应串联连接。

② 报警专网的家庭安防系统

在与对讲系统共网的家庭安防系统中，家庭的紧急求助、报警信号是与可视或非可视的对讲系统的语音信号同网传送的，具有结构简单，不需另敷报警线缆的优点。但当报警信号与对讲同时发生时，因为系统要求报警信号优先，将会影响对讲、开锁功能，或在对讲时混有报警声等缺陷。所以在一些要求较高的家庭安全防范系统中采用了与对讲系统分网的传输系统。报警信号可通过公共电话网、专用的报警网络传送到报警控制中心。

12.4　智能小区信息管理与设备监控子系统

12.4.1　智能小区信息管理与设备监控子系统的基本内容

建设部住宅产业化办公室制定的《全国住宅小区智能化系统示范工程建设要点与技术》和建设部和国家技术监督局联合发布的国家标准《智能建筑设计标准》（GB / T 50314—2000）把智能小区的信息管理与设备监控子系统分为以下几个部分：

- 对安全防范系统实行监控；
- 远程自动抄表与管理；
- 车辆出入与停车管理；
- 供电设备、公共照明、电梯、给排水、饮用蓄水池过滤、杀菌设备等设备监控管理；
- 紧急广播与背景音乐系统；
- 物业管理计算机系统。

车辆出入与停车管理在第 9 章作了专门讨论，安全防范系统子系统在本章前面已进行了简单说明，下面对其他几个部分进行简单介绍。

12.4.2　小区住户家庭远程抄表与计费管理系统

《小康住宅电气设计导则》要求对水、电、气和供热等计量表具实现远程抄表和数据传送。水、电、气和供热等表的现场数据通过远程抄表系统现场采集，再通过传输网络将抄表各表数据传送到智能化物业管理中心，实现各户各表数据的自动录入、费用计算并打印收费账单，实施收费管理。如需要时，可将相关数据传送到相应的职能部门。该系统彻底改变了传统的居民住宅水、电、煤气等生活耗能逐月入户验表收费方式，自动抄表系统避免入户抄表扰民和人为读数误差。

水、电、气和热等表具远传自动抄表的各种数据，应可随时查询、统计，并能打印出整个小区各表读数与计费情况。远程抄表与计费管理系统可实时检测系统运行状况，并进行故障报警。

1. 远程抄表与计费管理系统组成

远程抄表系统主要由数字（脉冲）式水表、电表、气表等计量表具、住户数据采集器、数据采集终端、传输系统和管理计算机等设备组成。具有数字或脉冲输出的表具作为系统前端计量仪表，对用户的用水量（生活用冷热水、空调冷热水、纯净水）、用电量、用气量、用热量进行计量。住户采集器对前端仪表的输出数据进行实时采集，并对采集结果进行长期保存。当物业系统管理主机发出读表指令时，住户采集器立即向管理系统传送计量数据。住户采集器和物业管理主机采用双方约定的通信协议进行通信，确保传输过程数据信息的正确性。管理系统负责计量数据采集指令的发出、数据的接收、计费、统计、查询、打印等，以及根据需要将收费结果分别传送到相应物业部门的管理计算机中。

（1）计量表具

现在使用的家用计量表具主要有两种类型。

① 基于传统工作原理的计量表具

这类数字式水表、电表、气表、热量表在传统表具基础上增加了脉冲传感器，将原来的计量数据转换成脉冲信号输出，系统对采集到的脉冲进行累计和换算，转换出用户的用水量、用电量、用气量、用热量。此方式主要存在两个缺点，一是在脉冲计数时，由于表盘的抖动和传输过程中的电磁干扰等因素，易引起脉冲丢失或多计脉冲。因此在使用一段时间后，脉冲计数方式的抄表数据与表计窗口值不一致，系统需不断修正，易引起管理部门与用户的纠纷。二是由于脉冲计数的累加性特点，需加装电子存储元件记忆脉冲数，而存储元件内数据易受干扰，影响数据精度。

② 新型专用计量表具

为了适应远程抄表系统的需要，生产厂家推出了远程抄表专用的直读式计量表具。

直读式计量表具具有以下功能和特点：

- 直读式计量表具的窗口值，不需脉冲转换、累计、换算，没有累计误差。
- 直读式计量表具直接读取表具的计量数据即“窗口值”，表内不需设置表底数、表常数等参数，无须存储数据，真正实现了“读表”计量。
- 直读式计量表具的电子模块与表内的计量装置没有机械接触，不影响计量精度。

（2）数据采集器

数据采集器完成对计量表具输出数据的采集。数据采集功能如下：

- 即时抄取居民用户的电表、水表、燃气表、热量表窗口显示值数据。
- 统计当月用电量、用水量、用气量、用热量数据。
- 指定抄表日用电量、用水量、用气量、用热量（抄表日可设置）的抄取。
- 对数据进行统计分析，判断用电量等是否异常。
- 一个数据采集器可以对多个数字表具输出数据进行采集。

（3）数据采集终端

数据采集终端以多机通信方式采集数据采集器中的表数据，然后进行处理、存储，并通过通信总线与总控室的系统控制计算机相连。一个数据采集终端可以连接几十个数据采集器。

（4）通信网络

数据采集终端可采用无线、有线、宽带网或电力线与控制中心管理计算机连接。

无线方式是将数据采集终端采集的表数据组成一个文件夹，然后将其调制到微波波段，经发射机发射，控制中心的接收机接收解调后送入管理计算机。

有线方式是数据采集终端采集的数据用RS-485总线或LonWorks总线经专门传输网络连接到控制中心管理计算机。

数据采集终端采集的数据也可通过小区的局域网采用 TCP / IP 协议方式传送到控制中心管理计算机。

数据采集终端采集的数据也可通过电力线采用载波的方式传送到控制中心管理计算机。

（5）管理中心

管理中心通过管理计算机实现各项或其中的一部分功能。

- 查询管理网络中任一用户的表数和各月用量及应交的费用。
- 查询某一栋楼当月各表的总量和当前各表的数码及总费用。
- 修改各户、各表底数和修改户主的姓名。
- 查询上月费率，输入本月费率。
- 报表打印，按月份打印出某单元、某用户的月用量及费用。
- 打印某单元或某栋楼的当前的各表底数。
- 打印各用户月用量及应交费用的通知单。
- 在已经创建的数据库文件上增加新用户的各表数据。
- 可以根据用户的需要编制相应的软件，以满足用户的不同需要。

2. 系统功能

（1）控制功能

系统具有断电、停气功能。当用户恶意拖欠费用，拒不交款时，管理人员可下发断电、停气命令，通过执行机构启动该用户的断电、停气装置，暂时停电、停气。当用户交款后，再恢复供电、供气。

（2）费用结算

能够进行费用结算和费率调整。

（3）系统数据安全

- 操作员有权限设置，一般人员无法更改系统数据。
- 用户密码口令管理，非系统管理人员无法进入。
- 数据采集器密码管理，一般人员无法更改采集器数据。

（4）事件记录

- 系统事件记录。如用户登录、修改费率、更换表具等系统计算机有详尽记录。
- 电量、水量、煤气用量超限报警记录。

（5）信息查询与报表打印

（6）运行状态监视与系统维护

12.4.3 智能监控管理系统

智能小区居民的正常生活离不开小区公共机电设备，如小区的加压给水泵损坏将影响住户的用水，电梯的损坏将影响住户的出行，小区的公共照明如路灯、走廊灯损坏影响用户的夜行，等等。因此小区公共机电设备的正常运行是小区居民正常生活的保证。

1. 小区公用机电设备监控内容

“导则”要求小区智能化系统对供电设备、公共照明、电梯、供水等主要设备实施监控管理。对小区的给排水系统、供配电系统及电梯等进行工作状态的实时监测和控制，实现公共设备的最优化管理并降低故障率。同时利用传感器技术、网络通信与控制技术，根据自然光亮度和使用要求，采用智能开关方式和定时自动控制方式实现公共照明及环境灯光的自动控制，达到优化整个小区灯光照明，延长灯具寿命和节约能源的目的。机电设备监控管理系统监控内容有以下几个方面。

- 给排水设备（水泵、电控阀等相关设备）运行状态显示控制、查询、故障报警。
- 蓄水池（含消防水池）、污水池的水位高低检测。
- 饮用蓄水池过滤、杀菌设备控制监视。
- 供配电设备状态显示、查询、故障报警。
- 电梯运行状态显示、控制、查询、故障报警及停电时的紧急状况处理。
- 公共照明开启、关闭时间的设定。
- 公共照明控制回路的开启设定。
- 灯光场景的设定及照度的调整。

2. 供配电系统的监控

随着人们居住条件不断改善，家用电器日益增多，用电量大大增加。同时人们对小区环境要求也不断提高，小区内的机电设备越来越多，系统也越来越复杂，对小区的供电提出了更高的要求。

智能小区的供配电系统直接与城市的供电网相连，作为城市供电网的一个终端，供配电系统的安全运行也关系到城市供电网安全，正因为这个特殊的原因，通常只对该系统进行必要的实时监测和相应的开／关控制。监测的主要内容包括：各系统开关状态、供电电流、电压、频率、功率、功率因数等电量参数并予以记录，以备后查；对异常情况进行报警和记录；系统对小区的供配电系统实现远程监控和集中管理。详细内容见本书第5章。

3. 给排水系统监控

智能小区给排水系统是小区的重要生活设施，系统为小区居民提供生活用水和污水的排放服务。系统的给水分生活用（冷热）水、纯净水、消防用水等几部分。系统的排水主要是生活污水的排放。

对给排水系统实施集中管理和分散控制的管理方式。详细内容见本书第4章。

4. 电梯运行状态监控

电梯是小区高层建筑最主要的垂直交通工具。电梯运行状态，直接关系到居民出行是否方便和安全。通过对小区建筑物内电梯运行情况的远程监控和集中管理，使小区的管理人员能够及时掌握电梯的运行情况，保障电梯的正常运行。详细内容见本书第5章。

5. 小区灯光照明系统监控

根据功能不同，小区灯光照明及控制可分为以下几部分。

（1）常规公共照明

常规公共照明包括小区道路、广场、周界、门厅、楼梯、地下停车场等的照明，主要满足正常生活和工作所需。通常可以根据现场的照度、声音（声控）自动实现对公共照明系统的开／关控制。也可以通过现场控制器的程序实现对公共照明系统的定时开／关控制，或通过监控中心实现公关照明的远程控制。

（2）应急照明

应急照明包括高层住宅的疏散通道应急照明、共公场所的应急照明等，主要满足建筑物出现事故时的照明。可以通过消防自动报警系统联动和动力故障联动的方式控制。

（3）景观与装饰照明

小区景观与装饰照明主要满足建筑物外观、小区景观与小区环境的美化要求，用于美化小区，为住户创造美好的生活环境。可以由现场控制器通过现场照度或控制程序实现对装饰照明系统的节假日、每周、每天的定时开 / 关控制。

（4）建筑航标照明

高层住宅的航空障碍灯，主要满足高层建筑物的安全照明。可以通过现场照度或控制程序实现对建筑障碍照明的定时开 / 关控制。

关于照明控制系统的详细内容见本书第 5 章。

6. 智能小区机电设备控制的特点

智能小区机电设备控制与前面第 3 章到第 6 章讨论的建筑设备自动控制原理基本相同，另外也有一些不同之处，主要体现在以下几点。

- 大楼设备控制以空调系统为主，以节能为主要目标。小区中很少有中央空调系统，主要为水泵控制、灯光控制。
- 大楼设备控制有温度、湿度等模拟量控制要求。而小区主要为水泵开 / 关控制、灯光开 / 关控制。
- 大楼设备主要分布在大楼内，相对集中。而小区往往由多个楼座、多处设备间组成，机电设备更加分散。

针对这些特点，在小区智能化系统的设计时必须进行综合、全面考虑。

7. 小区公共广播与背景音乐

小区公共广播与背景音乐系统是在小区广场、中心绿地、道路交汇处等位置设置音箱、音柱等放音设备，由管理中心集中控制，可在节假日、每日早晚及特定时间播放音乐，也可通过遍布于小区内的音箱播放一些公共通知、科普知识、娱乐节目等。同时，在发生紧急事件时可作为紧急广播强制切入使用。小区公共广播与背景音乐系统功能要求如下。

- 平时播放音乐节目，在特定分区可插入业务广播、会议广播和通知等。
- 当火灾及其他紧急事件发生时，可切换至火灾报警广播或紧急广播。

小区公共广播与背景音乐系统由分布在播音现场的音箱、音柱和安放在控制中心的声源、声源选择设备、功率放大器、分区控制器等组成。

12.4.4　小区物业计算机管理系统

智能化住宅小区的家庭安防、停车场管理、电子巡更、周边防范、闭路监控等系统，给小区各住户提供全方位、可靠的安全服务；小区机电设备的自动控制保证了小区各住户的正常生活。

但是，如果只有智能化的分系统，而没有高质量的管理，就不可能充分发挥各子系统的功能效果。智能化住宅小区的管理者应该运用现代化的计算机管理手段，结合相应的软件管理，为物业管理水平创造条件。

“导则”要求物业计算机管理系统对物业管理中的房产、住户、服务、公共设施、工程档案、各项费用及维修信息资料进行数据采集、传递、加工、存储、计算等操作，反映物业管理的各种运行状况，实现信息共享，方便物业公司和住户信息沟通。小区物业计算机管理系统应含有以下几个功能。

1. 房产管理

房产管理包括房屋的数量、建筑形式、产权情况、完好程度、使用状况、房屋日常保养、修缮，以及供电、供水、供气、供暖和通信等设施的日常运营、保养、维修与更新的管理。

（1）住户房产管理

➢ 房产管理；
➢ 产权管理；
➢ 装修、维修管理。

（2）小区房产管理

➢ 住宅楼示意图；
➢ 单元资料登记；
➢ 单元示意图；
➢ 环境卫生管理；
➢ 小区绿化管理。

2. 设备管理

（1）设备资料管理

设备资料管理包含对安全防范设备、车辆管理设备、小区机电设备、卫生绿化设备和通信网络设备等资料的管理。

（2）设备运行、维护记录管理

设备运行、维护记录管理包括供配电设备运行、维护记录；水泵、污水泵运行、维护记录；电梯运行、维护记录；公共照明运行、维护记录；电视监控、门禁、电子巡更、周界防范等系统设备运行、维护记录；卫生绿化设备使用、维护记录；电话、有线电视、小区局域网等设备运行、维护记录。

3. 房屋维修管理

房屋维修管理包括房屋及房屋设备维修、房屋装修管理和对公共设备定期检查、维修的管理。如维修申请、维修记录、维修费用、维修结果存档。

4. 住户投诉管理

住户投诉管理包括住户对房屋、设备、收费、物业管理等投诉，并保存对住户投诉的处理结果等信息管理。

5. 小区安保管理

小区安保管理主要包括下面安保子系统及其信息管理：

➢ 家庭安防信息；
➢ 闭路电视系统；
➢ 巡更系统；
➢ 门禁系统；
➢ 周界防范系统；

- 车辆出入口管理系统；
- 消防管理系统。

6. 收费管理

- 住户水表、电表、燃气表、热量计量表具实时记录与日用量、月用量统计记录。
- 水、电、燃气、热、物业管理费率设定、调整。
- 水、电、燃气、热、通信、物业管理及其他费用存档、查询、交付。
- 维修服务、车辆管理费用存档、查询、交付。
- 住户费用预交付。
- 小区奖励、罚没资金、滞纳金、人员工资的管理。

7. 物业公司信息管理

8. 其他项目管理

12.5　智能小区通信与信息网络子系统

12.5.1　小区通信与信息网络子系统

智能住宅小区通信与信息网络应能支持语音、数据、图像等业务信息的传送。除了满足住户对电话、计算机、娱乐、保安、远程信息服务、控制、视频等业务的需求以外，还需解决小区内的通信网络与公用通信网的接口问题，即建设一个开放性的网络，将小区建成一个安全、便利、节能、舒适的生活和工作环境。

智能小区的信息网络系统是完成小区信息传输的高速通道，实现小区语音信号、数据信号、视频信号、控制信号的传输。小区通信与信息网络子系统包括以下部分。

1. 语音信号传输系统

小区语音信号传输系统主要分为两部分。

（1）小区对讲系统

小区对讲系统主要实现门口机、小区物业管理中心用户间的通话，由专门的通信网络组成。

（2）住户的电话通信系统

住宅小区住户的电话业务主要由公用市话网的所在地电话局提供，电信部门主管运营和维护。利用公用电话网的交换局设备或在小区内设置用户远端模块局，可为住户提供市话、长话、特服（如 112、114 等）、各种新业务以及公用网所开放的增值信息业务，大约有 20 多种。住宅小区的住户相对比较集中，小区的规模又各不一样，因此在小区物业中心的机房内可设置用户远端模块局，这也是电信部门推荐的一种建设方案。

2. 视频信号传输系统

小区视频信号传输系统同样分为两部分。

（1）小区电视监控（CCTV）系统

小区电视监控系统传输安全防范的图像监视信号，由专门的传输网络传输。详见第 8 章。

（2）小区广播电视信号系统

电视信号通过 860 MHz 分配网络分配到用户。有关系统工作原理和设计方面的详细内容请参考闭路电视系统的有关技术资料。

3. 数据信号传输系统

小区数据信号传输系统分为两部分。

（1）小区的智能子系统数据传输

如小区表具数据的传输、小区一卡通系统的数据传输等，由专门的传输网络传输。

（2）小区住户之间及与外部的数据通信

通过在小区内部建立高速局域网，并与公网进行宽带连接后，为小区住户进行数据传输、Internet 连接等功能。

4. 控制信号传输系统

小区控制信号传输系统由小区机电设备的控制信号传输系统、闭路电视监控系统的控制信号传输系统等组成，小区控制信号传输系统也由专门的传输网络组成。

住宅小区住户的电话业务由公用市话网的所在地电话局提供，电信部门主管运营和维护。各个子系统的专用网络在相关子系统中已作了说明，下面只简单介绍智能小区接入网与区域网的有关内容。

12.5.2 智能小区接入网与区域网

1. 住宅小区接入网

智能小区的通信接入网是建立智能化住宅、小区综合管理中心以及与外界广域网进行信息交互的纽带。小区通信接入网是智能小区最基本的投资项目之一，关系到小区开发商的投资费用、小区通信与网络现代化程度以及提供综合信息与资讯服务的能力。

小区通信接入网的建设应充分考虑到不同住宅小区的实际情况，包括住宅小区的等级档次、用户的知识层次等。宽带接入提供更快的速率，使小区住户能够接受服务商提供的增值服务，现已成为小区智能化的主要标志。

一般说来，小区通信接入网的建设可以通过两种方式来实现。一种是在现有家庭通信接入网的基础上，提升和完善现有接入网的技术性能，来满足用户传输中、低速数据和图像的需求，即 FTTC（Fiber to the Curb，光纤到路边）/ 双绞线或 FTTB（Fiber to the Building，光纤到楼）/ UTP（Unshield Twisted Pair）铜缆方案。这种方案的最大优点是前期投入少，但后期的升级费用大。该方案可实现用户对低速数据和图像的需求，而用户对高速数据和图像的需求则需要以技术的更新和系统的升级为代价来实现。

另一种是控制网络和数据网络各自单独设网，在建设小区的同时高质量地建设控制信息和数据信息的传输和处理系统，现多采用园区网技术来建立小区局域网。在保证系统高度可靠的基础上，留有满足未来需求的发展容量。虽然一次性投资较大，但未来运行期间不需要再购置较大的设备，也不需要进行系统的升级。

住宅小区接入网按传输介质来分，可分为如下五类。

（1）纯双绞线铜线接入技术

异步拨号 Modem 和 ISDN（Integrated Services Digital Network，综合业务数字网）是传

统接入方式，新的铜缆用户线技术主要有非对称数字用户线系统（ADSL，Asymmetic Digital Subscriber Line），它利用一对双绞用户线对，非对称传输信号传输，下行信道可提供 1.5～6 Mbps 的分配业务，传输距离可达 3～5 km；上行信道为 64 Kbps 双工传输数据或话音。也可采用甚高速数字用户线（VDSL，Very-High-Speed Digital Subscriber Line）。

（2）混合光纤 / 双绞线铜缆网

混合光纤 / 双绞线铜缆网具有很好的发展潜力，普遍的做法是采用 FTTC、FTTR（Fiber to the Radio，光纤到远端节点）、FTTB 等与铜缆混合，是铜缆向纯光纤网过渡的理想方案。

（3）光纤/同轴电缆混合网（HFC）

光纤 / 同轴电缆混合网（HFC，Hybrid Fiber-Coax）是采用频率分割、数字压缩、调制解调等技术，在有线电视 HFC 网上，除传送常规的广播电视信号外，还可以进行高速的数据传输，将计算机、电话机、电视机有机地结合在一起，实现图像、数据和语音“三合一”，达到共网传输的目的。

（4）纯光纤网

纯光纤网是指传输介质全部采用光纤连接到用户的网络，即光纤到家（FTTH，Fiber to the Home）、光纤到办公室（FTTO，Fiber to the Office）、光纤到桌面（FTTO，Fiber to the Desk）。

（5）无线接入网（WLL）

无线接入网（WLL，Wireless Local Loop）采用公用移动网技术及无绳电话技术，不受地域限制，灵活、方便。

目前，以光纤接入占主导地位。在接入网中主干部分采用光纤作为传输介质的称为光纤接入技术。由于光纤网络单元所设位置不同，可分为光纤到户（FTTH）、光纤到路边（FTTC）、光纤到楼（FTTB）等。

2. 住宅小区局域网

在住宅小区智能化系统中，计算机局域网是实现“智能化”的关键，即应用计算机网络技术和现代通信技术，建立局域网并与 Internet 互连，为住户提供完备的物业管理和综合信息服务。

（1）建立局域网的必要性

① 经济、快速

局域网一方面能为住户提供高速、经济的 Internet 接入服务；另一方面，住户许多常用的信息服务可以直接免费或廉价地从局域网内获取，而不需上 Internet，如内部 E-mail、常用网站浏览、网上图书馆、网络教育、网上游戏、软件下载等。而且数据在局域网内传输的速率比上 Internet 快得多。因此，局域网代表着当今通信最经济、最快速、最有效的手段。

② 物业管理的需要

物业管理中办公自动化、家居服务、日常生活资讯等功能的实现离不开局域网。

③ 数据安全

在局域网的门户设防火墙能有效地保障整个小区内的数据安全和防止病毒的侵入。

（2）小区局域网的构成

小区局域网结构以由接入网、信息服务中心和小区内部网络三部分构成。

① 接入网

一般系指局域网与 Internet 的连接方式。地区用户接入方式可以有多种选择，可以由电信局、有线电视台或其他 ISP（Internet Service Provider）提供该业务。

② 信息服务中心

信息服务中心是小区局域网的心脏，由路由器、防火墙、Internet 服务器、数据备份设备、交换机、工作站等硬件设备和网络操作系统、Internet 应用服务、数据库、网络管理、防火墙等软件以及针对小区实际需要而二次开发的应用软件等组成。小区是否设信息服务中心应视建设规模和业主的投资情况而定，其功能和提供的服务通常是随着小区的建设和实际需要而逐步完善的。

③ 小区内部网络

小区内部网络是将住户连接到信息服务中心的高速公路和运载工具。内部网络的构成可以有多种选择，如 155 Mbps～1.2 Gbps 的 ATM（Asynchronous Transfer Mode），100 Mbps 的 FDDI（Fiber Distributed Data Interface），快速以太网，20 Mbps 的 ARCnet，16 Mbps 的令牌环等技术。对于住宅小区而言，采用快速以太网是最经济实用的选择。以太网组网便宜、网络产品成熟、可支持各种不同媒体的标准、多供应商的产品能够混合使用，其星型结构利于系统的扩充、升级和维护，符合住宅小区分期开发、分步扩充的特点。

快速以太网分交换式 100Base-T 以太网和共享式 100Base-TX 以太网两种，可支持铜线和光纤（不支持同轴电缆）。

在办公楼、综合楼设计综合布线系统（PDS，Primises Distribution System），理论上各智能化系统的线路皆可纳入 PDS，实际工程中，一般皆是数据传输和语音传输的综合，具有灵活性好、兼容性强的特点。在住宅中没有灵活要求，只要设计中布置出口位置合适就可以了，而且住宅中电话使用只是用于通话，电话线传输介质比 UTP 非屏蔽双绞线价格便宜很多，在住宅小区智能化设计中为节省投资，电话系统可不纳入 PDS，因此，PDS 仅作为智能化住宅小区的高速数据传输使用。由于其不占电话线和电视同轴电缆，所以不影响打电话、看电视。小区内其他智能化系统，按各自的要求分别独立，线路可以集中敷设。

优秀智能小区的成功经验表明，采用共享网络资源方式，集体用户可以利用公共通信网络资源，分享局域网出口带宽。根据用户的实际需要，局域网接入公众网，可采用 ISDN 和 DDN（Digital Data Network）方式。ISDN 和 DDN 可按带宽“出售”使用，按需要购买，线路用户共享，只需配一块标准以太网卡，减少了网络使用费用。由于住宅小区在建设中，已经具备了理想的信息传输基础设施，用户上网的速率取决于“购买”的出口带宽，使上网速率大大提高，并且提高了用户接入 Internet 的可靠性。

12.6　智能小区中的其他子系统

12.6.1　家庭智能化系统

家庭智能化系统到目前为止还没有一个统一的定义。一般认为，家庭智能化系统是在计算机技术、网络技术、通信技术以及多媒体技术支持下，体现“以人为本”的原则，综合家庭通信网络系统（HCS，Home Communication network System）、家庭设备自动化系统（HAS，Home　Automation System）、家庭安全防范系统（HSS，Home Security System）等各项功能，为住户家庭提供安全、舒适、方便和信息交流通畅的生活环境。

家庭智能化系统通过总线与各种类型的模块相连接，通过电话线路、计算机互联网、CATV 线路与外部相连接。家庭智能化系统根据需要向各种类型的模块发出各种指令，综合实现以下三个主要方面的家庭智能化功能。

1. 家庭通信网络的功能

（1）语音通信

通过电话线路双向传输语音信号和数据信号。

（2）计算机互联网

通过互联网实现信息交互、综合信息查询、网上教育、医疗保健、电子邮件、电子购物、股票交易等。人们足不出户便可完成火车票、飞机票查询、预订；能从与 Internet 连网的世界各大学、传媒广播公司、图书馆及各种信息系统得到免费提供的服务，让每个家庭都能得到全方位的教育机会；可在电脑屏幕上浏览各个大商场的商品，掌握从商品的外观到性能及价格的详细信息，并进行订货购买。

住户通过家庭智能网连接 Internet，在家中炒股、享受远程医疗服务，在 Internet 上与网上其他成员一起游戏。

（3）视频通信

通过 CATV 线路实现 VOD 点播和多媒体通信。

2. 家庭设备自动化的功能

家庭设备自动化主要包括电器设备的集中、遥控、远距离异地的监视、控制及数据采集。

（1）对家用电器进行监视和控制

按照预先所设定程序的要求对空调、微波炉、开水器、家庭影院、窗帘等家用电器、设备进行监视和控制。

（2）电表、水表、煤气表及热量表的数据采集、计量和传输

根据小区物业管理的要求在家庭智能化系统设置数据采集程序，可在某一特定的时间通过控制器对电表、水表、煤气表和热能用量进行自动数据采集、计量，并将采集结果传送给小区物业管理系统。

（3）空调机的监视、调节和控制

按照预先设定的程序根据时间、温度、湿度等参数对空调机进行监视、调节和控制。

（4）照明设备的监视、调节和控制

按照预先设定的时间程序分别对各个房间照明设备的开、关进行控制，并可自动调节各个房间的照明度。

3. 家庭安全防范的功能

家庭安全防范主要包括火灾、可燃气体泄漏、防盗自动报警、安全对讲、紧急呼救等。家庭智能化系统按等级预先设置若干个报警电话号码（如家人单位电话号码、手机电话号码、寻呼机电话号码和小区物业管理安全保卫部门电话号码等），在有报警发生时，按等级的次序依次不停地拨通上述电话进行报警（可报出是家中哪个系统报警了）。

（1）火灾自动报警

通过设置在厨房的感温探测器和设置在客厅、卧室等的感烟探测器，监视各个房间内有无火灾的发生。如有火灾发生，家庭控制器发出声光报警信号，通知家人及小区物业管理部门。家庭智能化系统还可以根据有人在家或无人在家的情况，自动调节感温探测器和感烟探测器的灵敏度。

（2）燃气泄漏报警

通过设置在厨房的煤气（可燃气体）探测器，监视煤气管道、灶具有无煤气泄漏。如有

煤气泄漏，家庭智能化系统发出声光报警信号，并通知家人及小区物业管理部门。

（3）防盗报警

防盗报警的防护区域分成两部分，即住宅周界防护和住宅内区域防护。住宅周界防护是指在住宅的门、窗上安装门磁开关、玻璃破碎探测器；住宅内区域防护是指在主要通道、重要的房间内安装红外线-微波双技术探测器。当家中有人时，住宅周界防护的防盗报警设备设防，住宅内区域防护的防盗报警设备撤防。当家人出门后，住宅周界防护的防盗报警设备和住宅区域防护的防盗报警设备均设防。当有非法侵入时，家庭智能化系统发出声光报警信号，通知家人及小区物业管理部门。另外，通过程序可设定报警点的等级和报警器的灵敏度。

（4）对讲系统

住宅的主人通过对讲设备与来访者进行双向通话或可视通话，确认是否允许来访者进入。住宅的主人利用安全对讲设备，可以对大楼入口门或单元门的门锁进行开启和关闭控制。

4. 紧急呼救

当遇到意外情况（如疾病或有人非法侵入）发生时，按动报警按钮向小区物业管理部门进行紧急呼救报警。

5. 设计原则

家庭智能化系统设计与设备选用主要根据以下几个基本原则来考虑。

（1）用户的基本要求

根据用户提出有哪些被控设备及监视控制要求（功能要求）等因素，来对家庭控制器组成进行配置，包含模块种类的选择和各种模块数量的选择。

（2）住宅和小区的建设标准

根据住宅和小区的建设标准、智能化水平、各个家庭的经济水平，选择相应的家庭智能化系统。

（3）扩展功能

家庭智能化系统要有一定的扩展功能，考虑能适应今后发展的需要。

12.6.2 智能小区一卡通系统

使用一张经过授权的智能卡，通过智能小区的一卡通系统完成小区门禁、停车场、娱乐、收费、考勤等功能服务。系统以管理计算机和主控模块为核心，通过小区的信息网络连接分布在小区各个地方的功能模块，实现集中管理。

1. 控制中心

智能小区一卡通系统的控制中心由中央计算机及相关软件、发卡器、打印机等设备组成。系统主要功能为以下几点。

- 卡管理：新卡发放、充值、修改、查询、挂失等。
- 系统设备功能设置：对读卡器、读卡控制模块功能及权限的设置。
- 计费及报表功能：消费、收费及其他功能报表。
- 软件设置修改：软件参数修改和升级。

2. 一卡通系统中的门禁子系统（参见门禁控制管理系统）

3. 一卡通系统中的停车场子系统（参见停车场管理系统）

4. 一卡通系统中的考勤子系统

任何一台读卡器、读卡控制模块加上考勤管理软件和代表工作人员身份的非接触式 IC 卡组成智能 IC 卡考勤子系统。工作人员上／下班时只需让卡在读卡器感应区前经过，读卡控制器记录下持卡人身份、上／下班时间，完成对持卡人的考勤。

读卡控制模块可以连网工作，也可以脱离系统独立工作，考勤记录存储在控制模块的存储区内，通过手持电脑读出。考勤管理系统（软件）能自动生成各种出勤报表，管理人员可根据需要查询考勤原始记录。

5. 一卡通系统中的收费子系统

IC 卡收费子系统由感应式 IC 卡收费机、后台管理系统等组成。小区住户只要带一张 IC 卡就可以完成各项缴费。如水、电、燃气等费用，小区住户通过刷卡，收费系统的后台管理系统自动调出当月水、电、燃气等费用，在用户 IC 卡扣除，并显示余款，完成缴费过程。如 IC 卡存款不够付款，读卡器自动报警，提示用户及时补充存款或缴费失效等。小区住户也能利用 IC 卡，有偿使用小区各类健身、娱乐设施和就餐消费、购物等。

IC 卡收费机可以连网工作，也可以脱离系统独立工作，若网络系统出现故障，并不影响收费机的使用。

IC 卡收费管理系统（软件）与收费机能够自动生成各种报表，用户也可按需要查询消费记录。

12.6.3 智能小区 VOD 点播系统

随着信息技术的快速发展和人们对信息获取的要求越来越高，人们已不再满足以往被动的信息获取方式，而是希望能够主动地选择与获取信息。视频点播（VOD，Video on Demand）就是一种交互式选择与获取信息的方式，可以通过网络主动地获取所要的信息。早期的视频点播只是用在娱乐场所视频图像（录像片、卡拉 OK 光碟）的点播。而现在丰富的信息资源、高速的通信网络，使得视频点播已经扩展到各个领域。通过 VOD 点播系统，人们可以看到喜欢的电影、戏剧、文艺演出和体育比赛，可以从网上图书馆查阅各种资料，可以从网上得到医疗救助，人们可以接受远程教育。

根据传输介质的不同，VOD 系统可分为基于有线电视的同轴电缆网（HFC）和局域网（LAN）两大类型。

VOD 系统由中央站、宽带传输系统、用户接入网、用户终端设备等几个部分组成。VOD 系统既可采用集中处理结构，也可采用集中管理、分布处理的方式；并可灵活地选用 HFC、FTTB、FTTC、ADSL、VDSL 等多种接入方式，用户机顶盒可根据需要采用与接入方式匹配的接口，通过电视机、PC 进行视频／音频／数据的显示和通信。

1. 中央站

中央站由节目数据库、视频服务器、播放控制系统等构成。

节目数据库是一个存储系统，可以存储大量经压缩的图像节目和其他信息，需要时可立刻下载给视频服务器。

视频服务器能够存储至少几百小时的图像节目。视频服务器保存的大量经压缩的图像节目可通过网络为用户提供所需的服务，同时也包含实时的经 MPEG（Motion Picture Expert Group）编码器接入的实况转播。

视频服务器的高速数据处理能力保证了用户对大量视频节目、商务信息及其他服务的即时访问。视频服务器能支持几百个同时进行而又相互独立的访问。它的显著特点是访问的独立性。多个用户可在任何不同的时间，同时从同一个节目的开始观看同一个节目。

视频服务器通过与用户之间直接的、实时双向交互来控制节目的播放，包括节目的选择、播放过程的开始与终止、播放速度的控制及不同节目之间的动态切换等。

VOD 视频服务器通过相应的软件协调各项动作，同时提供友好的用户界面。VOD 视频服务器具有一套加密及用户访问控制机制来防止非法用户访问。

播放控制系统用来管理和分配信息资源，并为用户提供相关服务操作。同时管理和控制用户的点播要求，给用户提供服务索引和所需要的图文信息。

播放控制系统用于管理用户到 VOD 视频服务器的连接。VOD 系统将服务清单传给用户，用户从服务清单中选择节目并将信令传给视频服务器，视频服务器按用户要求，通过网络操作将节目发到用户终端。

播放控制系统还能对系统的工作状态实施实时的监控、记录、保存。

2. 宽带传输系统

宽带传输系统由干线传输系统和分配系统组成。宽带传输系统上传用户查询、点播要求，下传 VOD 视频服务器及其他信号源的信息至用户。干线传输系统可以有光纤、同轴电缆和无线传输方式等供选择。

3. 用户终端设备

机顶盒是家庭用户的终端设备，机顶盒的基本功能是对 MPEG 信号解码并有与普通电视机的接口。还有条件接入（编码）、口令控制、智能卡等其他功能。具有高性能处理平台，可提供图形用户接口、语音识别、动画制作和游戏等。另一类结构将网络终端从机顶盒分离出来，两者间多采用 E1 / V24 接口，可提供下行连接和双向控制功能。

基于 Web 设计的 VOD 视频点播系统，能够与 Internet 无缝结合，使用个人 PC 用浏览器进行点播，基本无须维护，VOD 服务对用户来说仅仅是个网站而已，操作简便，因此，对智能小区来说，基于 Web 的 VOD 系统具有很强的生命力。

主要参考文献

1 华东建筑设计院. 智能建筑设计技术（第二版）. 上海：同济大学出版社，2002.

2 秦兆海，周鑫华. 智能楼宇技术设计与施工. 北京：清华大学出版社，2003.

3 马飞虹. 建筑智能化系统-工程设计与监理. 北京：机械工业出版社，2003.

4 施仁，刘文江. 自动化仪表与过程控制（第三版）. 北京：电子工业出版社，2003.

5 金久炘，张青虎. 智能建筑设计与施工系列图册（第一册）——楼宇自控系统. 北京：中国建筑工业出版社，2002.

6 梁华，梁晨. 建筑智能化系统工程——设计手册. 北京：中国建筑工业出版社，2003.

7 张九根等. 建筑设备自动化系统设计. 北京：人民邮电出版社，2003.

8 刘国林. 建筑物自动化系统. 北京：机械工业出版社，2002.

9 阳宪惠. 现场总线技术及其应用. 北京：清华大学出版社，1999.

10 程大章. 住宅小区智能化系统设计与工程实施. 上海：同济大学出版社，2001.

11 中华人民共和国建设部. 智能建筑设计标准. 北京：中国计划出版社，2000.

12 中华人民共和国建设部. 智能建筑工程质量验收规范. 北京：中国计划出版社，2002.

13 杨绍胤等. 智能建筑实用技术. 北京：机械工业出版社，2002.

14 程大章. 住宅小区智能化系统设计与工程施工. 上海：同济大学出版社，2001.

15 张瑞武等. 智能建筑. 北京：清华大学出版社，1996.

16 程大章等. 智能建筑楼宇自控系统. 北京：中国建筑工业出版社，2003.

17 周治湖. 建筑电气设计. 北京：中国建筑工业出版社，2003.

18 郁汉琪. 电气控制与可编程序控制器应用技术. 南京：东南大学出版社，2003.

19 陈南. 智能建筑火灾监控系统设计. 北京：清华大学出版社，2001.

20 中国建筑东北设计研究院. 民用建筑电气设计规范. 北京：中国计划出版社，1993.

《智能建筑：楼宇自动化系统原理与应用》

读者调查表

尊敬的读者：

感谢您购买电子工业出版社通信出版分社的图书。读者对我们工作的支持和关爱，将促进我们为您提供更优秀的图书。您可以填写下表并寄给（北京万寿路173信箱通信出版分社 邮编：100036）。谢谢您对我们工作的支持！

通信出版分社与读者互动渠道

- 官方博客：http://blog.sina.com.cn/pheicombook
- 官方微博：http://weibo.com/pheicombook

1. 个人资料

姓名__________ 电话__________ E-mail__________

通信地址__________ 邮编__________

学校__________ 院系__________ 专业__________ 职务/职称__________

讲授课程__________ 课时__________ 现用教材及作者__________ 出版社__________

2. 您使用本书是为了

□ 用做教材 □ 用做教学参考书 □ 个人参考 □ 其他：__________

3. 您所在学校使用本书的情况：

□ 硕士生使用 □ 本科生使用 □ 高职高专使用 用量：__________本/年

4. 影响您选定本书的因素（可复选）

□ 内容 □ 作者知名度 □ 装帧设计 □ 价格 □ 出版社 □ 其他__________

5. 您对本书的总体评价

- 从内容角度看（可多选）：

  □ 内容充实 □ 技术含量高（含前沿新技术） □ 讲解顺畅 □ 理论与实践结合

- 从教学适用角度看：□ 很适合 □ 适合 □ 一般 □ 较差
- 从价位角度来看，您认为本书：□ 偏高 □ 合适 □ 偏低
- 您认为本书的优点是：

  ____

- 您认为本书在哪些方面还需要改进？

  ____

6. 您在教学或学习中，还亟需哪些教材或教学参考书？

____

7. 您一般从何处获得所需教材信息？

□ 经人介绍 □ 书店 □ 出版社寄送的资料或样书 □ 出版社网站 □ 杂志、报纸宣传

□ 其他__________

邮寄地址：北京海淀区万寿路173信箱通信出版分社　　邮　编：100036

电　　话：010-88254468　　E-mail：quxin@phei.com.cn　　联系人：曲　昕